UTB 2542

D1923936

Eine Arbeitsgemeinschaft der Verlage

Beltz Verlag Weinheim · Basel
Böhlau Verlag Köln · Weimar · Wien
Wilhelm Fink Verlag München
A. Francke Verlag Tübingen und Basel
Haupt Verlag Bern · Stuttgart · Wien
Verlag Leske + Budrich Opladen
Lucius & Lucius Verlagsgesellschaft Stuttgart
Mohr Siebeck Tübingen
C. F. Müller Verlag Heidelberg
Ernst Reinhardt Verlag München und Basel
Ferdinand Schöningh Verlag Paderborn · München · Wien · Zürich
Eugen Ulmer Verlag Stuttgart
UVK Verlagsgesellschaft Konstanz
Vandenhoeck & Ruprecht Göttingen
Verlag Recht und Wirtschaft Heidelberg
WUV Facultas Wien

RÜDIGER WITTIG | BRUNO STREIT

Ökologie

103 Abbildungen
52 Tabellen

UTB basics

Verlag Eugen Ulmer Stuttgart

Inhaltsverzeichnis

Vorwort

Das Buch basiert auf einer inzwischen langjährig von uns gemeinsam im Grundstudium durchgeführten zweistündigen Ökologievorlesung. Diese vermittelt einerseits das Ökologiewissen für die Biologiestudenten sämtlicher Fachrichtungen, andererseits ist sie gleichzeitig Grundlage für Exkursionen zu in Mitteleuropa weit verbreiteten Ökosystemen und für ein Grundpraktikum Ökologie. Der Inhalt umfasst all das, was wir von Studierenden der Biologie am Ende ihres Grundstudiums oder von Studierenden, die Ökologie im Nebenfach belegen, bei der Abschlussprüfung erwarten.

Daher wird im Buch kein ökologisches Spezialwissen vermittelt, sondern das für sämtliche Biologen und für Wissenschaftler aus Nachbardisziplinen relevante Grundwissen. Großer Wert wird auf Beispiele gelegt, die in unmittelbarer Umgebung nachvollziehbar sind. Neben der durch die Hinweise auf konkrete Ökosysteme der Umgebung gegebenen Möglichkeit, das Erlernte sowohl in Praktika als auch durch eigene Erfahrungen zu verifizieren, wird dem Anwendungsbezug sowie den über den naturwissenschaftlichen Bereich hinausgehenden Verflechtungen der Ökologie große Bedeutung beigemessen. Eine Fragensammlung ermöglicht eine Selbstüberprüfung und erleichtert die Prüfungsvorbereitung.

Für hilfreiche Auskünfte, die Bereitstellung von Unterlagen oder die kritische Durchsicht von Manuskriptteilen danken wir den Kollegen Dr. K.-H. Christmann (Essen), Prof. Dr. T. Eikmann (Gießen), Prof. Dr. G. Eisenbeis (Mainz), Prof. Dr. U. Maschwitz (Frankfurt), Prof. Dr. H. Mehlhorn (Düsseldorf), Prof. Dr. J. Oehlmann (Frankfurt), Prof. Dr. C. Schönwiese (Frankfurt) und Herrn A. Kretzschmar vom Statistischen Bundesamt. Dank sagen wir außerdem Frau C. Anken für das sorgfältige Tippen des Manuskriptes, Frau C. Wicker für die Erstellung der Tabellen und Herrn C. Helmreich, der den Großteil der Abbildungen nach unseren Vorlagen anfertigte.

Dankbar sind wir auch dem Verlag Eugen Ulmer für die Aufnahme dieses Buches in die neue Reihe UTB basics und Frau Dr. N. Kneissler und Frau A. Springorum vom Lektorat des Verlages für ihr Engagement und die angenehme Zusammenarbeit.

Frankfurt, im Januar 2004 Rüdiger Wittig und Bruno Streit

Anmerkung zum Literaturverzeichnis: Originalarbeiten sind nur dann aufgeführt, wenn sie Quellen für Abbildungen, Tabellen oder wörtliche Zitate stellen oder wenn es sich um historische bzw. grundlegende Arbeiten handelt. Die Mehrzahl der im Literaturverzeichnis aufgeführten Werke stellt weiterführende Zusammenstellungen, Lehrbücher oder Lexika etc dar.

1 | Was ist Ökologie?

Inhalt

ÖKOLOGIE ist die Wissenschaft von den Wechselwirkungen der Organismen untereinander und mit ihrer Umwelt.

Das von den beiden griechischen Worten *oikos* (Haus) und *logos* (Lehre) abgeleitete Wort **ÖKOLOGIE** bezeichnet im ursprünglichen, engen Sinn die Lehre vom Haushalt der belebten Natur. Um diesen analysieren und verstehen zu können, müssen die Beziehungen und Abhängigkeiten der Organismen untereinander und zu ihrer unbelebten Umwelt bekannt sein. Die **ÖKOLOGIE** wird daher häufig auch als die **Wissenschaft von den Wechselwirkungen der Organismen untereinander und mit ihrer Umwelt** bezeichnet. Zentrales Thema der Ökologie sind also die Lebewesen in ihrer Umwelt.

Geprägt wurde der Begriff **ÖKOLOGIE** von HAECKEL (1866: 286) als **»die gesamte Wissenschaft von den Beziehungen des Organismus zur umgebenden Außenwelt«**. Einige Jahre später modifizierte er (HAECKEL 1870: 49) den Begriff zur **»Lehre von der Ökonomie, von dem Haushalt der tierischen Organismen«**, wodurch Fragen der Stoff- und Energietransporte und -umwandlungen **(Stoffkreislauf; Energiefluss)** in den Lebensgemeinschaften (Biozönosen) mit eingeschlossen wurden.

1.1 | Teilgebiete der Ökologie

HAECKELS Definition bezog sich primär auf **Tierökologie**. Es ist daher nicht verwunderlich, dass parallel dazu die **Pflanzenökologie** und später auch eine **Ökologie der Mikroorganismen** (Mikrobenökologie) nahezu unabhängig entstanden. Wie im Folgenden erläutert wird, gibt es neben dieser Dreiteilung der Ökologie zahlreiche weitere Möglichkeiten einer Untergliederung (Tab. 1.1).

Objekte der ökologischen Forschung können Individuen oder Arten (**Autökologie**: s. Kapitel 2; **Populationsökologie**: Kapitel 3), Lebensgemeinschaften verschiedener Arten (**Synökologie**: Kapitel 5 und 6) und Ökosysteme (**Ökosystemforschung**) sein. Steht bei Letzterem der landschaftli-

Untergliederung der Wissenschaft Ökologie Tab. 1.1

Gliederungsprinzip	Teilgebiete
Untersuchte Organismengruppen	Tierökologie Pflanzenökologie Mikrobenökologie
Untersuchte Ebene	Autökologie Populationsökologie Synökologie (Biozönologie) Ökosystemforschung Landschaftsökologie
Ort der Untersuchung	Freilandökologie Laborökologie
Untersuchter Lebensraum	Gewässerökologie - Süßwasserökologie (Limnologie) - Meeresökologie (Marine Ökologie) Terrestrische Ökologie (Beispiele) - Tropenökologie - Hochgebirgsökologie - Stadtökologie
Methode	deskriptive Ökologie experimentelle Ökologie theoretische Ökologie
Untersuchter Zeitraum	Neoökologie Paläoökologie
Anwendungsbereich (Beispiele)	Agrarökologie Restorationsökologie

che Aspekt im Vordergrund, spricht man von **Landschaftsökologie**. Diese wird in der Regel als eigene Wissenschaft angesehen und ist häufig nicht in der Biologie, sondern in der Geographie angesiedelt. Grundlage jeder ökologischen Forschung ist die Beobachtung und Beschreibung der Forschungsobjekte (**Deskriptive Ökologie**) im natürlichen Lebensraum, also im Freiland (**Freilandökologie**). Die Ergebnisse der Beobachtungen sollten, falls möglich, experimentell überprüft werden (**Experimentelle Ökologie**), was häufig im Labor geschieht (**Laborökologie**).

Aus historischen Gründen und aus Gründen der Überschaubarkeit wird die **Ökologie** in zahlreiche Teilgebiete gegliedert. Diese Untergliederung beruht auf unterschiedlichen Kriterien wie Untersuchungsebene, Untersuchungsobjekt, Untersuchungsmethode.

Sowohl in den Beobachtungsmethoden als auch im experimentellen Ansatz bestehen deutliche Unterschiede im terrestrischen und aquatischen Bereich, so dass zwischen **Terrestrischer** und **Aquatischer Ökologie** (Kapitel 8 bis 10) unterschieden wird. Letztere wird in **Limnische** und **Marine Ökologie** gegliedert. Auch eine Aufgliederung des terrestrischen Zweiges ist möglich (zum Beispiel **Tropenökologie, Hochgebirgsökologie, Polarökologie**).

Über Beobachtung und Experiment kann man schließlich zur Verallgemeinerung der Erkenntnisse und Modellbildung kommen (**Allgemeine Ökologie, Theoretische Ökologie**). Mit den **Modellen** lässt sich in so genannten **Szenarien** Aufschluss über die zukünftige Entwicklung von Ökosystemen erhalten. Der überwiegende Teil der ökologischen Forschung beschäftigt sich mit dem aktuellen Zustand der Umwelt. Dieser **Neoökologie** steht die **Paläoökologie** gegenüber, deren Ziel es ist, die Ökosysteme der Vergangenheit zu erforschen.

Ökologische Kenntnisse kann man vielfältig nutzbringend anwenden (**Angewandte Ökologie**), zum Beispiel in der Landwirtschaft (**Agrarökologie**), bei der Wiederherstellung zerstörter Landschaften (**Restorationsökologie**) und im Natur- und Umweltschutz.

Weite Bereiche der ÖKOLOGIE, insbesondere der Pflanzen- und Landschaftsökologie, werden von der **Geobotanik** abgedeckt. Diese untersucht die aktuelle Verbreitung der Pflanzen auf der Erde (**Arealkunde = floristische Geobotanik**), die historische Entwicklung des heutigen Verbreitungsbildes (**historische Geobotanik**), die Vergesellschaftung der Pflanzen (**Pflanzensoziologie = zönologische Geobotanik**) bzw. die Zusammensetzung der Vegetation (Vegetationskunde) und die aktuellen Ursachen für die Verbreitung und Vergesellschaftung der Pflanzen (**Standortslehre = ökologische Geobotanik**). Zönologische und ökologische Geobotanik bilden zusammen die **Vegetationsökologie**. Manche Autoren (WALTER 1986, EHRENDORFER 1998) benutzen die Begriffe Geobotanik und Pflanzenökologie synonym. Nimmt man die Bezeichnungen der an deutschsprachigen Universitäten etablierten Professuren als Maßstab, so wird unter Geobotanik eine stärker geländeorientierte, unter Pflanzenökologie eine stärker laborbezogene Disziplin verstanden. Experimente sind in beiden Fällen ein wichtiger Bestandteil der Forschung.

1.2 Geschichte und Methoden

Ökologische Kenntnisse und ökologisches Verständnis sind älter als die Wissenschaft **Ökologie**.

Lange bevor der Begriff **ÖKOLOGIE** von HAECKEL (siehe oben) geprägt wurde, haben Menschen ökologische Kenntnisse nutzbringend angewandt: Sammler und Jäger wussten, an welchen Standorten essbare Knollen und Zwiebeln zu finden sind, in welchen Bäumen essbare Insektenlarven leben und wann jagdbare Tierarten wo anzutreffen sind; und bereits die Bauern der Jungsteinzeit konnten den Boden bezüglich seiner Eignung für den Anbau bestimmter Pflanzenarten einschätzen. Auch die heute noch existierenden Sammler und Jäger (Buschmänner in den Halbwüsten des südlichen Afrika, Pygmäen im zentralafrikanischen und bestimmte Indiogruppen im südamerikanischen Regenwald) besitzen ein großes ökologisches Wissen, das essentiell für ein Überleben in diesen extremen Lebensräumen ist.

Die wissenschaftliche **ÖKOLOGIE** wurde zunächst vorwiegend beschreibend betrieben. Schriftstücke mit ökologischen Inhalten findet man bereits in der Antike. Experimentelle Untersuchungen (Variation von Umweltfaktoren und Beobachtung der Reaktion der Organismen) wurden zunächst in der Zoologie durchgeführt. Die Ergebnisse fanden schnell Eingang in den Bereich der Anwendung (Schädlingsbekämpfung, Fischerei, Land- und Forstwirtschaft). Die zunächst starre Trennung in Tier- und Pflanzenökologie erschwerte die Erkenntnis von Zusammenhängen, die erst in der Synökologie sichtbar werden. Maßgebliche Impulse für synökologisches Arbeiten kamen gegen Ende des 19. Jahrhunderts aus der Hydrobiologie beziehungsweise Limnologie. Mitte des 20. Jahrhunderts sind erste Ansätze zur Ökosystemforschung erkennbar. Bald zeigte sich, dass komplexe Gebilde wie Ökosysteme nur unter einer bewussten Vereinfachung der natürlichen Bedingungen wissenschaftlich zugänglich sind. Der Weg zur mathematischen Modellbildung und zur Simulation von Ökosystemen im Computer war im Verlaufe des 20. Jahrhunderts eine logische Folge dieser Erkenntnis.

1.3 Was tun Ökologen?

Ökologen arbeiten in vielen Bereichen der Grundlagenforschung, der angewandten Forschung sowie der Umweltvorsorge, der Planung und des Naturschutzes.

Die Vielzahl der Teilgebiete und die Komplexität der Fragestellungen führen dazu, dass Ökologen in vielen Bereichen der Grundlagenforschung, der angewandten Forschung sowie der Umweltvorsorge, der Planung und des Naturschutzes arbeiten. Einige Beispiele sollen dies verdeutlichen:

Zahlreiche Organismen-Arten sind vom Aussterben bedroht. Ökologen suchen nach den Ursachen der Gefährdung und nach Möglichkeiten, die Arten in ihrem natürlichen Lebensraum zu erhalten.

Viele Arten sind in ihrem Bestand deshalb stark gefährdet, weil der Mensch sie stark genutzt hat (Jagd, Fischfang, Holzeinschlag und andere). Ökologen suchen nach Möglichkeiten, die Arten zu nutzen, ohne ihren Bestand zu gefährden (nachhaltige Nutzung).

Im Zuge von Handel und Verkehr haben sich fast überall auf der Welt fremdländische Arten einbürgern können. Manche von ihnen breiten sich in den neuen Gebieten (aufgrund des Fehlens von Konkurrenz und von Feinden) weit stärker aus, als sie dies in ihrer alten Heimat konnten. Nicht selten werden dabei ganze Lebensgemeinschaften so verändert, dass es zu wirtschaftlichen Schäden kommen kann. Ökologen erforschen die Ursachen des Invasionserfolges dieser Arten und suchen nach Möglichkeiten, sie ohne Gifteinsatz zurückzudrängen.

Viele Insekten, parasitische Pilze, Nematoden etc. verursachen jährlich große Ernteeinbußen und damit hohe wirtschaftliche Verluste sowie in Entwicklungsländern sogar Hungersnöte. Ökologen erforschen die Lebensweise, insbesondere die die Ausbreitung begünstigenden und einschränkenden Bedingungen, um die betreffenden Arten ohne Gifteinsatz bekämpfen zu können (zum Beispiel durch biologische Schädlingsbekämpfung).

Die reichhaltige, von der Mehrzahl der Menschen als schön empfundene Kulturlandschaft (Bedeutung für Wochenenderholung und Tourismus!) ist überwiegend durch heute nicht mehr gebräuchliche Formen der Bewirtschaftung entstanden. Ökologen suchen nach Methoden, wie man die Vielfalt der Landschaft kostengünstig erhalten und sie gleichzeitig land- und forstwirtschaftlich nutzen kann.

Stellenweise hat der Abbau von Bodenschätzen zu großräumigen Landschaftszerstörungen geführt. Die Wiederherstellung (Restaurierung, Renaturierung) solcher zerstörten Landschaften ist Ziel ökologischer Projekte.

Ökologen beschäftigen sich mit den Ursachen voranschreitender Wüstenbildung und entwickeln Methoden, die Ausbreitung der Wüsten zu stoppen.

Gewässer und Böden werden vom Menschen vielfältig mit seinen Abfällen belastet. Ökologen untersuchen die Auswirkungen dieser Belastung und erarbeiten Verfahren zu ihrer Verringerung oder zum Ausgleich der Belastungswirkungen. Biologische Abwasserklärung und biologische Bodenaufbereitung (Bioremediation) sind Ergebnisse ökologischer Forschung.

In die Luft werden zahlreiche Schadstoffe abgegeben oder entstehen in der Atmosphäre aus vom Menschen freigesetzten Vorläufersubstanzen. Ökologen untersuchen die Auswirkungen der Luftverunreinigungen und geben entsprechende Hinweise an Politik, Gesellschaft, Wirtschaft und Industrie. Wenn Luft und Gewässer (siehe oben) heute deutlich weniger belastet sind, als noch vor einigen Jahrzehnten, so ist dies ein direkter oder indirekter Erfolg der Ökologen.

Alle großen Bauvorhaben und Eingriffe in die Landschaft sind per Gesetz auf ihre Umweltverträglichkeit hin zu prüfen. Ökologen spielen im Rahmen dieser Umweltverträglichkeitsprüfung eine zentrale Rolle. Ständig werden vom Menschen neue Substanzen geschaffen und in die Umwelt direkt oder nach Gebrauch entlassen (Pharmaka, Kosmetika, Kunststoffe und andere). Ökologen versuchen, die Auswirkungen der Freisetzung dieser Stoffe auf Ökosysteme rechtzeitig zu erforschen, damit Politiker und Juristen gegebenenfalls korrigierend eingreifen können.

Die ökologischen Auswirkungen der Freisetzung gentechnisch veränderter Organismen müssen beobachtet und untersucht werden. Dies können nur Ökologen kompetent durchführen.

Berufsfelder und -aussichten | 1.4

Aus der oben erwähnten Vielfalt der Tätigkeitsbereiche von Ökologen ergeben sich zahlreiche konkrete Berufsaussichten. Prinzipiell wurde die Wichtigkeit der Ökologie von Staat und Verwaltung seit langem erkannt. Dementsprechend gibt es auf Bundes- und Landesebene zahlreiche Behörden, Ämter und Forschungseinrichtungen, in denen Ökologen beschäftigt sind. In Ministerien, bei den Regierungspräsidenten, den Kreisen und vielen Städten sind ebenfalls Stellen für Ökologen vorhanden. Auch die Industrie beschäftigt Ökologen zur Ökologisierung ihrer Herstellungsprozesse, für ein »nachhaltiges Produktdesign« sowie zur ökologischen Überprüfung der produzierten Stoffe. Ein weites Betätigungsfeld für Ökologen ist der Naturschutz. Manche Bundesländer haben biologische Stationen zur Betreuung von Naturschutzgebieten eingerichtet. Andere vergeben die Betreuung sowie die Erarbeitung von Managementplänen, die Durchführung von Effizienzuntersuchungen oder die Bewertung von Flächen zur Ausweisung neuer Gebiete an private Büros, in denen zahlreiche Ökologen eine Erwerbsmöglichkeit gefunden haben. Auch im Medienbereich ist ökologischer Sachverstand gefragt, so dass Ökologen dort Arbeit finden können. Mit steigender Technisierung und fortschreitendem Wachstum der Erdbevölkerung sowie der daraus resultierenden Verknappung der Umweltgüter werden ökologische Probleme in Zukunft mit Sicherheit nicht geringer werden. Ökologische Forschung ist daher dringender erforderlich denn je. Universitäten und andere Forschungsinstitutionen (Großforschungseinrichtungen, Institute der Max-Planck- und Fraunhofergesellschaft, Museen, zoologische und botanische Gärten) sind gefordert, entsprechende Gelder zu akquirieren und Forschungsprojekte durchzuführen. Neben den genannten Beispielen gibt es in Abhängigkeit von Fähigkeiten, Kenntnissen und Flexibilität des jeweiligen Ökologen weitere Arbeitsmöglichkeiten.

Wie oben erwähnt, ist die Bedeutung der Ökologie im Prinzip »erkannt«. Wie viele Ökologen jedoch eine ihrer Ausbildung entsprechende Betätigung finden, hängt vom Stellenwert ab, den die Gesellschaft ihrer Umwelt und der Natur zumisst. Nach einem »Ökologie-Boom« in den 1980er-Jahren ist das Interesse an »Ökologie« momentan in Politik und Gesellschaft erheblich abgeflaut. Die Erhaltung einer lebenswerten Umwelt für unsere Nachkommen ist jedoch mit Sicherheit nur dann möglich, wenn ökologischen Kenntnissen und damit der ökologischen Forschung höchste Priorität eingeräumt wird. Die von hochrangigen Expertengremien aufgezeigte Notwendigkeit einer »nachhaltigen Entwicklung« (sustainable development) sowie der Erforschung und Erhaltung der biologischen Vielfalt (Biodiversität) und die Anerkennung dieser Forderungen durch internationale Konventionen (Agenda 2000, Biodiversitätskonvention), bezeugt einen (zumindest auf dem Papier) hohen Stellenwert der Ökologie. Falls es sich bei diesen Konventionen nicht nur um Lippenbekenntnisse und Papierverschwendung handelt, müssten zukünftig gute Berufsaussichten für Ökologen bestehen.

1.5 Die Stellung der Ökologie innerhalb der Wissenschaften

Hinsichtlich ihrer Entstehungsgeschichte, ihrer Methoden und ihrer Objekte ist die **ÖKOLOGIE** ursprünglich eine **biologische Wissenschaft**. Zum Verständnis der Wechselwirkungen der Organismen untereinander und mit ihrer Umwelt sind Kenntnisse aus vielen biologischen Teildisziplinen (zum Beispiel Physiologie, Morphologie, Genetik), aber auch aus anderen Naturwissenschaften (Chemie, Physik, Bodenkunde, Klimatologie) unerlässlich. Daher spricht Weber (1941) von der Ökologie als einer **»Dachwissenschaft«** und Thienemann (1956) von **»Brückenwissenschaft«**. Umgekehrt haben sich in jüngerer Zeit auch innerhalb der erwähnten Teildisziplinen beziehungsweise nichtbiologischen Naturwissenschaften ökologische Fragestellungen ergeben. In der Wissenschaftsterminologie wird dies durch die Vorsilbe **»Öko«** oder durch das Adjektiv **»ökologisch«** zum Ausdruck gebracht, zum Beispiel ökologische Morphologie = Ökomorphologie, ökologische Physiologie = Ökophysiologie, ökologische Chemie = Ökochemie.

Ökologie ist zwar ursprünglich eine biologische Wissenschaft, inzwischen jedoch eine »Brückenwissenschaft«, die in vielen Bereichen weit über die Biologie hinaus geht.

Die **Ökosystemforschung** geht weit über den Bereich der Biologie hinaus und muss daher als ein interdisziplinäres Wissenschaftsgebiet bezeichnet werden, an dem neben Biologen auch Klimatologen und Bodenkundler sowie ggf. Hydrologen beteiligt sind. In noch stärkerem Maße gilt dies für die Untersuchung von Ökosystemkomplexen oder Landschaften (**Landschaftsökologie**). Das Verständnis der Funktionen des Ökosystemkomplexes »Stadt« ist allein aus der Sicht naturwissenschaftlicher Disziplinen nicht möglich. Die **Stadtökologie** (siehe Kapitel 18) nimmt daher innerhalb der ökologischen Wissenschaften genauso eine Sonderstellung ein wie die stark medizinisch, ökonomisch und soziologisch geprägte **Humanökologie**.

Manche Autoren bedauern die Entwicklung der Ökologie zu einer »etwas verschwommenen, schwer definierbaren Überwissenschaft, die nicht mehr der Biologie zugerechnet werden kann« (Stugren 1986: 15). Auch die Gesellschaft für Ökologie (1986: 6) sieht die Ökologie nicht mehr als Teilgebiet der Biologie an, »denn die Fragestellungen können von Biologen allein nicht gelöst werden, sondern erfordern die gleichrangige Mitarbeit auch von nicht-biologischen Umweltdisziplinen von der Physik bis zur Soziologie«.

Der Ökologie-Begriff in Politik und Verwaltung

1.6

Außer in den Naturwissenschaften gibt es die Begriffe »Ökologie« und »ökologisch« auch im politisch-administrativen Bereich. Die Begriffsinhalte sind auf den beiden Ebenen jedoch deutlich verschieden.

Neben dem wissenschaftlichen Ökologie-Begriff gibt es die Termini »Ökologie« und »ökologisch« auch im politisch-administrativen Bereich. Der Begriffsinhalt ist auf dieser Ebene aber anders als auf der wissenschaftlichen. Wenn ein Politiker, Journalist oder Verwaltungsbeamter von »Ökologie« spricht, sind in der Regel praktische Gesichtspunkte gemeint. Unter »Ökologie« werden Handlungsprogramme, Wertungen und Normen zusammengefasst, die zur Lösung dieser Probleme geeignet sind. Zum Finden von Lösungswegen kann der Einsatz von Ergebnissen der Wissenschaft Ökologie beitragen und erforderlich sein.

Was müssen Ökologen können?

1.7

ÖKOLOGIE ist die komplexeste aller Biowissenschaften. Auch ist das Forschungsgebiet keiner naturwissenschaftlichen Disziplin so eng mit gesellschaftlichen, wirtschaftlichen und politischen Aspekten verflochten. Aufgabe der ökologischen Forschung ist es, auf den ersten Blick scheinbar unüberschaubare Systeme wie einen tropischen Regenwald oder eine Stadt systematisch zu erforschen, Funktionsprinzipien zu erkennen und auf diese Weise »Ordnung in das Chaos« zu bringen. Darüber hinaus sollen die Forschungsergebnisse dazu beitragen, das Überleben auch zukünftiger Generationen in allen Erdteilen unter menschenwürdigen Bedingungen zu sichern. All diese Aufgaben sind nicht von Einzelkämpfern, sondern nur im Team erfolgreich zu bewältigen. Zur Erfüllung seiner Aufgaben muss der Ökologe sein Institut beziehungsweise Büro relativ bis sehr häufig mit dem Gelände vertauschen. Geländearbeit aber ist erheblich unvorhersehbarer und erfordert daher weit mehr Improvisationsvermögen als Labor- oder Büroarbeit. Von Ökologen sind daher in besonderem Maße zu fordern:

- ausgezeichnete Arten- und Biotoptypen-Kenntnisse;
- Kenntnisse nicht nur in einem Spezialgebiet und auf biologischem Gebiet allgemein, sondern auch aus dem Bereich der Nachbarwissenschaften (Chemie, Klimatologie, Bodenkunde, Geographie etc.);
- hohes Verantwortungsbewusstsein und Konfliktbereitschaft (Mahnerfunktion!);
- kritische Einstellung gegenüber Modeströmungen in der Forschung und gegenüber einer Bemessung der Ergebnisse lediglich am unmittelbar zu erzielenden monetären Erfolg;

Exkursionen sind ein sehr wichtiger Bestandteil der ökologischen Ausbildung. Studierende der Ökologie sollten daher an einer Vielzahl von Exkursionen teilnehmen.

- Fähigkeit und Bereitschaft zu einer allgemeinverständlichen Veröffentlichung der Ergebnisse;
- Teamfähigkeit;
- Geländeerfahrung, »Geländegängigkeit« und Belastbarkeit;
- Improvisationsvermögen und Fähigkeit zum Ertragen unvorhergesehener Ereignisse.

Im Unterricht lassen sich viele der oben genannten Voraussetzungen besonders gut auf Exkursionen und im Rahmen von Geländepraktika erwerben (Abb. 1.1). Diese sind daher das Rückgrat der ökologischen Ausbildung. Wenn an der Mehrzahl der Universitäten im Studiengang Biologie nur noch eine einzige Pflichtexkursion (falls überhaupt) vorgesehen ist, so ist das für die Ausbildung der Ökologen erheblich zu wenig. Studierende, die sich auf Ökologie spezialisieren wollen, sollten daher auf freiwilliger Basis an soviel wie möglich weiteren Exkursionen teilnehmen.

Abb. 1.1 Exkursionen und Geländepraktika sind ein unverzichtbarer Grundpfeiler der ökologischen Ausbildung.

1.8 Gesellschaften, Tagungen, Zeitschriften, Bücher

Zur Förderung der **ÖKOLOGIE** im deutschsprachigen Raum wurde im Jahre 1971 die **Gesellschaft für Ökologie** gegründet. In den jährlich erscheinenden *Verhandlungen der Gesellschaft für Ökologie* werden die Zusammenfassungen der Referate und Poster der jeweiligen Jahrestagung veröffentlicht. Bedeutende wissenschaftliche Zeitschriften sind im europäischen Raum unter anderem *Oecologia* (Springer-Verlag), *Acta Oecologica* (Gauthier-Villars), *Journal of Ecology* und *Journal of Applied Ecology* (beide Blackwell Scientific Publishers), *Basic and Applied Ecology* (Urban & Fischer) sowie *Oikos* (Munksgard International Booksellers and Publishers). Spezielle Themen und Fallstudien werden in der Buchreihe *Ecological Studies* (Springer-Verlag) publiziert. Deutschsprachige Lehrbücher der Ökologie wurden in jüngerer Zeit von Bick (1999), Kalusche (1999), Nentwig et al. (2003), Remmert (1992), Schubert (1991), Schulze et al. (2002)

und TISCHLER (1993) verfasst oder aus dem Englischen übersetzt (BEGON et al. 1998, ODUM 1998, TOWNSEND et al. 2003). Von SCHAEFER (2003) wurde ein Wörterbuch, von LESER et al. (1993) ein Lexikon (Ökologie und Umwelt) zusammengestellt und von KUTTLER (1995) ein Handbuch herausgegeben. Ein neues Lehrbuch der Pflanzenökologie ist das von LARCHER (2001), ein Klassiker der Tierökologie ist das dreibändige Werk von SCHWERDTFEGER (1963–1975). Grundlegendes zur Humanökologie findet sich bei BICK et al. (1991/1992) sowie NENTWIG (1995), zur Landschaftsökologie bei BASTIAN & SCHREIBER (1999), FINKE (1996) und LESER (1997). Die Ökologie der Lebensgemeinschaften (Biozönologie) wird umfassend von KRATOCHWIL & SCHWABE (2001) dargestellt. TREPL (1987) gibt einen Überblick über die Geschichte der Ökologie der Neuzeit.

Fragen

(Seitenverweise zur Beantwortung)

- 1 Was versteht man unter der Wissenschaft Ökologie? (s. Seite 10)
- 2 Wer prägte den Begriff Ökologie? (s. Seite 10)
- 3 Nennen Sie Beispiele für Untergliederungen des weiten Bereiches der Ökologie! Welches Gliederungsprinzip liegt den jeweiligen Gliederungen zugrunde? (s. Seite 11)
- 4 Womit beschäftigt sich die Geobotanik? (s. Seite 12)
- 5 Nennen Sie konkrete Beispiele für Forschungs- und Arbeitsgebiete von Ökologen! (s. Seite 13 f.)
- 6 Welche Stellung hat die Ökologie innerhalb der Wissenschaften? (s. Seite 16)
- 7 Welche Teilgebiete der Ökologie gehen besonders weit über den Bereich der Naturwissenschaften hinaus? (s. Seite 16)
- 8 Erläutern Sie die Aussage, dass es zwei Ökologie-Begriffe gibt und zeigen sie die Unterschiede zwischen diesen Begriffen auf! (s. Seite 17)

Literatur

* Die so markierten Lehrbücher enthalten nicht nur zu diesem, sondern auch zu mehreren anderen Kapiteln weiterführende Angaben. Sie sind jedoch für die folgenden Kapitel nur dann nochmals genannt, wenn sie als Grundlage oder Quelle einer der dort aufgeführten Abbildungen oder Tabellen verwendet wurden.

*BASTIAN, O., SCHREIBER, K.-F. (1999): Analyse und ökologische Bewertung der Landschaft. 2. Aufl., Spektrum, Heidelberg, 564 S.

*BEGON, M., HARPER, J.L., TOWNSEND, C.R. (1998): Ökologie: Individuen, Populationen und Lebensgemeinschaften. Spektrum, Heidelberg, 750 S.

*BICK, H. (1999): Ökologie. 3. überarb. u. erg. Aufl., G. Fischer, Stuttgart/New York, 368 S.

*BICK, H., BIRG, H., SCHUG, W. (1991/1992): Funkkolleg Humanökologie. Weltbevölkerung, Ernährung, Umwelt. Studienbriefe, Deutsches Institut für Fernstudien Tübingen (Hrsg.). Beltz, Weinheim.

Literatur

Ehrendorfer, F. (1998): Geobotanik. In Sitte, P., Ziegler, H., Ehrendorfer, F., Bresinsky, A. (1998): Strasburger Lehrbuch der Botanik, 34. Aufl., G. Fischer, Stuttgart/Jena/New York, 821–951.

*Finke, L. (1996): Landschaftsökologie. Das Geographische Seminar. 3. Aufl., Braunschweig, 245 S.

Gesellschaft für Ökologie (Hrsg.) (1986): Studienführer Ökologie (GfÖ). 3. Aufl., Freising-Weihenstephan, 49 S.

Haeckel, E. (1866): Generelle Morphologie der Organismen. Bd. II. Reprint 1906, Reimer, Berlin, 447 S.

Haeckel, E. (1870): Ueber Entwicklungsgang und Aufgabe der Zoologie. Rede gehalten beim Eintritt in die philosophische Facultät zu Jena am 12. Januar 1869. In Haeckel. E. (1870): Studien über Moneren und andere Protisten. Verl. W. Engelmann, Leipzig, 3–20.

*Kalusche, D. (1999): Ökologie. Ein Lernbuch. Quelle & Meyer, Wiesbaden, 234 S.

*Kuttler, W. (Hrsg.) (1995): Handbuch zur Ökologie, 2. rev. Aufl., Analytica Verlagsgesellschaft, Berlin, 525 S.

*Kratochwil, A., Schwabe, A. (2001): Ökologie der Lebensgemeinschaften: Biozönologie. Ulmer, Stuttgart, 756 S.

*Larcher, W. (2001): Ökophysiologie der Pflanzen. 6. Aufl., Ulmer, Stuttgart, 644 S.

*Leser, H. (1997): Landschaftsökologie. Ansatz, Modelle, Methodik, Anwendung. Mit einem Beitrag zum Prozeß-Korrelations-Systemmodell von T. Mosimann. UTB 521, 4. Aufl., Ulmer, Stuttgart, 644 S.

*Leser, H., Streit, B., Haas, H.-J., Huber-Fröhli, J., Mosimann, T., Paesler, R. (1993): Diercke Wörterbuch Ökologie und Umwelt. Zwei Bände, dtv, München, 241 bzw. 233 S.

*Nentwig, W. (1995): Humanökologie. Fakten, Argumente, Ausblicke. Springer, Berlin/ Heidelberg/New York, 588 S.

*Nentwig, W., Bacher, S., Beierkuhnlein, C., Brandl, R. , Grabherr, G. (2003): Ökologie. Spektrum, Heidelberg/Berlin, 500 S.

*Odum, E.P. (1998): Ökologie. 3. völlig neubearbeitete Aufl., übersetzt und bearbeitet von Jürgen Overbeck, Thieme, Stuttgart, 471 S.

*Remmert, H. (1992): Ökologie. Ein Lehrbuch. 5. neubearb. u. erw. Aufl., Springer, Berlin/Heidelberg/New York, 363 S.

*Ricklefs, R.E. (1997): The Economy of Nature: a textbook in basic ecology. 4th ed., Freeman, New York, 678 pp.

*Schaefer, M. (2003): Ökologie. 4. Überarb. und erw. Aufl., Wörterbücher der Biologie, Spektrum, Heidelberg/Berlin, 416 S.

*Schubert, R. (1991): Lehrbuch der Ökologie. 3. Aufl., G. Fischer, Jena, 657 S.

*Schulze, E.-D., Beck, E., Müller-Hohenstein, K. (2002): Pflanzenökologie. Spektrum Akademischer Verlag, Heidelberg, ca. 850 S.

*Schwerdtfeger, F. (1963–1975): Ökologie der Tiere. Bd. 1 (1963) Autökologie (2. Aufl. 1977, 460 S.), Bd. 2 (1968) Demökologie (1968) Demökologie (2. Aufl. 1979, 450 S.), Bd. 3 (1975) Synökologie, 451 S. Parey, Hamburg, Berlin.

*Streit, B., Kentner, E. (1992): Umweltlexikon. Herder, Freiburg i.Br., 384 S.

Stugren, B. (1986): Grundlagen der Allgemeinen Ökologie. 4., erw. u. neugestaltete Aufl., G. Fischer, Jena, 356 S.

Thienemann, A. (1956): Leben und Umwelt. Vom Gesamthaushalt der Natur. Parey, Hamburg, 153 S.

*Tischler, W. (1993): Einführung in die Ökologie. 4. Aufl., G. Fischer, Stuttgart, 528 S.

Townsend, C.R., Harper, J.L., Begon, M.E. (2003): Ökologie. Springer, Berlin/Heidelberg, 647 S.

Trepl, L. (1987): Geschichte der Ökologie: vom 17. Jahrhundert bis zur Gegenwart, 280 S. Athenäum, Frankfurt/Main.

Walter, H. (1986): Allgemeine Geobotanik. UTB 284. 3. Aufl., Ulmer, Stuttgart, 279 S.

Weber, H. (1941): Zum gegenwärtigen Stand der allgemeinen Ökologie. Die Naturwiss. 29, 756–763.

*Willert, D.J.v., Matyssek, R., Herppich, W. (1995): Experimentelle Pflanzenökologie: Grundlagen und Anwendungen. Georg Thieme, Stuttgart/New York, 344 S.

Organismus und Umwelt (Autökologie)

2

Inhalt

Unter **AUTÖKOLOGIE** versteht man ursprünglich die Ökologie des Einzelorganismus. Die genaue Betrachtung zweier Individuen einer Art zeigt jedoch, dass die Untersuchung eines Einzelorganismus kaum allgemein gültige Aussagen liefert. Die meisten Autoren sehen **AUTÖKOLOGIE** daher als die Wissenschaft von der Ökologie einer Art an. Im Mittelpunkt der Betrachtung steht die einzelne Art in ihrer Beziehung zu den Umweltfaktoren.

Die Autökologie untersucht die Ökologie (des Einzelorganismus) einer Art.

Primäres **Forschungsziel** ist die Aufdeckung der Zusammenhänge zwischen Wachstum, Entwicklung, Fortpflanzungs- und Überlebensrate einer Art und den (abiotischen) Ökofaktoren. In einem zweiten Schritt werden die Reaktionen und Anpassungen der Arten auf beziehungsweise an bestimmte Umweltfaktoren miteinander verglichen. Das Ziel hierbei ist, Gesetzmäßigkeiten zu erkennen, zum Beispiel Anpassungs- beziehungsweise Reaktionstypen. Kernfragen sind:

- Was befähigt eine Art, unter den gegebenen Umweltverhältnissen zu überleben?
- Welche Spanne von Umweltbedingungen kann eine Art tolerieren?
- Wie wird eine Art mit Änderungen der Umweltverhältnisse fertig?

AUTÖKOLOGIE ist somit eine wesentliche **Basiswissenschaft** für weite Bereiche der **Angewandten Biologie**, nämlich für alle Bereiche, in denen mit Organismen gearbeitet wird, also Forstwirtschaft, Landwirtschaft, Gartenbau, Fischerei, Landschaftspflege, Naturschutz.

Autökologie ist eine wesentliche Basiswissenschaft für die angewandte Biologie.

Voraussetzungen für autökologisches Arbeiten sind **Artenkenntnis** (Systematik) und Kenntnis der geographischen Verbreitung der Arten (**Biogeographie** = Tiergeographie + Pflanzengeographie). Damit Systematik und Biogeographie betrieben werden können, muss feststehen, was unter einer Art zu verstehen ist. Wichtig ist also die Definition des Artbegriffs.

Kenntnisse in Systematik und Biogeografie sind unabdingbare Grundvoraussetzungen für autökologisches Arbeiten.

Im konkreten Fall kann man natürlich nicht die gesamte Art, sondern lediglich einzelne Individuen untersuchen. Das Ergebnis sollte aber repräsentativ für die Art sein. Ein Problem dabei ist, dass viele Arten in unterschiedlichen Regionen und unter unterschiedlichen Bedingungen leben. Füchse zum Beispiel kommen in Wäldern aber auch in Städten vor, also in Gebieten mit deutlich verschiedenen Umweltverhältnissen. Entsprechendes gilt für die Wald-Kiefer, die am Rand von Mooren (nasse Standorte), aber auch auf Sanddünen (trockene Standorte) wächst. Im Falle angewandter Fragestellungen muss man allerdings oft gar nicht wissen, wie die Gesamtart reagiert, sondern wie sich der konkrete Teilbestand verhält, der von einem Eingriff betroffen ist. Daher werden in der Autökologie häufig weder Individuen (zu wenig repräsentativ) noch Arten (zu umfangreich) untersucht, sondern Teilmengen von Arten, so genannte **Populationen** (siehe Kapitel 3).

2.1 Abiotische Standortfaktoren

Um in einem Gebiet (an einem Ort) überleben zu können, muss die Art mit den dortigen Umweltfaktoren zurechtkommen. Man unterscheidet biotische und abiotische Faktoren. Biotische Faktoren sind die Wirkungen oder die Bedeutung anderer Arten (zum Beispiel Konkurrenz, Feinddruck, Nahrungsangebot). Ihre Behandlung gehört daher formal nicht zur Autökologie, sondern zur Synökologie. Bei den abiotischen Faktoren handelt es sich um physiko-chemische Gegebenheiten wie Licht, Temperatur, pH-Wert der Bodenlösung etc.

Merksatz

KLIMA und BODEN sind die wichtigsten ABIOTISCHEN FAKTORENKOMPLEXE für terrestrische Organismen.

Die beiden wichtigsten Gruppen abiotischer Faktoren für terrestrische Organismen sind **Klima** (Kapitel 11 bis 13) und **Boden** (Kapitel 14). Wichtige abiotische Faktoren für aquatische Organismen sind Salzgehalt (Salzwasser, Süßwasser), Temperatur, Nährstoffgehalt und Strömung (siehe Kapitel 8 bis 10).

Manche Arten tolerieren von einem oder mehreren Standortfaktoren einen weiten Bereich, andere nur einen sehr engen. Erstere werden als **euryök**, letztere als **stenök** bezeichnet. Bezieht sich die Eury-ökie oder Stenökie auf einen bestimmten Faktor, so nutzt man die Vorsilben **eury-** und **steno-** in Verbindung mit der wissenschaftlichen Bezeichnung dieses Faktors (siehe Tab. 2.1). Die Toleranzbreite eines Organismus gegenüber einem bestimmten Faktor wird als ökologische Potenz bezeichnet. Die so genannte Gedeih-Kurve (Abb. 2.1), die aufgrund experimenteller Untersuchungen und Auswertungen von Freilandbefunden erstellt wird, weist innerhalb des tolerierten Bereichs ein Optimum auf. Hier bewirkt der betreffende Faktor die größten positiven Veränderungen von messbaren Funktionen des Organismus, zum Beispiel Vermehrung, Wachstum, Aktivität. Mit steigender und fallender Intensität des Faktors geht seine positive Wirkung zurück und gelangt über einen Zwischenzustand (Pejus) zu einem sehr ungünstigen, gerade noch tolerierbaren Zustand (Pessimum).

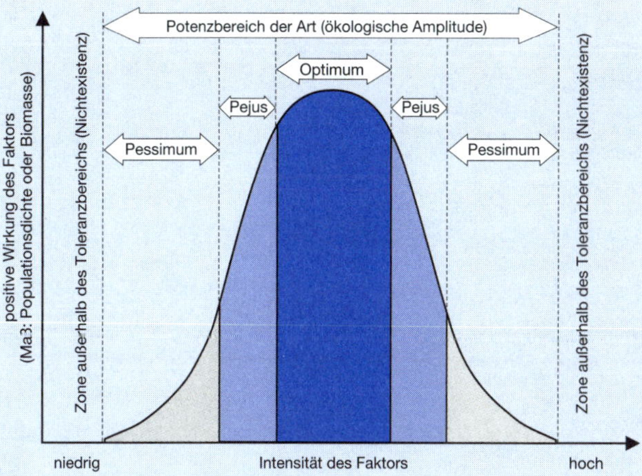

Abb. 2.1

Das Gedeihen eines Organismus in Abhängigkeit von einem Umweltfaktor (idealisierte Gedeihkurve).

Ein Organismus, der beispielsweise hohe Temperaturen und viel Stickstoff benötigt, wird selbst bei optimalem Stickstoffangebot nicht oder allenfalls schlecht gedeihen, wenn die Temperaturen zu niedrig sind. Der gleiche Effekt wird bei hohen Temperaturen aber niedrigem Stickstoffangebot eintreten. Von den auf einen Organismus einwirkenden Faktoren ist also derjenige am bedeutendsten, der außerhalb des Optimums nahe am Grenzbereich der Toleranzbreite, also im Pessimum liegt. Dieses für alle ökologischen Faktoren geltende Gesetz wurde zunächst von LIEBIG (1855) am Beispiel der Nährstoffe formuliert: Der in geringster Menge vorhandene Nährstoff wirkt als Minimumfaktor wachstumsbegrenzend (**Gesetz des Minimums**). Denjenigen Faktor, der die Entwicklung einer Art begrenzt, bezeichnet man als limitierenden Faktor.

Sieht man vom Spezialfall des Minimumfaktors ab, so ist das Überleben und der Erfolg einer Art an einem Standort von der Summe aller biotischen und abiotischen Standortfaktoren abhängig. Dabei wirken die Standortfaktoren nicht nur direkt auf den Organismus ein, sondern auch indirekt, indem sie sich gegenseitig beeinflussen. So kann die an sich positive und regelmäßige Wasserzufuhr an einem Standort eine

Tab. 2.1 | Wichtige Vor- und Nachsilben zur Bezeichnung der Reaktion von Organismen gegenüber abiotischen Standortfaktoren

Fachausdruck (Vor- bzw. Nachsilbe)	Bedeutung
Faktorenbezogene Begriffe	
thermo-, -therm	wärme-, Temperatur
kryo-	kälte-
hygro-, -hygr	feuchte-
hydro-, -hydr	wasser-
xero-	trocken
photo-	licht-
halo-, -halin	auf den Salzgehalt bezogen
Organismenbezogene Begriffe	
steno-; sten-	eng
eury-	weit
oligo-	wenig
meso-	mittel
poly-	viel
hyper-	sehr viel, übergroß
homoio-	gleich
poikilo-	wechselnd
-phil	»liebend«, bevorzugend
-phob	meidend
-tolerant	ertragend
-morph	geformt
Systembezogene Begriffe	
-top	biotopbezogen
-ök	ökosystembezogen
Beispiele für Kombination der o.g. Silben	
stenök	nur in einem standörtlich engen Lebensraum vorkommend
euryök	in zahlreichen Ökosystem-Typen vorkommend
stenohalin	enge ökologische Amplitude bezüglich des Salzgehalts
eurytherm	weite ökologische Amplitude bezüglich der Temperatur
homoiotherm	gleichwarm
poikilotherm	wechselwarm
thermophil	Wärme liebend
hydromorph	im Bauplan an das Wasserleben angepasst
halophob	Salz meidend

Auswaschung von Nährstoffen aus dem Boden und damit eine Verschlechterung der Lebensbedingungen bedeuten. Auch die Beobachtung, dass ein Faktor einen anderen bis zu einem gewissen Grade ersetzen kann, ist nur vor dem Hintergrund richtig, dass es sich um eine indirekte Wirkung handelt. Ein gutes Beispiel hierfür ist die alte Bauernregel »Wasser ersetzt Stickstoff«. Die Biochemie zeigt, dass Stickstoff essentiell für den Aufbau von Proteinen und Nukleinsäuren ist, also nicht wirklich durch Wasser ersetzt werden kann. Da aber Höhere Pflanzen ihren Stickstoff in der Regel in wässriger Lösung aus dem Boden beziehen (als NO_3^-- oder NH_4^+-Ion), stimmt die Regel chemisch gesehen zwar nicht, im Resultat allerdings doch: Ist viel Wasser vorhanden, so können die Pflanzen selbst aus einem stickstoffarmen Boden mehr Stickstoff aufnehmen, als dies bei Wassermangel aus einem stickstoffreichen Boden möglich ist. Dieses Prinzip liegt auch dem häufig zu beobachtenden Vorkommen so genannter Kalk liebender Pflanzen an relativ kalkarmen Fließgewässern zu Grunde.

Viele Arten, die in der Natur eine enge ökologische Amplitude zeigen, sind im Experiment unter Konkurrenzausschluss weit toleranter. Oft liegt das physiologische Optimum sogar in einem anderen Bereich als das ökologische (vergleiche Abb. 6.5). Es gibt nämlich nur wenige Arten, die ungünstige oder extreme Bedingungen (zum Beispiel Trockenheit, Nährstoffarmut, hohe Konzentrationen von Salz oder Schwermetallen) benötigen, die meisten Arten ertragen sie lediglich, kommen aber in der Natur aus Konkurrenzgründen (siehe Abschnitte 6.3 und 6.4) nur an derartigen Extremstandorten vor. Sie sind also bezüglich des Faktors lediglich **tolerant** (zum Beispiel salztolerant), aber sie »lieben« (das heißt bevorzugen) diesen Faktor nicht. Wird der Faktor wirklich bevorzugt oder sogar benötigt, so bezeichnet man die betreffende Art als »**-phil**« (zum Beispiel thermophil = Wärme liebend; weitere Beispiele in Tab. 2.1). Kann eine Art einen bestimmten Faktor nicht ertragen und findet man sie in der Natur dementsprechend niemals an entsprechenden Standorten, so ist sie in Bezug auf diesen Faktor »**-phob**« (vergleiche Tab. 2.1.). Arten, die bezüglich eines bestimmten Umweltfaktors stenök sind, kann man als Indikatoren für diesen Faktor benutzen (Kapitel 21).

2.2 Anpassung an abiotische Standortfaktoren

Die Anpassung an die jeweilige Ausprägung eines Standortfaktors (beziehungsweise an die Änderung eines Faktors) kann entweder auf der Ebene des Individuums innerhalb der vorgegebenen genetischen Reaktionsnormen erfolgen oder aber auf der Ebene der Population beziehungsweise der Art durch eine Änderung der genetischen Reaktions-

Bei Änderung der Standortbedingungen sind zwei Arten der Reaktion möglich: **Physiologische Adaptation** (auf Ebene des Individuums, schnell bis mittelfristig, aber nur im Rahmen der genetischen Reaktionsnorm: Akkomodation bzw. Akklimatisation), **Evolutive Adaptation** (auf Ebene der Art oder Population; langsam, durch Änderung der genetischen Reaktionsnorm).

norm. Die erste Reaktionsweise nennt man **physiologische Adaptation**. Diese kann im Extremfall in Sekundenschnelle (**Akkomodation**; zum Beispiel Verkleinerung der Pupille bei plötzlicher Helligkeit), im Laufe von Minuten (Schweißausbruch bei Hitze, Zusammenziehen der Kapillaren von Warmblütern bei Kälte), im Laufe einiger Tage (Ausbildung von Frostresistenz bei Pflanzen) oder im Laufe von Wochen, Monaten bis Jahren während der Lebensphase eines Individuums erfolgen (**Akklimatisation**). All dies ist schnell im Vergleich zur **evolutiven** (genetischen) **Adaptation**, die in der Regel erst im Laufe einer Vielzahl von Generationen als Folge von **Selektion** möglich ist (siehe Kapitel 4).

Allgemein ist als Regel festzustellen, dass gleiche Lebensweise zu ähnlicher Körperform beziehungsweise Gestalt führt. Die evolutive Entstehung gleicher Anpassungen (Lebensformen, Körperformen, Verhaltensweisen etc.) bei nicht näher miteinander verwandten Organismen wird **Konvergenz** (oder Analogiebildung oder Homoplasie) genannt.

Abb. 2.2

Die torpedoförmige Gestalt der großen marinen Carnivoren ist ein Beispiel für konvergente Anpassungen auf der Ebene von Morphologie und Anatomie.

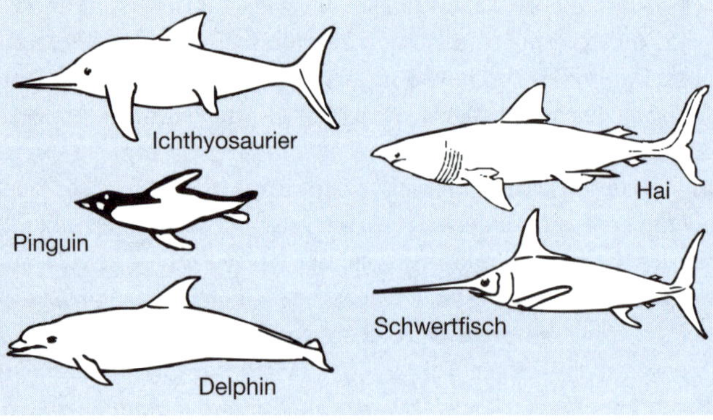

Abb. 2.3

Die Lebensformen nach RAUNKIAER (1934) stellen eine morphologisch-anatomische Anpassung der Pflanzen an die klimatischen Gegebenheiten des Standortes dar.
1: Phanerophyten;
2, 3: Chamaephyten;
4: Hemikryptophyten;
5, 6: Geophyten.

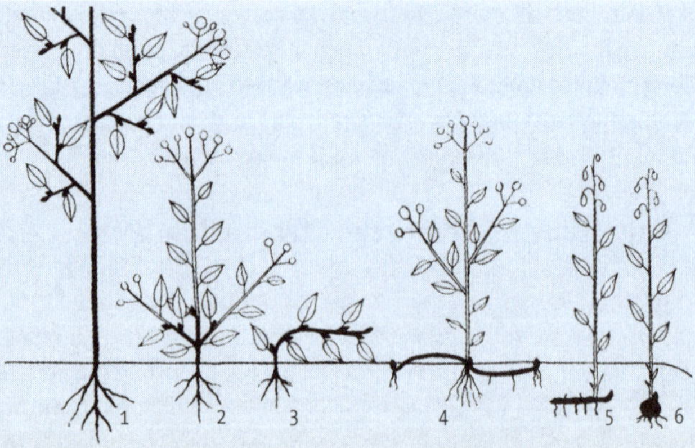

Beispiele für derartige konvergente **Anpassungen auf der Ebene von Morphologie und Anatomie** sind die mehr oder weniger torpedoförmige Gestalt der großen marinen Karnivoren (Abb. 2.2), die unabhängige Entwicklung nahezu identischer Formen bei echten Säugern (Mammalia) und Beuteltieren (Marsupialia), die Entwicklung von Kletterorganen bei Pflanzen unterschiedlichster Familien zum Erwerb maximalen Lichtgenusses an von Pflanzen dicht besiedelten Standorten sowie die Ausbildung der Sukkulenz bei Pflanzenarten von Trockenregionen (s. Abb. 12.2).

Evolutive Anpassung an einen Lebensraum bzw. Lebensraumtyp kann auf verschiedenen Ebenen erfolgen: Morphologie, Anatomie, Physiologie, Verhalten, Lebenszyklus, Lebensstrategie.

Auch die Lage der Erneuerungsknospen der Pflanzen und die hierauf basierenden unterschiedlichen **Lebensformen** (Abb. 2.3) stellen eine morphologisch-anatomische Anpassung dar. Je günstiger das Klima ist, desto mehr können es sich die Pflanzen »leisten«, ihre Erneuerungsknospen weit in den Luftraum zu erheben und umso höher ist der Anteil der **Phanerophyten** (Bäume und Sträucher) an der Gefäßpflanzenflora. Die typische Lebensform des tropischen Regenwaldes mit seinem warm-feuchten Klima ist daher der Baum. In ariden Gebieten stellen dagegen Arten, die ihren Lebenszyklus während der kurzen Feuchtperiode abschließen können und den Rest des Jahres als Samen überdauern, also Einjährige (**Therophyten**) den Hauptanteil. In gemäßigten und polaren Regionen dominieren Arten, deren Erneuerungsknospen unmittelbar an der Erdoberfläche liegen (**Hemikryptophyten**). Phanerophyten fehlen im Polargebiet völlig, dafür ist hier der Anteil der **Chamaephyten** (Erneuerungsknospen wenige cm über dem Boden) und der **Kryptophyten** (Überdauerungsorgane im Boden: Geophyten; Sumpf: Helophyten; Wasser: Hydrophyten) relativ hoch (siehe Tab. 2.2). Auf morphologisch-anatomische Anpassungen an Trocken- und Feuchtstandorte wird in den Kapiteln 12 und 17 eingegangen.

Einteilungsprinzip für die **Lebensformen** der Pflanzen nach RAUNKIAER ist die Lage der Erneuerungsknospen. Man unterscheidet Phanerophyten, Chamaephyten, Hemikryptophyten und Kryptophyten (Geophyten, Helophyten, Hydrophyten) sowie Therophyten.

Prozentualer Anteil der Raunkiaerschen Lebensformen an der Flora ausgewählter Klimazonen[1] | **Tab. 2.2**

Klimazone	konkretes Beispiel	Ph	Ch	He	Kr	Th
Feuchte Tropen	Seychellen	[61]	6	12	5	16
Subtrop. Trockenzone	Libysche Wüste	12	21	20	5	[42]
gemäßigte Zone	Schweizer Mittelland	10	5	[50]	15	20
polare Zone	Grönland	0	[24]	[52]	[18]	2

[1] Nach WALTER (1960); eckiger Rahmen = höchster Wert der jeweiligen Zone; dunkelblau hinterlegt = Maximum des Vorkommens der jeweiligen Lebensform (bezogen auf die Beispielfälle). Ph = Phanerophyten, Ch = Chamaephyten, He = Hemikryptophyten, Kr = Kryptophyten, Th = Therophyten.

Abb. 2.4

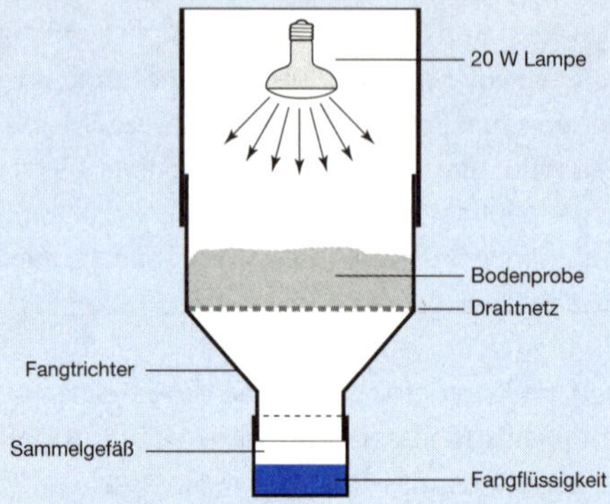

Berlese-Trichter (Fanggerät für die Mesofauna des Bodens). Die Bodentiere »fliehen« vor Licht und Wärme (Trockenheit) und fallen schließlich in das Auffanggefäß.

Ein Beispiel für **Anpassungen auf der Ebene der Physiologie** ist die Entwicklung von Absalzmechanismen (zum Beispiel Salzdrüsen) bei Besiedlern salzhaltiger Standorte. Weitere Beispiele finden sich in Kapitel 12.

Weitverbreitete evolutive **Anpassungen im Verhalten** sind der Vogelzug (Vermeiden ungünstiger Witterungsperioden durch Wegziehen), die von fast allen Tierarten in heißen Gebieten vorgenommene Mittagsruhe (Vermeidung von Überhitzung, unnötigen Wasserverlusten, Strahlungsschäden) sowie das Aufsuchen der günstigsten Standortbedingungen innerhalb eines Faktorengradienten (zum Beispiel Temperatur, Feuchtigkeit, Helligkeit). Letzteres macht man sich bei bodenzoologischen Untersuchungen durch Einsatz des Berlese-Trichters zu Nutze (Abb. 2.4).

Eine **Anpassung im Lebenszyklus** stellt die Überdauerung ungünstiger Zeiten in Form des latenten Lebens (**Anabiose**) dar. Bei Pflanzen geschieht dies als Samen oder Spore, bei Tieren in Form von Dauereiern (zum Beispiel Salinen-Krebschen, *Artemia salina*) oder Sporen. Bei manchen Arten, zum Beispiel den Bärtierchen (Tardigrada) kann der gesamte Organismus in den Zustand der Anabiose übergehen. Hierzu sind Stoffwechselvorgänge erforderlich, so dass Anabiose auch als Anpassung auf physiologischer Ebene eingestuft werden kann.

Anpassungen in der Lebensstrategie erfolgen sowohl als Reaktion auf abiotische, als auch auf biotische Faktoren. Sie werden daher im Rahmen der Synökologie behandelt (siehe Kapitel 6).

2.3 Umweltfaktoren und Ressourcen

Insbesondere in der englischsprachigen Literatur wird häufig nicht zwischen biotischen und abiotischen Standortfaktoren, sondern zwischen Umweltbedingungen und Ressourcen unterschieden. Begon et al. (1998:

31) definieren Umweltbedingungen »als einen abiotischen Umweltfaktor, der in Zeit und Raum variiert, und demgegenüber die Organismen unterschiedlich reagieren«. Eine Ressource ist dagegen nach TILMAN (1982: **11**) »any substance or factor which can lead to increased growth rates as its availability in the environment is increased, and which is consumed by an organism«, also zum Beispiel Nitrat, Phosphat, Lichtstrahlung, Nektar, andere Organismen, aber auch eine Höhle in einem Baumstamm, die als Schlaf- oder Brutplatz genutzt wird. In diesem Sinne ist beispielsweise Licht (in Abschnitt 2.1 als abiotischer Standortfaktor aufgeführt) kein Umweltfaktor, sondern eine Ressource, denn es wird von Pflanzen »konsumiert«. Nach BEGON et al. (1998: 31) ist weiterhin festzuhalten, dass Umweltfaktoren durch die »Organismen beeinflusst, aber nicht verbraucht werden«. Eine Einschränkung durch andere Organismen ist aber möglich. Beispielsweise wird in einem lichten Pflanzenbestand die Temperatur durch die Bestandestranspiration erheblich herabgesetzt, also für darin lebende anderen Organismen (Tiere) eingeschränkt. Im Rahmen des vorliegenden Buches werden daher Umweltbedingungen und Ressourcen weiterhin unter der Bezeichnung Standortfaktoren (gegebenenfalls unterteilt in biotische und abiotische) aufgeführt.

2.4 Der Lebensraum einer Art

Habitat: Charakteristischer Lebensraum einer Art (statt Habitat wird heute oft auch der ursprünglich für eine Biozönose reservierte Begriff **Biotop** benutzt).

Aufgrund ihrer Standortansprüche und Anpassungen ist die Mehrzahl der Organismen an bestimmte Lebensräume gebunden, nämlich an solche, in denen alle für ihre Existenz notwendigen Bedingungen erfüllt sind und die übrigen Bedingungen ertragen werden können. Dieser charakteristische Lebensraum einer Art wird von Ökologen meist als Lebensstätte, Standort oder **Habitat** (lat. *habitare* = wohnen) bezeichnet, während der Lebensraum einer Biozönose **Biotop** (von griech. *bios* = Leben und *topos* = Ort) genannt wird.

Im forstlichen und geobotanischen Bereich werden die Begriffe Biotop und **Standort** synonym benutzt. So spricht man zum Beispiel sowohl vom Standort der Buche (Habitat) als auch vom Standort des Orchideen-Buchenwaldes (Biotop). Dementsprechend benutzen manche Ökologen die Begriffe ebenfalls gleichbedeutend (zum Beispiel OSCHE 1978, WITTIG 1995). Auf keinen Fall sollte Standort mit Wuchsort oder Fundort verwechselt werden, denn mit diesen Begriffen sind geographische Angaben (konkrete Ortsnamen oder Koordinaten) gemeint.

Manche Arten sind aufgrund spezieller Standortansprüche ausschließlich an einen bestimmten Biotop gebunden (stenöke Arten), andere kommen dagegen in vielen verschiedenen Biotoptypen vor (euryöke

Gesetz der relativen Standortskonstanz (Walter & Walter 1953: 230): »Wenn im Wohnbezirk oder Areal einer Pflanzenart das Klima sich in einer bestimmten Richtung ändert, so tritt ein Wuchsort- oder **Biotopwechsel** ein, durch den die Klimaänderung aufgehoben wird.«

Arten, Ubiquisten). Das Vorkommen einer Art in verschiedenen Biotopen kann durch eine weite Amplitude der Standortansprüche verursacht werden, auf Bildung von Ökotypen beruhen (siehe Abschnitt 4.3) oder aber durch **Biotopwechsel** nach dem von Walter & Walter (1953) formulierten **Gesetz der relativen Standortkonstanz** begründet sein. Es besagt, dass diejenigen Arten, die in unterschiedlichen Klimaräumen vorkommen, die großklimatischen Unterschiede ausgleichen, indem sie Standorte mit für sie günstigem Kleinklima oder mit für sie günstigen Bodeneigenschaften besiedeln. Als Beispiel für dieses Phänomen sei die Buche genannt, die im regenreichen atlantischen und subatlantischen Klima auf Böden mittlerer Feuchtigkeit von der Ebene bis in Mittelgebirgsregionen hinein der dominierende Baum ist, im Mittelmeerraum dagegen nur in der Wolkenstufe der Gebirge auftritt. Ein weiteres Beispiel für den Biotopwechsel von Pflanzen sind einige bodenvage Arten der östlichen Waldsteppen, die in Westeuropa nur an trockenen, südexponierten Kalk- und Lössstandorten anzutreffen sind.

Merksatz

Der Begriff BIOTOPWECHSEL hat in Zoologie und Botanik unterschiedliche Bedeutung.

In der Zoologie versteht man unter Biotopwechsel ein ganz anderes Phänomen, nämlich den Wechsel des Lebensraumes innerhalb eines Jahres- oder Lebenszyklus. Ein Beispiel sind die Wassertreter (*Phalaropus*), die an Tümpeln der Arktis brüten, jedoch auf dem offenen Ozean überwintern.

Fragen

(Seitenverweise zur Beantwortung)

1 Womit beschäftigt sich die Autökologie? (s. Seite 20)

2 Welches sind die beiden wichtigsten Komplexe abiotischer Faktoren für terrestrische Organismen? (s. Seite 21)

3 Nennen und erläutern Sie wichtige Vor- und Nachsilben zur Bezeichnung der Reaktion von Organismen gegenüber abiotischen Standortfaktoren! (s. Seite 22, 24 f.)

4 Bilden Sie aus diesen Vorsilben exemplarisch einige Fachbegriffe und erläutern sie diese! (s. Seite 24)

5 Zeichnen und beschriften Sie die idealisierte Gedeihkurve eines Organismus in Abhängigkeit von einem Umweltfaktor! (s. Seite 23)

6 Welcher der auf einen Organismus einwirkenden Faktoren hat jeweils die stärkste Wirkung? (s. Seite 23)

7 Diskutieren Sie die alte Bauernregel »Wasser ersetzt Stickstoff«! (s. Seite 25)

8 Auf welchen Ebenen können sich Organismen an Veränderungen abiotischer Standortfaktoren anpassen? (s. Seite 26 f.)

9 Fragen

- Wie nennt man die zeitlich deutlich voneinander verschiedenen Möglichkeiten der Anpassungen von Organismen an Umweltveränderungen, und in welchen Zeiträumen und auf welchen Ebenen erfolgen sie? (s. Seite 26 f.) 9
- Nennen und beschreiben Sie die von Raunkiaer definierten Lebensformen der Samenpflanzen! (s. Seite 26 f.) 10
- Was versteht man unter Konvergenz? Nennen Sie Beispiele für konvergente Entwicklungen! (s. Seite 26) 11
- Nennen Sie zwei unterschiedliche Möglichkeiten zur Untergliederung der Standortfaktoren und erläutern Sie die jeweiligen Begriffe! (s. Seite 22, 28 f.) 12
- Erläutern Sie die Begriffe Habitat, Biotop, Standort! (s. Seite 29) 13
- Was versteht man in der Botanik, was in der Zoologie unter Biotopwechsel? (s. Seite 30) 14

Literatur

BEGON, M., HARPER, J.L., TOWNSEND, C.R. (1998): s. Kap. 1.

GREVEN, H. (1980): Bärtierchen. Neue Brehm Bücherei, Ziemsen, Wittenberg, 100 S.

LIEBIG, J.V. (1855): Die Grundsätze der Agrikulturchemie. 2. Aufl., Vieweg, Braunschweig.

OSCHE, G. (1978): Ökologie. 7. Aufl., Herder, Freiburg/Basel/Wien, 142 S.

RAUNKIAER, C. (1934): The Life Forms of Plants and Statistical Plant Geography. Clarendon Press, Oxford. Reprint 1977, Arno Press, New York, 632 S.

STEUBING, L., SCHWANTES, H.O. (1992): Ökologische Botanik. UTB 888, 3. Aufl., Quelle & Meyer, Heidelberg, 408 S.

TILMAN, D. (1982): Resources competition between planctonic algae: an experimental and theoretical approach. Ecology 58, 338–348.

WALTER, H. (1960): Grundlagen der Pflanzenverbreitung. I. Standortslehre (analytisch-ökologische Geobotanik). 2. Aufl., Ulmer, Stuttgart, 566 S.

WALTER, H., WALTER, E. (1953): Einige allgemeine Ergebnisse unserer Forschungsreise nach Südwestafrika 1952/52: Das Gesetz der relativen Standortkonstanz; das Wesen der Pflanzengemeinschaften. Ber. Deutsche Bot. Ges. 66, 227–235.

WITTIG, R. (1995): Biotop. In KUTTLER, W.: Handbuch zur Ökologie, 2. Aufl., Analytica, Berlin, 87–89.

3 | Populationsökologie

Inhalt

Eigenschaften von Organismengruppierungen und ihrer Interaktionen.

Organismen treten nicht als isolierte Individuen auf, sondern stammen von Elternorganismen ab, von denen sie einerseits das Erbmaterial, andererseits oft auch eine anfängliche Nährstoffversorgung übernehmen. Sie produzieren ferner meist selber Nachkommen und stehen in direkter Beziehung zu Artgenossen, zum Beispiel durch wechselseitigen Schutz, durch intraspezifische Konkurrenz oder aber über Geschlechtsbeziehungen. Das vorliegende Kapitel behandelt numerische Eigenschaften solcher Organismengruppierungen, die wir summarisch Populationen nennen, und ihrer Interaktionen. Wichtige Parameter sind hierbei die Wachstumsraten der Populationen mit den jeweiligen Geburten- und Sterberaten, die Alters- und Geschlechterzusammensetzung sowie Veränderungen dieser Parameter, die sich infolge der Wechselwirkungen ergeben.

3.1 | Populationen und Wachstum

Population: Gruppe von Individuen, die eine tatsächliche oder potentielle Fortpflanzungsgemeinschaft bilden und ein definiertes Gebiet besiedeln. In der Praxis bezeichnet man oft auch eine Gruppe von Individuen einer Art in einem mehr pragmatisch abgegrenzten Gebiet als Population. Bei klonalen

Bei ökologischen Fragestellungen interessiert, im Gegensatz etwa zu Forschungen am Menschen und auch an Haustieren, nicht primär das Schicksal von Individuen, sondern das von Gemeinschaften (Populationen, Lebensgemeinschaften). In einem Ökosystem treten meist zahlreiche Vertreter einer Art gemeinsam auf, wobei die organismischen Eigenschaften (autökologische Reaktionen auf Umweltfaktoren, Wachstumsrate, Nachkommenzahl) individuell vielfach variieren. Die Summe der Individuen, die einer Fortpflanzungsgemeinschaft angehören und sich, zumindest potenziell, untereinander fruchtbar kreuzen können, bezeichnet man als Population. Auch in Fällen, wo keine wirkliche Kreuzung auftritt und wo die Individuen durch vorübergehende Parthenogenese entstanden sind (Blattläuse oder Wasserflöhe im Frühjahr) oder wo weitgehend vegetative Vermehrung stattgefunden hat (Schilf an einem

See, Bakterienkolonien) spricht man häufig von einer Population, obwohl präzisere Bezeichnungen hierfür Klone oder (bei Pflanzen) Ramets sind. Das Teilgebiet der Ökologie, das sich mit der Beschreibung der Struktur und der Dynamik von Populationen beschäftigt, heißt **Populationsökologie** (früher auch Demökologie). Soweit dynamische Aspekte ausgesprochen im Vordergrund der Betrachtung stehen, also Veränderungen von Populationsgrößen und -zusammensetzungen sowie Interaktionen, spricht man auch von Populationsdynamik. Den Alters- und Geschlechteraufbau, einschließlich der Analyse von Geburten- und Sterberaten in Abhängigkeit von Alter und Geschlecht, bezeichnet man als Demographie.

und modular aufgebauten Organismen ist das Konzept der Population nur eingeschränkt anwendbar.

Merksatz

Die POPULATIONSÖKOLOGIE untersucht pflanzliche und tierische sowie menschliche Populationen. Hierbei spielen Altersaufbau, Geschlechterverhältnisse und dynamische Veränderungen wie Wachstum, Fluktuation, Bestandsrückgang sowie numerische Wechselwirkungen mit anderen Organismenpopulationen eine Rolle.

Die biologische Grundlage jeder Population ist die Fortpflanzungseinheit. Wird die spezifische Fortpflanzungsart und ihre Auswirkungen auf die Populationsentwicklung, ferner die geographische Ausbreitung der Populationen und ihre genetischen und evolutiven Veränderungen mit untersucht, spricht man verallgemeinert von **Populationsbiologie** (siehe Abschnitt 4.1).

Populationen (im dargestellten weiteren Sinne) umfassen unterschiedliche Alterstufen der jeweiligen Arten. Die verschiedenen Altersstufen können entweder alle gleichzeitig auftreten (Beispiel: Familienverband einer Affenherde) oder nacheinander (Beispiel: sich streng saisonal entwickelnde Arten, wie manche Schmetterlinge, von denn man zu einer bestimmten Zeit nur Eier oder Raupen oder Imagines findet). In diesem letzteren Fall spricht man auch von »Kohorten« (synchron ablaufende Populationszyklen).

Ein **Ramet** (Mz. Ramets) ist eine durch klonales Wachstum einer höheren Pflanze gebildete vegetative Einheit, die zu selbständiger Existenz fähig ist, falls sie von der Mutterpflanze abgetrennt wird.

Bei der Feststellung von Populationsgrößen zu bestimmten Zeitpunkten muss zuvor definiert werden, welche Altersstadien oder auch welche organismischen Einheiten gezählt werden, da phänotypisch als Individuen erscheinende Organismen biologisch sehr unterschiedliche Beziehungen zueinander haben können (Pflanzenformen, die durch vegetative Ausläufer entstanden sind, Einzelpolypen von Korallenstöcken). Auch die räumliche Abgrenzung einer Population ist nicht einfach und beruht vielfach auch auf Willkürlichkeiten. So ist es in der Praxis oft schwierig zu entscheiden, welche (zum Teil isolierten) Vorkommen auch noch zur jeweiligen Population gezählt werden sollen und eine tatsächliche aktuelle Fortpflanzungsgemeinschaft bilden. Ferner kann ein Teil der Population für den Beobachter unsichtbar sein, zum Beispiel die als Pflanzensamen im Boden (Abb. 3.1) oder Sediment über viele Jahre ruhenden Teile der Population (»Samenbank« oder Diasporenbank). Sinn-

Eine **Diasporenbank** (Diasporenpopulation) ist die Gesamtheit der Ausbreitungseinheiten eines Pflanzentaxons an einem bestimmten Standort. Diasporenbanken enthalten oft mehrere Generationen von Diasporen. Manche sind langlebig (bis mehrere 100 Jahre), andere verlieren ihre Keimfähigkeit rasch.

gemäßes gilt für Sporen oder die Myzelien von Pilzen, deren oberirdische Erscheinungsformen allein die Fruchtkörper sind. Auch Tiere haben vielfach im Boden oder Sediment Überdauerungsstadien (Ephippien der Wasserflöhe, Dauerstadien von Bärtierchen und so weiter). Bei Vögeln muss berücksichtigt werden, ob ein Teil der Population in den Süden gezogen ist (Teilzieher). Bei Fischen oder Stachelhäutern im Meer, deren Jungstadien vielfach in riesigen Individuenzahlen als Plankton im Wasser verbreitet werden, wird man in der Praxis ohnehin stets nur entweder die adulten beziehungsweise sessilen Vertreter oder aber die entsprechenden Planktonstadien zählen.

Abb. 3.1

Populationsdynamik bei höheren Pflanzen mit Samenbanken (Diasporenbanken der x Arten, mit den Diasporenpopulationen $S_1, S_2, ...S_n$). Außer den oberirdisch in Erscheinung tretenden Pflanzenindividuen bilden auch die als Diasporenbank im Boden befindlichen Samen eine Teilpopulation. Die Populationen der aktiven Samen werden regelmäßig ergänzt durch neue Samenbildung und Einschleppung und sie werden verkleinert durch Samenfresser, Pathogene, Alterungsprozesse und das Keimen (nach URBANSKA 1992).

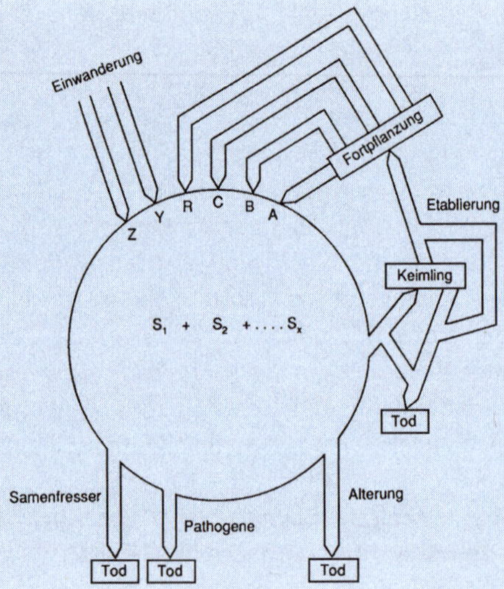

Die Veränderung der Individuenzahl einer Population in einem bisher »unterbesiedelten« Gebiet verläuft im Idealfall nach einer Exponentialkurve. Dies gilt sowohl für die Zunahme der Individuen als auch für die Zunahme an Biomasse. Für eine nähere mathematische Analyse muss man zwischen diskretem und kontinuierlichem Wachstum unterscheiden, wobei das letztere im Allgemeinen eine Vereinfachung darstellt, aber wegen der einfacheren Handhabbarkeit doch vielfach angewendet wird (Gleichung 3.1).

Praktisch drückt »r« in Gleichung 3.1 aus, wie hoch der mittlere Beitrag eines jeden Individuums pro Zeiteinheit zum Wachstum der

Merksatz

Grundlage jeder Messung einer Populationsgröße ist die Kenntnis über die zugrunde liegende Verteilung oder DISPERSION: Die Individuen können zufällig, regelmäßig (mit gleichem Abstand voneinander) oder geklumpt auftreten.

Population ist. Welche Prozesse tragen nun zu einer Änderung der Individuenzahl bei? Bei sich vegetativ teilenden Einzelzellen (Bakterien, Hefen) kann dies direkt auf die Zellteilung zurückgeführt werden, bei Organismen, deren Individuen eine endliche und kurze Lebenszeit haben, setzt sich »r« aus Geburtenrate b und der Mortalitätsrate m zusammen. In diesem letzteren Fall erhalten wir für die spezifische Zuwachsrate r die durch Gleichung 3.2 dargestellte Beziehung:

Gleichung 3.1

$$dN / dt = r \times N$$

Gleichung 3.2

$$r = (b-m)$$

Durch Einfügen dieser Beziehung in die erste Gleichung erhält man Gleichung 3.3.

Gleichung 3.3

$$dN / dt = (b-m) \times N$$

b = Geburtenrate (von birth rate)
m = Mortalitätsrate (von mortality rate)
N – Individuen
r = spezifische Zuwachsrate (engl. intrinsic rate of increase)
t = Zeit

oder in Worten ausgedrückt: Jedes Individuum zeugt pro Zeiteinheit durchschnittlich b Nachkommen und stirbt mit der Wahrscheinlichkeit m pro Zeiteinheit.

3.2 Wachstumskurven und r-K-Konzept

Die Größe »r« ändert sich manchmal mit anwachsender Populationsgröße. Ursache können äußere Faktoren sein (geänderte klimatische Bedingungen im Jahreslauf) oder innere Faktoren: So kann eine zu geringe Dichte bewirken, dass sich Geschlechtspartner nicht finden und eine zu hohe kann zu Stressreaktionen infolge Übervölkerung führen. Ein Populationswachstum, das aus solchen Gründen in einem mittleren Bereich seine Maximalgröße hat, wird auch Allee-Wachstum genannt (nach Allee 1931). Zur weiteren Analyse soll hier aber angenommen werden, dass »r« sich nicht ändert, das heißt, wir nehmen ein dichteunabhängiges Wachstum an. Die Lösung der ersten Wachstumsgleichung (Gleichung 3.1) wird dadurch eine Exponentialfunktion (s. Gleichung 3.4).

Unter der **Dichte** (Populationsdichte, Abundanz) versteht man die Anzahl Individuen pro Flächeneinheit oder pro Volumeneinheit (im Wasser oder Boden).

In Abb. 3.2 sind Exponentialkurven für unterschiedlich große r-Werte aufgetragen. Die höchsten r-Werte zeigen einzellige Organismen außerhalb ihrer sexuellen Vermehrungsphasen, also Bakterien in wohltempe-

Abb. 3.2

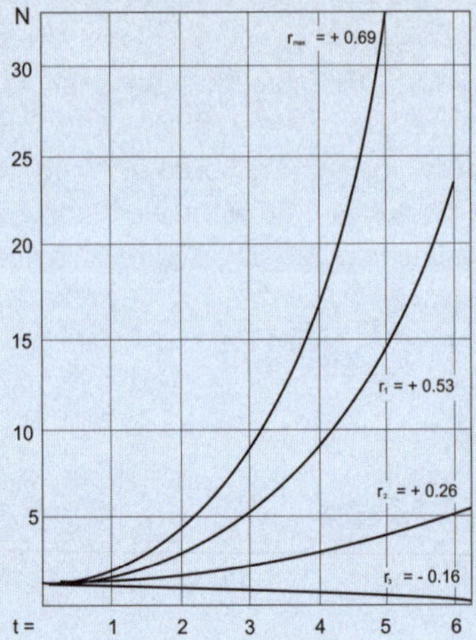

Exponentielle Änderung der Individuenzahl im Laufe der Zeit. Auf der x-Achse ist die Zeit (t) angegeben, auf der y-Achse die Anzahl der Organismen (N). Im Falle einer Bakterien- oder Algenkultur könnten die Zahlen der x-Achse z.B. für Tage oder Wochen stehen, die Zahlen der y-Achse z.B. für Millionen Zellen (aus STREIT 1994).

rierten Umwelten. Manche Darmbakterien können sich alle 20 Minuten verdoppeln und eukaryontische Zellen (einzellige Algen und Protozoen) alle paar Stunden, bei niedrigerer Temperatur allerdings langsamer. Die raschest wachsenden Mehrzeller (manche Rädertierchen, auch Blattläuse) können sich während den parthenogenetischen Wachstumsphasen etwa alle 2 bis 3 Tage verdoppeln, wobei auch hier die Außentemperatur und die Nahrungsbedingungen eine wichtige Rolle spielen. Rasch sich vermehrende Vielzeller mit bisexueller Fortpflanzung benötigen mindestens rund eine Woche bis zur jeweils nächsten Vermehrungsphase, wobei dann allerdings bei großer Nachkommenzahl die rechnerische Verdopplungszeit doch auch relativ kurz sein kann. Diese Verdopplungszeit τ (griech. tau) berechnet sich bei Dichte unabhängigem exponentiellem Wachstum zu $\tau = \ln 2 / r$ (ln 2 = natürlicher Logarithmus = 0,693).

Unter einem **Klon** versteht man Organismen, die durch asexuelle oder vegetative Vermehrung, d.h. ohne Reduktionsteilung oder Rekombination, aus einem einzigen Mutterindividuum bzw. einer Mutterzelle entstanden sind. Von parthenogenetisch-asexueller Vermehrung spricht man hierbei, wenn die Vermehrung aus einer Fortpflanzungszelle erfolgt, von vegetativer Vermehrung (oft auch Knospung), wenn sie aus einer anderen Körperzelle erfolgt.

Eine exponentielle Wachstumsphase dauert höchstens wenige Generationen lang (vergleiche Box 3.1) und ist typisch für kleine Populationsgrößen (N) im Vergleich zur Endgröße, die die jeweilige Umwelt »tragen« kann (K, für die tragbare Kapazität der Umwelt, engl. *carrying capacity*). Wird die spezifische Zuwachsrate bei hohen Populationsdichten kleiner oder geht sie gar auf Null oder in negative Werte, so spricht man von einem dichteabhängigen Wachstum. Die entsprechenden Dichteregulationen lassen sich auf Begrenzungen an Raum und Nahrung (beziehungsweise Nährstoffen) sowie auf den daraus folgenden intraspezifischen Konkurrenzdruck zurückführen. Bei Tieren wirkt auch sozialer Stress unter hohen Populationsdichten wachstumsdämpfend und regulierend.

Box 3.1

Exponentielles Wachstum

Nehmen wir an, ab dem Zeitpunkt Null beginne sich ein Bakterienindividuum von der Größe 1 µm × 1 µm × 1 µm = 1 μm^3 alle 20 min zu verdoppeln. Dann hätte es sich nach 6 Stunden zu einer Population (genauer: Klon) von 2^{18} = 262144 μm^3 entwickelt und hätte die Maße eines Pantoffeltierchens. Nach 12 h hätte es etwa die Größe einer Stubenfliege, nach 18 h diejenige eines 20 kg schweren Hundes, nach 24 h diejenige eines Mehrfamilienhauses. Schließlich wäre es nach einem Tag, 19 h und 20 min bereits größer als die Erde, das heißt über 10^{39} μm^3 = 10^{12} km^3. Das Beispiel zeigt, dass exponentielles Wachstum nur über kurze Zeit mit physiologisch maximal möglichen r-Wert auftreten kann. Es führt auch zur Frage, wie es möglich ist, dass Organismen mit geringerem r_{max} neben solchen schnell wachsenden Formen konkurrenzfähig existieren können und warum die Selektion nicht darauf hingewirkt hat, überall hohe r-Werte zu etablieren. Rasches Wachstum bringt aber im Ökosystem auch Nachteile für eine Population mit sich: Innerhalb kürzester Zeit sind Ressourcen, wie die Nahrung, erschöpft; zudem können Krankheitserreger (Parasiten) der Vermehrung entgegenwirken. Gerade schnell wachsende Populationen verzichten vielfach auf »Verteidigungsmechanismen« (im allerweitesten Sinne), denn diese sind stets auch mit energetischen Kosten verbunden und reduzieren die Wachstumsparameter.

Das dichteabhängige Wachstum, das sich der Kapazität K nähert, kann durch Gleichung 3.5 beschrieben werden.

Gleichung 3.5 zeigt, dass praktisch ungehemmtes exponentielles Wachstum herrscht, solange die Anzahl der Individuen (N) klein gegenüber der Kapazität (K) ist. Mit zunehmender Annäherung an K geht die Wachstumsrate aber zurück. Der Populationsverlauf entspricht damit der Abb. 3.3, das heißt er verläuft nach einer sigmoiden Kurve oder, wie

$$N_t = N_0 \times e^{r \times t}$$

Gleichung 3.4

$$dN/dt = rN \times (K-N)/K$$

Gleichung 3.5

K = Kapazität (engl. carrying capacity)
N_t = Anzahl Individuen zum Zeitpunkt t
N_0 = Anzahl Individuen zum Zeitpunkt t = 0
r = spezifische Zuwachsrate
t = Zeit

Abb. 3.3

Wachstumskurven von Populationen:
a) Exponentielle Wachstumskurve.
b) Logistische (sigmoide) Wachstumskurve. Die stärkste Größenzunahme befindet sich an der Stelle des stärksten Anstiegs der Kurve, also bei K/2. Wird durch kontinuierliche Individuenwegnahme dieser Punkt beibehalten, so liefert die Population optimalen (maximalen) »Ertrag« (z.B. für den Räuber oder für den jagenden Menschen).
c) Logistische Wachstumskurve mit Reaktionszeitverzögerung τ, Frequenz f und Periodenlänge 1/f (aus STREIT 1980).

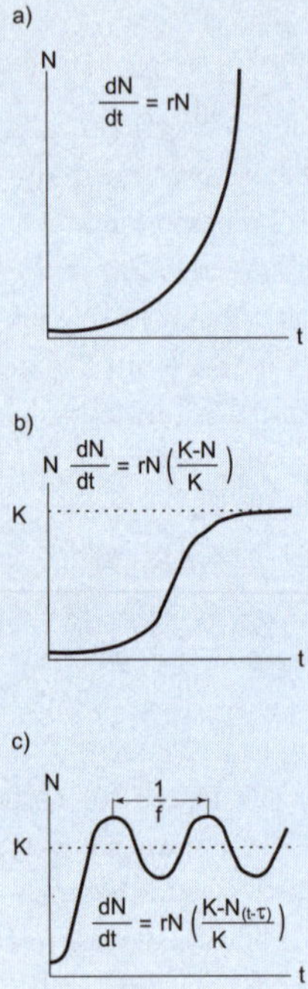

man in der Ökologie (aus historischen Gründen) sagt, gemäß einer logistischen Funktion.

Wachstumsphasen, während denen hohe Vermehrungsraten (r-Werte) auftreten, nennt man r-Phasen, Phasen, während denen die Kapazitätsbegrenzung stärker wirksam ist, K-Phasen. Viele Organismen neigen zu temporärem ungebremstem Maximalwachstum (r-Phase) mit manchmal anschließendem plötzlichem Populationszusammenbruch (viele Mikroorganismen, Lemminge, Mäuse), andere aber wachsen langsam und steuern asymptotisch auf einen Mittelwert zu, der der Kapazitätsgrenze K entspricht. Auf der Basis derartiger unterschiedlicher Vermehrungs- und Besiedlungsstrategien spricht man von r-Strategen und K-Strategen oder auch von r-Selektionierten und K-Selektionierten. Beide Kategorien sind idealisierte Grenzfälle, die in der Natur durch viele Übergänge ergänzt werden; selbst bei einer einzigen Art können wechselnde Strategien auftreten. Weitere Beispiele hierzu und auch eine Zusammenstellung der Merkmale typischer r- und K-selektionierter Arten finden sich in Abschnitt 6.5.

Konstante Populationsgrößen entlang einer Plateaukurve sind in der Natur eher selten. Häufig variiert die numerische Größe aus inneren (intrinsischen) oder äußeren (extrinsischen) Gründen (Abb. 3.4). Innere Gründe können Populationsaufschaukelungen infolge unvollkommener Dichteregelung sein. Klimaänderungen, Änderungen der Habitatstruktur oder Nahrungsvorsorgung, Einfluss von Prädatoren und Krankheitserregern oder Einwirkungen des Menschen können äußere Gründe sein.

Abb. 3.4

Zahl brütender Graureiherpaare in England und Wales, gemessen an der Anzahl besetzter Nester. Als wichtige Ursachen für die Populationseinbrüche gelten strenge Winter (nach STAFFORD 1971, aus BEGON et al. 1996).

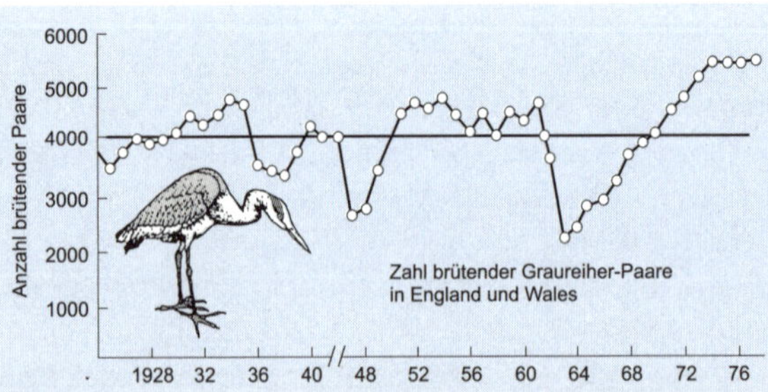

Life-history-Parameter und Demographie

3.3

Ein jagendes Raubtier, das aus einer Huftierherde heraus ein trächtiges Muttertier schlägt, übt auf die zukünftige Bestandsentwicklung dieser Beutetierpopulation einen stärkeren Einfluss aus als wenn es ein altes und krankes Beutetier schlägt. Während im ersten Falle mit dem Töten des Muttertiers auch die potenziellen Nachkommen ausgelöscht sind, ist beim Schlagen des altersschwachen Tieres möglicherweise nur der natürliche Tod vorweggenommen und damit vielleicht gar die intraspezifische Nahrungskonkurrenz in der Beutepopulation vermindert worden.

Aber auch das Fressen eines Jungfisches durch einen größeren Raubfisch im See ist in Anbetracht der oft zahlreichen Eier, die pro Adultfisch ins Wasser gelassen werden und Schwärme von Jungfischen bilden, für die Fischpopulation von geringerer ökologischer Konsequenz als beispielsweise das Fressen eines Sumpfschildkröteneies für die Schildkrötenpopulation. Schildkröteneier werden in erheblich geringerer Zahl pro Muttertier produziert. Und ein Reh, das Knospen oder Jungtriebe eines Baumes frisst, übt einen stärkeren Effekt auf die Pflanzengemeinschaft aus als eine Raupenpopulation, die quantitativ gleich viel Material, aber von bereits reifen Blättern konsumiert.

Merksatz

Die DEMOGRAPHIE untersucht mit statistischen Methoden eine Population/Bevölkerung, wobei speziell die Alters- und Geschlechterzusammensetzung, die Geburten- und Sterberaten sowie die Zu- und Abwanderungen in die Analyse eingehen.

Betrachtungen zum Einfluss, den eine Art auf eine andere ausübt, haben demzufolge Alter und Geschlecht sowie auch den »Wert« des gefressenen Anteils zu berücksichtigen, den dieser für die weitere Entwicklung des betreffenden Beuteorganismus gehabt hätte. Eigenschaften von Organismen, die die Überlebensraten beeinflussen, sowie Eigenschaften, die Einfluss auf das Alter der ersten Reproduktion nehmen oder die beispielsweise den Anteil der Geschlechter bestimmten, gehören alle zu den **Life-history-Eigenschaften**. Diese haben durchweg eine starke genetische Grundlage, wenngleich ökologische Faktoren modifizierend einwirken. Sie dienen einerseits als Grundlage für theoretische evolutionsbiologische Betrachtungen, andererseits auch für praktische Berechnungen, zum Beispiel in Fischerei-, Jagd- und Forstwirtschaft.

Überlebensraten unter bestimmten Umwelten, Geschlechterverhältnisse, Zeitpunkt der Reife und Größe der Jungenproduktion werden als ***Life-history*-Parameter** bezeichnet. Vorschläge für Übertragungen des Begriffs *Life-history* ins Deutsche – Lebensgeschichte, Lebenszyklus, Bionomie – haben sich aber kaum durchgesetzt.

Wichtige populationsspezifische *Life-history*-Eigenschaften (oder -Parameter) sind aus **Überlebenskurven** abzulesen. Die praktische Grundlage für die Erstellung von Überlebenskurven in einer Population ist das Messen von Überlebensraten l_x, das heißt der jeweiligen Wahrscheinlichkeiten dafür, dass ein Individuum bis zum Alter x überlebt.

Man unterscheidet drei Grundtypen von Überlebenskurven (Abb. 3.5). Ein in der Jugendphase rasches Abfallen der Prozentwerte überlebender Individuen (also hohe Jungenmortalität aus unterschiedlichen Gründen) und ein relativ langsames Zurückgehen in späteren Stadien ist der häufigste Fall und wird traditionell als **Typ III** bezeichnet. So entlassen viele aquatische Organismen eine große Anzahl an Eiern ins Wasser, die sich nach Befruchtung zu Kleinlarven entwickeln; viele werden allerdings von Planktonfressern konsumiert, und nur ein sehr kleiner Anteil schafft es, zur Adultform zu gelangen und selber wieder eine große Jungenanzahl zu produzieren.

Mit **Typ II** bezeichnet man eine mehr oder weniger gleichbleibende Mortalitätsrate, wobei man lediglich zugesteht, dass allenfalls die allerjüngsten Jugendstadien eine erhöhte Mortalität haben. Dieser Typ ist für viele höhere Pflanzen, Fische und Vögel beschrieben worden. Bei vielen Vögeln ist zwar anfangs eine hohe Sterblichkeit der Küken zu beobachten, danach aber ist die Mortalitätsrate pro Jahr einigermaßen konstant, zum Beispiel beim Rotkehlchen oder der Kohlmeise in allen Altersklassen um 50 % (für Männchen und Weibchen etwas unterschiedliche Werte), bei der Lachmöwe um 25 %, beim Höckerschwan ca. 18 % und beim Königsalbatros ca. 3 %. Einige wenige Individuen jeder Population sind daher bei diesen Vögeln recht alt, während das Durchschnittsalter eher niedrig ist. So ist zum Beispiel 1 von 1000 Rotkehlchen 10 Jahre alt (denn $0{,}5^{10} = 0{,}00098$), während 500 von 1000 höchstens 1 Jahr alt sind.

Schließlich hat man als **Typ I** diejenigen Fälle umschrieben, wo Jungorganismen sorgsam vor Schad- und Feindwirkungen behütet werden und wo dadurch die Jungensterblichkeit gering ist. Dieser Fall ist typisch für manche Säugetiere (insbesondere auch den modernen Menschen) und beispielsweise auch für viele sorgsam gehegte Laborpopulationen.

Die verschiedenen Überlebenskurven können im Einzelfall je nach Umweltbedingungen von einem Typ in einen anderen umschlagen. So

Abb. 3.5

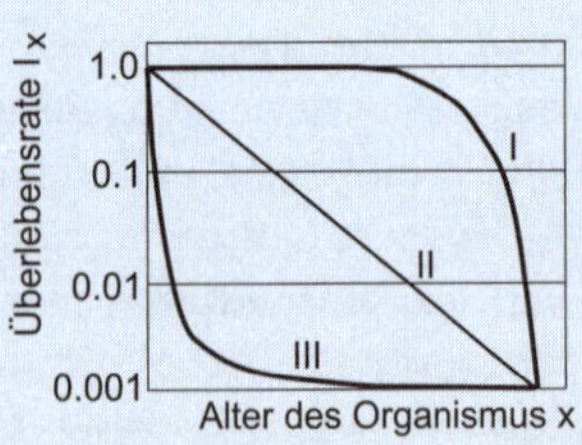

Grundformen von Überlebenskurven. Auf der x-Achse ist das Alter der Organismen vom Zeitpunkt des Schlüpfens bis zum Tod dargestellt. Auf der y-Achse ist im logarithmischen Maßstab die Überlebensrate l_x aufgetragen, beginnend mit 1 (= 100 %) zum Zeitpunkt Null. Der Kurventyp I zeigt eine niedrige Mortalitätsrate während des größten Teils des Individuallebens bis kurz vor dem Maximalalter. Der Kurventyp II zeigt eine gleich bleibende (altersunabhängige) Mortalitätsrate während des Individuallebens. Der Kurventyp III zeigt eine anfänglich hohe Mortalitätsrate (hohe Juvenilsterblichkeit) mit später abnehmenden Werten.

entsprachen die Überlebenskurven menschlicher Bevölkerungen vergangener Jahrhunderte (und in manchen Regionen heute noch) eher Typ II, nicht Typ I, wie heute bei uns (Abb. 3.6). Ähnliche Veränderungen sind auch bei tierischen und pflanzlichen Organismen möglich: Der in unseren Frühlingswäldern auffällige Bär-Lauch *(Allium ursinum)* mag als Beispiel dafür dienen, dass die Kurven mehrstufig ausgebildet sein können. Er weist jeweils erhöhte Mortalitätsraten im Embryonalstadium, während der ersten Winterruhe, im Alter von etwa 3 und schließlich nach etwa 6 Jahren (Altersphase) auf; dazwischen sind die Mortalitätsraten niedriger, die Überlebenskurven also flacher. Seggen zeigen andererseits eine große innerartliche Variabilität im Kurvenverlauf.

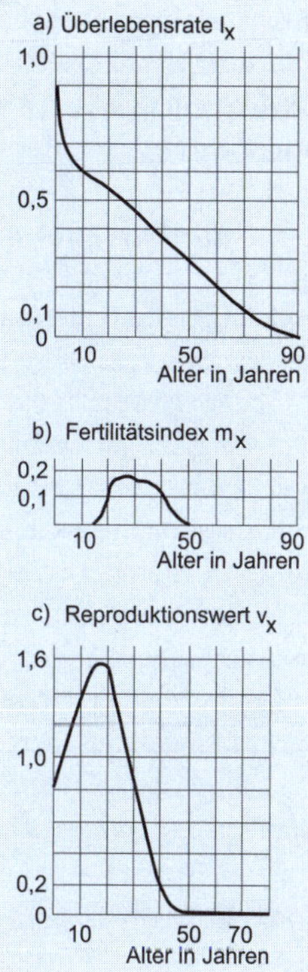

Abb. 3.6

Demographische Parameter. **a)** Überlebenskurve (Ordinate hier im Gegensatz zu Abb. 3.5 linear aufgetragen!) einer menschlichen Population (Bevölkerung), nämlich Taiwan 1906, nur auf weibliche Bevölkerungsanteile bezogen. **b)** Fertilitätskurve, d.h. Darstellung der Abhängigkeit des Wertes m_x vom Alter. **c)** Kurve des Reproduktionswertes (= Fortpflanzungswertes) v_x (nach HAMILTON 1966 aus WILSON 1975).

Die oben dargestellte »Theorie« der *Life-History* bezieht sich in erster Linie auf so genannte unitäre Organismen, nicht auf »modulare« Organismen. **Unitäre Organismen** sind Organismen mit einer weitgehend festgelegten Entwicklung und definierten Endgröße, also zum Beispiel der Mensch, die Fliege oder einzellige Algen. Diese für uns vertraute Form der Entwicklung ist allerdings nur eine von zwei grundsätzlich unterschiedlichen Entwicklungs- und Vermehrungsformen. Andere Organismen entwickeln aus der Zygote zunächst ein Modul nach einem Grundbauplan, das dann meist durch Verzweigung viele weitere ähnliche Einheiten bildet. Solche Organismen werden **modulare Organismen** genannt (das Konzept von unitären vs. modularen Organismen geht vor allem auf den Pflanzenbiologen John Harper zurück).

Die Anzahl der Einheiten oder Module der modularen Organismen ist im Allgemeinen ebenso wenig festgelegt, wie etwa das individuelle Alter, das meist viel stärker variieren kann, als bei unitären Organismen. Vegetative Vermehrung ist verbreitet und es gibt vielfach langlebige (quasi »unsterbliche«) Zell-Linien, die sich von einem zum nächsten Individuum verfolgen lassen. Auch die direkten Interaktionen (Konkurrenz und Räubereinfluss) verlaufen in qualitativ anderer Weise als bei unitären Organismen. Zu den modularen Organismen gehören höhere Pflanzen,

Korallen, Moostierchen und viele Pilze. Manche Ökosysteme sind in ihrem physiognomischen Erscheinungsbild durch modulare Organismen geprägt, so insbesondere Wälder, Mangrove und Riffe, während im Pelagial von Gewässern oder in einer Halbwüste unitäre Organismen dominieren.

3.4 | Konkurrenz- und Räuber-Beute-Systeme

Populationen können nur solange wachsen, bis begrenzende Faktoren entgegenwirken. Diese können abiotischer Natur sein, indem Wasser, Nahrung, Nistplätze oder klimatische Bedingungen der weiteren Vermehrung Einhalt gebieten. Oder sie können biotischer Natur sein, indem Räuber, Parasiten, Krankheitserreger, Nahrungs- oder Nistplatzkonkurrenten die weitere Vermehrung einschränken oder sogar verhindern. Im letzteren Falle tritt vielfach eine direkte begrenzende Einwirkung durch eine andere Art auf. Als Oberbezeichnung für solche direkten Wechselwirkungen verwenden wir den Begriff Bisysteme und gehen in Kapitel 5 näher darauf ein, wo auch die biologische Basis dieser Wechselwirkungen illustriert werden wird. Hier sollen lediglich aus der Sicht der (numerischen) Populationsökologie das Wesen der Konkurrenz und der Räuber-Beute-Beziehungen formal analysiert werden.

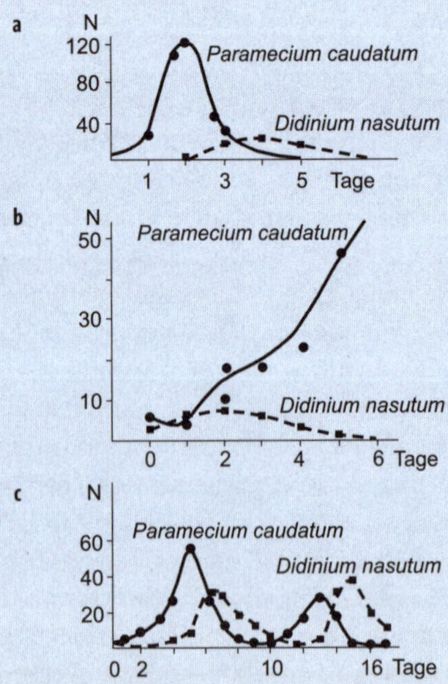

Abb. 3.7 | Bedeutung der Umweltkomplexität für die Koexistenz von Räuber und Beute. Ergebnisse von Räuber-Beute-Experimenten mit den beiden zu den Ciliaten gehörenden Einzellern *Paramecium caudatum* (Beute) und *Didinium nasutum* (Räuber) unter drei unterschiedlichen Bedingungen:
a ohne Sediment (nach Aussterben der Beute stirbt auch der Räuber aus);
b mit Sediment (ein Teil der *Paramecium*-Population überlebt und vermehrt sich exponentiell);
c ohne Sediment, aber mit Zugabe von einem *Paramecium* und einem *Didinium* an jedem 3. Tag (Simulation einer Einwanderung; nur in diesem Falle ließ sich ein Räuber-Beute-Zyklus über einige Zeit stabilisieren) (nach Gause 1934).

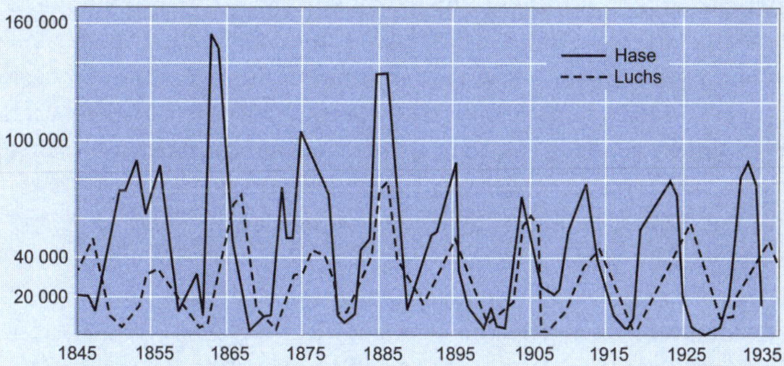

Abb. 3.8

Zyklische Bestandsschwankungen von Hasen- und Luchspopulationen (*Lepus americanus* und *Lynx canadensis*) in Kanada. Die Analyse der offensichtlichen Zyklen wurde verschiedentlich als Räuber-Beute-Beziehung gemäß den Lotka-Volterra-Gleichungen interpretiert. Man hat aber auch darauf hingewiesen, dass die Zyklen häufig in unterschiedlichen Ernährungslagen der Hasen in den einzelnen Jahren ihre Ursachen haben. Ferner müssen bei der Analyse solcher Ergebnisse wirtschaftliche und modische Schwankungen berücksichtigt werden (nach McLulich 1937).

Auf der Basis des exponentiellen und des sigmoiden (logistischen) Wachstums sind für Konkurrenzsituationen, aber auch für **Räuber-Beute-Situationen** Modelle entwickelt worden, die die entsprechenden Wechselwirkungen zumindest für Laborpopulationen ordentlich beschreiben konnten. Diese klassischen, gegenüber der komplexeren realen Situation allerdings vielfach idealisierten Modelle heißen Lotka-Volterra-Beziehungen (nach zwei Forschern der 1920er Jahre). Die mathematische Grundlage bilden wechselseitig abhängige Differenzialgleichungen für die jeweils miteinander in Interaktion stehenden Organismenpopulationen. Die klassischen experimentellen Untersuchungen sind mit tierischen Einzellern und mit Getreideschädlingen durchgeführt worden, die alle experimentell relativ leicht zugänglich waren.

Ein einfacher Ansatz des Räuber-Beute-Modells von Lotka-Volterra zeigt, dass eine zyklisch schwankende Populationsgröße sowohl von Räubern als auch von Beuteorganismen auftreten kann, so wie dies auch experimentell in der damaligen Zeit gefunden worden ist (Abb. 3.7). Dennoch sind manche der in der freien Natur beobachteten mehr oder weniger zyklischen Schwankungen vielleicht auch anders zu erklären, zum Beispiel durch intrinsische Faktoren der Beuteart und nicht durch die Wirkung der Räuber. Gerade dies hat man bei der bekanntesten Langzeitregistrierung vermutet, nämlich der Wechselwirkung zwischen Schneeschuhhase und Kanadischem Luchs (Abb. 3.8).

Als **Konkurrenz** bezeichnet man die Folgen gemeinsamer Nutzung begrenzt zur Verfügung stehender Ressourcen (Licht, Wasser, Nährstoffe und Böden für Pflanzen; Wasser, Nahrung und Lebensraum für Tiere). Konkurrenz zwischen Individuen tritt sowohl innerartlich als auch zwischenartlich auf. Innerartliche Konkurrenz bei Pflanzen kann bei Wassermangel zu lockerem Bewuchs führen oder bei Lichtmangel bestimmte Wuchsformen begünstigen, Aspekte, die mehr unter autökologischen Gesichtspunkten untersucht werden. Innerartliche Konkurrenz bei Tieren wird einerseits auch von der Autökologie (oder der Ökophysiologie) untersucht, andererseits auch im Rahmen der Verhaltensforschung, denn viele Interaktionen bei Tieren sind stark mit komplexen Verhaltensäußerungen verbunden.

Mit **Konkurrenzausschluss** meint man i.A. ein völliges Verschwinden einer Art infolge einer Konkurrenzsituation. Weitere Begriffsverwendung: Durchführen eines Experiments durch Ausschluss von (potenziellen) Konkurrenten.

Bei der zwischenartlichen Konkurrenz (siehe auch Abschnitt 5.5 und Abschnitt 6.3) unterscheidet man zwischen Ausbeutungskonkurrenz und Interferenzkonkurrenz: Die erste Form tritt zum Beispiel dort auf, wo Pflanzen unterschiedlich wirksame Aufnahmemechanismen für Nährstoffe oder für Wasser aus dem Boden besitzen und wo sich als Folge davon nur eine von mehreren Pflanzenarten durchsetzt. Sinngemäßes gilt auch für Tiere. Die zweite Form äußert sich im Abdrängen oder auch im Überwachsen, zum Beispiel bei Pflanzen auf dem Festland (Überwachsen von Moosen durch höheren Pflanzen) oder in der sessilen Lebensgemeinschaft von Korallenriffen. Die beiden Formen sind nicht scharf voneinander abgrenzbar, und es gibt Fälle, bei denen die Konkurrenz um eine Ressource die Nutzung einer anderen Ressource beeinflussen kann. Eine Folge von Konkurrenzreaktionen ist in jedem Fall entweder eine **Koexistenz** (bei eventueller numerischer Dominanz einer Art) oder ein alleiniges Überleben des einen »Konkurrenten«, der dadurch als konkurrenzstärker bezeichnet wird. Ein völliges Verschwinden einer Art durch Konkurrenz führt zu einem **Konkurrenzausschluss**, das heißt zu einem Zustand, in dem Konkurrenz nicht mehr wirksam ist (siehe auch Abschnitt 6.3).

Viele neueren Untersuchungen und Analysen zu Räuber-Beute-Beziehungen und zu Konkurrenz-Interaktionen haben gezeigt, dass es eine Fülle unterschiedlicher Mechanismen gibt und dass die vereinfachten mathematischen Ansätze zwar gute Grundlagen für Hypothesen bilden können, dass sie die komplexen Wechselwirkungen der Umwelt aber vielfach nicht darstellen können. Ein großer Schwachpunkt all der frühen Berechnungen ist die Tatsache, dass sie generell auf so genannten deterministischen Annahmen und Gleichungssystemen beruhen und dass man dem Zufall (der Stochastizität mit nur statistisch fassbaren Wirkungen) erst später (ab etwa den 1970er-Jahren) die notwendige Beachtung geschenkt hat, wenngleich schon von den klassischen Ansät-

Experimentelle Konkurrenz[1] zwischen den Reismehlkäferarten *Tribolium castaneum* und *T. confusum* Tab. 3.1

Klima	Temperatur	relative Feuchtigkeit	*T. castaneum* überlebt	*T. confusum* überlebt
heiß-feucht	34 °C	70 %	100 %	0 %
heiß-trocken	34 °C	30 %	10 %	90 %
warm-feucht	29 °C	70 %	86 %	14 %
warm-trocken	29 °C	30 %	13 %	87 %
kühl-feucht	24 °C	70 %	31 %	69 %
kühl-trocken	24 °C	30 %	0 %	100 %

[1] nach PARK (1954); Versuchsbedingungen: jeweils gleiche Stärke der Ausgangspopulationen.

zen her bekannt war, dass Konkurrenzergebnisse nicht immer gleich ausgehen (Tab. 3.1). Dennoch helfen auch vereinfachte Ansätze durchaus, Grundprinzipien von wechselseitigen Abhängigkeiten zu verstehen.

Es gibt aber noch ein weiteres, sehr grundsätzliches Problem, insbesondere was die Konkurrenz-Interaktionen anbetrifft. Während Räuber-Beute-Beziehungen im Allgemeinen noch relativ leicht nachprüfbare reale Grundlagen haben, ist das **Konzept der Konkurrenz** trotz der diskutierten einsichtigen Beispiele häufig nicht in einfacher Weise zu fassen und wird immer wieder grundsätzlich in seiner ökologischen Bedeutung diskutiert oder in Frage gestellt. Sowohl im experimentellen Ansatz als auch im Prinzipiellen der Fragestellungen und Schlussfolgerungen liegen einige Schwachpunkte. So schließt man aus dem gemeinsamen (so genannten sympatrischen) Vorkommen zweier Arten, dass sie sich in irgendeiner Hinsicht (das heißt in der Nutzung der Umweltressourcen) unterscheiden müssen. Konkurrenz mit völligem Verdrängen eines Konkurrenten im Sinne eines Konkurrenzausschlusses wird so interpretiert, dass der überlebende Partner der konkurrenzstärkere sei. Das Etablieren einer bestimmten Endsituation verlangt aber in aller Regel eine längere Zeitdauer der Einwirkung und auch konstante Umweltbedingungen, zumindest bezüglich der relevanten Ressourcen (Faktoren). Gerade dies ist aber für lang lebende Organismen (Bäume, Sträucher, Wirbeltiere) vielfach nicht strikt gegeben. Die Zufälligkeit der Witterungsbedingungen (Trockenheiten, Temperaturentwicklungen, Stürme mit weitgehenden Störungen) begünstigen häufige abwechselnd die eine oder die andere Art in einer Gemeinschaft. Die Besiedlung neu geschaffener Siedlungsflächen (zum Beispiel durch Erdrutsch, Brache, deponiertes natürliches oder anthropogenes Material unter Wasser) schaffen zunächst genügend Raum und führen längere Zeit nicht zu einer Raum- oder sonstigen Konkurrenz. Auch im Plankton koexistieren vielfach Arten mit gleichen oder sehr ähnlichen Ansprüchen (das »Planktonparadoxon«), was durch

Abb. 3.9

Konkurrenz zweier Arten des Reismehlkäfers *Tribolium*. Bei 29 °C und 30 % Luftfeuchtigkeit gewann in 87 % der Fälle *Tribolium confusum* (typischer Populationsverlauf im oberen Bild), in 13 % der Fälle *Tribolium castaneum* (typischer Populationsverlauf im unteren Bild) (nach Park 1954). Vgl. auch Tab. 3.1.

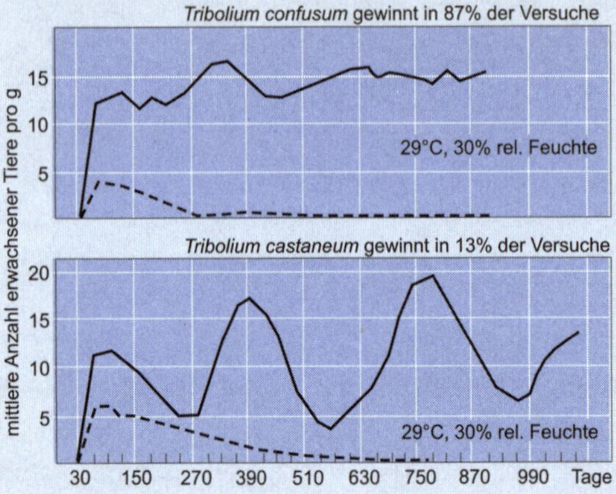

Abb. 3.10

Konkurrenz zwischen dem Reismehlkäfer (*Tribolium confusum*) und dem Getreideplattkäfer (*Oryzaephilus surinamensis*). Nur wenn sich der schlankere *Oryzaephilus* in Glasröhrchen verstecken kann, also in einer »komplexeren« Umwelt lebt, kann er überleben (nach Crombie 1945).

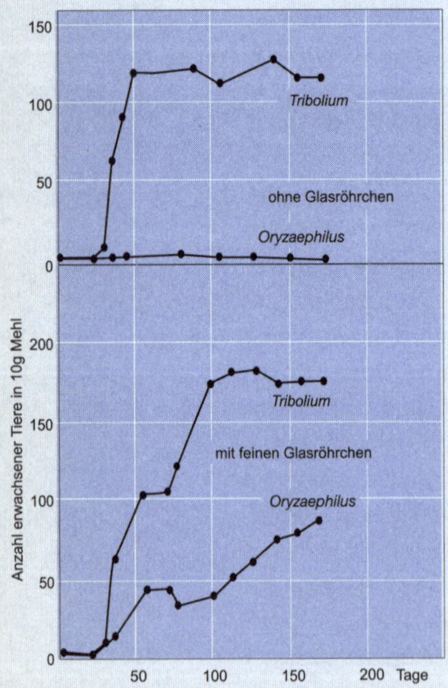

die Inkonstanz der Bedingungen (starke saisonale und witterungsbedingte zufällige Änderungen der Umweltfaktoren) erklärt werden kann. Hinzu kommt, dass sich die einzelnen Arten häufig nicht bis zur Kapazitätsgrenze vermehren, weil sie durch Fischfraß oder andere limitierende Einflüsse auf einer Populationsgröße unterhalb wirksamer Konkurrenzen gehalten werden. Umweltkomplexität, Umweltfluktuation und Prädatoren-Einfluss können also Konkurrenz innerhalb einer Gemeinschaft temporär oder dauernd verhindern oder mindestens gering halten. Manche klassischen Langzeitexperimente und Modelle, speziell die erwähnten Lotka-Volterra-Beziehungen von Konkurrenz- und Räuber-Beute-Systemen, müssen daher unter Berücksichtigung dieser Aspekte in ihrer realen Bedeutung für die Organismeninteraktion relativiert gesehen werden. Dennoch bringen sie anschaulich Grundprinzipien zum Ausdruck, wie Wechselwirkungen in Zwei-Arten-Systemen (Bi-Systemen) vor sich gehen können (Abb. 3.9, Abb. 3.10).

Menschliches Bevölkerungswachstum | 3.5

Einen bedeutenden Sonderfall eines starken Populationswachstums mit weit reichenden Auswirkungen auf das globale ökologische Geschehen stellt der Anstieg der menschlichen Bevölkerung dar, seitdem seit wenigstens 100 000 Jahren der moderne *Homo sapiens* außerhalb Afrikas erhebliche Bevölkerungsgrößen aufbaute. In Kombination mit effizienten Methoden der Bejagung und später der Land- und Viehwirtschaft sowie der kulturell-technischen Weiterentwicklung hat der Mensch in einmaliger Weise die Veränderung der Umwelt bewirkt. Zahlreiche jagdbare Tiere und nutzbare Pflanzen wurden dezimiert, wenige andere tatsächliche oder scheinbare »Nützlinge« jedoch verstärkt angebaut oder ausgesetzt. Hier soll nur das reine Wachstum der menschlichen Bevölkerung im Verlaufe der jüngeren Erd- und Menschengeschichte skizziert werden.

Die Art *Homo sapiens* lebt seit mehreren 10 000 Jahren auf allen Kontinenten (ausgenommen Antarktis) und hat im Verlaufe der Zeit einen enormen Anstieg der Individuenzahl erlebt. Diese Individuenvermehrung steht in Zusammenhang mit der gegenüber anderen Organismen unvergleichlich stärker entwickelten geistigen und technischen Fortentwicklung, die seit langer Zeit stattgefunden und dazu geführt hat, dass neue Lebensraum- und Nahrungsressourcen ebenso erschlossen wurden, wie neue Formen des gedrängten Zusammenlebens sowie die Entwicklung von Zucht- und Anbaumethoden. Frühere Formen der Gattung *Homo* (*Homo erectus, Homo neanderthalensis*) sind entweder (zu einem geringen Teil) in *Homo sapiens* aufgegangen oder aber sind durch Konkurrenz eliminiert worden. So vermutet man beispielsweise niedrigere Reproduktionsraten bei Neandertalmenschen, was in Kombination mit biologisch »nachteiligen« Eigenschaften (geringere Hirnausbildung, andere Sozialstruktur) zum Aussterben vor ca. 26 000 Jahren führte.

Die Gesamtbevölkerung der Neandertaler (*Homo neanderthalensis*), die Europa und Vorderasien besiedelten, betrugt wohl kaum jemals mehr als einige 10 000 Individuen, aufgeteilt auf jeweils kleine Familiengruppen. Die seit rund 100 000 Jahren einwandernden »modernen« *Homo sapiens*-Formen hingegen traten in immer größeren Verbänden mit stärkeren Populationsgrößen auf und bildeten später, nach Verdrängung der Neandertaler und nach der Eiszeit, auch komplexe Organisationsformen, bis hin zu Staaten. Dadurch stieg die Bevölkerungszahl deutlich an und dürfte (nach UNESCO-Schätzungen) weltweit in der beginnenden Nacheiszeit bereits rund 8 Millionen betragen haben.

Der weitere Anstieg bis auf die heutigen rund 6,4 Milliarden Menschen ist der Tab. 3.2 zu entnehmen. Die zunehmende Verkürzung der

Tab. 3.2 Bevölkerungs-Entwicklung 8000 v. bis 2050 n.[1)]

Zeitpunkt	Erdbevölkerung in Millionen
8000 v.	8
1 n.	300
1750 n.	800
1900 n.	1650
1927 n.	2000
1960 n.	3000
1974 n.	4000
1987 n.	5000
1999 n.	6000
2000 n.	6100
2004 n.	6400
2050 (Projektion)	7000 – 10000

[1)] nach diversen Quellen; Die ersten drei Zeilen (8000 v., 1n., 1750 n.) sind UNESCO-Schätzwerte. Die Projektion für 2050 hängt von den zugrunde gelegten Annahmen ab.

Tab. 3.3 Zunahme der Erdbevölkerung im 20. Jahrhundert[1)]

Jahr	Absolutzunahme in Mio. pro Jahr
1900	ca. 8
1950	ca. 40
1980	ca. 80
1990	ca. 90
2002	ca. 79

[1)] Aktuelle Zahlen u.a. in: http://www.dsw-online.de

Verdopplungszeiten bis ins letzte Viertel des 20. Jahrhunderts (die einem Ansteigen der r-Werte entsprach) bezeichnet man auch als hyperexponentielles Wachstum. Die einzelnen Wachstumsschübe der Erdbevölkerung können teilweise gewissen grundsätzlichen Innovationen zugeschrieben werden, so in der Zeit zwischen 8000 v. Chr. und 1 n. Chr. der (in den einzelnen Erdregionen sehr unterschiedlich einsetzenden) kulturellen Revolution des Ackerbaus und der Viehzucht, der rasante Anstieg im 20. Jahrhundert dem medizinischen Fortschritt. Demgegenüber weisen die Phasen kulturell langsamerer Entwicklung, wie sie im europäischen Mittelalter herrschten, auch einen geringen Anstieg der Bevölkerungszahlen auf, die teilweise starke temporäre Einbrüche durch Epidemien und Kriege zeigen.

Das 20. Jahrhundert hat mit Abstand den größten absoluten Bevölkerungszuwachs zu verzeichnen gehabt. Trotz der seit den 1970er-Jahren nicht mehr ansteigenden globalen spezifischen Zuwachsraten (r-Werte) sind die Absolutzunahmen dennoch hoch geblieben und haben erst später ihr Maximum erreicht (Tab. 3.3). Der im 20. Jahrhundert besonders intensivierte starke Anstieg der Erdbevölkerung mit der voraussichtlichen Konsolidierung im Verlaufe des 21. Jahrhunderts wird schon in den nächsten Jahrzehnten erhebliche demographische Probleme, insbesondere lokale Überalterungen und damit zusammen hängende Finanzierungsengpässe für die finanzielle Altersversorgung ergeben. Derzeit wird für 2050 mit einer globalen Bevölkerung von 7 bis 10 Milliarden Menschen gerechnet, doch stecken in solchen Prognosen zahlreiche Annahmen, die laufend korrigiert werden.

Der weitere Entwicklungsverlauf ergibt sich demographisch aus der Anzahl der Kinder pro Frau. Global hat sich die Kinderzahl pro Frau von 1965 bis 2000 von ca. 5 auf 2,7 reduziert. Bei einem Wert von 2,1 ist unter medizinisch und sozial günstigen Bedingungen innerhalb einer Bevölkerung ein langfristiges Gleichgewicht erreicht. In Europa sind die Zahlen seit Mitte des 20. Jahrhunderts auf Werte um 1,3 (Deutschland) bis 1,8 (Norwegen) gefallen. Hier kommt es also zu einer starken Abnahme der Bevölkerungszahl in den nächsten Jahrzehnten, sofern nicht entweder eine kompensierende Zuwanderung auftritt oder aber eine Änderung in der Einstellung zum Kinderwunsch. Generell und global haben geänderte Einstellungen der Menschen zu individuellen Lebenszielen und -bedürfnissen den größten Einfluss auf die Kinderzahl.

(Seitenverweise zur Beantwortung)

Fragen

- Was versteht man unter Population? Nennen Sie einige Eigenschaften von Populationen, mit denen sich die Populationsökologie beschäftigt! (s. Seite 32 f.) 1
- Erläutern Sie die Begriffe Klon und Ramet! (s. Seite 33, 36) 2
- Welche praktischen Probleme ergeben sich bei der Bestimmung von Populationsgrößen? (s. Seite 33 f.) 3
- Woran erkennt man ein exponentielles Wachstum? (s. Seite 34 ff.) 4
- Was versteht man in der Populationsökologie unter dem r-K-Konzept? (s. Seite 35 ff.) 5
- Nennen Sie einige Life-History Parameter! (s. Seite 39) 6
- Was versteht man unter Demographie? (s. Seite 39) 7
- Was versteht man unter einer Lebenskurve? Welche drei Grundtypen sind zu unterscheiden? (s. Seite 40 f.) 8
- Was versteht man unter modularen Bauplänen bzw. Organismen? (s. Seite 41 f.) 9
- Erläutern Sie das Räuber-Beute-Modell von Lotka und Volterra (Lotka-Volterra-Modell)! (s. Seite 43) 10
- Was versteht man in der Ökologie unter Konkurrenz? Welche Formen von Konkurrenz sind hier zu unterscheiden? (s. Seite 44 f.) 11
- Was versteht man unter hyperexponentiellem Wachstum? (s. Seite 48) 12
- Erläutern und diskutieren Sie das menschliche Bevölkerungswachstum! (s. Seite 48) 13

Literatur

ALLEE, W.C. (1931): Animal Aggregations. A Study in General Sociology. University of Chicago Press.

AMLER, K., BAHL, A., HENLE, K., KAULE, G., POSCHLOD, P., SETTELE, J. (Hrsg.) (1999): Populationsbiologie in der Naturschutzpraxis: Isolation, Flächenbedarf und Biotopansprüche von Pflanzen und Tieren. Ulmer, Stuttgart, 366 S.

BEGON, M., MORTIMER, M., THOMPSON, D.J. (1997): Populationsökologie. Spektrum, Heidelberg/Berlin/Oxford, 380 S.

CROMBIE, A.C. (1945): On competition between different species of graminivorous insects. Proc. Roy. Soc. Lond. 132: 362-395.

HAMILTON, W.D. (1966): The moulding of senescence by natural selection. J. Theoretical Biol. 12, 12-45.

HARPER, J.L. (1977): Population Biology of Plants. Academic Press, London/New York/San Francisco, 892 S.

HARPER, J.L., ROSEN, B.R., WHITE, J. (eds.)(1986): The growth and form of modular organisms. Phil. Trans. R. Soc. Lond. B 313, 1–250.

LOTKA, A.J. (1932): The growth of mixed populations: two species competing for a common food supply. Journal of the Washington Academy of Sciences, 22, 461-469.

MCLULICH, D.A. (1937): Fluctuations in the numbers of the varying hare (*Lepus americanus*). Univ. Toronto Studies, Biol. Ser. 43.

PARK, T. (1954): Experimental studies on interspecies competition II. Temperature, humidity and competition in two species of *Tribolium*. Physiol. Zool. 27, 177-238.

STAFFORD, J. (1971): Heron populations of England and Wales 1928-70. Bird Study 18, 218-221.

STREIT, B. (1980): Ökogie kurzgefaßt. Thieme, Stuttgart.

STREIT, B. (1994): Lexikon Ökotoxikologie. VCH, Weinheim. 2. Aufl., 901 S.

URBANSKA, K.M. (1992): Populationsbiologie der Pflanzen. G. Fischer, Stuttgart/Jena, 374 S.

VOLTERRA, V. (1926): Variations and fluctuations of the numbers of individuals in animal species living together. Reprinted in 1931 in CHAPMAN, R.N.: Animal Ecology. McGraw Hill, New York, 464 S.

WILSON, E.O. (2000): Sociobiology: the new synthesis. Belknap Press of Harvard University Press, Cambridge. 697 pp.

Evolutionsökologie

4

Inhalt

Viele ökologische Strukturen und Prozesse können nur verstanden werden, wenn berücksichtigt wird, dass in Populationen und damit in Lebensgemeinschaften Prozesse der Vererbung, Mutation, Rekombination und Selektion auftreten und dass auch unterschiedliche Fortpflanzungsweisen und Anpassungen an wechselnde Umweltbedingungen auftreten. Derjenige Zweig der Ökologie, der ökologische Erklärungsmodelle mit den Erkenntnissen der Evolutionsbiologie vereinigt, heißt Evolutionsökologie oder evolutionäre Ökologie (engl. *evolutionary ecology*). Er hat seine Wurzeln in der Populations- und Evolutionsbiologie, der Genetik und der Paläontologie und ist heute selber ein zentrales Forschungsgebiet der Ökologie, das auch zu Fragen der Biodiversitätsforschung und des Artenschutzes Antworten geben kann.

Die EVOLUTIONSÖKOLOGIE integriert in ökologische Erklärungsmodelle Erkenntnisse der modernen Evolutionsbiologie unter Einbeziehung molekulargenetischer Aspekte, der Populationsbiologie, der Biogeographie und der Geologie/Paläontologie.

4.1 Grundlagen zur Populationsbiologie

Populationsbiologie heißt die Wissenschaft, die **biologische Prozesse in Populationen** untersucht. Sie umfasst erstens die Analyse numerischer Veränderungen von Populationsgrößen und deren Ursachen (Populationsökologie im engeren Sinne, Kapitel 3), zweitens die Analyse der lokalen und globalen Ausbreitung der Individuen und genetischen Grundlagen (Inselbiogeographie, historische und genetische Biogeographie, Phylogeographie), drittens die Veränderung der genetischen Grundlagen (Populationsgenetik) sowie der Beziehung zwischen genetischen Eigenschaften und ökologischen Einflüssen auf Körper- und Funktionseigenschaften, die das Überleben beeinflussen, also auf *Life-History*-Größen. Die Populationsbiologie bildet eine zentrale Grundlage der Evolutionsökologie.

Die **Populationsbiologie** ist ein interdisziplinäres Gebiet der Biologie und Ökologie. Sie beschreibt und analysiert Populationen mit den Methoden der Populationsökologie, und schließt zusätzlich populationsgenetische und auch biogeographische Aspekte mit ein.

Arealgröße und -aufteilung haben ebenso wie die numerische Populationsgröße Auswirkungen auf die genetische Struktur der Population (homogen oder heterogen zusammen gesetzt) und damit auf deren langfristiges Überleben. Deshalb werden diese Zusammenhänge auch für Artenschutz- und Naturschutzkonzepte diskutiert. Hinterfragt wird etwa, ob ein auf viele kleine Areale (Schutzgebiete) aufgeteiltes Gesamtgebiet besser oder schlechter für ein langfristiges Überleben einer Population ist als ein gleich großes zusammenhängendes Gebiet. Auf der Basis von populationsdynamischen Argumenten kann man folgern, dass die fast stets auftretenden Zufallsschwankungen von Populationsgrößen (vergleiche Kapitel 3) bei kleinen Arealen eher zu einem lokalen Aussterben führen könnten; ferner könnte aus populationsgenetischen Gründen eine genetische Verarmung und Anhäufung ungünstiger Allele auftreten. Andererseits kann aber das Auftreten von Krankheitserregern unter Umständen in einem einzelnen großen Schutzgebiet leichter alle Tiere oder Pflanzen simultan treffen als in mehreren kleineren.

Als Folge solcher gegenläufig wirkender Faktoren propagiert man im Sinne einer Kombinationslösung vielfach das Konzept vernetzter Biotope, die einen gewissen geringen Austausch zulassen. Eine solche Schutzstruktur passt gut zu stark besiedelten Landschaften, wie sie in Mitteleuropa vorliegen. Die Gesamtpopulation, bestehend aus den verschiedenen Teilpopulationen, wird in einem solchen Fall **Metapopulation** genannt.

Eine **Metapopulation** umfasst eine Anzahl Teilpopulationen, die über Immigration und Emigration miteinander in Austausch stehen. Fragmentierte Landschaften enthalten vielfach Metapopulationen.

Zur Analyse der populationsökologischen und -genetischen Struktur und Dynamik einer Population steht heute eine Vielzahl an Methoden und Verfahren zur Verfügung. Untersuchungen haben stets die spezifischen Eigenschaften der zu untersuchenden Arten zu berücksichtigen, zum Beispiel die Art ihrer Dispersion (Verteilung im Raum) und ihres Auftretens im Ökosystem (Familienverbände, Kolonien, klonale und Metapopulationsstrukturen), ihrer Ausbreitungsfähigkeit und damit ihrer Möglichkeiten zum Genaustausch mit Geschlechtspartnern und die Art der Fortpflanzung und genetischen Veränderung (Hybridisierung oder Isolation zwischen genetischen Linien, Möglichkeit evolutiver Veränderungen des Genoms).

Getrenntgeschlechtlichkeit (Verteilung der beiden Geschlechter auf zwei verschiedene Individuen) nennt man in der Tierwelt **Gonochorismus**, bei den höheren Pflanzen **Diözie** (Zweihäusigkeit). Beherbergt ein Individuum sowohl männliche wie weibliche Fortpflanzungsorgane, spricht man im Tierreich von **Hermaphroditen** (Zwittern), Beispiele sind Lungenschnecken und Strudelwürmer. Im Pflanzenreich spricht man in diesem Fall von **Monözie** oder Einhäusigkeit. Auf populationsgenetische Prozesse haben diese Unterschiede relativ wenig Einfluss, das heißt es ist kein offensichtlicher genereller Vor- oder Nachteil für eine der beiden Varianten festzustellen, weshalb sie auch relativ regellos über das Tier- und Pflanzenreich verteilt auftreten.

Zwittrige Organismen bringen allerdings bessere Grundvoraussetzungen für Populationsneugründungen mit, denn ein einziges Individuum kann, falls es befruchtet oder mit der Fähigkeit zur Selbstbefruchtung ausgestattet ist, eine Population aufbauen. Die Fähigkeit zu gelegentlicher oder auch häufiger Selbstbefruchtung wird bei manchen Zwittern beobachtet und scheint auch eine Folge der Anpassung an die Fähigkeit zu Neukolonisierungen zu sein (zum Beispiel bei Lungenschnecken). Bei getrenntgeschlechtlichen Organismen ist eine Populationsneugründung durch ein einzelnes Individuum (zum Beispiel Inselbesiedlung im Meer) nur möglich, wenn es sich um ein befruchtetes Weibchen handelt.

Von erheblicher ökologischer Bedeutung ist das Auftreten ungeschlechtlicher Vermehrung, wozu im weiteren Sinne sowohl reine vegetative Vermehrung durch Knospung, Abschnürung usw., als auch durch Jungfernzeugung (Parthenogenese) aus Geschlechtszellen ohne Reduktionsteilung zählt. Hier ist die genetische Vermischung ausgeschaltet oder tritt nur zu bestimmten Zeiten auf. Der ökologische Vorteil liegt in der raschen Vermehrungsmöglichkeit und damit der effizienten Ausnutzung von kurzfristig in großer Menge zur Verfügung stehenden Nahrungsressourcen (zum Beispiel Pflanzensäfte, die im Frühjahr und Sommer von Blattläusen konsumiert werden, oder Algen als Nahrung für Wasserflöhe im Gewässer).

Tatsächlich weisen aber Blattläuse, Wasserflöhe und andere sich parthenogenisch vermehrende Organismen immer wieder auch bisexuelle Phasen auf. Nur von einzelnen Gruppen sind sie praktisch unbekannt (zum Beispiel manche Rädertierchen [Bdelloidea] und Muschelkrebse). Noch komplexere Situationen treten auf, wo vegetative Vermehrung durch Knospung mit bisexueller Vermehrung kombiniert auftritt (zum Beispiel manche höhere Pflanzen, Cnidarier und einzellige Parasiten). Ebenfalls Sonderfälle stellen die sozialen Insekten dar (Bienen, Ameisen, Termiten), die teilweise riesige Kolonienverbände bilden können.

Die Beschäftigung mit Populationssystemen führt direkt auch zur Definitionsfrage der Art (Spezies) und der Frage der Veränderung von Arten. Veränderungen, die über die bloße numerische Verschiebung von Allelfrequenzen hinaus gehen, verliefen in der Erdgeschichte stets im Kontext der wechselnden Umweltbedingungen.

4.2 Genetische Variation, Fitness und Reaktionsnorm

Wie in Abschnitt 3.3 erläutert, sind die demographischen Eigenschaften einer Population (Alterszusammensetzung, Geschlechterzusammensetzung, Überlebenswahrscheinlichkeit) zum Einen durch die genetischen

Box 4.1

Genetische Information

Die **genetische Information** liegt bei vielen Organismen in nur einem einzigen Satz vor (Bakterien und viele Algen, Moospflänzchen (Gametophyt)). Bei den eukaryotischen Organismen sind sie in distinkten Chromosomen angeordnet. Anstelle dieser einfachen haploiden Chromosomensätze haben zahlreiche Organismen im Anschluss an ihren Befruchtungsprozess einen doppelten oder diploiden Chromosomensatz vorliegen (die Mehrzahl der Tiere, zahlreiche Pflanzen). In manchen Fällen liegt auch ein vielfacher, so genannter polyploider Chromosomensatz vor (die meisten Farnpflanzen, zahlreiche Samenpflanzen, manche Süßwasserschnecken, Regenwürmer, manche Gewebe von Insekten). Bei diploiden und polyploiden Chromosomenzahlen stammt im Allgemeinen die Hälfte aus dem mütterlichen und die Hälfte aus dem väterlichen Erbgut; bei Zwittern kann dies allerdings unter Umständen dasselbe Individuum sein (bei Selbstbefruchtung).

Während einfache genetische Ausstattungen phänotypische Eigenschaften unmittelbar bewirken, ist die Auswirkung bei mehrfachen Chromosomensätzen komplexer: Sofern Vater und Mutter bezüglich einer bestimmten Eigenschaft eine unterschiedliche genetische Ausstattung eingebracht haben, kann das entsprechende Merkmal (zum Beispiel Färbung oder eine bestimmte Enzymausstattung oder Fähigkeit, besonders zahlreiche Nachkommen hervorzubringen) entweder intermediäres Verhalten zeigen, oder aber das Verhalten von einem der beiden Ausstattungen kommt praktisch ungeschmälert allein zur Ausprägung und heißt dann dominant (Gegenteil: rezessiv).

Im Folgenden werden die Unterschiede von Allel- und Genotypausstattungen für diploide Organismen vereinfacht dargestellt. Hierbei werde das dominante Allel mit **A**, das rezessive mit **a** bezeichnet. In einer Population besitzen die beiden Allele die Häufigkeiten p (für **A**) und q (für **a**), wobei $p + q = 1$. Als mögliche Allelkombinationen, das heißt als Genotypen, ergeben sich die beiden homozygoten Formen **AA** und **aa** sowie die heterozygote Form **Aa**. In einer idealen Population, in der die Allelhäufigkeiten (Frequenzen) konstant bleiben und eine zufällige Vermischung auftritt, gilt für die relative Häufigkeit der Genotypen die Hardy-Weinberg-Beziehung (Gleichung 4.1):

Gleichung 4.1

$$p^2 + 2pq + q^2 = 1$$

Box 4.1

Sind **A** und **a** mit Häufigkeiten von je 0,5 vertreten, ergeben sich die Werte 0,25 : 0,5 : 0,25 (beziehungsweise 1 : 2 : 1); sind **A** und **a** mit den Häufigkeiten 0,4 : 0,6 (das heißt 2 : 3) vertreten, ergeben sich die Genotyphäufigkeiten 4 : 12 : 9.

Maße für die genetische Variation einer Population sind die Anteile der Heterozygoten, das heißt der Genotypen, die mehrere Allele eines Gens besitzen. In der Praxis kann die Variation anhand von Enzymvarianten (Allozymen) oder direkt auf der Ebene der DNA gemessen werden.

Durch gegenseitige Beeinflussung einzelner Allele kann die Wirkungsweise der Gene auf den Phänotyp sehr komplex werden. Daneben kann auch die Penetranz unterschiedlich sein (das heißt der Prozentsatz der Genträger, die die entsprechenden phänotypischen Ausprägungen verwirklichen) sowie die Expressivität (die Manifestationsstärke, zum Beispiel bei einer erblich bedingten Krankheit). Die dargestellte Hardy-Weinberg-Beziehung stellt nur den einfachst-möglichen Fall einer genetischen Variation dar.

Grundlagen bestimmt (s. Box 4.1), zum Anderen aber auch durch Umweltbedingungen. So ist die Nachkommenzahl einer Mäusepopulation oder die Samenzahl einer Buche bis zu einem bestimmten Grad erblich bedingt, jedoch beeinflussen die Klimafaktoren und die Nahrungs- beziehungsweise Nährstoffversorgung in beiden Fällen die tatsächliche Anzahl der Nachkommen und deren Überlebenschancen. Hier soll zunächst das Prinzip der Vererbung ökologisch bedeutsamer Merkmale dargestellt werden.

Mit **Phänotyp** bezeichnet man die biochemische, physiologische oder morphologische Ausprägung einer Genexpression im Verlaufe des Individuallebens.

Individuen einer Art können sich in zahlreichen Eigenschaften (Form, Färbung, Enzymausstattung, *Life-History*-Merkmale) unterscheiden. Diese Eigenschaften werden Phänotyp genannt und sind meist zumindest teilweise genetisch festgelegt. Ihre unterschiedliche Eignung für ein überfolgreiches Überleben und Reproduzieren in bestimmten Umwelten entscheidet über die Wahrscheinlichkeit der Weitergabe der entsprechenden genetischen Information an die Folgegeneration. Der relative Beitrag eines Individuums oder einer genetischen Einheit (Allel, Genotyp) zur nächsten Generation, bezogen auf alle Individuen einer Population, kann als ein Maß für die Angepasstheit an die spezifischen Bedingungen gesehen werden und wird mit dem Begriff **Fitness** bezeichnet. Fitnesswerte sind also nie in absoluten Größen berechenbar, nur relativ zu anderen Individuen oder Allelen oder Genotypen. Als deutschsprachige Äquivalente zum englischen Begriff Fitness werden, manchmal mit leichten Bedeutungsunterschieden, die Bezeichnungen Adaptationswert, Adaptivwert oder genetische Eignung verwendet.

Mit **Genotyp** bezeichnet man (1) im weiteren Sinne die *gesamte* genetische Konstitution eines Individuums, (2) im engeren Sinne die genetische Eigenheit eines Individuums an einem bestimmten Locus oder einigen Loci.

Der Begriff Fitness wird sowohl auf den Phänotyp angewendet (zum Beispiel Färbung, Enzymausprägung, Entwicklungsablauf), als auch auf genetische Basiseinheiten (Allele, Gene, Genotypen). Die Fitness eines bestimmten Individuums ist der Beitrag dieses Individuums zum Genbestand der Folgegeneration. Die Fitness eines Phänotyps (zum Beispiel einer Farbvariante) entspricht dem relativen Anteil des entsprechenden Phänotyps in der Folgegeneration. Beispielsweise sind kryptische Färbungen (gelbe Gehäuseschnecken auf Sanduntergrund, dunkle Birkenspannervarianten in verrußter Umgebung) genetisch »fitter« (das heißt besser angepasst) als andere Färbungen, wenn sie dadurch von räuberischen Organismen seltener entdeckt und damit weniger gefressen werden und die übrigen Eigenschaften davon nicht stärker negativ beeinflusst sind.

Die genetisch gespeicherte Information bestimmt allerdings lediglich über ein System von Proteinen (genauer: Enzymen) die Rahmenbedingungen, die als **Reaktionsnorm** bestimmte Realisationsmöglichkeiten zulassen. Die Wirkung der Reaktionsnorm wird durch die äußeren Faktorenkonstellationen mitbestimmt. Ein Teil der Variabilität des Phänotyps geht daher auf Umwelteinflüsse zurück, ein anderer Teil auf genetische Variation, das heißt Unterschiede in der erblich festgelegten Reaktionsnorm. Allerdings gibt es auch evolutionsökologisch bedeutsame Merkmale, die von der Umwelt scheinbar überhaupt nicht beeinflusst werden. Hierzu gehört etwa die Festlegung der Blutgruppen bei Menschen, die unterschiedliche Fähigkeiten der Immunabwehr besitzen.

Wie wirken die zahlreichen Gene auf die zahlreichen Merkmale? Es soll dies kurz am Menschen erläutert werden, wo größenordnungsmäßig rund 80 000 **Genorte** (Loci, Einzahl Locus) bestimmte Proteine repräsentieren. Durch die Vermittlung dieser Proteine und ihre Wechselwirkungen im biochemischen Prozess bestimmen sie beispielsweise die Farbe, Verteilung und Dichte des Haarkleids bei Mann und Frau. Es wird jedoch nicht die exakte Position jeder Haarwurzel im Abstand ihrer Nachbarhaarwurzeln in der DNA festgelegt, was schon daraus erkennbar wird, dass allein die Anzahl der Haare eines Individuums die Zahl aller Genorte des Menschen übersteigt. Aber das allgemeine Muster der Verteilung und Dichte sowie der Färbung und speziell bei Männern auch des Ausfallens der Haare in der Kopfregion im Alter ist in komplexer Weise genetisch festgelegt, unterliegt allerdings in gewissem Maße auch Umwelteinflüssen.

Bei bestimmten Merkmalen beeinflusst die **Umwelt** sogar erheblich den Phänotyp. So spielt die Ernährungslage des Muttertiers für die Anzahl und die Geburtsgröße der Jungen und auch für deren Resistenz gegenüber Krankheitserregern eine Rolle. Der Anteil der Vererbung an der Ausprägung bestimmter Merkmale wird als Heritabilität bezeichnet; diese ist für die Ausprägung der Blutgruppen 100 %, bei der Festlegung der Jungenzahl bei Mäusen oder der Eiproduktion bei *Drosophila* aber nur 15 bis 20 % (die genauen Werte hängen von der Methode und der genauen Definition der Heritabilität ab). Die Differenz zu 100 % bestimmen Umweltparameter wie Temperatur, Nahrung und Populationsdichte.

Merksatz

Die Summe aller Populationen, deren Individuen sich miteinander potenziell fruchtbar kreuzen können, gehören nach traditionellen Definitionen einer (biologischen) ART an. In der Realität findet man allerdings vielfach unklare Abgrenzungen zwischen Populationen, Arten oder Gattungen, da Hybridisierungen zwischen unterschiedlichen Arten auftreten, deren Nachkommen mehr oder weniger fertil sind: Wasserflöhe, Wasserfrosch u.a.

Wenn sich Individuen aus zwei genetisch unterschiedlichen Populationen kreuzen und erfolgreich vermehren, spricht man von **Genfluss** zwischen den betreffenden Populationen. Manchmal kommt es auch zum Genfluss zwischen zwei Arten, nämlich dann, wenn keine Fortpflanzungsbarrieren hemmend wirken und wenn die entstehenden Hybride nicht steril sind. So ist der verbreitete Wasserfrosch, »*Rana esculenta*«, ein fertiler, aber allein ohne Elternpopulation instabiler Hybridkomplex aus See- und Teichfrosch. Wenn fertile Hybride entstehen, können sie durch so genannte Rückkreuzung mit einer der Elternarten zu einer Introgression von Genmaterial beitragen, das heißt zur Einführung von neuen Allelvarianten in die eine der beiden Arten. Solche Prozesse wurden zum Beispiel verschiedentlich bei Pflanzen gefunden und werden hier bei der Züchtung ausgenützt, kommen aber auch im Tierreich vor.

4.3 Genetische Merkmale und Evolutionsprozesse

Populationen, die während langer Zeiträume gleichbleibende Allelfrequenzen aufweisen, sind selten, da Mutationen, Selektionsprozesse und genetische Drift entgegenwirken. Hierbei gehen bloße numerische Verschiebungen von Allelfrequenzen und tatsächliche (praktisch irreversible) Evolutionsprozesse mit zusätzlicher Neuordnung und Stabilisierung der genetischen Struktur offenbar fließend ineinander über. Evolutive Veränderungen können sehr langsam ablaufen mit keinen oder nur wenigen Merkmalsänderungen (Stasis-Phasen der Evolution) oder aber rasch und intensiv (Phasen intensiver genetischer und phänotypischer Veränderungen und vielfach neuen Artbildungen). Manchmal alternieren diese beiden Phasen im Laufe der Evolution, doch können Stasis-Phasen auch sehr lange andauern, zum Beispiel seit Anfang Tertiär oder gar seit dem Mesozoikum bis heute wirken, wodurch so genannte **lebende Fossilien** aus einer Zeit von 50 bis 100 Millionen Jahren vor heute er-

Unter (genetischer) **Adaptation** verstehen wir (1) eine strukturelle oder funktionelle *Eigenschaft* eines Organismus, die ihm erlaubt, besser in der entsprechenden Umwelt zu überleben als ohne diese Eigenschaft, (2) einen Evolutions*prozess*, der dazu führt, dass Organismen an ihre Umwelt angepasst werden, wobei davon ausgegangen wird, dass dies mittels natürlicher Selektion erfolgt.

halten geblieben sind. Diese Tiere und Pflanzen haben also eine Art »genetischen Widerstand« gegen Veränderungen in der Umwelt entwickelt, das heißt sie haben einen Entwicklungs- und Adaptationszustand aufrecht erhalten, obwohl sich ihre Umwelt, vor allem in Form ihrer biotischen Umwelt, durch zunehmende Spezialisierung und Diversifizierung stark geändert hat. Zuweilen sind sie allerdings auf bestimmte, manchmal extreme Habitate beschränkt. Wie diese konservierenden Mechanismen in einer wandelnden Umwelt wirklich funktionieren, ist aber nicht abschließend geklärt. Tierische Beispiele für lebende Fossilien sind die Pfeilschwanzkrebse (Xiphosura: vier Arten krebsähnlich aussehender mariner Spinnentiere, die seit dem frühen Tertiär morphologisch weitgehend unverändert geblieben sind), Reptilien (einige Salamander, Brückenechse auf Neuseeland) oder der marine Quastenflosser *Latimeria* (Abb. 4.1). Unter den Pflanzen zählen hierzu gewisse ursprüngliche Nacktsamer, wie der Ginkgo (*Ginkgo biloba*, Abb. 4.2), palmenartig aussehende Cycadeen oder die Wüstenpflanze *Welwitschia mirabilis* im südlichen Afrika.

Allein schon in der Zeitspanne menschlicher Manipulationen der Natur sind bei manchen Organismen bereits **Evolutionsprozesse** aufgetreten, da der Mensch auch die Umwelt und damit die wirksamen Faktoren verändert und ökologische »Gleichgewichte« verschoben hat.

Man beobachtet derart rasche Evolutionsprozesse bei Arten, die starken anthropogenen Selektionsmechanismen ausgesetzt waren und populationsgenetisch und/oder evolutiv im positiven Sinne darauf reagieren konnten. Besonders bekannt geworden ist hierbei der Industriemelanismus: In Großbritannien wurde an Birkenspannern (*Biston betularia*) beobachtet, dass dunkle Varianten zunahmen. Dies wurde auf die Beobachtung zurückgeführt, dass ihre Aufenthaltsorte, speziell Baumstämme, infolge industrieller Rußbildung ebenfalls dunkler geworden waren

Abb. 4.1

Der im Indischen Ozean, z.B. vor Madagaskar und den Komoren, lebende Quastenflosser (*Latimeria chalumnae*) ist ein Beispiel für ein »lebendes Fossil« bei Tieren.

Abb. 4.2

Zweig des natürlicherweise in Ostasien vorkommenden, in Städten heute weltweit angepflanzten Ginkgobaums (*Ginkgo biloba*). Die Art ist ein Bespiel für ein »lebendes Fossil« bei Pflanzen.

und dass sich damit ein Überlebensvorteil für derart optisch kryptische Arten entwickelt hat.

Andere Formen von genetischen Veränderungen sind dadurch aufgetreten, dass Zuchtformen von Haus- oder Nutztieren und -pflanzen in Populationen frei lebender Stammformen eingekreuzt haben (zum Beispiel europäische Wildkatze, asiatisches Wildpferd), wodurch es zur Introgression von Genmaterial aus den Zuchtformen gekommen ist. Schadinsekten sind unter selektionierend wirkendem Pestizideinfluss (zum Beispiel Resistenzbildung gegenüber Insektiziden) genetisch verändert worden und bei Mikroorganismen treten genetische Adaptationen an den Abbau bestimmter Umweltchemikalien sowohl in der Natur wie auch unter biotechnologischem Einsatz auf (zum Beispiel Erdöl abbauende Bakterien im Boden und Meer). Rasche Evolutionen können auch Viren als Krankheitserreger zeigen, die aufgrund des flexiblen Immunsystems (besonders bei Wirbeltieren) zu kontinuierlicher Evolution gezwungen werden. Schließlich können Verschleppungen und anthropogen unterstützte Ausbreitungen natürliche Hybridbildungen zwischen verwandten Arten, die bisher getrennt waren, ermöglichen.

Unter **natürlicher Selektion** versteht man ein unterschiedliches Weitergeben von Genen in aufeinanderfolgenden Generationen, was durch unterschiedliche Grade der Angepasstheit an die Umwelt hervorgerufen wird. (*Gegenüber dieser mehr genetischen und genotypischen Definition kann auf phänotypischer Ebene auch definiert werden:* Natürliche Selektion ist der Erhalt günstiger individueller Unterschiede im Verlaufe der Generationenfolge).

Unterarten, die nur unter bestimmten Umweltbedingungen auftreten, werden als **Ökotypen** oder Rassen bezeichnet. Gegenüber diesen ökologischen Rassen beobachtet man auch geographische Rassen, das heißt unterschiedliche Rassen in getrennten geographischen Regionen bei offensichtlich ähnlichen Umweltbedingungen. Bei Pflanzen hat man genetische Besonderheiten bei Formen gefunden, die auf schwermetallhaltigen Böden leben und Mechanismen der Metallvermeidung oder gefahrlosen Abspeicherung entwickelt haben, die sie von den übrigen Formen der gleichen Art unterscheiden. Weil in der Regel auch morphologische Unterschiede vorhanden sind, werden solche »Galmei-Pflanzen« (Galmei: alter Name für Zinkerz) als eigene Varietäten, Unterarten oder sogar Arten beschrieben, zum Beispiel Niederliegendes Gewöhnliches Leinkraut (*Silene vulgaris* var. *humilis*), Galmei-Alpen-Hellerkraut (*Thlaspi alpestre* ssp. *calaminaria*), Galmei-Veilchen (*Viola calaminaria*). Manche dieser pflanzlichen Ökotypen sind vielleicht erst mit der Bergbautätigkeit des Menschen entstanden. Andere, zum Beispiel Besiedler ultrabasischer Böden (bestimmte natürliche, weltweit verbreitete schwermetallreiche Böden), existieren offenbar seit langem.

Untersuchungen zur Selektion sind bei genetisch determinierten Merkmalen und mittels geeigneter Freiland- oder Experimentaluntersuchungen möglich. Hierzu können Allozyme oder DNA-Marker im Rahmen der **Molekularen Ökologie** eingesetzt werden. Da nicht alle Genomveränderungen als Allozymveränderungen nachweisbar sind (zum Beispiel führt eine Veränderung im dritten Nukleotid eines Nukleotidtri-

Merksatz

Die MOLEKULARE ÖKOLOGIE untersucht Organismen und Populationen molekulargenetisch, um anhand von »Markern« (spezifischen molekularen Merkmalen) Aussagen über Verwandtschaftsgrade auf der Ebene von Familien, Klonen, Populationen, Arten und höheren Taxa zu erhalten. Je nach Daten lassen sich Informationen zu Populationsgenetik, Phylogenie oder auch zur geographischen Herkunft ableiten. Die molekulare Ökologie hat auch eine große Bedeutung für Aspekte des Artenschutzes und Artenmanagements.

pletts häufig nicht zu einer anderen Aminosäure), zeigen Allozyme nur eine Auswahl aus der genetischen Variabilität auf. Generell können sie aber dann zu populationsgenetischen Analysen herangezogen werden, wenn genetische Polymorphismen (das heißt nachweisbare Unterschiede in den Allozymen) auftreten, die zum Beispiel zwei Populationen zu unterscheiden erlauben. Direkte Unterschiede am Genom können durch Fingerprinting-Methoden festgestellt werden. Es existieren heute mehrere Methoden, zum Beispiel das Multilocus- und das Single-Locus Fingerprinting, oder Sequenzanalysen am nukleären oder am mitochondrialen Genom. Welche der Methoden zur Anwendung kommt, hängt von der jeweiligen Fragestellung ab. So evoluieren manche mitochondrialen Genome schneller als manche nukleären, lassen also eher für kurze Zeitabläufe eine gute Auflösung zu, andere Sequenzen eignen sich eher für langsamere Evolutionsprozesse. Jedoch muss stets berücksichtigt werden, dass der Erbgang bei nukleären Genomen ein anderer ist als bei den mitochondrialen Genomen, die fast immer rein mütterlich vererbt werden.

Genetische Drift tritt vor allem bei kleinen Populationsgrößen auf. Wird eine Population infolge Arealverkleinerung, Bejagung oder Krankheit vorübergehend auf wenige Individuen reduziert, rekrutiert sich die nachwachsende Population wiederum aus relativ wenigen Ausgangsindividuen und damit in aller Regel aus einem reduzierten genetischen Variationsbereich. Man bezeichnet das Auftreten temporär kleiner Populationen als **Flaschenhals** oder *bottleneck*. Man kennt mehrere wohl bekannte Beispiele von Wildtieren, die eine sehr geringe genetische Variabilität aufweisen, teilweise vielleicht infolge früherer Bejagung und Reduktion der Bestandsdichte; hierzu zählen der Davidshirsch, Wisent, See-Elefant und Gepard. Biologisch negative Folgen der geringen genetischen Vielfalt sind hier aber interessanterweise vielfach nicht bekannt geworden; beim Gepard werden allerdings in großem Maße Fortpflanzungsstörungen beobachtet, die vielleicht hiermit in Zusammenhang stehen.

Asexuell sich fortpflanzende Organismen (über vegetative oder über parthenogenetische Mechanismen) haben den ökologischen Vorteil, dass sie rasch und effizient eine hohe Populationsdichte (genauer eigentlich eine Reihe von Klonen) entwickeln können. Jedes Individuum ist fortpflanzungsfähig. Die spontanen Mutationen würden allerdings nach einer Reihe von Generationen zur schädlichen Anhäufung von unwirksamen Genen führen (Modellierer sprechen vielfach von etwa 500 Generationen, die kritisch sein sollen). Daher werden in aller Regel immer wieder bisexuelle Phasen eingeschaltet.

Evolutionsökologie der Pferdeartigen | 4.4

Ein eindrückliches Beispiel für die evolutionsökologische Entwicklung und Diversifizierung einer Organismengruppe stellt die Entwicklung der Pferdeartigen dar, wo morphologische Veränderungen, ökologische Anpassungen und biogeographische Verschiebungen in der Verbreitung im Verlaufe der letzten 50 Millionen Jahre aufgetreten sind. Heute kommen die Pferdeartigen (Equidae) nur noch mit der Gattung *Equus* vor, und zwar in Afrika mit den Zebras *(E. quagga, E. grevyi, E. zebra)* und den Eseln *(E. asinus)* sowie in Eurasien mit den Halbeseln *(E. hemionus)* und den eigentlichen Pferden *(E. przewalski)*.

Die Pferde haben sich im Laufe des Eozäns aus Unpaarhufervorfahren entwickelt und waren ursprünglich eher kleine waldbewohnende Laub-

Evolutionsökologische Entwicklung der Pferdeartigen (Equidae) während des Tertiärs (nach Simpson 1951). | **Abb. 4.3**

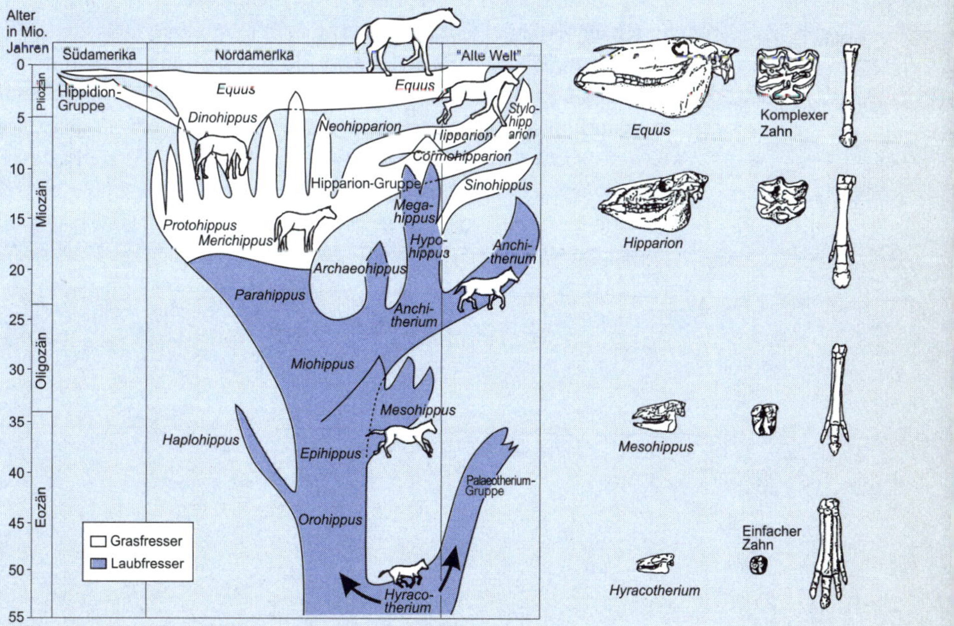

fresser mit relativ unspezialisierten Zähnen und mit Füßen, die noch vier Vorderzehen und drei Hinterzehen aufwiesen (Abb. 4.3). Die Hauptentwicklung ging in Nordamerika vor sich; von dort zweigte eine europäische Gruppe ab, von der Vertreter in der berühmten Grube Messel gefunden worden sind (bei Darmstadt; die Fossilien stammen aus des Umfeld eines tropischen Sees von vor 49 Millionen Jahren). Während diese europäische Linie später ausstarb, enwickelten sich in Nordamerika im Oligozän und Miozän weitere Seitenzweige, und ab Anfang Miozän änderten die Vertreter des Hauptastes ihre bevorzugte Nahrung, indem sie jetzt zu Grasfressern wurden. Tatsächlich hatten sich auf der Erde infolge eines allmählichen Klimawechsels Steppen mit Gräsern (Poaceae) ausgebreitet, und um die Gräser, die Kieselsäure enthalten, optimal zu zerkleinern, entwickelte sich im Sinne einer Anpassung auch die Form und Widerstandsfähigkeit der Zähne (Einlagerung von »Zement«). Zugleich wurden die Tiere größer, was ihnen eine größere Weitsicht in der jetzt grasartigen Umwelt und eine raschere Flucht vor Feinden ermöglichte.

Am Ende des Pleistozäns verschwanden allerdings die Pferde auch in Nordamerika (teilweise vielleicht auch durch den Einfluss des Menschen) und nur der eurasiatische Teilstamm führte die gesamte weitere Pferdeentwicklung fort bis zu den heutigen Formen.

Erst in der geschichtlichen Neuzeit (etwa im 17. Jahrhundert) sind Hauspferde, die später verwildert sind, auch wieder in Nordamerika heimisch geworden, und noch später auch in Australien (und vereinzelt im südlichen Afrika). In Mitteleuropa sind Wildpferde wohl im frühen Mittelalter ausgerottet worden, in Osteuropa um 1800, im südlichen Russland im 19. Jahrhundert. Das mongolische Steppenwildpferd ist in freier Wildbahn in der Mitte des 20. Jahrhunderts das letzte Mal gesichtet und gefangen worden; allerdings ist die Arterhaltung über Zoozuchten und die Wiederansiedlung in Reservaten inzwischen gesichert.

Fragen

(Seitenverweise zur Beantwortung)

- Erläutern Sie die Begriffe Populationsbiologie und Evolutionsökologie! (s. Seite 51) 1
- Was beinhaltet das Konzept der Metapopulation? (s. Seite 52) 2
- Erläutern Sie die evolutionsökologischen Vor- und Nachteile von Gonochorismus/Zweihäusigkeit und Hermaphroditismus (Zwittrigkeit / Einhäusigkeit)! (s. Seite 52 f.) 3
- Was versteht man unter der Hardy-Weinberg-Beziehung? (s. Seite 54 f.) 4
- Was versteht man unter Fitness? (s. Seite 55 f.) 5
- Was versteht man unter Phänotyp, was unter Genotyp? (s. Seite 55) 6
- Nennen Sie Beispiele für offensichtlich starke Wirkungen der Umwelt auf den Phänotyp und für offensichtlich stark genetisch determinierte Wirkungen auf den Phänotyp! (s. Seite 56 f.) 7
- Nennen sie Beispiele für lebende Fossilien! (s. Seite 58) 8
- Was versteht man unter (genetischer) Adaption? (s. Seite 58) 9
- Erläutern Sie den Begriff natürliche Selektion! (s. Seite 59) 10
- Was versteht man unter Ökotypen? Geben Sie Beispiele! (s. Seite 59) 11
- Erläutern Sie das thematische Arbeitsgebiet der molekularen Ökologie! (s. Seite 59 f.) 12

Literatur

COCKBURN, A. (1995): Evolutionsökologie. G. Fischer, Stuttgart, 357 S.

JABLONSKI, D., ERWIN, D.H., LIPPS, J.H. (eds.) (1996): Evolutionary Paleobiology. The University of Chicago Press, Chicago, 484 pp.

PIANKA, E.R. (1994): Evolutionary Ecology. 5. Aufl., Harper Colins College Publ., New York, 486 pp.

RIDLEY, M. (1996): Evolution. 2nd ed., Blackwell Science, Inc., Cambridge MA., 719 pp.

SIMPSON, G.G. (1951): Horses. Oxford University Press, New York.

STEARNS, S.C., HOEKSTRA, R.F. (2000): Evolution: an introduction. Oxford University Press, Oxford, 381 pp.

STREIT, B. (Hrsg.) (1995): Evolution des Menschen. Verständliche Forschung. Spektrum Akademischer Verlag, Heidelberg, 212 S.

STREIT, B., STÄDLER, T., LIVELY, C.M. (eds.) (1997): Evolutionary Ecology of Freshwater Animals. Concepts and Case Studies. - Experientia Supplementum Series (EXS) 82, Birkhäuser, Basel/Boston, 366 pp.

5 | Bi-Systeme

Inhalt

Ein Bi-System ist ein Interaktionssystem zwischen zwei Arten.

Arten leben meistens nicht einzeln, sondern sind mit anderen vergesellschaftet. Diese Vergesellschaftung kann zufällig sein, unterliegt in der Mehrzahl der Fälle jedoch bestimmten Gesetzmäßigkeiten. So beruht gemeinsames Auftreten häufig auf der Nutzung der gleichen Ressource oder der Präferenz für die gleiche Spanne eines oder mehrerer abiotischer Standortfaktoren. Nicht selten ist eine Art auch direkt oder indirekt auf andere Arten angewiesen, sei es als Nahrung, als Bestäuber, als Voraussetzung für die Existenz einer bestimmter Lebensbedingung (zum Beispiel Schatten) oder sogar als Lebensraum. Im Laufe der Evolution haben sich die Lebewesen nicht nur an die abiotischen Umweltfaktoren ihres Lebensraums angepasst, sondern auch an das Zusammenleben mit anderen Arten. Diese stellen für sie biotische Umweltfaktoren dar, die zur Regulierung ihrer Population beitragen.

Relativ einfach zu überschauen sind die Beziehungen zwischen zwei Arten. Sie lassen sich teilweise sogar mathematisch erfassen und experimentell überprüfen. Wir beginnen daher mit der Behandlung solcher Interaktionssysteme zweier Arten (Bi-Systeme). Komplexere Beziehungen werden in den Kapiteln 6 und 7 behandelt. Das Zusammenleben zweier Arten kann von Nutzen für eine der beiden ohne Benachteiligung der anderen (Parabiose, Metabiose), für beide vorteilhaft (Symbiose) sowie nachteilig für eine (Prädation, Weidegang, Parasitismus) oder für beide (Konkurrenz) sein (Tab. 5.1). Para-, Meta- und Symbiose werden als Probiose, die anderen als Antibiose zusammengefasst. Zwischen all diesen für die allgemeine theoretische Betrachtung sinnvollen Typen bestehen in der Praxis (das heißt in der lebenden Natur) fließende Übergänge.

Wechselwirkungen in Bi-Systemen | Tab. 5.1

Resultat für A	Resultat für B	Begriff	Überbegriff
+	o	Metabiose, Parabiose	Probiose
+	+	Symbiose	
+	–	Prädation, Weidegang, Parasitismus	Antibiose
–	–	Konkurrenz	

+ Förderung, – Hemmung, o keine Wirkung.

Para- und Metabiose

5.1

Es gibt zahlreiche Beispiele des gemeinsamen Vorkommens zweier Arten in einem Lebensraum, bei denen eine Art den alleinigen Nutzen hat, während für die andere Art weder Nach- noch Vorteile ersichtlich sind. Treten die betreffenden Arten zeitlich gemeinsam auf, kommen also nebeneinander vor, so spricht man von Parabiosen (griech. *para*: neben). Handelt es sich dagegen um ein zeitliches Nacheinander, so nennt man dieses System **Metabiose** (griechisch *meta*: danach). Ein Beispiel für Metabiose ist das Nisten von Meisen in verlassenen Nisthöhlen der Spechte. Meisen sind jedoch nicht auf die Existenz von Spechten angewiesen, da Hohlen in einem Baum auch anderweitig entstehen können, das heißt die Metabiose ist fakultativ. Anders ist es bei den Nitratbakterien (zum Beispiel *Nitrobacter*), die Chemosynthese betreiben und ihre Energie durch Oxidation von Nitrit zu Nitrat gewinnen. Nitrit kommt natürlicherweise nicht vor, sondern wird erst durch Nitritbakterien (zum Beispiel *Nitrosomonas*) aus Ammonium hergestellt. **Nitratbakterien** können deshalb nur dort leben, wo **Nitritbakterien** zuvor Ammonium zu Nitrit oxidiert haben. Hier handelt es sich also um eine obligatorische Metabiose. Para- und Metabiose werden oft unter der (sprachlich nicht korrekten) Bezeichnung **Kommensalismus** zusammengefasst.

Das Beispiel der Nitrat- und Nitritbakterien, das in vielen Lehrbüchern unter dem Begriff »Metabiose« aufgeführt wird, zeigt, dass solche Begriffe oft sehr theoretischer Natur sind. Die Nitritbakterien haben nämlich nur am Anfang keine Vorteile vom späteren Auftreten der Nitratbakterien: Hohe Nitritkonzentrationen wirken toxisch, die Nitritbakterien können daher nur dann weiterleben, wenn Nitratbakterien das anfallende Nitrit beseitigen. In der Natur treten die beiden Bakteriengruppen daher nicht völlig zeitlich getrennt voneinander auf, sondern nur zeitlich

Tab. 5.2 | Typen von Parabiosen

Begriff (Erläuterung)	Beispiele
Parökie (daneben wohnend)	manche nicht Kolonien bildende Seevögel leben in den Kolonien anderer Arten, wodurch sie besseren Schutz (mehr »Wächter«) vor Räubern erhalten
Synökie (zusammen wohnend)	Spatzen nisten in Greifvögelnestern (dadurch Schutz vor Räubern); Manche Arthopoden leben in Nestern oder Höhlen von Warmblütern (Schutz, Wärme und Nahrung)
Epökie (darauf lebend)	Epiphyten (Pflanzen, die auf anderen Pflanzen wachsen, ohne diese zu schädigen), z.B. Orchideen, Bromelien und Farne im tropischen Regenwald; Seepocken (*Balanus*) auf Meeresschildkröten und Walen
Endökie (innen lebend)	Jungtiere des Nadelfisches leben in den Wasserlungen von Seegurken

etwas versetzt. Diese Betrachtungsweise lässt ihr Zusammenleben nicht als Meta-, sondern als Symbiose (siehe unten) erscheinen.

Bei den **Parabiosen** sind mehrere Untertypen zu unterscheiden (siehe Tab. 5.2). Nicht selten bestehen auch hier fließende Übergänge zum Parasitismus oder zur Symbiose.

5.2 Symbiose

Leben zwei Arten zu gegenseitigem Nutzen zusammen, so spricht man von **Symbiose** (s. auch Box 5.1). Hierbei kann es sich um eine lockere Partnerschaft (**Allianz**), eine mehr oder weniger regelmäßige, aber nicht essentielle Nutzgemeinschaft (**Mutualismus**) oder einen für beide Partner lebensnotwendigen Zusammenhalt (**Eusymbiose**) handeln. Bei manchen Partnerschaften ist der Vorteil für eine der beiden Arten sofort ersichtlich, während sich der für die andere erst in Anwesenheit einer dritten erweist: **Ameisenpflanzen** (Myrmekophyten; Abb. 5.1) bieten den Ameisen Wohnraum und teilweise auch Nahrung. Als »Gegenleistung« halten die Ameisen Schädlinge fern und vernichten konkurrierende Pflanzen (Abb. 5.2). Manche der Ameisenpflanzen sind ihren Fressfeinden schutzlos ausgeliefert, wenn man sie künstlich ameisenfrei macht, während Nichtameisenpflanzen der gleichen Gattung bei Befall durch Fressfeinde

Abb. 5.1 **oben**: Ameise der Art *Camponotus auriventris* am Nektarium einer Cucurbitaceae (*Hodgesonia caphiocarpa*) in West-Malaysia. **unten**: Ameisen der Art *Meranoplus mucronatus* an Nektarien von *Endospermum diademum* in West-Malaysia. Fotos: Maschwitz

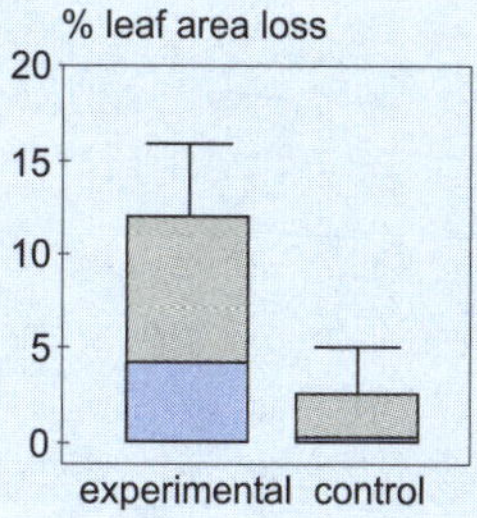

Abb. 5.2

Der Vorteil der Ameisenpflanzen. Natürlicherweise von Ameisen bewohnte Pflanzen, deren Ameisen im Experiment entfernt wurden, erleiden deutlich höhere Blattverluste durch Insektenfraß (linke Säule) als nicht manipulierte Kontrollpflanzen (rechte Säule); Höhe der Säulen = Durchschnitt; waagrechte Linie in den Säulen = Median (nach MOOG et al. 1998).

Abwehrstoffe (Tannine und andere Bitterstoffe) bilden, die den Schädlingen den Fraß »verleiden«.

Zu den lockeren Bindungen gehören in der Mehrzahl der Fälle diejenigen zwischen Pflanzen und den ihre Samen verbreitenden Tieren, wobei Samen beziehungsweise Früchte mit essbaren Anhängseln, zum Beispiel in unserer mitteleuropäischen Flora bei den Gattungen Veilchen, Taubnessel und Nabelmiere (*Viola*, *Lamium*, *Moehringia*) die von Ameisen gefressenen **Elaiosomen**, oder Hüllen (»Fruchtfleisch« von Kirschen, Äpfeln, Johannisbeeren etc.) gebildet werden, die Tiere dazu verleiten, die Samen (beziehungsweise Früchte) zu transportieren. In einigen Fällen ist die Bindung jedoch zumindest seitens der Pflanze fester geworden, weil die Keimung nur noch nach Passage eines Verdauungstraktes möglich ist.

Von sehr großer Bedeutung für die Mehrzahl der Lebensräume und teilweise auch von großer wirtschaftlicher Bedeutung ist die Bestäubung der Blütenpflanzen durch Insekten, in selteneren Fällen durch Vögel und Fledermäuse. Ohne ihre Bestäuber könnten sich alle obligat auf Tierbestäubung angewiesenen Pflanzenarten nicht vermehren, für die Bestäuber ist der Pflanzenbesuch mit der Aufnahme oder dem Sammeln von Nahrung verbunden. Während das System Pflanze-Bestäuber in der Mehrzahl der Fälle auf der Artebene eine recht lockere Bindung darstellt (die Pflanze braucht weder einen speziellen Bestäuber, noch ernährt sich der Bestäuber nur von einer Pflanzenart; zudem können sich viele Pflanzenarten auch selbst bestäuben oder ihre Samen ohne Bestäubung entwickeln), ist es in einigen Fällen zu einer so weit fortgeschrittenen **Koevolution** von Pflanze und Bestäuber gekommen, dass beide Arten völlig aufeinander angewiesen sind (Abb. 5.3).

Bei allen engen Beziehungen zwischen zwei Arten (Symbiose, Prädation, Parasitismus) ist es zu starken gegenseitigen Anpassungen (**Koevolution**) gekommen.

Im letzteren Falle sowie dem der obligaten Myrmekophyten handelt es sich nach der oben gegebenen Definition bereits um eine Eusymbiose, da nicht nur die Pflanzen zum Überleben auf »ihre« Ameisenart angewiesen sind, sondern auch die betreffende Ameisenart nicht in der Lage

Abb. 5.3

Koevolution von Pflanze und Bestäuber. Die auf Madagaskar vorkommende Orchidaceae *Angraecum sesquipedale* hat einen 25–30 cm langen Nektarsporn. Nur der Schwärmer *Xanthopan morgani pradedicta* hat einen entsprechend langen Rüssel und kommt so als Bestäuber in Frage. 1862 vermutete Darwin in seinem Orchideenbuch, dass es auf Madagaskar ein Insekt mit einem so langen Rüssel geben müsse, um den Nektar aus dem Sporn dieser Blüte zu schöpfen. 1903 wurde dieses Insekt, der oben abgebildete Schwärmer, entdeckt; die Bezeichnung »*praedicta*« (»vorhergesagt«) erinnert daran. Das Foto zeigt, wie der Schwärmer seinen Rüssel in den Sporn von *Angraecum sesquipedale* einführt, bevor er sich auf der hervorragenden Blütenlippe niedersetzt (aus WASSERTHAL 1999).

ist, Nester zu bauen. Einer engeren Definition zu Folge spricht man nur dann von Eusymbiose, wenn zwischen den Partnern physiologische Beziehungen bestehen, insbesondere wenn Stoffe ausgetauscht werden, wie dies bei den folgenden Beispielen geschieht.

Tiere können Holz und Zellulose in der Regel nicht verdauen. Sie sind daher auf die Hilfe von Protozoen oder Mikroorganismen angewiesen (**Darmflagellaten** ermöglichen Termiten die Holzverdauung, **Pansenciliaten** den Wiederkäuern die Nutzung von Zellulose). Im Gegenzug erhalten die Mikroorganismen Nahrung und Lebensraum.

In **Korallen** (s.a. Abschnitt 10.3) leben Anthozoen und Zooxanthellen zu gegenseitigem Nutzen zusammen. Die photosynthetisch aktiven Zooxanthellen benötigen Kohlendioxid für ihre Photosynthese und verlagern damit das in Gleichung 5.1 dargestellte chemische Gleichgewicht nach rechts, fördern also die Bildung des Kalkskeletts der Korallen.

Mykorrhiza ist die Symbiose von Pilzen mit höheren Pflanzen. Hierbei wachsen die Pilzhyphen entweder **zwischen** den Zellen der Wurzelrinde (Ektomykorrhiza) oder dringen ins Innere der Rindenzellen ein (Endomykorrhiza).

Gleichung 5.1

$$Ca^{2+} + 2HCO_3^- \leftrightarrow CaCO_3 + CO_2 + H_2O$$

Knöllchenbakterien (*Rhizobium* spec.) leben in Wurzelknöllchen von Hülsenfrüchtlern. Sie können Luftstickstoff (N_2) in organische Verbindungen einbauen und den **fixierten** Stickstoff dann an ihren Partner abgeben, von dem sie Kohlenhydrate und Nährsalze sowie Schutz vor Austrocknung erhalten. Auch in den Wurzeln der Erlen (*Alnus*) leben Stickstoff bindende Mikroorganismen (Actinomyceten).

Das Beispiel der Knöllchenbakterien zeigt, dass die Symbiose in manchen Fällen als Gleichgewicht von **Parasitismus** und Abwehrreaktionen des Wirts aufgefasst werden kann. Tatsächlich haben im Beispielfall nur die Populationen Nutzen vom Zusammenleben, die Individuen können durchaus geschädigt werden. Die einzelne Pflanze »empfindet« sogar das Eindringen der Knöllchenbakterien offensichtlich als Angriff, auf den hin sie die Knöllchen als Abwehrreaktion bildet. Auch werden Bakterienzellen von der Wirtspflanze verdaut, die Pflanze wirkt also gegenüber einzelnen Individuen als Prädator (siehe Abschnitt 5.1.4).

Bei den **Flechten** ist die Symbiose soweit fortgeschritten, dass die Partner (Grünalgen oder Cyanobakterien einerseits und Pilze andererseits) makroskopisch nicht mehr erkennbar sind, sondern scheinbar einen einzigen Organismus bilden, die Flechte. Erst bei mikroskopischer Betrachtung erkennt man die unterschiedlichen Organismen (Abb. 5.4).

Im Rahmen der Behandlung der Symbiose sollte nicht vergessen werden, dass die Mitochondrien und Chloroplasten der Eukariota eine hochentwickelte stammesgeschichtlich sehr alte **Endosymbiose** darstellen, bei der die Partner im Laufe der Evolution zu einem einzigen Organismus

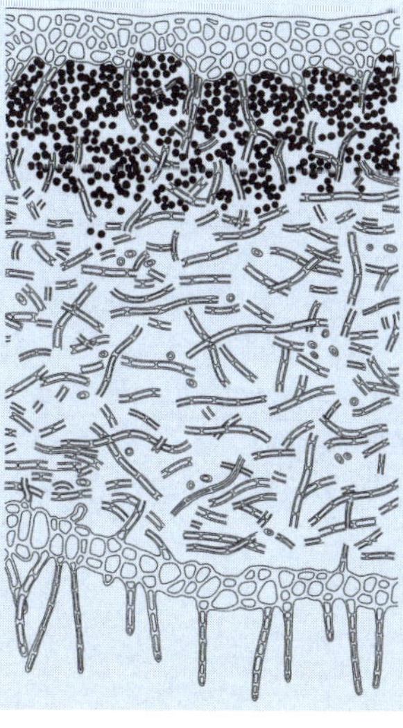

Abb. 5.4

Halbschematischer Schnitt durch eine Blattflechte. Zuoberst Rinde aus dichtem Pilzhyphen-Geflecht, darunter Algenschicht, gefolgt von einer mächtigen Markschicht aus locker verlaufenden Hyphen, zuunterst die wiederum auf dichtem Pilzhyphen-Geflecht gebildete Unterrinde mit Haftorganen (Rhizinen) (aus WIRTH & DÜLL 2000).

Box 5.1

Besondere Formen der Symbiose

Eine besondere Form der Symbiose ist das Verhältnis zwischen dem Menschen und seinen **Haustieren** und **Kulturpflanzen**. Der Mensch stellt den Lebensraum zur Verfügung (Gärten, Äcker, Weiden, Ställe oder auch seine eigene Wohnung), sorgt meist für die Ernährung (Futter, Dünger) und Wasserversorgung und schützt »seine« Organismen vor Feinden und Krankheiten. Die Mehrzahl der Haustiere und Kulturpflanzen liefert ihm dafür Nahrung und Grundstoffe für die Kleidung (Leder, Wolle, Baumwolle, Leinen etc.), manche werden zu Dienstleistungszwecken gehalten (Zugtiere, Reittiere, Wachhunde, Schädlingsvertilger, Spieltiere, Zierpflanzen). Anders als bei den »natürlichen« Symbiosen ist es jedoch nicht zur Koevolution gekommen, sondern der Mensch hat durch **Züchtung** gezielt in die Evolution eingegriffen und Organismen nach seinen Bedürfnissen geschaffen, von denen viele in natürlicher Umgebung nicht mehr überlebensfähig sind. Bei denjenigen Arten, die dem Menschen zur Nahrung dienen, handelt es sich lediglich auf der Artebene um Symbiose, gegenüber den einzelnen Individuen tritt der Mensch dagegen als Prädator auf.

Auch einige Insekten halten sich »Haustiere« und »Nutzpflanzen«. Beispielsweise betreiben im Holz lebende Borkenkäfer (Scolytidae) Pilzzucht, ebenso einige Termiten, die den Pilzen einen selbst hergestellten Holzbrei als Nährmedium bieten. Besonders hoch entwickelt ist die Pilzzucht bei den in den Tropen lebenden Blattschneiderameisen der Gattung *Atta*. Sie schneiden Blattstückchen ab und zerkauen sie zu Brei, den sie mit ihrem Kot düngen. Auf diesem Nährbrei entwickeln sich Pilze, die aus dem Enddarm der Ameisen abgegebene proteolytische Enzyme zum Aufschluss von Proteinen nutzen. Bei all diesen »Pilzzüchtern« nehmen die Weibchen Pilzsporen mit auf den Hochzeitsflug und tragen sie anschließend in das neue Nest beziehungsweise an die Stätte der Eiablage.

Über eine Art »Wanderviehhaltung« berichten MASCHWITZ & HÄNEL (1985) aus dem tropischen Regenwald von Malaysia: Die Ameise *Polychoderus cuspidatus* transportiert Schildläuse von Pflanze zu Pflanze und lebt von deren nährstoffreichen Exkrementen.

Fleisch fressende Pflanzengattungen Mitteleuropas		Tab. 5.3
Gattung	**Vorkommen**	**Fangmechanismus**
Drosera	nährstoffarme bis mäßig nährstoffreiche Moore	Blätter mit Drüsenhaaren, die ein klebriges Sekret ausscheiden (Klebfalle)
Pinguicula	Quellfluren und Kalkflachmoore	Klebrige Blattoberfläche (Klebfalle)
Utricularia	stehende, nährstoffarme bis mäßig nährstoffreiche Binnengewässer	Fangbläschen (umgewandelte Blätter) mit Unterdruck öffnen sich bei Berührung und saugen die Beute ein (Saugfalle)
Aldrovanda	sommerwarme stehende Gewässer (sehr selten)	Klappfalle (umgewandelte Blätter)

verschmolzen sind. Weniger weit fortgeschrittene Endosymbiosen photoautotropher Organismen in heterotrophen, zum Beispiel Algen in *Chlorohydra viridissima*, können als Modellfall für die Entstehung der Chloroplasten angesehen werden.

Prädation und Weidegang | 5.3

Bei der **Prädation** (s. auch Box 5.2) dient eine Art (**Beute**) der anderen (**Räuber**) als Nahrung und wird dabei selbst getötet. Als Räuber treten in erster Linie Tiere auf, die sich meist von anderen Tieren (carnivor), seltener von Pflanzen (herbivor) ernähren. Jedoch ergänzen auch einige Pflanzenarten, insbesondere solche, die auf nährstoffarmen Standorten vorkommen, ihre phototrophe Ernährung durch das Fangen von Tieren, also durch **Carnivorie**. Beispiele für pflanzliche Carnivore sind in den Tropen die Kannenpflanzen (*Nepenthes*, *Sarracenia*) und die Venusfliegenfalle

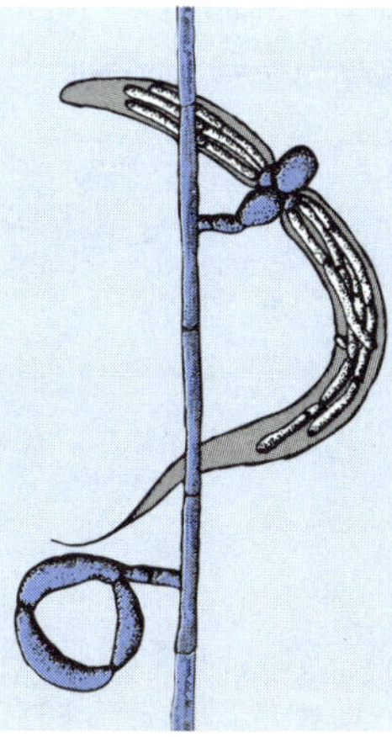

Abb. 5.5 Nematoden fangender Pilz, dessen Seitenhyphen zu Fangschlingen umgebildet sind. Dargestellt ist unten eine geöffnete Schlinge und oben eine, die einen Nematoden eingeschnürt hat (nach OHNESORGE 1991).

(*Dionea muscipula*). In Mitteleuropa vorkommende Fleisch fressende Pflanzengattungen sind in Tab. 5.3 zusammengestellt. Auch einige wenige Pilze sind carnivor, zum Beispiel die Gattung *Hyphomycetes*, deren Vertreter Nematoden fangen (Abb. 5.5). Sie wurden erfolgreich eingesetzt, um Begonien vor Nematoden zu schützen und um Schafe befallende Nematoden zu bekämpfen.
Räuber sind laut obiger Definition nur solche Herbivoren, die ihre Nahrungspflanzen töten, also vollständig fressen, was meist nur mit zum Pleuston oder Plankton (siehe Abschnitt 8.2) gehörenden, das heißt auf dem Wasser schwimmenden oder im Wasser schwebenden Pflanzen (ein- bis wenigzellige oder fädige Algen, nicht wurzelnde Farne und Samenpflanzen) möglich ist. Andererseits stellen Samen und Früchte sowie Sporen und andere vegetative Verbreitungseinheiten auch ganze Pflanzen dar. Samen- oder Früchtefresser etc. sind daher ebenfalls Räuber.

Konsumieren die Herbivoren dagegen nur Teile von Pflanzen, ohne diese zu töten, was bei der Mehrzahl der landlebenden Pflanzenfresser der Fall ist, so spricht man von **Weidegang**. Weidegänger sind also im Sinne der in der terrestrischen Ökologie gebräuchlichen Terminologie keine Räuber, sondern repräsentieren eine gesonderte Kategorie, die eine Mittelstellung zwischen Räubern und Parasiten einnimmt (siehe Tab. 5.4). Bei strenger Handhabung der Begriffe sind Blut saugende Mü-

Tab. 5.4 | Charakterisierung von Prädation, Weidegang und Parasitismus

System-Typ	Größe des fressenden im Vergleich zum gefressenen Organismus	Anzahl der vom Fressenden im Laufe seines Lebens aufgesuchten Nahrungsorganismen	Zeit des Kontaktes der Individuen	Resultat für den Nahrungsorganismus
Prädation	größer oder gleich groß, zumindest aber in der gleichen Größenordnung	sehr viele	wenige Sekunden bis wenige Tage	Tod
Weidegang	größer (z.B. Kuh / Gras) oder kleiner (Koalabär / Eukalyptus)	sehr viele	wenige Sekunden (Kuh / Gras) bis wenige Tage (Koalabär / Eukalyptus)	Veränderung der Konkurrenzverhältnisse (Schwächung, aber auch relative Förderung gegenüber beweidungsempfindlicheren Arten)
Parasitismus	deutlich kleiner (Euparasiten) bis annähernd gleich groß (Parasitoide)	ein oder wenige	lebenslang oder zumindest während eines (morphologisch oft deutlich unterscheidbaren) Lebensabschnittes	keine Reaktion, Schwächung oder Tod (Letzteres nur bei Befall durch Parasitoide)

Box 5.2

Der Beutefang

Die Art und Weise, wie Prädatoren ihre Beute fangen, ist sehr vielfältig: Manche sind Fallensteller, wobei die carnivoren Pflanzen und auch manche Tiere (Nesseltiere, Polypen) als Fallen fungierende Organe besitzen, während andere Tiere spezielle Fallen bauen, wie Netze (Spinnen, Köcherfliegenlarven) oder Gleitfallen (Ameisenlöwe). Wieder andere setzen Gift zur Überwältigung der Beute ein. Der Schützenfisch schießt seine Beute (außerhalb des Wassers lebende Insekten) mit Hilfe eines kräftigen Wasserstrahls von Blättern ab. Viele Jäger aber fangen ihre Beute ohne Hilfsmittel in einer Hetzjagd (zum Beispiel Wolf), Schleichjagd (Wildkatze, Tiger) oder durch geduldiges Warten (Auflauern) und plötzlichen Zugriff (Eisvogel, Reiher, Frosch, Krokodil).

cken und Blutegel ebenfalls Weidegänger, da sie ja, anders als Parasiten, nicht ständig und auch nicht wenigstens während eines bestimmten Lebensabschnittes an einem bestimmten Individuum ihrer Nahrungsart leben, sondern jeweils verschiedene Individuen der Nahrungsart relativ kurzfristig zur Nahrungsaufnahme aufsuchen. In der aquatischen Ökologie ist es dagegen üblich, vom Abweiden beispielsweise eines Diatomeenrasens durch Schnecken zu sprechen, obwohl die Schnecken die Diatomeen vollständig verzehren, im Sinne von Tab. 5.4 also Prädatoren sind.

Weidegänger sind weder Räuber noch Parasiten, sondern bilden eine eigene Kategorie.

Die eindeutige Mehrzahl der Carnivoren ist nicht auf eine bestimmte Beute-Art angewiesen, sondern kann viele Arten nutzen, ist also **polyphag**. Manche pflanzenfressenden Insekten ernähren sich dagegen ausschließlich von einer Pflanzenart, auf der sie einen Teil ihres Lebens verbringen, wobei dann der Übergang zum Parasitismus (siehe Abschnitt 5.1.4) gegeben ist. Mitteleuropäische **monophage** Arten sind der zu den Rüsselkäfern zählende Birkenblattroller (*Deporaus betulae*) und der Erlenblattkäfer (*Agelastica alni*, Fam. Blattkäfer). Viele dem Namen nach scheinbar monophage Insekten fressen auch an anderen Pflanzenarten, meist allerdings nahen Verwandten der namengebenden Art, zum Beispiel die Raupen der Apfelbaum-Gespinstmotte (*Yponomeuta padellus*) an Weißdorn- und Pflaumenzweigen und die des Kohlweißlings (*Pieris brassicae*) an Raps und Senf.

Räuber und Beute üben einen gegenseitigen **Selektionsdruck** aufeinander aus. Selektiert werden Merkmale, die die Verteidigungsmöglichkeiten der Beute beziehungsweise den Fangerfolg der Räuber optimieren, zum Beispiel Körperkraft, Schnelligkeit, Tarnung (Tab. 5.5), Empfindlichkeit der Sinnesorgane, Sozialverhalten (Rudel-, Herden- oder Schwarmbildung). Alle diese Eigenschaften können sowohl für den Räuber als auch für die Beute von Vorteil sein. Ausschließlich für die Beute von Nutzen sind dagegen schlechter Geschmack, Bestachelung oder andere Eigenschaften, die dem Räuber den Fraß »verleiden«. Beispiele für Schutz vor Fraß durch unangenehmen Geschmack sind viele der vom Mensch als Nutz- oder Heilpflanzen genutzten Pflanzen, die ätherische Öle enthalten (Thymian, Salbei, Origanum, Rosmarin). In geringen Mengen können sie zwar für den menschlichen (und vielleicht auch tierischen) Geschmack eine Speise würzen, in großen Mengen genossen verursachen sie jedoch Brechreiz und/oder Magenbeschwerden.

Schutz vor Fraß bieten auch harte Abschlussgewebe (insbesondere bei Pflanzen, zum Beispiel Schalen von Samen und Früchten), Panzer oder Gehäuse. Eine andere Möglichkeit stellen chemische Schutzstoffe dar, zum Beispiel Oxalsäure, Blausäure, Alkaloide und Tannine, die bei manchen Arten stets vorhanden sind, von anderen erst »bei Bedarf« gebildet werden. Ein Beispiel für Verteidigung durch »Chemie« bei Tieren ist der Bombadierkäfer (*Brachidus crepitans*), der ein explosives Gemisch aus Hydrochinon, H_2O_2 und Oxidase-Enzymen versprüht. Die Oxidation des Hydrochinons durch aus dem H_2O_2 freigesetztes O_2 erfolgt explosionsartig.

Einige unangenehm schmeckende Arten sind auffällig bunt gefärbt, so dass sie sich der Räuber gut merken kann (**Warntracht**). Beispiele für Warntrachten sind die leuchtende Färbung der Pfeilgiftfrösche oder die schwarz-gelbe Zeichnung der Wespen. Manche nicht wehrhafte oder

Tab. 5.5 | Formen der Tarnung

arttypische Färbung entspricht zeitlebens der Hauptfarbe des Lebensraumes bzw. der Farbe des typischen Unter- oder Hintergrundes	Birkenspanner (gefärbt wie Birkenrinde) Wasserfrosch (grün wie Schwimmpflanzen und Algen) Eisbär (Schnee, Eis)
Färbung wird saisonal an die Hauptfarbe des Lebensraumes angepasst	Polarfuchs, Schneehuhn
Farbe wird nach Ortswechsel an die Farbe des Untergrundes angepasst	Chamäleon, Flunder
Streifen- und netzartige Färbung sowie Punktierung führen zu einer optischen Auflösung der Körperkontur	Zebra, Tiger, Leopard
Nachahmung unbelebter Gegenstände	Lebende Steine, Fransenschildkröte, manche Grundfische
Nachahmung von Pflanzen(teilen)	Wandelndes Blatt, Stabheuschrecken, Spannerraupen
Nachahmung eines harmlosen Organismus durch einen Räuber	der räuberische Säbelzahnschleimfisch (*Aspidontus taeniatus*) ahmt den Putzerfisch (*Labroides dimidiatus*) nach
Nachahmung eines wehrhaften Organismus durch einen harmlosen (Bates-Mimikry)	Schwebfliegen und Schmetterlinge in Wespentracht

nicht unangenehm schmeckende Organismen ahmen wehrhafte oder durch andere für den Räuber unangenehme Mechanismen geschützte Arten nach (**Schein-Warntracht**). Beispielsweise gibt es zahlreiche Schwebfliegen und auch mehrere Schmetterlingsarten, die in ihrer Körperform und insbesondere Färbung Wespen ähneln (Abb. 5.6).

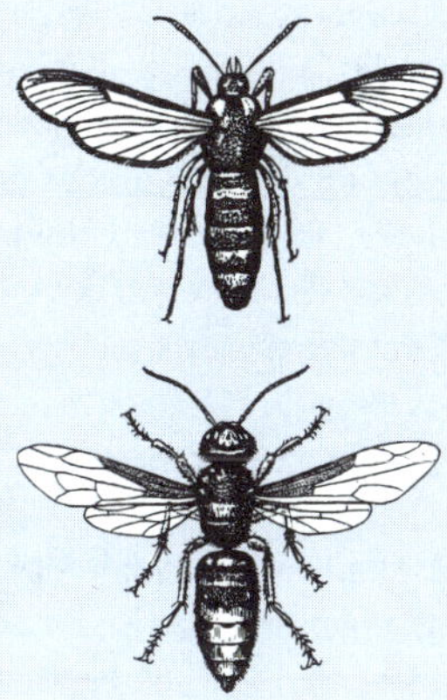

Abb. 5.6

Warntracht und Scheinwarntracht. Der harmlose Glasflügler (**oben**) imitiert die wehrhafte Hornisse (**unten**)

Nicht zu verwechseln mit der Warntracht ist die **Schrecktracht**, bei der der Angreifer durch einen überraschenden Stellungs- oder Farbwechsel entweder zur Flucht veranlasst werden soll oder wenigstens zum Zögern, damit das Beutetier Zeit zur Flucht gewinnt. Relativ häufig sind augenartige Zeichnungen auf Schmetterlingsflügeln, (siehe Abb. 5.7). Auch die bei manchen Fischarten zu findenden Augenflecke werden als Schrecktracht gedeutet. Abgeschreckt werden kann der Räuber weiterhin durch ätzende Flüssigkeiten oder unangenehme Gerüche (Stinktier) sowie durch unangenehmen Geschmack (siehe oben).

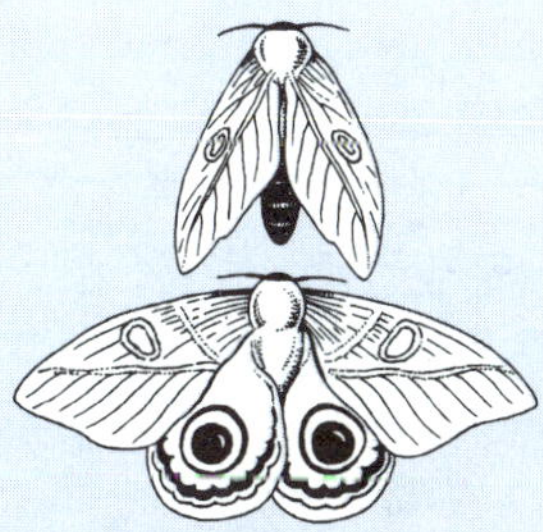

Abb. 5.7

Schrecktracht. **Oben**: Bei Gefahr präsentiert der südamerikanische Pfauenspinner (*Automeris nemusae*) plötzlich seine sonst verdeckten Augenflecke (nach WICKLER 1973). **Unten**: Auch in der einheimischen Fauna gibt es Arten mit Augenflecken, die, wie hier beim Kleinen Nachtpfauenauge (*Saturnia pavonia*), der Abschreckung von Feinden dienen.

Bestimmte Verhaltensweisen bewirken ebenfalls Schutz vor Räubern: Auftreten in Schwärmen oder Herden, Totstellreflex, Weglocken des Räubers vom Nest, Warnung der Artgenossen durch Rufen, optische Signale oder Duftstoffe.

Nur bei Räubern findet man Färbungen oder sonstige Eigenschaften, die zum Anlocken von Beute dienen. Beispielsweise besitzen manche Fangheuschrecken einen blütenähnlichen Fangapparat und einige Tiefseefische locken ihre Beute durch Leuchtorgane an.

Räuber und Beute beziehungsweise auch Parasit und Wirt (siehe Abschnitt 5.4) beeinflussen gegenseitig ihre Populationsdichten. Beide Bi-Systeme lassen sich daher mit dem in Abschnitt 3.4 erläuterten Lotka-Volterra-Modell mathematisch beschreiben. Da die Populationsdichte von Feind und Beute im realen Fall kein Bi-System darstellt, sondern auch andere Arten als Feind beziehungsweise als Beute auftreten, außerdem das Feind-Beute-System nicht die einzige die Populationsdichte bestimmende Interaktion zwischen Organismen darstellt (siehe Konkurrenz) und darüber hinaus die für die Populationsdichten sehr entscheidenden abiotischen Umweltfaktoren nicht konstant bleiben, kommt man bei Felduntersuchungen niemals zu derart idealen Kurven, wie sie im Modell vorausgesagt werden.

5.4 Parasitismus

Als **Parasiten** oder **Schmarotzer** werden solche Arten bezeichnet, die sich von anderen Organismen ernähren, ohne sie dadurch (sofort) zu töten. Anders als beim Räuber-Beute-System, wo der Räuber in der Mehrzahl der Fälle größer als oder zumindest gleich groß wie seine Beute ist, sind Parasiten sehr viel kleiner als der von ihnen befallene Wirt. Nicht selten findet man an einem einzigen Wirt sehr viele Parasiten. Gemäß dieser Charakterisierung von Parasiten (siehe auch Tab. 5.4) sind einige For-

Tab. 5.6 | Typen von Parasitismus

Einteilungsprinzip	Charakteristika	Benennung	Beispiele
Ort	am Wirt lebend	Ektoparasiten	Kopfläuse
	im Wirt lebend	Endoparasiten	Bandwürmer
Dauer/Zeit	Wirt nur jeweils zur Nahrungsaufnahme aufgesucht	temporäre Parasiten	Zecken
	Wirt nur in bestimmten Entwicklungsphasen aufgesucht	periodische Parasiten	Schlupfwespen
	Parasit lebt ständig am/im Wirt	permanente Parasiten	Läuse, Bandwürmer
Notwendigkeit	vollständiger Lebenszyklus ohne Wirt nicht möglich	obligate Parasiten	Bandwürmer, pflanzliche Vollparasiten
	Leben auch ohne einen Wirt möglich	fakultative Parasiten	einige pflanzliche Halbparasiten
Größe	mikroskopisch klein, Zahl nicht bestimmbar	Mikroparasiten	Bakterien, einzellige Pilze, Protozoen
	so groß, dass direkt zählbar	Makroparasiten	Bandwürmer
Wirkung	Wirt wird nicht getötet	Euparasiten	Läuse
	Wirt wird getötet	Parasitoide	Schlupfwespen
Sonderfall, der eigentlich kein Parasitismus im engeren Sinne ist, aber so bezeichnet wird[1)]			
	die Aufzucht der Jungen wird einer anderen Art aufgelastet	Brutparasiten	Kuckucke, Witwenvögel, Schmarotzerbienen

1) »Wirt« dient nicht als Nahrung, ist nicht deutlich größer, »Parasit« sucht nicht nur ein oder wenige Individuen, sondern Nester auf.

men der Antibiose, die häufig als Parasitismus bezeichnet werden, genau genommen nicht hierzu zu rechnen: Fregattvögel, die ihre Fischnahrung nicht selber fangen können, sondern anderen Vögeln abjagen, sind im engeren Sinne ebenso wenig Parasiten (obwohl man in der Literatur die Bezeichnung Kleptoparasitismus findet) wie Kuckucke und Witwenvögel, die ihre Eier von anderen Arten ausbrüten lassen (»Brutparasitismus«).

Merksatz

PARASITEN leben zeitweise oder ständig an oder in einem anderen Organismus (Wirt), von dem oder auf dessen Kosten sie sich ernähren, ohne eine »Gegenleistung« zu bringen.

Im Laufe der Evolution sind die verschiedensten Typen des Parasitismus entstanden (siehe Tab. 5.6), wobei es insbesondere zu sehr speziellen Anpassungen der Parasiten an ihre Wirte, aber auch zu evolutiven Reaktionen der Wirte gekommen ist (**Koevolution**). Die Mehrzahl der Parasiten ist nicht daran »interessiert«, ihren Wirt zu töten, da dessen Tod für sie Unannehmlichkeiten (Suchen nach einem neuen Wirt) oder sogar den eigenen Tod (Endoparasiten können ihren Wirt häufig nicht mehr wechseln) bedeutet. Ein gesunder Wirt erträgt den Befall durch einen oder wenige Parasiten, ohne dadurch ernsthaft zu erkranken. Allerdings stellen die Stoffwechselendprodukte des Parasiten oder die von ihm verursachten mechanischen Verletzungen vielfach eine Beeinträchtigung (Reduktion der Fitness) dar. Der Wirt versucht daher, sich seines Parasiten zu entledigen oder ihn unschädlich zu machen. Einige

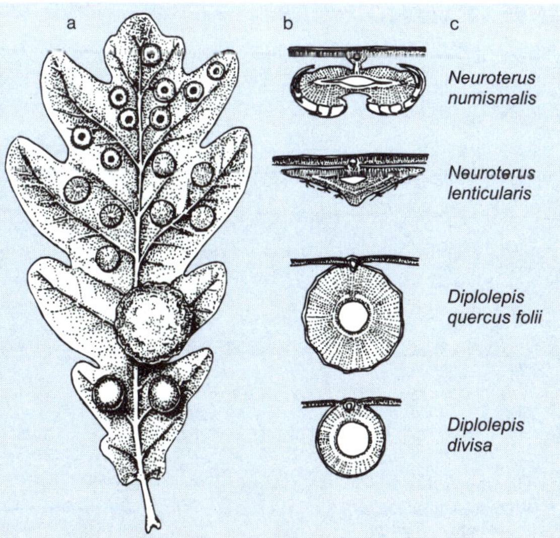

Abb. 5.8

Blatt der Stiel-Eiche (*Quercus robur*) mit Gallen verschiedener Gallwespenarten (Cynipidae).
a: Aufsicht;
b: Querschnitt;
c: Name der Gallwespe (nach verschiedenen Autoren aus WURMBACH 1970, verändert).

der Abwehrmaßnahmen gegen **Ektoparasiten** sind Kratzen, Baden und (soziale) Fellpflege. Gegen **Endoparasiten** kann das Immunsystem aktiv werden (Phagozytose, Antikörperbildung) oder der Parasit wird durch Bildung spezieller Hüllen eingekapselt oder (bei Pflanzen) durch Blattabwurf abgestoßen. Pflanzen haben im Laufe der Evolution teilweise Eigenschaften entwickelt, die einen Parasitenbefall erschweren (Behaarung, toxische oder ungenießbare Inhaltsstoffe) oder aber bei akutem Befall Abwehrmechanismen aktivieren. Eine Besonderheit der Reaktion von Pflanzen auf Parasiten stellt die Gallbildung dar. Die Form der Galle wird durch vom Parasiten ausgeschiedene Stoffe beeinflusst, ist also nicht wirts-, sondern parasitenspezifisch. An einer Pflanzenart kann man daher unterschiedliche Gallen finden (siehe Abb. 5.8)

Endoparasiten aus verschiedenen Tierstämmen zeigen konvergente Anpassungen:

- fehlende Pigmentierung,
- Reduktion der Bewegungsorgane und der Fernsinnesorgane (Fehlen des Hautmuskelschlauchs bei Würmern; Augenlosigkeit),
- Reduktion der Organe der Nahrungsaufnahme (Nahrungsaufnahme über die gesamte Oberfläche),
- Verlust der Atmung in O_2-armen Medien (Darmparasiten): Deckung des Energiebedarfs durch Gärung,
- sehr große Eizahl (Spulwurm: ca. 64 Millionen),
- Zwitterigkeit mit Selbstbefruchtung (Bandwürmer) oder dauernde Vereinigung beider Geschlechter (Pärchenegel: das Weibchen lebt in einer Bauchfalte des Männchens),
- ungeschlechtliche Vermehrung,
- Nutzung anderer Organismen (Zwischenwirte) als Überträger.

Abb. 5.9

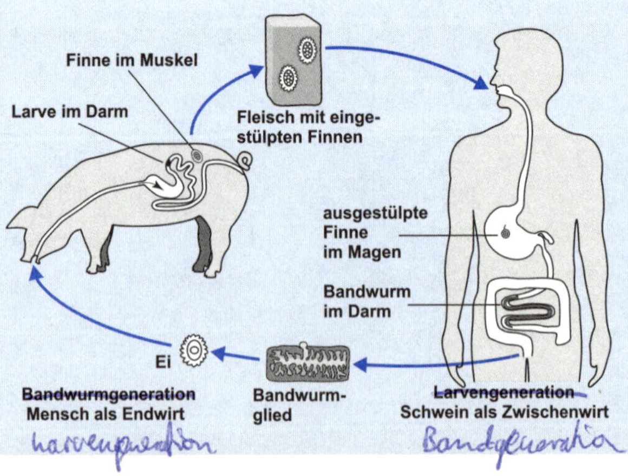

Lebenszyklus des Schweinebandwurmes (*Taenia solium*), eines früher in Mitteleuropa weit verbreiteten Darmparasiten des Menschen mit Wirtswechsel (Zwischenwirt Schwein).

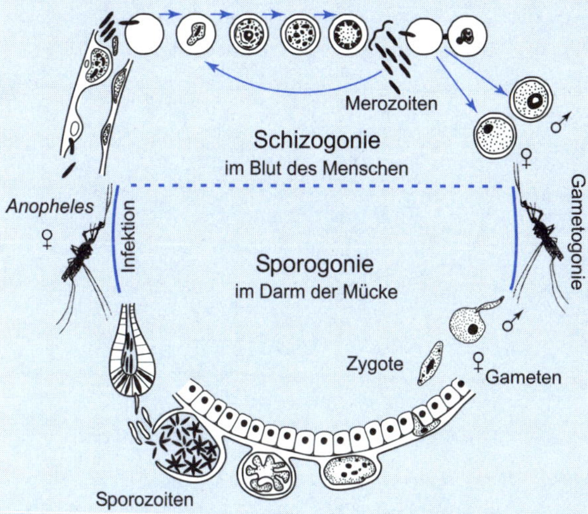

Abb. 5.10

Lebenszyklus des zu den Sporozoa gehörenden Erregers der Malaria (*Plasmodium*) mit Wirtswechsel zwischen einer *Anopheles*-Mücke und dem Menschen. Die Malariaerreger gelangen mit dem Stich der *Anopheles*-Mücke in den Menschen, wo sie u.a. in Leberzellen zu vielkernigen Formen heranwachsen, aus denen durch Vielfachteilung (Schizogonie) amöboid bewegliche Merozoiten entstehen. Je ein Merozoit dringt in ein rotes Blutkörperchen ein und vermehrt sich dort unter Zerstörung des Blutkörperchens durch erneute Schizogonie. Die entstandenen Merozoiten befallen wieder Erythrozcyten. Die Schizogoniedauer beträgt bei der *Malaria tertiana* etwa 48 Stunden, so dass jeweils am dritten Tag eine Vermehrungswelle auftritt. Der Körper reagiert auf die Stoffwechselprodukt der Merozoiten mit Fieber. Der Entwicklungszyklus läuft über sexuell differenzierte Formen weiter, die aus Merozoiten in Blutkörperchen entstehen. Werden diese Formen durch einen erneuten Stich von einer *Anopheles*-Mücke übernommen, entwickeln sich in deren Darm Mikro- und Makrogameten. Diese verschmelzen zur Zygote, die in das Darmgewebe eindringt. Aus einer Zygote entstehen zahlreiche Sporozoiten (Sporogonie), die dann in die Speicheldrüse der Mücke wandern.

Da die Parasiten mit den Abwehrreaktionen ihres Wirtes fertig werden müssen, haben sie sich im Laufe der Evolution sehr eng an ihren Wirt angepasst. Die Mehrzahl der tierischen Endoparasiten und sogar viele Ektoparasiten (zum Beispiel Läuse) sind daher auf eine Art spezialisiert, ein Übergang auf eine andere Art oder gar Gattung ist ihnen nicht möglich. Aus diesem Grunde können Parasiten zur Aufdeckung von phylogenetischen Beziehungen ihrer Wirte genutzt werden.

Im Gegensatz zu **Euparasiten**, bei denen der Tod des Wirts nicht der Normalfall ist, töten **Parasitoide** (Raubparasiten), zu denen die Schlupfwespen zählen, ihren Wirt letztendlich ab. Sie legen ein Ei im Wirt ab, und die sich entwickelnde Larve ernährt sich von dem lebenden Opfer, bis sie dieses von innen soweit aufgezehrt hat, dass es stirbt. **Euparasiten** verursachen nur dann lebensbedrohende Schäden, wenn die Befalldichte ungewöhnlich hoch ist oder der Wirt geschwächt ist (zum Beispiel durch Verletzungen, Unterernährung, Befall durch weitere Parasitenarten).

Manche Parasiten benötigen im Laufe ihres Lebens in unterschiedlichen Entwicklungsstadien unterschiedliche Wirtsarten (siehe

Tab. 5.7 | Endoparasiten des Menschen[1]

Art	Klasse	Stamm	Krankheit/Schädigung
Leishmania donovani, *L. tropica,* *L. brasiliensis*	Zoomastigina	Protozoa	Vergrößerung von Milz u. Leber, tödlich Hautläsionen Zerstörungen im Gesicht, unbehandelt manchmal tödlich
Trypanosoma gambiense	Zoomastigina	Protozoa	Schlafkrankheit, unbehandelt tödlich
Trypanosoma cruzi	Zoomastigina	Protozoa	Chagaskrankheit, tödlich
Trichomonas vaginalis	Zoomastigina	Protozoa	Trichomoniasis: Schleimfluss, Juckreiz
Entamoeba histolytica	Rhizopoda	Protozoa	Amöbenruhr
Toxoplasma gondii	Sporozoa	Protozoa	Toxoplasmose
Plasmodium vivax, *P. ovale,* *P. malariae,* *P. falciparum*	Sporozoa	Protozoa	Malaria tertiana Malaria tertiana Malaria quartan Malaria tropica, ohne Behandlung tödlich
Balantidium coli	Ciliata	Protozoa	Balantidenruhr
Schistosoma mansoni, *S. haematomium,* *S. japonicum* (Pärchenegel)	Trematodes	Plathelminthes	Bilharziose (Erkrankung des Harntraktes)
Diphyllobothrium latum (Fischbandwum)	Cestodes	Plathelminthes	meist unerheblich
Taenia saginata (Rinderbandwurm),	Cestodes	Plathelminthes	meist unerheblich
Taenia solium (Schweinebandwurm)	Cestodes	Plathelminthes	adulter Wurm: meist unerheblich; Larve: Cysticercose (knotenartige Verdickungen im Unterhautgewebe oder Auge), nicht selten tödlich
Echinococcus granulosus (Hundebandwurm)	Cestodes	Plathelminthes	Bildung von hydativen Blasen (vegetative Vermehrungsstadien) in Leber, Lunge u. a. gut durchbluteten Organen, eventuell tödlich
Echinococcus multilocularis (Fuchsbandwurm)	Cestodes	Plathelminthes	tumorartiges Wachstum des befallenen Organs (v.a. Leber), stets tödlich
Trichinella spiralis (Trichine)	Nematodes	Nemathelminthes	Trichinose (Zerstörung von Muskelfasern, Muskelschmerzen, oft tödlich)
Enterobius vermicularis (Madenwurm)	Nematodes	Nemathelminthes	Juckreiz am After
Ascaris lumbricoides (Spulwurm)	Nematodes	Nemathelminthes	nur bei Massenbefall: Leibschmerzen, Darmverschluss
Drancunculus medinensis (Medinawurm)	Nematodes	Nemathelminthes	Geschwüre, Nesselfieber, Juckreiz
Angiostrongylus cantonensis (Rattenlungenwurm)	Nematodes	Nemathelminthes	Meningo-Encephalitis
Onchocerca volvulus	Nematodes	Nemathelminthes	Onchocercose: Hautveränderung, Hornhauttrübung (Flussblindheit)
Wuchereria bancrofti	Nematodes	Nemathelminthes	Elephantiasis: monströse Auftreibung von Körperteilen (v.a. der Extremitäten)
Tunga penetrans (Sandfloh)	Insecta	Arthropoda	kleine Beulen (bis erbsengroß)
Sarcoptes scabiei (Krätzemilbe)	Acari	Arthropoda	Krätze

Vorkommen	Vektor	Mensch
S-Amerika, S-Europa, S- u. Zentral-Asien, Afrika	Phlebotomen	Endwirt
trop. Afrika	Tsetse-Fliege	Zwischenwirt
trop. Amerika	Raubwanzen	Zwischenwirt
weltweit	Geschlechtsverkehr	alleiniger Wirt
weltweit	Lebensmittel, verunreinigtes Trinkwasser	alleiniger Wirt
weltweit	Exkremente von Haustieren, rohes Fleisch	Zwischenwirt
weltweit Westafrika Tropen/Subtrop. Tropen	Anopheles-Mücke	Zwischenwirt
weltweit	Schweinekot	Endwirt
Naher Osten, N- u. O-Afrika, S-Amerika	Larven (Cercarien) schwimmen in stehenden Gewässern, dringen durch die Haut ein; Zwischenwirt: Wasserschnecken	Endwirt
v.a. Nordhalbkugel	roher oder nicht garer Fisch	Endwirt
weltweit	Rindfleisch	Endwirt
weltweit	Schweinefleisch	Endwirt, selten Zwischenwirt (= Fehlwirt)
weltweit	oral: Streicheln von Hunden, Essen von mit Hundekot verunreinigten Früchten oder Gemüsen	früher Zwischenwirt, heute Fehlwirt
Mitteleuropa, u.a. Alpenraum	Waldfrüchte	Fehlwirt
weltweit	rohes oder unvollständig gegartes Schweinefleisch	Endwirt
weltweit	orale Aufnahme	Endwirt
weltweit	orale Aufnahme der Eier (Essen ungewaschener, mit Fäkalien gedüngter Gemüse u. Salate)	alleiniger Wirt
Afrika, S-Russland, S-Asien	oral mit ungefiltertem Wasser (Zwischenwirt: Cyclops-Arten)	Endwirt
S-O-Asien u. Pazif. Inseln	rohe bzw. ungenügend gekochte Süßwasser-Garnelen u. Schnecken	Fehlwirt
Afrika, Mittelamerika	Kriebelmücken	Endwirt
Tropen	Mücken	Endwirt
(semi)aride Tropen	aktives Überwandern	Endwirt
?	aktives Überwandern	Endwirt

[1] zusammengestellt nach FRANK (1976), MEHLHORN (2001), MEHLHORN & PIEKARSKY (2002).

Tab. 5.8 | Ektoparasiten und Weidegänger beim Menschen in Mitteleuropa

Wissenschaftlicher Name	Deutscher Name	Überträgerfunktion
Ixodes ricinus	Zecke, Holzbock	mehrere Krankheiten, z.B. Borreliose
Pediculus humanus capitis	Kopflaus	
Pediculus humanus humanus	Kleiderlaus	u.a. Fleckfieber (Flecktyphus)
Phthirus pubis	Schamlaus	
Cimex lectularius	Bettwanze	
Pulex irritans	Menschenfloh	Pest
Culicidae	Stechmücken	Viren, Bakterien, Protozoen

[1)] zusammengestellt aus Frank (1976) und Mehlhorn (2001).

Tab. 5.9 | Parasitäre Samenpflanzengattungen Mitteleuropas[1)]

Gattung[2)] bzw. Art	Parasitismus-Typ	potenzieller Wirt
Orobanche (23)	Vollparasit	meist mehrere Wirte aus einer Gattung, einer Familie oder nicht selten sogar aus mehreren Familien
Cuscuta (8)	Vollparasit	mehrere Wirte, meist aus mehreren Familien
Lathraea squamaria	Vollparasit	Gehölze, z.B. Erlen (*Alnus*), Hasel (*Corylus*), Pappel (*Populus*)
Viscum album[3)]	obligatorischer Halbparasit	Laubbäume, v.a. Pappeln (*Populus*), Weiden (*Salix*) und Apfelbäume (*Malus domestica*)
Loranthus europaeus[4)]	obligatorischer Halbparasit	Eichen (*Quercus*)
Euphrasia (13), *Melampyrum* (5), *Odontites* (4), *Pedicularis* (13), *Rhinanthus* (6)	(fakultativer?) Halbparasit	die Mehrzahl der Arten hat keine spezielle Familie, also erst recht keine spezielle Gattung oder Art als Wirt

[1)]Ohne reine Alpenpflanzen [2)]In Klammern die Zahl der in Mitteleuropa vorkommenden Arten [3)]Die Wirtsangaben beziehen sich v.a. auf ssp. *album*; nur an Tannen (*Abies*) kommt ssp. *abietis*, nur an Kiefern (*Pinus*) ssp. *austriacum* vor. [4)]Nur im SO Mitteleuropas im Übergang zum kontinentalen Klima (z.B. Burgenland, Wiener Becken).

Abb. 5.9 und 5.10). Dabei wird diejenige Art, in der der Parasit zur Geschlechtsreife gelangt, als **Endwirt**, die andere(n) Art(en) als **Zwischenwirt**(e) bezeichnet. Im Zwischenwirt erfolgt oft eine ungeschlechtliche Vermehrung. Meist sehen die im Zwischenwirt auftretenden Stadien oder Generationen völlig anders aus als die im Endwirt, weshalb sie eigene Namen besitzen. Nicht selten werden die Zwischenwirte durch den Parasiten stärker geschädigt als der Endwirt, manchmal bildet der Tod des Zwischenwirts sogar die Voraussetzung dafür, dass der Parasit in den Endwirt gelangen kann. Solche Parasiten sind also im Hinblick auf den Zwischenwirt Parasitoide, bezüglich des Endwirtes Euparasiten.

Die Parasiten des Menschen (siehe Tab. 5.7 und Tab. 5.8) und seiner Haustiere stellen ein medizinisches und volkswirtschaftliches Problem dar. Während die betreffenden prokaryotischen und pilzlichen Mikroparasiten in der Regel von (Tier-)Medizinern und Mikrobiologen erforscht werden, hat sich die Beschäftigung mit den Makroparasiten zu einem eigenen Arbeitsgebiet der Ökologie entwickelt (**Parasitologie**), das im zoologischen Bereich eng mit der Human- beziehungsweise Veterinärmedizin zusammenarbeitet. Auch die Parasiten und Weidegänger (»Schädlinge«) von Nutzpflanzen haben eine enorme volkswirtschaftliche Bedeutung. Botanische Parasitologen arbeiten daher eng mit Agronomen und Forstwissenschaftlern zusammen.

Bei Pflanzen unterscheidet man zwischen Voll- und Halbparasiten (siehe Tab. 5.9). Erstere haben ihre Chloroplasten zurückgebildet, sind daher auch bezüglich der Photosyntheseprodukte auf ihren Wirt angewiesen. Letztere betreiben Photosynthese und beziehen von ihrem Wirt lediglich Wasser und Nährstoffe. Die Abwehrreaktionen von Pflanzen sind offensichtlich weniger spezifisch, denn die Vollparasiten unter den einheimischen Blütenpflanzen können fast alle auf mehreren Arten parasitieren, einige sind sogar nicht einmal familienspezifisch.

5.5 Konkurrenz

Für Systeme mit zwei Arten lässt sich die Auswirkung der in Abschnitt 3.4 definierten Konkurrenz auf die Populationsdichte analog zum Feind-Beute-Modell mathematisch vorhersagen. Anders als bei diesem Modell, wo man auch unter natürlichen Verhältnisse Annäherungen an Bi-Systeme finden kann (Monophage und ihre Nahrungsart, spezialisierte Parasiten und ihr Wirt), sind in der Natur stets mehrere Arten als Konkurrenten (und sei es um unterschiedliche Ressourcen) vorhanden. Die Betrachtung der Konkurrenz als Bisystem ist daher sehr theoretischer Natur und liefert deutlich von der Realität abweichende Ergebnisse. Deshalb kommen wir auf das Thema »Konkurrenz« bei der Behandlung der Biozönose zurück (Abschnitt 6.3).

Fragen (Seitenverweise zur Beantwortung)

1 • Nennen Sie die unterschiedlichen Formen des Zusammenlebens zweier Arten im Hinblick auf Vor- und Nachteile für die Arten! (s. Seite 64 f.)

2 • Welche Untertypen der Parabiose werden unterschieden? Was versteht man jeweils darunter? Geben Sie Beispiele! (s. Seite 66)

3 • Was versteht man unter Symbiose? Welche Untertypen sind unterscheidbar? Geben Sie zu jedem dieser Untertypen ein Beispiel! (s. Seite 66 ff.)

4 • Was versteht man unter Myrmekophyten, was unter Elaiosomen? (s. Seite 66)

5 • Nennen Sie fünf Beispiele für Eusymbiose! (s. Seite 68 f.)

6 • Erläutern Sie die Problematik des Begriffes Symbiose am Beispiel der Knöllchenbakterien! (s. Seite 69)

7 • Welchem Typ von Bi-Systemen ist das Zusammenleben des Menschen mit seinen Haustieren und Kulturpflanzen zuzuordnen? (s. Seite 70)

8 • Nennen Sie Beispiele für »Nutztier- und Nutzpflanzenhaltung« von Tieren! (s. Seite 70)

9 • Nennen Sie die in Mitteleuropa heimischen carnivoren Pflanzengattungen! (s. Seite 71)

10 • Erläutern Sie den Unterschied zwischen Prädation, Weidegang und Parasitismus! (s. Seite 72)

11 • Nennen Sie Möglichkeiten für Pflanzen, sich vor Fraß zu schützen und geben Sie jeweils Beispiele! (s. Seite 74)

12 • Wie schützen sich Beutetiere vor Räubern? Geben Sie Beispiele! (s. Seite 74 f.)

13 • Geben Sie Beispiele für »Brutparasitismus« und »Kleptoparasitismus« und nehmen Sie kritisch zu diesen beiden Begriffen Stellung! (s. Seite 77)

14 • Nennen Sie einige bei Pflanzen und/oder Tieren ausgebildete Abwehrmaßnahmen gegen Parasitenbefall! (s. Seite 78)

15 • Wie entstehen Pflanzengallen und wovon hängt deren Aussehen ab? (s. Seite 78)

16 • Nennen Sie Anpassungen von Endoparasiten an ihre Lebensweise! (s. Seite 78)

17 • Beschreiben Sie (ggf. mit einer Skizze) den Lebenslauf des Schweinebandwurms und des Malariaerregers! (s. Seite 78 f.)

18 • Nennen Sie einige Ekto- und einige Endoparasiten des Menschen! (s. Seite 80 ff.)

19 • Was ist der Unterschied zwischen pflanzlichen Halb- und Vollparasiten? Nennen Sie jeweils Beispiele aus der heimischen Flora! (s. Seite 83)

Literatur

ALLEN, M.F. (1991): The Ecology of Mycorrhizae. Cambridge University Press, Cambridge/New York usw., 184 S.

BEIDERBECK, R. (1995): Die Pflanzengalle – ein Aktionsfeld für Organismen. Biologie in unserer Zeit 25, 185–196.

DOBAT, K., PEIKERT-HOLLE, T. (1985): Blüten und Fledermäuse. Bestäubung durch Fledermäuse und Flughunde (Chieropterophilie). W. Kramer, Frankfurt, 370 S.

DUMPERT, K. (1994): Das Sozialleben der Ameisen. Pareys Studientexte 18, 2. neubearb. Aufl., Parey, Berlin, Hamburg, 257 S.

FRANK, W. (1976): Parasitologie. Lehrbuch für Studierende der Human- und Veterinärmedizin, der Biologie und der Agrarbiologie. Ulmer, Stuttgart, 510 S.

HABERMEHL, G. (1994): Gift-Tiere und ihre Waffen. 5., aktualisierte u. erw. Aufl., Springer, Berlin/Heidelberg/ New York, 245 S.

HERRE, W., RÖHRS, M. (1990): Haustiere – zoologisch gesehen. 2., völlig neu bearb. u. erw. Aufl., G. Fischer, Stuttgart/New York, 412 S.

HÖLLDOBLER, B., WILSON, E.O. (1990): The Ants. Belknap Press of Harvard University Press, Cambridge, Massachusetts, 732 S.

MARGULIS, L. (1993): Symbiosis in cell evolution: microbial communities in the Archean and Proterozoic eons. 2nd ed., Freeman, New York, 452 pp.

MASCHWITZ, U., HÄNEL, H. (1985): The migrating herdsman *Dolichoderus cuspidatus*: an ant with a novel mode of life. Behavioural Ecol. Sociobiol. 17, 174–184.

MASCHWITZ, U., DUMPERT, K., DOROW, W.H.O. (2002): Gipfelpunkte der Nährsymbiose zwischen Ameisen und Pflanzenarten. Bernsteinfossilien und neue Funde in asiatischen Regenwäldern. Natur & Museum 132, 106–118.

MEHLHORN, H. (ed.) (2001): Encyclopedic Reference of Parasitology. 2 Bde., Springer, Berlin, 1385 S.

MEHLHORN, B., MEHLHORN, H. (1992): Zecken, Milben, Fliegen, Schaben. 2., erw. Aufl., Springer, Berlin/Heidelberg/New York etc. 219 S.

MEHLHORN, H., PIEKARSKI, G. (2002): Grundriß der Parasitenkunde. 6. Aufl., Spektrum Akademischer Verlag, Heidelberg, 516 S.

MEHLHORN, H., EICHENLAUB, D., LÖSCHER, T., PETERS, W. (1995): Diagnostik und Therapie der Parasitosen des Menschen. 2. Aufl., Urban & Fischer, München, 452 S.

MOOG, J., DRUDE, T., MASCHWITZ, U. (1998): Protective Function of the Plant-Ant *Cladomyrma maschwitzi* to its Host, *Crypteronia griffithii*, and the Dissolution of the Mutualism (Hymenoptera: Formicidae). Sociobiology 31, 105–129.

OHNESORGE, B. (1991): Tiere als Pflanzenschädlinge. Ökologische Grundlagen des Schädlingsbefalls an Kulturpflanzen. 2., neubearb. u. erw. Aufl., Thieme, Stuttgart/New York, 336 S.

WASSERTHAL, L.T. (1999): Nachtfalterblüten. In ZIZKA, G., SCHNECKENBURGER, S. (Hrsg.): Blütenökologie – faszinierendes Miteinander von Pflanzen und Tieren. Kl. Senckenberg Reihe 33, 67–73.

WICKLER, W. (1973): Mimikry. Nachahmung und Täuschung in der Natur. Kindler, München 256 S.

WIRTH, V. & DÜLL, R. (2000): Farbatlas Flechten und Moose. Ulmer, Stuttgart, 320 S.

WURMBACH, H. (1970): Lehrbuch der Zoologie Bd. 1. 2., völlig neu bearb. u. erg. Aufl., G. Fischer, Stuttgart, 1080 S.

ZIZKA, G. (Hrsg.) (1990): Pflanzen und Ameisen. Palmengarten, Sonderheft 15, 126 S.

ZIZKA, G., SCHNECKENBURGER, S. (Hrsg.) (1999): Blütenökologie – faszinierendes Miteinander von Pflanzen und Tieren. Kl. Senckenberg Reihe 33, 173 S.

ZWÖLFER, H. (1978): Mechanismen und Ergebnisse der Ko-Evolution von phytophagen und entomophagen Insekten und Höheren Pflanzen. Sonderband Naturwiss. Ver. Hamburg 2, 7–50.

6 | Biozönosen

Inhalt

Biozönose (Zönose, Gemeinschaft): Zusammen (in einem Lebensraum) vorkommende, sich zumindest teilweise beeinflussende Gruppe verschiedener Arten.

Die Gesamtheit aller Organismen eines Lebensraumes bildet eine **Lebensgemeinschaft** oder **Biozönose** (Kurzform: Zönose), wobei man die jeweilige Pflanzengemeinschaft als Phyto- und die Tiergemeinschaft als Zoozönose bezeichnet (siehe 6.5). Lebensgemeinschaften von Mikroorganismen werden entsprechend als Mikrobozönose bezeichnet. Erstmals benutzt wurde der Begriff Biozönose von MÖBIUS (1877).

Die Teildisziplin der Ökologie, die sich mit der Biozönose beschäftigt, wird **Biozönologie** genannt (engl.: *community ecology*). Sieht man von der mehr oder weniger theoretischen Betrachtung und die auf das Labor beschränkte Untersuchung von Bi-Systemen ab, so ist die Biozönologie weitgehend mit der im Feld betriebenen Synökologie identisch.

6.1 | Untergliederung der Biozönose

Taxozönose: Durch die biologische Systematik definierte Teilgruppe einer Biozönose.

Gilde: Funktionelle Artengruppe, z.B. Arten, die die gleiche Ressource in ähnlicher Weise nutzen wie Zersetzer von Holz oder auch Buchenholz; Blütenbesucher, oder auch Besucher der Blüten einer bestimmten Art.

Der Lebensraum einer Biozönose kann in verschiedene Subsysteme untergliedert sein, nämlich Schichten (Strata), Aktionszentren (Biochorien) und Strukturteile (Merotope). Die entsprechenden Teilmengen (Synusien) der Biozönose, die schwerpunktmäßig in den betreffenden Ökosystem-Untereinheiten anzutreffen sind, heißen Stratozönose, Choriozönose und Merozönose. Manche Autoren heben die Stratozönose des Bodens durch einen eigenen Fachausdruck (Pedozönose) besonders hervor. Aus Gründen der Praktikabilität ist es meist nicht möglich, die gesamte Biozönose artmäßig zu erfassen. Man beschränkt sich insbesondere im Bereich der Zoozönose auf ausgewählte systematische Gruppen (**Taxozönosen**), wie zum Beispiel die Avizönose (Vogelgemeinschaft) und die Entomozönose (Insektengemeinschaft), oder auf Gruppen gleicher Lebensweise beziehungsweise Funktion (**Gilden**), zum Beispiel Blütenbesucher.

Artenzusammensetzung und Diversität

6.2

Das wichtigste Strukturmerkmal einer Biozönose ist ihre Artenzusammensetzung. In engem Zusammenhang hiermit stehen Diversität, Artendichte, Individuendichte, aber auch Produktivität und Energiegehalt. Natürlich hängt die Artenzusammensetzung von den Eigenschaften des Lebensraumes (**Biotop**) ab. Diese Abhängigkeit ist in den so genannten **biozönotischen Grundprinzipien** zusammengefasst, von denen die beiden im Folgenden zuerst aufgeführten von THIENEMANN (1939), das dritte von KROGERUS (1932) und vierte von FRANZ (1952/53) formuliert wurden:

Biotop: Lebensraum einer Biozönose (Bedingung: Bestimmte Mindestgröße, plusminus gleichmäßige Beschaffenheit, gegenüber der Umgebung abgrenzbar); neuerdings auch als Synonym für Habitat verwendet.

- Vielseitige Lebensbedingungen ermöglichen eine hohe Artendichte mit meist geringer Individuenzahl.
- Einseitige Bedingungen führen zur Artenarmut, wobei die wenigen Arten jedoch in der Regel individuenreich vertreten sind.
- In vielseitigen Ökosystemen erreichen euryöke Arten (in einseitigen und extremen Lebensräumen stenöke Arten) die größte Abundanz.
- Je kontinuierlicher sich die Lebensbedingungen an einem Standort entwickelt haben beziehungsweise je länger dort konstante Umweltverhältnisse herrschen, desto artenreicher, ausgeglichener und stabiler ist, bei vergleichbaren Bedingungen, die Lebensgemeinschaft.

In einer Biozönose lebende Arten sind in Abhängigkeit von ihren Standortansprüchen unterschiedlich eng an sie gebunden. Man unterscheidet zwischen solchen Arten, die überwiegend in nur einer Biozönose vorkommen (stenöke), solchen, die optimal in mehreren Zönosen gedeihen können (euryöke) und Arten ohne jegliche Bindung an eine Zönose (**Ubiquisten**). Auch bezüglich der zeitlichen Bindung kann man verschiedene Typen unterscheiden:

- Zönose-eigene Arten (Indigenae) führen im Biotop ihren gesamten Lebenszyklus (homotope Arten) oder zumindest eine charakteristische aktive Lebensphase (heterotope Arten) durch.
- Besucher (Hospites) sind Arten, die den Lebensraum nur zeitweilig, aber zielstrebig aufsuchen, zum Beispiel um dort zu fressen oder sich zu verstecken.
- Nachbarn (Vicini) kommen aufgrund ihrer Ausbreitungstendenz zufällig und vorübergehend, aber dennoch regelmäßig aus benachbarten Habitaten in den betreffenden Biotop.
- Durchzügler (Permigranten) sind nur während ihrer jahreszeitlichen Wanderungen in dem betreffenden Lebensraum anzutreffen.
- Irrgäste (Alieni) findet man nur episodisch an dem für sie völlig fremden Standort.

α-Diversität: Artenvielfalt einer Biozönose
β-Diversität: Unterschied zwischen verschiedenen Biozönosen
γ-Diversität: Vielfalt der Strukturen eines Lebensraumes.

Die Vielfalt (**Diversität**) einer Biozönose hängt nicht nur von ihrer Artenzahl, sondern auch von der Verteilung und Individuendichte der einzelnen Arten ab. Neben der Diversität innerhalb einer Biozönose (α-Diversität) lässt sich auch die Verschiedenheit benachbarter Biozönosen bestimmen (β-Diversität). Darüber hinaus kann man den Begriff Diversität auf die Strukturen des Lebensraumes beziehen (γ-Diversität). Die α-Diversität ist oft eng mit der -Diversität korreliert (Abb. 6.1).

Dass die α-Diversität nicht nur von der Arten-, sondern auch von der Individuenzahl und -verteilung abhängt, wird durch Abb. 6.2 verdeutlicht: Auf den ersten Blick ist eine artenreichere Biozönose (siehe 6.2 A) diverser als eine artenärmere (siehe 6.2 B). Trotz ihrer geringeren Artenzahl ist letztere Biozönose auf Grund der Gleichverteilung ihrer Arten aber diverser als die in Abb. 6.2 A dargestellte artenreichere, deren Arten jedoch sehr ungleich verteilt sind. Zahlenmäßig lässt sich die α-Diversität mit

Abb. 6.1

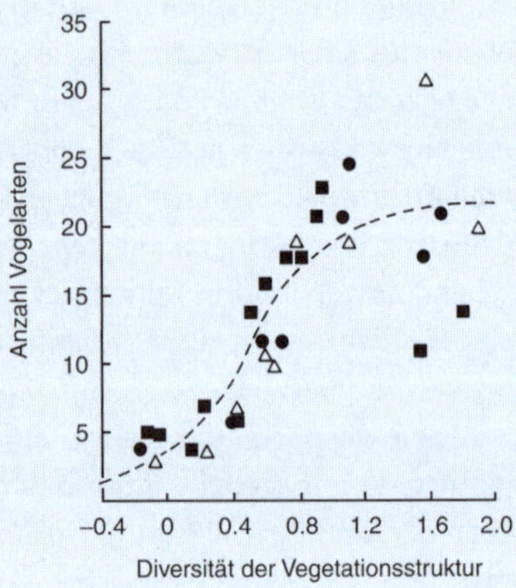

Die Artenvielfalt steht meist in enger Beziehung zur Strukturvielfalt. Beispiel: Anzahl der Vogelarten in Relation zur Diversität der Vegetationsstruktur in mediterranen Gebieten von Kalifornien (Dreiecke), Zentralchile (Kreise) und Südafrika (Quadrate) (nach Cody 1975 aus Kratochwil & Schwabe 2000)

Abb. 6.2

Abhängigkeit der Arten-Diversität von Artenzahl, Individuenzahl und Individuenverteilung. Bei alleiniger Betrachtung der Artenzahl ist **System A** mit drei Arten diverser als **System B** mit zwei Arten. Da zwei der drei Arten von System A nur in sehr geringer Individuenzahl und dazu nur in einem Teilkompartiment auftreten, bei B dagegen beide Arten mit hoher Individuenzahl und gleicher Verteilung vorkommen, ist die Chance, mehrere Arten in einem Teilkompartiment anzutreffen, in B größer als in A. So gesehen ist B, trotz geringerer Artenzahl, diverser als A.

Hilfe der Formel von SHANNON-WEAVER ausdrücken (Gleichung 6.1). Ein anderes oft benutztes Diversitätsmaß ist die Evenness (Gleichung 6.2).

Gleichung 6.1

$$H_S = S\ (n_i/N) \times \ln\ (n_i/N)$$

Gleichung 6.2

$$E = H_S/\log S$$

H_S: Artendiversität in einer Biozönose von S Arten
N: Gesamtindividuenzahl
n_i: Individuenzahl der Art i
S: Gesamtartenzahl
E: Evenness

Auch die vor allem in der Pflanzensoziologie gebräuchlichen Verteilungsmerkmale (Frequenz, Konstanz, Präsenz der Arten; Homogenität) sind Charakteristika einer Biozönose.

Bei keiner Biozönose ist die Artenzusammensetzung über einen längeren Zeitraum hin konstant. Vielmehr schwankt sie von Jahr zu Jahr um eine Mittelstellung. Voraussetzung für die Rückkehr zu dieser Mittelstellung (das Verbleiben im biozönotischen Gleichgewicht) ist, dass die abiotischen Umweltfaktoren konstant bleiben und dass keine konkurrenzstarken Arten zuwandern. Geschieht dies doch, so entsteht eine neue Biozönose. Derartige biozönotische Veränderungen bezeichnet man als **Sukzession** (siehe Abschnitt 7.4).

6.3 Konkurrenz

Die Zahl der in einem Ökosystem vorkommenden Arten, insbesondere solcher mit ähnlichen Ressourcen-Ansprüchen, hängt entscheidend von der Konkurrenzkraft der einzelnen Arten ab. Ist eine sehr konkurrenzstarke Art vorhanden (auf mittleren Standorten in Mitteleuropa zum Beispiel die Buche), so wird diese in ungestörten Lebensräumen zur alleinigen Dominanz gelangen. Die anderen Arten haben nur dann eine Chance, wenn dieser Konkurrent ausfällt (in mitteleuropäischen Wälder zum Beispiel nach Windwurf oder anderen Katastrophen zunächst Aufkommen von Pionierbaum-Arten wie Sand-Birke, Vogelbeere, Berg-Ahorn) beziehungsweise wenn seine Konkurrenzkraft anthropogen beeinträchtigt wird (im Falle der Buche zum Beispiel in manchen Regionen durch Niederwaldwirtschaft, s. Abschnitt 15.1.2).

Merksatz

KONKURRENZ = Wettbewerb um Nahrung, Raum oder andere ökologische Notwendigkeiten; sie ist ein entscheidender Faktor für die Artenzusammensetzung der Biozönosen.

Als Ergebnis von **Konkurrenz** (vergleiche Abschnitt 3.4) sind drei Fälle zu unterscheiden:

Art A verdrängt die Art B auf Dauer unumgänglich. Dies ist immer dann der Fall, wenn Individuen der Art A einen stärkeren Konkurrenzeffekt auf Individuen der Art B ausüben als auf Individuen der eigenen Art, wenn Art A also ein starker interspezifischer Konkurrent ist, Art B dagegen ein schwacher.

Eine der beiden Arten verdrängt die andere. Welche überlebt beziehungsweise verdrängt wird, hängt von der anfänglichen Individuendichte der beiden Arten ab. Solche Fälle sind dann realisiert, wenn beide Arten intensiver interspezifisch als intraspezifisch konkurrieren.

Ist bei beiden Arten die interspezifische Konkurrenz weniger stark als die intraspezifische, so koexistieren die Arten.

Ob und wie sich die Konkurrenz zwischen zwei Arten auswirkt, beziehungsweise ob es überhaupt zur Konkurrenzsituation kommt, hängt unter anderem davon ab, ob die Konkurrenz direkt oder indirekt ist. Bei direkter gegenseitiger Beeinträchtigung (**Interferenz**) verdrängt eine Art die andere unmittelbar, zum Beispiel durch Überwachsen oder Verscheuchen. Wird die Interferenz durch die Anwesenheit einer dritten Art (zum Beispiel eines Räubers) verhindert, so können beide Arten in der Biozönose koexistieren. Die Artenkombination vieler vom Menschen genutzter Ökosysteme beruht unter anderem auf diesem Effekt. Wirkt die Konkurrenz jedoch indirekt über effektiveren Zugriff auf oder sparsameren Haushalt mit einer Ressource (**Ausbeutungskonkurrenz**), wird die in der Ressourcennutzung weniger effektive Art dort verdrängt, wo diese Ressource begrenzt ist (siehe Abb. 6.3). Ist sie jedoch in (für die praktische Betrachtung) unbegrenztem Maß vorhanden, so wirkt sich die

Abb. 6.3

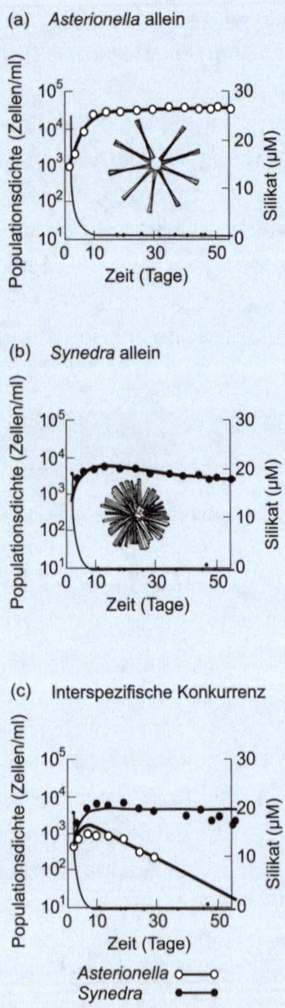

Ausbeutungskonkurrenz bei Diatomeen. (**a**) Wenn *Asterionella formosa* allein kultiviert wird, baut sie eine stabile Population auf und hält ihre Ressource, Silikat, auf einem gleichmäßig tiefen Niveau. (**b**) *Synedra* tut dasselbe, hält aber die Silikatkonzentration auf einem noch tieferen Niveau. (**c**) Hält man beide Arten gemeinsam, wird *Asterionella* von *Synedra* verdrängt (aus Begon et al. 1998 nach Tilman et al. 1981).

bessere Ressourcenausnutzung von A nicht negativ auf B aus. Falls B der stärkere direkte Konkurrent ist, wird B dort bevorteilt sein, wo die betreffende Ressource unbegrenzt vorhanden, A dagegen dort, wo die Ressource begrenzt ist.

Konkurrenz um eine Ressource kann die Nutzung einer anderen Ressource beeinflussen. Wenn eine Pflanze beispielsweise eine andere überwächst, so beeinträchtigt sie deren Licht- beziehungsweise Strahlungsgenuss und damit die Produktivität, so dass die überwachsene Pflanze weniger Wurzeln bildet. Die verringerte Wurzelmasse reduziert die Wettbewerbsfähigkeit der Art um das Wasser und die Nährstoffe im Boden.

Ökologische Nische

6.4

Nische: Abstraktes n-dimensionales Gebilde aus verschiedenen Umweltfaktoren (zum Beispiel Temperatur, Nahrung, Raum, Zeit).

Aus dem vorigen Abschnitt ergibt sich, dass eine Art in Anwesenheit anderer Arten nur dann überlebt, wenn es einen Bereich gibt, in dem sämtliche andere Arten des Lebensraumes für sie keinen starken Konkurrenten bilden. Dieser Bereich ist die **ökologische Nische** dieser Art. Obwohl »Nische« im Allgemeinen Sprachgebrauch ein räumlicher Begriff ist, bezeichnet der ökologische Nischenbegriff keinen realen Raum. Vielmehr handelt es sich um einen abstrakten, lediglich in einem multidimensionalen Koordinatensystem lokalisierten Bereich. Er ergibt sich aus der Kombination sämtlicher Umweltbedingungen, Umweltfaktoren und Ressourcen, die von einer Art benötigt werden. Grafisch darstellen lassen sich maximal drei Dimensionen einer Nische (siehe Abb. 6.4): Eindimensionale Darstellung für einen Faktor, zweidimensionale Darstellung für die Kombination zweier Faktoren, dreidimensionale Darstellung für die Kombination dreier Faktoren. Kommen weitere Faktoren hinzu, so entsteht ein von der Anzahl (n) der Faktoren abhängiges n-dimensionales Hypervolumen, das nicht mehr darstellbar ist.

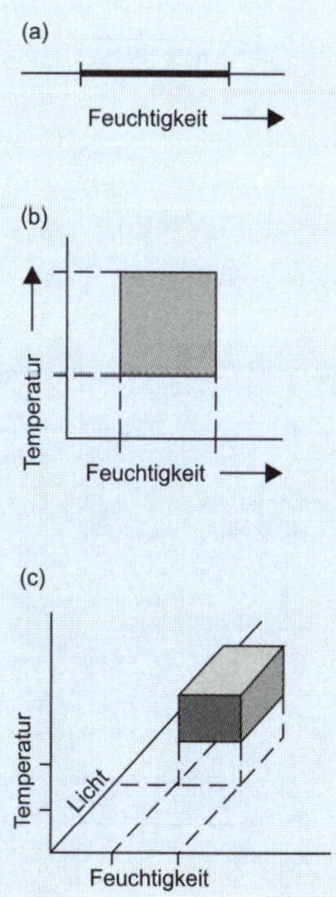

Abb. 6.4

Veranschaulichung der ökologischen Nische. (**a**) eindimensional; (**b**) zweidimensional; (**c**) dreidimensional.

HUTCHINSON (1957) schlug vor, die Nischendimensionen für jeden Umweltfaktor und alle wichtigen Ressourcen, die ein Organismus benötigt (also auch Nahrung, Brutplatz etc.), getrennt darzustellen. Häufig lässt sich das Vorkommen von Arten bereits mit zwei Faktoren relativ gut erklären. Zweidimensionale Darstellung des Nischenbereiches, so genannte Ökogramme, sind daher in Lehrbüchern relativ oft zu finden (siehe zum Beispiel Abb. 16.1 bis 16.3).

Existiert die von einer Art benötigte Nische an einem bestimmten Ort, so kann die Art dort vorkommen, vorausgesetzt, sie gelangt an diesen Ort, was zum Beispiel im Falle einer Insel, einer durch Sturm entstandene Lichtung im Wald oder einer nach Abbruch eines Hauses freigewordene Fläche in einem ansonsten völlig versiegelten Großstadtbereich nicht jeder Art möglich ist. Die Ausbreitungsstrategie der Arten steht daher in enger Beziehung zur Beschaffenheit ihrer Nischen.

Fundamentalnische: Nische einer Art ohne Berücksichtigung anderer Arten; nur im Experiment zu ermitteln.
Realisierte Nische: Der Teil der Fundamentalnische, der unter natürlichen Bedingungen, also unter dem Einfluss anderer Arten, übrig bleibt.
Physiologisches Optimum: Optimalbereich der Fundamentalnische.
Ökologisches Optimum: Optimalbereich einer Art im Gelände; typischer Standort der Art.

Die Größe der Nische hängt außer von den Umweltfaktoren auch von der Konkurrenz ab. In der Mehrzahl der Fälle ist die realisierte Nische (unter Freilandbedingungen) erheblich kleiner als die fundamentale (unter Laborbedingungen, das heißt in Abwesenheit von Konkurrenten und Feinden). An Stelle von realisierter und fundamentaler Nische spricht man, insbesondere in der deutschsprachigen Literatur, auch von physiologischem und ökologischem Optimum (siehe Abb. 6.5). Bei konkurrenzschwachen Arten liegt das ökologische Optimum oft sehr weit vom physiologischen entfernt. Sie werden in der Natur aus ihrem physiologischen Optimum, das bei der Mehrzahl der Arten im Bereich »mittlerer« Standortbedingungen zu finden ist, von konkurrenzstarken Arten verdrängt und können daher nur im Randbereich ihres physiologischen Optimums überleben. Dieser Randbereich stellt ihr ökologisches Optimum dar. Einige konkurrenzschwache Arten besitzen sogar zwei ökologische Optima: Sie sind an beiden Rändern ihres physiologischen Optimums anzutreffen.

Abb. 6.5 | Physiologische (im Experiment, ohne Konkurrenz) und ökologische Wachstumskurve (unter natürlicher Konkurrenz) der in den Alpen vorkommenden Krähenbeere (*Arctostaphylos uva-ursi*) (nach Ellenberg 1958).

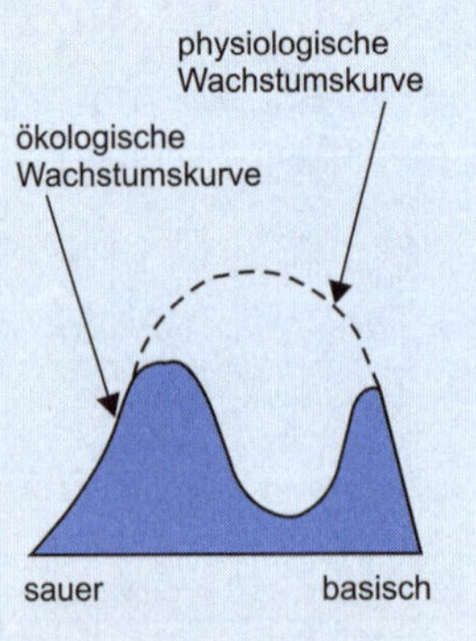

Die bisher beschriebenen Nischendefinitionen beziehen sich mehr oder weniger auf den Lebensraum der Art. Insbesondere trifft dies für die **Habitatnische** zu, die dem konkreten Biotop-Typ entspricht, den die betreffende Art besiedelt. Manche Autoren möchten die ökologische Nische noch stärker auf die Biozönose und das Ökosystem beziehen. Sie definieren die »Nische« als die Funktion, die eine Art in der Biozönose einnimmt (gewissermaßen die Rolle oder der »Beruf« der Art, s. Box 6.1).

Box 6.1

»Berufe von Geier-Arten«

Früher gab es in Europa vier (inzwischen fast ausgerottete) Geier-Arten, nämlich Mönchs-, Schmutz-, Gänse- und Bartgeier. Der Mönchsgeier ist ein Fleischfresser, der mit seinem kräftigen Schnabel die Haut aufreißt und so an große Fleischbrocken kommt. Der Schmutzgeier ist ein Fleisch- und Innereienfresser. Er holt mit seinem dünnen Schnabel die Nahrung aus kleinen Öffnungen (Auge, Wunden etc.) heraus. Der Gänsegeier ist dagegen ein Innereienfresser, der mit seinem schmalen Kopf und langen, nackten Hals durch Wunden oder den After in das Körperinnere eindringt und die inneren Organe frisst. Der Bartgeier schließlich ist Knochenfresser, der den Rest des Kadavers vertilgt. Indem die vier Arten unterschiedliche Funktionen übernahmen, konnten sie alle an demselben Großtierkadaver fressen und im gleichen Ökosystem koexistieren.

Wenn zwei konkurrierende Arten koexistieren, dann ist dies nur unter Nischendifferenzierung möglich und zwar unter Differenzierung der realisierten Nische. Findet eine solche Differenzierung nicht statt, so wird eine der beiden Arten an diesem Ort auf Dauer nicht überleben. Oder umgekehrt formuliert: In einer Lebensgemeinschaft kann es auf Dauer keine zwei Arten geben, deren Nische völlig gleich gestaltet ist. Dieses Konkurrenz-Ausschluss-Prinzip ist weder allgemein zu beweisen, noch zu widerlegen. Angesichts der Vielzahl der wirksamen Faktoren, die niemals alle erschöpfend untersucht werden können, kann das Ausbleiben des Nachweises in einem speziellen Fall stets mit der lückenhaften Datenlage erklärt werden. Obwohl letztendlich nicht 100%ig beweisbar, wird das Konkurrenz-Ausschluss-Prinzip heute aber aus folgenden Gründen nahezu von allen Ökologen als existent akzeptiert:

- Es gibt eine Vielzahl »passender« Ergebnisse.
- Es erscheint logisch.
- Es hat eine theoretische Grundlage (ausgehend vom Lotka-Volterra-Konkurrenzmodell).

Merksatz

Wie viele Arten in einer Biozönose vorkommen können, hängt von der Zahl der ökologischen Nischen ab.

Habitatnische (Standort, »Adresse einer Art«): Der konkrete Raum – Biotop-Typ bzw. Biotop-Kompartiment – den eine Art besiedeln kann, z.B. Laubwald, Totholz im Buchenwald.

Trophische Nische (»Beruf einer Art«): Stellung bzw. Funktion einer Art im Ökosystem, z.B. Zersetzer von Buchenholz, Nektarsammler, Insektenjäger.

6.5 Die Rolle der Lebensstrategie

Die Zahl der in einer Biozönose anzutreffenden Individuen einer Art hängt nicht nur von Außenfaktoren wie Standortbedingungen und Konkurrenzverhältnissen ab, sondern auch von diversen Eigenschaften der betreffenden Art, die unter dem Begriff Lebensstrategie zusammengefasst werden.

Im Allgemeinen wird zwischen **r-Strategen**, die in erster Linie auf starke Vermehrung setzen, und **K-Strategen**, die zwar ein geringes Fortpflanzungspotenzial besitzen, sich aber auf Dauer aufgrund ihrer großen Konkurrenzkraft durchsetzen können, unterschieden (siehe Tab. 6.1). R-Strategen dominieren in der Regel an häufig gestörten oder gerade neu entstandenen Standorten, K-Strategen sind dagegen in konstanten Lebensräumen vorherrschend. Beispiele für r-Strategen sind Blattläuse, Wasserflöhe und Schimmelpilze, Beispiele für K-Strategen die großen Säuger- und Vogelarten. Natürlich gibt es auch zwischen K- und r-Strategen Übergänge. Außerdem sind die Begriffe relativ zu sehen: Beispielsweise sind Wanderratte und Hausmaus im Vergleich zu Blattläusen langlebig und zeichnen sich zudem durch Brutpflege aus, können also als K-Strategen gelten. Verglichen mit Elefanten und Nashörnern sind sie dagegen sehr kurzlebig, weisen eine sehr hohe Nachkommenzahl auf und sorgen für diese nur kurze Zeit, sind also r-Strategen.

Tab. 6.1 | Merkmale von r- und K-selektionierten Arten

Merkmal	r-Selektion	K-Selektion
Körpergröße	meist klein	oft recht groß
Lebensdauer	kurz	lang
Nachkommenzahl	sehr hoch	gering
Vorsorge für die Nachkommen	fehlend bis gering	hoch (Brutpflege bei Tieren, Reservestoffe bei Pflanzen)
Konkurrenzkraft	gering	groß
Ortstreue	gering	hoch
Populationsgröße	stark schwankend	relativ konstant

Da der Begriff »Strategie« umgangssprachlich einen planenden Aspekt enthält, bevorzugen manche Autoren die Bezeichnung **r- und K-Selektion**: Die einen wurden daraufhin selektioniert, sich schnell auszubreiten und damit an Pionierstandorten bevorteilt zu sein, die anderen dagegen auf das Überleben an artenreichen, ausgeglichenen Standorten, für das Konkurrenzkraft erforderlich ist. Wegen der fließenden Übergänge zwischen diesen beiden Grund-Typen spricht man oft von einem **r-K-Kontinuum**.

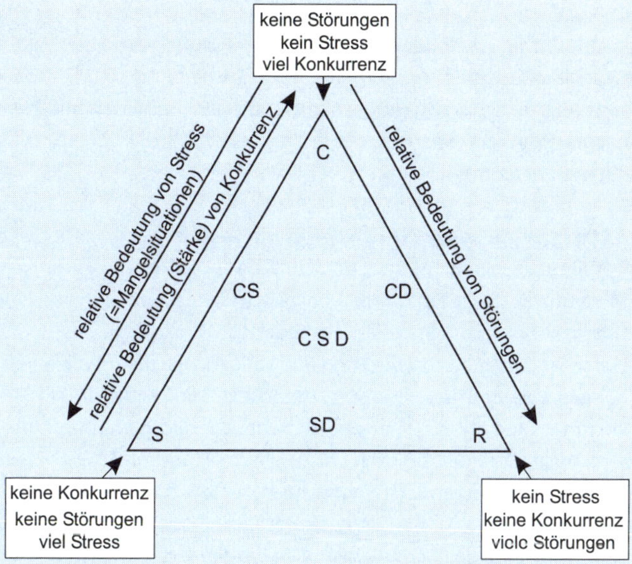

Abb. 6.6

Lebensstrategien von Pflanzen. Die Eckpunkte des Dreiecks repräsentieren in der Natur nicht existente Idealzustände, das Innere des Dreiecks symbolisiert reale Standorte. Der Abstand von den Ecken ist das Maß der am jeweiligen Standort relativen Bedeutung der drei Faktoren Konkurrenz, Stress und Störung. Die Buchstaben bezeichnen den an den entsprechenden Standorten vorherrschenden Strategie-Typ: C = competitive strategy; R = ruderal strategy; S = stress retreat strategy (nach GRIME 1974).

Merksatz

Durch die Faktorenkomplexe Konkurrenz, Stress und Störung wurden bei den einzelnen Pflanzenarten unterschiedliche LEBENSSTRATEGIEN selektioniert: *C-Strategie, R-Strategie, S-Strategie.*

Nach GRIME (1974, 1979) wird die Zusammensetzung der Phytozönose an einem Standort durch die drei Faktorenkomplexe Wettbewerb (Konkurrenz), Stress (definiert als Mangelsituation) und Störung bestimmt. In Anpassung an diese drei Faktorenkomplexe haben sich drei Haupt-Typen von Lebensstrategien entwickelt (siehe Abb. 6.6), die von vielen Pflanzenökologen an Stelle der oben erläuterten r- und K-Strategien zur Charakterisierung der Pflanzenarten verwendet werden:

- C-Strategie (competitive strategy): hoch- und insbesondere breitwüchsig (ober- und unterirdisch) sowie (potenziell) schnellwüchsig, große Blattflächensumme, befähigt zur Akkumulation einer hohen Streuauflage auf der Bodenoberfläche, störungs- und stressempfindlich; Resultat: auf guten bis mittleren, störungsfreien Standorten sehr konkurrenzstark;
- R-Strategie (ruderal strategy): schnell in Wuchs, Samenbildung und Etablierung der Keimlinge, hohe Samenproduktion auch bei Mangelsituationen auf Kosten des vegetativen Wachstums; Resultat: auf guten bis mittleren gestörten Standorten dominierend, auf ungestörten Standorten nicht zur Bildung dauerhafter Populationen befähigt;

- S-Strategie (stress tolerant strategy): klein- und langsamwüchsig, stresstolerant, störungsempfindlich; Resultat: auf ungestörten Mangelstandorten dominierend, nur dort zur Etablierung dauerhafter Populationen befähigt.

Da viele Pflanzenarten Merkmalskombinationen aufweisen, die auf eine gemischte Strategie hindeuten, werden zusätzlich die entsprechenden Mischtypen benannt, also CS-, SR-, CR- und CSR-Strategie.

6.6 Pflanzen- und Tiergesellschaften

Die Abschnitte über die Standortansprüche der Arten, die verschiedenen Interaktionen zwischen den Arten und die ökologische Nische haben gezeigt, dass die Artenkombination einer Biozönose nicht zufallsbedingt ist, sondern bestimmten Gesetzen unterliegt. Dies bedeutet, dass jeder Lebensraum eine für ihn charakteristische Artenkombination aufweist. Weil Pflanzen ihren Standort nicht wechseln können, ist die Vergesellschaftung von Pflanzen leichter zu studieren als die von Tieren. Es hat sich daher innerhalb der Pflanzenökologie eine eigene Teilwissenschaft herausgebildet, die je nach Blickwinkel oder Schwerpunktsetzung Pflanzensoziologie, Vegetationsökologie oder Vegetationskunde genannt wird. Untersuchungsobjekt der Pflanzensoziologie, die vorwiegend im deutschen, niederländischen, romanischen und slawischen Sprachraum sowie in Japan betrieben wird, sind die Pflanzengesellschaften.

Tab. 6.2 | Beispiel für eine Vegetationsaufnahme

Aufnahme Nr. 10	**Datum:** 08.08.1978		**Autor:** Wittig
Ort: NSG Westruper Heide	**Fläche (m²):** 100		**Bedeckung (%):** 98
TK 25 Nr.: 4208	**Exposition:** Süd		**Inklination:** 3°
Boden: stark sandig mit geringen Schluffanteilen; Heidepodsol			
Bemerkung: überalterter Bestand, seit langem nicht mehr beweidet			
Kraut-/Zwergstrauchschicht (Deckung 98 %)	*Genista anglica*	+	
	Calluna vulgaris	4	
	Deschampsia flexuosa	3	
	Erica tetralix	2	
	Molinia caerulea	1	
	Nardus stricta	+	
	Betula pendula (juv.)	1	
	Betula pubescens (juv.)	+	
Moos-/Flechtenschicht (<1 %)	*Campylopus piriformis*	+	
	Cladonia spec.	1	

Bei den Zahlenangaben (inkl. +) handelt es sich um Werte einer sechsteiligen Schätzskala (Artmächtigkeitsskala von Braun-Blanquet 1964). Dabei ist + der niedrigste Wert (maximal fünf Individuen mit maximal 1 % Deckung) und die in dieser Aufnahme nicht vorkommende 5 der höchste (Deckung ≤ 75 %).

Eine **Pflanzengesellschaft** ist eine floristisch, physiognomisch und ökologisch einheitliche Artenkombination von Pflanzen, die sich im Gelände überall dort wiederholt, wo die Resultierende der Standortbedingungen gleich ist. Man erhält die charakteristische Artenkombination einer Pflanzengesellschaft, indem man von Flächen, die die oben für eine

Beispiel für eine Pflanzensoziologische Tabelle[1]) Tab. 6.3

Laufende Nr.	1	2	3	4	5	6	7	8	9	10	11
Aufnahme Nr.	6	22	23	1	5	6	17	199	10	21	14
Aufnahmefläche (m^2)	50	40	40	60	60	100	80	100	100	100	100
Bedeckung (%)	100	98	98	100	95	95	100	100	98	100	98
AC: *Genista anglica*	.	.	.	.	.	.	.	.	+	.	.
D: *Danthonia decumbens*	+	+	+	.	.	.	.	.	.	.	.
Carex pilulifera	+	+	+	.	.	.	.	.	.	.	.
Agrostis capillaris	+	+	.	.	.	.	.	.	.	.	.
d: *Molinia coerulea*	.	.	.	.	.	.	.	.	1	1	1
Erica tetralix	.	.	.	.	.	.	.	.	2	+	1
Degenerationsanzeiger											
Deschampsia flexuosa	1	2	2	1	2	3	2	1	3	3	2
Betula pendula juv.	1	1	+	+	4	4	2	.	1	2	1
Quercus robur juv.	+	.	.	.	1	+	.	.	.	.	.
Pinus sylvestris juv.	.	+	.	.	.	.	.	.	.	+	.
Betula pubescens juv.	.	.	.	.	.	.	.	.	+	+	.
Rubus sprengelii	+	.	.	.	.	.	.	.	.	.	.
KC *Calluna vulgaris*	5	5	5	5	4	4	5	5	4	4	5
Nardus stricta	.	.	+	.	.	+	.	+	+	+	.
Campylopus piriformis (M)	.	.	+	.	.	+	.	.	+	.	.
Hypnum jutlandicum (M)	1	.	.	.	.	.	.	.	.	.	.
Sonstige											
Cladonia div. spec. (F)	.	+	+	+	+	+	+	+	1	+	1
Festuca tenuifolia	+	+	.	1	1	1	2	1	.	+	.
Pleurozium schreberi (M)	+	.	.	.	.	.	.	.	.	.	.
Polytrichum juniperinum (M)	.	.	.	.	.	.	.	.	.	.	.
Pohlia nutans (M)	3	1	+	.	+	1	.	+	.	+	+
Ceratodon purpureus (M)	.	.	.	.	.	+	.	.	.	.	.
Dicranum scoparium (M)	1	.	.	.	.	.	.	.	.	.	.
Ptilidium ciliare (M)	.	.	.	.	.	.	.	1	.	.	.

[1])Die hier gekürzt abgedruckte Tabelle (aus WITTIG 1980) dokumentiert die Artenzusammensetzung der Zwergstrauchheide (Genisto-Callunetum) in einem Westfälischen Naturschutzgebiet zum Untersuchungszeitpunkt. AC: Assoziationscharakterart; D: Differenzialarten einer Subassoziation, d: Differenzialarten einer Variante, KC Klassencharakterarten, F: Flechten, M: Moose. Die Aufnahme mit der lfd. Nr. 9 ist die Aufnahme aus Tab. 6.2.

Pflanzengesellschaft: Floristisch, physiognomisch und ökologisch einheitliche Artenkombination von Pflanzen, die das Resultat einer bestimmten Kombination von Standortbedingungen ist.

Pflanzengesellschaft genannten Bedingungen erfüllen, halbquantitative Artenlisten (so genannte **Vegetationsaufnahmen** oder pflanzensoziologische Aufnahmen; s. Tab. 6.2) anfertigt, in Tabellen zusammenstellt und vergleicht (Tab. 6.3).

Zur **charakteristischen Artenkombination** gehören all diejenigen Arten, die in mindestens 40 % aller Bestände (aller Aufnahmen) vorkommen. Die Anzahl derjenigen Arten, die eine Stetigkeit von mehr als 40 % erreichen, sollte in einer Pflanzengesellschaft mindestens so groß sein, wie die durchschnittliche Artenzahl. Wird diese Bedingung nicht erfüllt, so handelt es sich vermutlich um zwei oder mehr Pflanzengesellschaften, die fälschlich zu einer Tabelle vereinigt oder aber schon bei der Aufnahme miteinander vermischt wurden. Wie groß die Aufnahmefläche sein sollte, um die charakteristische Artenkombination zu erfassen, ist in Mitteleuropa durch langjährige Erfahrung bekannt. Dieses **Minimumareal** variiert von Gesellschaftstyp zu Gesellschaftstyp. Arbeitet man in vegetationskundlich bisher nicht untersuchten Gebieten, so kann man es mit Hilfe einer durchschnittlichen Arten-Flächen-Kurve (Mittelwerte aus 5 bis 10 Bestandsaufnahmen) annähernd bestimmen.

Eine Pflanzengesellschaft, die eine oder mehrere **Charakterarten** besitzt (Arten, die in dieser Gesellschaft mit deutlich höherer Stetigkeit als in anderen Gesellschaften auftreten), bezeichnet man als **Assoziation**. Ihre Benennung erfolgt nach ein oder zwei Arten und ist an der Endung »-etum« erkennbar. Um die Vielzahl der inzwischen beschriebenen Pflanzengesellschaften besser überblicken zu können, benutzt man ein hierarchisches System (Tab. 6.4), innerhalb dessen floristisch ähnliche Pflanzengesellschaften dann zu einem Verband zusammengefasst werden können, wenn eine Gruppe von Arten existiert, deren ökologisches Optimum innerhalb dieser Gruppe von Gesellschaften liegt. Diese gemeinsamen Arten werden als Verbandscharakterarten bezeichnet. Nach dem gleichen Prinzip, das heißt auf der Basis von Charakterarten, fasst man floristisch ähnliche Verbände zu Ordnungen und floristisch ähnliche Ordnungen zu Klassen zusammen. Existieren innerhalb einer dieser Einheiten Teilmengen, die sich durch eine bestimmte Gruppe von Arten auszeichnen, die aber nicht als Charakterarten gewertet werden können, weil ihr Optimum in anderen Gesellschaften liegt, so ist mit Hilfe dieser **Differenzialarten** eine Aufteilung der Einheiten in Untereinheiten (zum Beispiel Unterverbände) möglich.

Merksatz

Das PFLANZENSOZIOLOGISCHE SYSTEM ist hierarchisch aufgebaut. Grundeinheit ist die Assoziation = Pflanzengesellschaft mit Charakterarten. Höhere Einheiten sind Verbände, Ordnungen und Klassen.

Mitteleuropäische Laubwaldtypen und synsystematische Stellung der einheimischen Buchenwälder[1)] | Tab. 6.4

Klassen	Querco-Fagetea	Alnetea glutinosea	Salicetea purpureae	
Ordnungen der Querco-Fagetea	Fagetalia sylvaticae	Quercetalia pubescenti-petraeae	Quercetalia robori-petraeae[2)]	
Verbände der Fagetalia sylvaticae	Fagion sylvaticae	Carpinion	Tilio-Acerion	Alno-Ulmion
Assoziationen des Fagion sylvaticae	Luzulo-Fagetum	Galio odorati-Fagetum	Hordelymo-Fagetum	Carici-Fagetum

[1)] Die in der unteren Zeile aufgeführten Buchenwald-Typen (Assoziationen) gehören zum Verband Fagion sylvaticae. Dieser bildet mit den anderen in der nächsten Zeile aufgeführten Verbänden die Ordnung Fagetalia sylvaticae, die wiederum zusammen mit zwei anderen Ordnungen die Klasse Querco-Fagetea bildet. Neben den Querco-Fagetea gibt es in Mitteleuropa zwei weitere Laubwaldklassen. Höhere Einheiten als Klassen sind nicht üblich. [2)] Von manchen Autoren als eigene Klasse eingestuft.

Ein Maß für die Bindung von Arten an einen bestimmten Vegetationstyp ist die relative **Stetigkeit**, die die Arten in dem zur Diskussion stehenden Typ und in anderen erreichen. Die relative Stetigkeit bezeichnet die Wahrscheinlichkeit, eine Art in verschiedenen Beständen einer bestimmten Gesellschaft anzutreffen (Zahl der Bestände einer Gesellschaft, in denen die Art angetroffen wurde, dividiert durch die Anzahl aller untersuchten Bestände). Unterschiede und Gemeinsamkeiten in der Artenzusammensetzung verschiedener Gesellschaften lassen sich durch tabellarische Gegenüberstellung der Stetigkeiten der Arten übersichtlich darstellen (siehe Tab. 6.5). Stetigkeit darf nicht mit **Frequenz** verwechselt werden, denn diese bezeichnet die Wahrscheinlichkeit, eine Art in Teilflächen (zum Beispiel von 1 m^2) eines größeren Bestandes einer Gesellschaft anzutreffen.

Merksatz

Tiergemeinschaften lassen sich mit den gleichen Methoden beschreiben wie Pflanzengesellschaften.

Wie bereits oben erwähnt, ist die Untersuchung von Tiergemeinschaften (in der Zoologie versteht man unter Tiergesellschaften die Aggregation einzelner Individuen einer Art, zum Beispiel Schlafgesellschaften) bei weitem nicht so verbreitet wie die von Pflanzengesellschaften, insbesondere ist eine der Pflanzensoziologie analoge Wissenschaft nur schwach entwickelt, was sicherlich unter anderem auf die Mobilität von Tieren zurückzuführen ist, die eine klare Zuordnung erschwert. Zudem verwendet man den Begriff Tiersoziologie für die wissenschaftliche Untersuchung sozial lebender Tiere. Im Prinzip sind aber auch bei Tiergemeinschaften der tabellarische Vergleich (siehe Tab. 16.2) und die Herausarbeitung unterschiedlicher Typen mit Hilfe von Charakterarten möglich. Anders als bei pflanzensoziologischen Aufnahmen, in denen normalerweise alle Samen-, Farn- und Moosarten sowie manchmal auch die Flechten erfasst werden, beschränken sich Aufnahmen von Tiergemeinschaften auf engere systematische Gruppen, zum Beispiel Wildbienen, Heuschrecken, Laufkäfer, Tagfalter oder Kleinsäuger. Relativ häufig hat man sich mit Vogelgemeinschaften beschäftigt (siehe Tab. 18.6).

Tab. 6.5 | Nitrophile Hochstaudengesellschaften (Arction) von Siedlungen in Mitteleuropa[1)]

Nr.		1	2	3	4	5	6
Zahl der Aufnahmen		**45**	**21**	**66**	**105**	**30**	**80**
AC und VC:	*Arctium lappa*	V	I	.	I	I	.
	Arctium tomentosum	.	V	.	II	I	I
	Ballota nigra agg.	I	.	V	V	III	III
	Leonurus cardiaca	.	.	.	II	.	.
	Conium maculatum	.	.	.	.	V	.
	Chenopodium bonus-henricus	.	.	.	.	.	V
	Arctium minus	I	.	III	II	.	I
OC u. KC:	*Artemisia vulgaris*	IV	IV	IV	IV	V	II
	Urtica dioica	III	V	V	IV	III	V
	Lamium album	I	I	V	III	I	IV
	Galium aparine	II	II	II	II	III	I
Begleiter:	*Elymus repens*	III	V	IV	II	III	II
	Dactylis glomerata	II	III	III	II	II	III
	Poa trivialis	II	I	IV	I	II	II
	Taraxacum officinale agg.	III	II	I	II	II	II
	Rumex obtusifolius	II	I	II	II	III	II

1: Arctio-Artemisietum mit Dominanz von *A. lappa*
2: Arctio-Artemisietum mit Dominanz von *A. tomentosum*
4: Lamio-Ballotetum, westl. Ausbildung
5: Lamio-Ballotetum, östl. Ausbildung (mit *Leonurus cardiaca*)
6: Conietum maculati
7: Chenopodietum boni-henrici

Bei den römischen Zahlen handelt es sich um Stetigkeitsklassen (nach Braun-Blanquet 1964):
I ≙ >10 bis 20 %; II ≙ >20 % bis 40 %; III ≙ >40 % bis 60 %; IV ≙ > 60 % bis 80 %; V ≙ > 80 %.

[1)] gekürzte synth. Tabelle aus Wittig (2002): Mit Ausnahme der AC werden nur solche Arten berücksichtigt, die mindestens einmal SK IV oder zweimal SK III oder dreimal SK II erreichen. Die Stetigkeitsklassen + und r werden nicht aufgeführt.

(Seitenverweise zur Beantwortung)

Fragen

- Was ist eine Biozönose? (s. Seite 86) 1
- Erläutern Sie die Begriffe Synusie, Taxozönose und Gilde. Geben Sie 2
  jeweils Beispiele! (s. Seite 86)
- Welche Artengruppen lassen sich in einer Biozönose bezüglich ihrer 3
  zeitlichen Bindung an die Biozönose unterscheiden? (s. Seite 87)
- Welche Beziehungen bestehen im Allgemeinen zwischen der Vielseitig- 4
  bzw. Einseitigkeit der Lebensbedingungen eines Biotops und der Artendichte und Individuenzahl der zugehörigen Biozönose? (s. Seite 87)
- Was versteht man unter α-Diversität, was unter β- und unter γ-Diver- 5
  sität? (s. Seite 88)
- Was versteht man unter Sukzession? (s. Seite 89) 6
- Welche drei Möglichkeiten sind als Endergebnis der Konkurrenz zwi- 7
  schen zwei Arten denkbar? (s. Seite 90)
- Was versteht man unter Interferenz, was unter Ausbeutungskonkur- 8
  renz? (s. Seite 90)
- Was versteht man unter ökologischer Nische? Nennen Sie weitere Ni- 9
  schenbegriffe und erläutern Sie diese! (s. Seite 91 ff.)
- Wovon hängt die Größe einer Nische ab? (s. Seite 92) 10
- Was versteht man unter dem physiologischen, was unter dem ökolo- 11
  gischen Optimum? (s. Seite 92)
- Erläutern Sie, wie es dazu kommt, dass eine Art zwei ökologische Op- 12
  tima besitzt! (s. Seite 92)
- Was versteht man unter dem Konkurrenz-Ausschluss-Prinzip? Wieso 13
  wird dieses Prinzip von der Mehrzahl der Ökologen akzeptiert, obwohl es nicht 100%ig beweisbar ist? (s. Seite 93)
- Nennen Sie Merkmalsunterschiede von r- und K-selektionierten 14
  Arten! (s. Seite 94)
- Welche Lebensstrategien werden in Anlehnung an GRIME bei Pflanzen 15
  unterschieden? (s. Seite 95)
- Was ist eine pflanzensoziologische Aufnahme? (s. Seite 98) 16
- Was versteht man unter einer Pflanzengesellschaft, was unter einer 17
  Assoziation? (s. Seite 97 f.)
- Was versteht man unter dem Minimumareal einer Gesellschaft? (s. 18
  Seite 98)
- Wie heißen die Einheiten der pflanzensoziologischen Systematik und 19
  an welchen Endsilben erkennt man jeweils das betreffende Syntaxon? (s. Seite 98 f.)
- Erläutern Sie den Aufbau des pflanzensoziologischen Systems am 20
  Beispiel der mitteleuropäischen Laubwaldtypen! (s. Seite 99)
- Erläutern Sie die Begriffe Stetigkeit und Frequenz! (s. Seite 99) 21

Literatur

Begon, M., Harper, J.L., Townsend, C.R. (1998): s. Kap. 1.

Cody, M.L. (1975): Towards a theory of continental species diversities. In Cody, M.L., Diamond, J.M. (eds.): Ecology and Evolution of Communities, Harvard University Press, Cambridge, 214–257.

Dierschke, H. (1994): Pflanzensoziologie. Grundlagen und Methoden. UTB Große Reihe 8078. Ulmer, Stuttgart, 683 S.

Dierssen, K. (1990): Einführung in die Pflanzensoziologie. Wissenschaftliche Buchgesellschaft Darmstadt, Darmstadt, 241.

Ellenberg, H. (1958): Bodenreaktion (einschließlich Kalkfrage). In Ruhland, W. (ed.): Handbuch der Pflanzenphysiologie IV. Springer, Berlin/Göttingen/Heidelberg, 638–708.

Franz, H. (1952/53): Dauer und Wandel der Lebensgemeinschaften. Schr. Ver. Verbreitung naturwiss. Erkenntnisse 93, 27–45.

Grime, J.P. (1974): Vegetation classification by reference to strategies. Nature 250, 26–31.

Grime, J.P. (1979): Plant Strategies and Vegetation Processes. (Reprint 2002) John Wiley & Sons, Chichester, 417 pp.

Haeupler, H. (1982): Evenness als Ausdruck der Vielfalt in der Vegetation – Untersuchungen zum Diversitäts-Begriff. Diss. Bot. 65, 268 S.

Hutchinson, G.E. (1957): Concluding Remarks. Coldspring Harbour Symposium on Quantitative Biology 22, 415–427.

Kratochwil, A., Schwabe, A. (2001): s. Kap. 1.

Krogerus, R. (1932): Ökologie und Verbreitung der Arthropoden der Triebsandgebiete an den Küsten Finnlands. Acta Zool. Fenn. 12, 1–308.

Mac Arthur, R.H., Wilson, E.O. (1967): The Theory of Island Biogeography. Princeton University Press, Princeton/New Jersey, 203 pp.

Möbius, K. (1877): Die Auster und die Austernwirtschaft. Wiegand, Hempel & Parev, Berlin.

Shannon, C.E. (1976): Die mathematische Theorie der Kommunikation. In Shannon, C.E., Weaver, W. (Hersg.): Mathematische Grundlagen der Informationstheorie. Oldenburg, München/Wien, 41–143.

Thienemann, A. (1939): Grundzüge einer allgemeinen Ökologie. Arch. Hydrobiol. 35, 267–285.

Tilman, D., Mattson, M., Langer, S. (1981): Competition and nutrient kinetics along a temperature gradient: an experimental test of a mechanistic approach to niche theory. Limnology and Oceanography 26, 1020–1033.

Wilmanns, O. (1998): Ökologische Pflanzensoziologie: eine Einführung in die Vegetation Mitteleuropas. 6., neu bearb. Aufl., Quelle & Meyer, Wiesbaden, 405 S.

Wittig, R. (1980): Vegetation, Flora Entwicklung, Schutzwürdigkeit und Probleme der Erhaltung des NSG »Westruper Heide« in Westfalen. Abhandl. Landesmuseum Naturkunde 42 (1), 3-30.

Wittig, R. (1995): Biozönose. In Kuttler, W.: Handbuch zur Ökologie, 2. Aufl., Analytica, Berlin S. 89–91.

Wittig, R. (2002): Siedlungsvegetation. Ulmer, Stuttgart, 252 S.

Ökosysteme | 7

Inhalt

Das in den vorigen Kapiteln bereits punktuell angesprochene Beziehungsgefüge zwischen einer Lebensgemeinschaft (Biozönose) und ihrem Lebensraum (Biotop) bezeichnet man als Ökosystem. Eine wichtige Bedingung für die Einstufung als Ökosystem ist, dass es zu stofflichen und energetischen Beziehungen zwischen den Mitgliedern der Biozönose untereinander und ihrer abiotischen Umwelt kommt und das System eine mehr oder minder ausgeprägte Stabilität zeigt.

Ein Ökosystem ist ein Wirkungsgefüge von Lebewesen und deren anorganischer Umwelt, das offen und bis zu einem gewissen Grad zur Selbstregulation befähigt ist.

Stabilität | 7.1

Die im Ökosystembegriff enthaltene Befähigung zur **Selbstregulation** ist eine andere Formulierung für die Existenz von Stabilität. Es bedeutet, dass in einem Ökosystem im Laufe der Zeit zwar keine Konstanz gegeben ist, dass aber die Biozönose-Zusammensetzung und die Biotop-Verhältnisse um eine Nulllage schwanken. Ökosysteme sind in der Lage, sporadisch auftretende Störungen »abzupuffern«, im wahrsten Sinne des Wortes zum Beispiel den Eintrag von Säure durch im Boden vorhandenen Kalk; oder im übertragenen Sinne die Zunahme von Blattläusen nach einem überdurchschnittlich milden Winter durch Anstieg der Zahl der Blattlausfresser (zum Beispiel Marienkäfer).

Merksatz

Ein Ökosystem ist nicht absolut stabil (konstant), sondern seine Eigenschaften schwanken um eine Nulllage. Die Stabilität hängt u.a. von den Standortfaktoren ab.

Die Stabilität der einzelnen Ökosysteme ist in Abhängigkeit von den Standortverhältnissen sehr unterschiedlich. Während beispielsweise saure Niederschläge zu einer völligen Veränderung und Verarmung der

Artenkombination der oligotrophen skandinavischen Seen geführt haben, zeigten sich in eutrophen Gewässern keine Wirkungen. Ein anderes Beispiel für unterschiedliche Reaktionen zweier Ökosysteme ist der Effekt von Tritt: Das wiederholte Betreten einer Düne durch wenige Personen oder durch einzelne Individuen von Großvieh führt zur totalen Vernichtung des Systems, dagegen hat das Betreten eines artenreichen Buchenwaldes durch wenige Personen oder selbst der mäßige Eintrieb von Vieh keine Zerstörung zur Folge.

Bezüglich der Reaktion eines Ökosystems auf Störungen ist zu unterscheiden zwischen:

Persistenz (Resistenz): Trotz äußerer Störungen bleibt die biozönotische Struktur unverändert.

Resilienz (Elastizität): Nach äußeren Störungen tritt zunächst eine Veränderung der Biozönosestruktur ein, allmählich erfolgt jedoch eine Rückkehr zum Ausgangszustand.

Diversitäts-Stabilitäts-Hypothese: Komplexe Systeme sind stabiler als einfache. Die Diversitäts-Stabilitäts-Hypothese wird nicht von allen Autoren anerkannt.

Nach Auffassung der **Diversitäts-Stabilitäts-Hypothese** ist ein komplexes System besser gegen Störungen gewappnet als ein System aus wenigen Elementen. Die Instabilität wenig diverser Biozönosen, die vor allem in Laborversuchen festgestellt sowie in land- und forstwirtschaftlichen Monokulturen beobachtet wurde, ist auch gedanklich schlüssig: Gibt es in einem System beispielsweise nur eine Prädator-Art, kann der Ausfall oder allein schon die Dezimierung dieses Räubers zu einem starken Anstieg der Individuendichte der Pflanzenfresser führen, was dann die nahezu völlige Vernichtung der Biozönose (Ausbreitung einiger ungenießbarer Pflanzenarten) zur Folge hat. Sind dagegen mehrere Räuber vorhanden, so wird beim Ausfall eines Räubers die Individuendichte der konkurrierenden Prädatoren ansteigen, die Zahl der Herbivoren daher (nach einem kurzen Anstieg) wieder auf das vorherige Maß beschränkt werden. Als Argument gegen die Diversitäts-Stabilitäts-Hypothese wird häufig angeführt, dass »natürliche Monokulturen«, zum Beispiel Röhrichte (Abb. 7.1), durchaus beständige Lebensräume sind. Dabei wird jedoch übersehen, dass diese Biozönose sehr artenreich ist. Sie enthält, neben einigen weiteren (unauffälligeren) Samenpflanzen wie Wasserlinsen (Lemnaceen), Wasserschlauch (*Utricularia*), eine Vielzahl tierischer Organismen (s. Abschnitt 8.2). Sehr hoch ist auch die Anzahl und Individuendichte der Mikroorganismen. Im Gegensatz dazu ist die Artenzahl auf einem Maisacker (im Vergleich etwa zu einer extensiven Wiese oder zu dem am gleichen Standort natürlicherweise vorkommenden Wald) erheblich reduziert und auch eine forstliche Monokultur mit Fichten enthält weit weniger Tierarten (zum Beispiel in der Avizönose) als der entsprechende natürliche Laubmischwald.

Abb. 7.1

Das (scheinbar!) artenarme Schilfröhricht (hier am Neusiedler See) ist ein stabiles Ökosystem.

Die Frage der Stabilität ist außerdem eine Frage des Maßstabes. Sieht man einen See als Ökosystem an (vergleiche Kapitel 8), so repräsentiert zum Beispiel ein Schilfröhricht logischerweise kein Ökosystem, sondern nur einen Teilbereich. Das vor etlichen Jahren in manchen mitteleuropäischen Seen als Folge von Eutrophierung zu verzeichnende »Schilfsterben« stellte also keine Vernichtung eines Ökosystems dar, sondern lediglich den Ausfall einer Teilbiozönose. Dort, wo die Eutrophierung auf Grund verbesserter Abwasserklärung nachgelassen hat, ist das Schilf wieder zurückgekehrt, das Ökosystem hat sich also als stabil erwiesen.

Als weiteres Argument gegen die Diversitäts-Stabilitäts-Hypothese wird von manchen Autoren angeführt, dass der (vergleichsweise artenarme) mitteleuropäische Buchenwald auch nach wiederholtem Kahlschlag relativ schnell regeneriert, während aus einem (sehr artenreichen) tropischen Regenwald meist nur ein Buschwald nachwächst. Hierauf lässt sich jedoch entgegnen, dass der tropische Regenwald in einem sehr ausgeglichenen Klima wächst, in dem Kahlschläge, wie sie im mitteleuropäischen Klima durch Windwurf, Lawinen, Schneebruch etc. natürlicherweise auftreten, nicht vorkommen. Eine Anpassung des Systems war daher nicht erforderlich. Von Natur aus in beiden Systemen vorkommende Störungen, wie das Umfallen eines einzelnen Baumes und die dadurch entstehende Lücke werden dagegen im tropischen Regenwald schneller geschlossen als im europäischen Buchenwald.

7.2 Funktionelle Organismengruppen

Funktionelle Hauptgruppen: Primärproduzenten, Sekundärproduzenten (= Konsumenten), Reduzenten.

Zum Funktionieren eines Ökosystems sind Organismen erforderlich, die mit Hilfe von Energie (meist Sonnenenergie) aus den anorganischen Grundstoffen CO_2 und H_2O organische Stoffe herstellen (**autotrophe Produzenten = Primärproduzenten**). Ebenso benötigt werden **Zersetzer** (**Destruenten**), die die abgestorbene organische Substanz wieder in anorganische überführen. Ohne Destruenten wäre das System nach einiger Zeit mit

Produzenten: Organismen, die anorganische Stoffe in organische Materie verwandeln können.
Konsumenten: Organismen, die sich von lebenden Organismen ernähren.
Destruenten: Organismen, die zur Remineralisierung von abgestorbener, organischer Substanz direkt oder indirekt (vorbereitende Zerkleinerung) beitragen.
Autotrophe Organismen können Biomasse aus anorganischer Substanz aufbauen, sie sind also Primärproduzenten.
Heterotrophe Organismen benötigen andere Organismen als Ernährungsbasis, sie sind also Konsumenten oder Destruenten.

toter Biomasse angefüllt, in der ein Großteil der Nährstoffe festgelegt wäre. Arten, die ihre eigene Biomasse aufbauen, indem sie sich von lebenden Organismen ernähren, sind dagegen nicht notwendig, jedoch in der Regel vorhanden. Innerhalb dieser **Sekundärproduzenten** oder **Konsumenten** ist zwischen Pflanzenfressern (**Herbivoren**) und Fleischfressern (**Karnivoren**) zu unterscheiden. Die sich von abgestorbener organischer Substanz ernährenden **Saprovoren** leiten zu den Destruenten über. Eine Spezialform der Saprovoren stellen die Kotfresser (**Koprovoren**) dar. Sekundärproduzenten und Destruenten bilden die Gruppe der **Heterotrophen**.

Die von der Sonne auf die Erde auftreffende **Globalstrahlung** (durchschnittlich 10 000 kJ pro m^2 und Tag) wird durch die grünen Pflanzen mittels der Photosynthese zu etwa 1 bis 5 % ausgenutzt, das heißt in organischer Form gebunden. Diese Umwandlung von Strahlungsenergie in chemische Energie bezeichnet man als **Bruttoprimärproduktion**. Hiervon wird etwa die Hälfte sofort für Lebensvorgänge verbraucht oder geht als Wärme verloren. Die Bruttoprimärproduktion abzüglich dieser Betriebsenergie wird als Nettoprimärproduktion bezeichnet und ist als Biomassezuwachs messbar. Die Nettoprimärproduktion hängt zwar direkt von der verfügbaren Sonnenenergie ab, wird jedoch darüber hinaus auch von Klima und Boden (beziehungsweise bei Gewässern von deren Temperatur und Chemismus) bestimmt. Besonders hoch ist die Nettoprimärproduktion in den lichtreichen Tropen und in mineralstoffreichen Flachmeerregionen.

Die **Zersetzung** besteht aus Zerkleinerung und Mineralisierung.

Damit die in abgestorbener Biomasse gespeicherten Stoffe wieder in den Ökosystemkreislauf zurückgeführt werden können, müssen die toten Organismen (Leichen) beziehungsweise Organismenteile (abgeworfene Blätter und Zweige) zunächst zerkleinert werden. Insbesondere Pflanzenmaterial (Zellulose, Lignin) ist unzerkleinert nur sehr langsam mineralisierbar. Die **Zerkleinerung** beruht im Wesentlichen auf der Fraßaktivität der Bodenfauna: Zerbeißen der Pflanzenteile, zunächst der weicheren, dann der härteren; Umbau in tierische Biomasse, die später leichter zersetzt werden kann als pflanzliche. Die nicht gefressenen Reste sind kleiner und daher leichter von Bakterien und Pilzen mineralisierbar. Unter **Mineralisierung** versteht man die Umbildung der organischen Substanz in anorganische (CO_2, H_2O, Ammonium, Nitrat, Sulfat, Phosphat, Ca^{2+}, Mg^{2+} und andere Ionen).

7.3 Stoff- und Energieflüsse

Ein Großteil der im Ökosystem vorhandenen Stoffe befindet sich in einem mehr oder weniger ständigen Fluss, wobei ein Teil durch das Ökosystem hindurchläuft, ein anderer sich im Kreislauf befinden kann

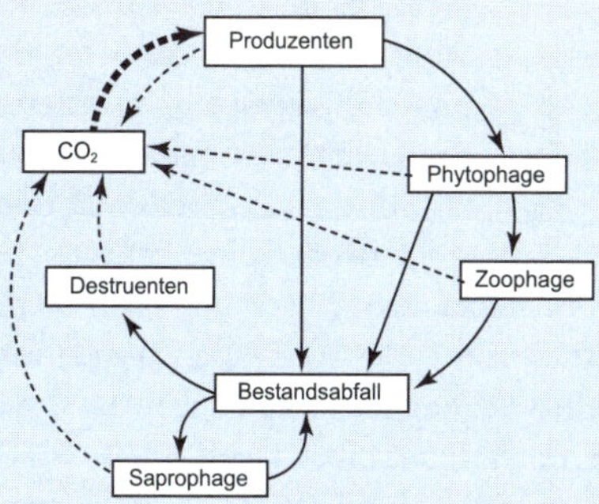

Abb. 7.2

Kohlenstoffkreislauf in einem vereinfachten Landökosystem (nach BICK 1999).
Durchgezogene Linien: Fluss als organisch gebundener Kohlenstoff; gestrichelte Linien: Fluss als CO_2.

(Abb. 7.2). Bei Stoffkreisläufen ist zwischen einem **globalen Kreislauf** (über das Ökosystem hinaus) und einem **ökosysteminternen Kreislauf** zu unterscheiden, die allerdings voneinander abhängen. Beim Wasser ist insbesondere der globale Kreislauf von Bedeutung.

Bei den Stoff-Flüssen sollten Ein- und Austräge in einem idealen Ökosystem identisch sein. Ist dies gegeben, so besteht ein **Fließgleichgewicht**. Ein solches liegt jedoch nie ideal ausgebildet vor. Insbesondere gibt es von Jahr zu Jahr Schwankungen, wobei in einem Jahr Überflüsse, im anderen Mängel zu verzeichnen sind. In exponiert gelegenen Ökosystemen (Berggipfel, Wind gefegte Hänge etc.) dominiert der Austrag, in geschützt gelegenen (Talkessel, abflusslose Seen) überwiegt der Eintrag.

Stoffe und Energie fließen vielfach durch mehrere Organismen, ehe die Stoffe wieder mineralisiert werden: von einer grünen Pflanze (Produzent) können sie auf einen Herbivoren (Konsument 1. Ordnung) übergehen, der wiederum von einem Karnivoren gefressen wird (Konsument 2. Ordnung). Dieser wird eventuell von einem größeren Räuber, also einem Hyperkarnivoren (Konsument 3. Ordn.) gefressen, der vielleicht einen Parasiten besitzt, welcher als Konsument 4. Ordnung zu bezeichnen ist. Stirbt der Parasit ab und wird von einem Saprovoren gefressen, so stellt dieser Saprovore einen Konsumenten 5. Ordnung dar. Die Reihung eines Produzenten und der nachfolgenden Konsumenten bezeichnet man als **Nahrungskette**, die einzelnen Glieder der Kette als **trophische Stufen**. Die erste Stufe bildet dabei stets der Produzent, das heißt eine autotrophe Art, alle folgenden Stufen sind heterotroph. Entlang dieser Kette geht von einer trophischen Stufe zur nächsten stets viel Energie verloren. Als Faustregel gilt, dass ein Konsument nur etwa 10 % der aufgenommenen Biomasse als körpereigene Substanz festlegen kann, wobei die konkreten Werte zwischen 1 % und 40 % variieren. Da hieraus von Stufe zu Stufe eine Abnahme der Substanz und Individuenzahl resultiert, spricht man von einer **Nahrungspyramide** oder ökologischen Pyramide (s. Abb. 7.3).

Merksatz

Beim Übergang von einer trophischen Ebene zur anderen gehen für die Nahrungskette durchschnittlich 90 % Energie verloren.

In einem realen Ökosystem stehen auf jeder Stufe meist mehrere Arten, wobei die Arten- und Individuenzahl von den Produzenten zu den Herbivoren und den Karnivoren von Stufe zu Stufe stark abnimmt. Die reale Situation stellt daher keine Kette dar, sondern es gibt eine Vielzahl von Überschneidungen, so dass man von einem **Nahrungsnetz** spricht. Die Komplexität der Stoff- und Energieflüsse in einem Ökosystem ist in einem Schema nicht darstellbar. Abb. 7.4 beinhaltet daher eine vereinfachte Darstellung eines Ökosystems, bei dem nur die wesentlichen Flüsse und die funktionalen Hauptgruppen berücksichtigt sind. Besonders eklatant ist der Energieverlust von einer trophischen Stufe zur anderen beim fleischverzehrenden Menschen (s. Abb. 7.3). Anders als die Mehrzahl der karnivoren Arten nutzt der (zivilisierte) Mensch nämlich nicht das gesamte Tier als Nahrung, sondern nur ausgewählte Teile. Der energetische Ausnutzungsgrad (bezogen auf das gesamte Tier) liegt daher beispielsweise bei Rindfleischkomsum für den Menschen unter 5 %.

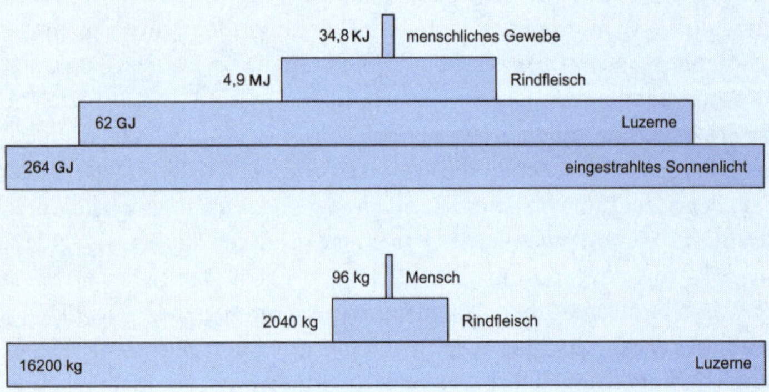

Abb. 7.3 Beispiel einer Nahrungspyramide (in zwei unterschiedlichen Darstellungsweisen), an deren Spitze der Mensch steht. **Oben** = Energiegehalt der einzelnen Stufen (nicht maßstäblich, jedoch mit Verdeutlichung der unterschiedlichen Größe der einzelnen Schritte); **unten** = Betrachtung der Biomasse (maßstabsgerechte Darstellung) (nach Odum 1959 aus Wurmbach 1970).

7.4 Zeitliche Variabilität von Ökosystemen

In einem Ökosystem sind die Bedingungen nie völlig konstant. Zu unterscheiden ist zwischen episodischen (unregelmäßigen, also nicht vorhersehbaren) und periodischen Veränderungen (Tag-Nacht-Rhythmus; Jahreszeitenrhythmus; regelmäßig wiederkehrende Hochwässer an Flüssen und Seen; Gezeitenrhythmus am Meer). Solche Änderungen der Um-

Abb. 7.4

Vereinfachtes Schema eines vollständigen Ökosystems, beispielsweise eines Waldes, einer Wiese oder eines See. Alle Lebewesen hängen von der jeweils gegebenen abiotischen Umwelt ab, insbesondere von Wärme, Wasser und chemischen sowie mechanisch wirksamen Faktoren und räumlichen Gegebenheiten. Die grünen Pflanzen verwandeln als »Primärproduzenten« Lichtenergie in chemische Energie, von der alle »sekundären Produzenten«, d.h. Mikroorganismen, Tiere und Menschen zehren. Für das »Gleichgewicht« im Ökosystem sind vor allem die »Zersetzer« (= Reduzenten = Abbauer) maßgebend, seien es Bodentiere, Pilze oder Bakterien, die von abgestorbenen Pflanzenteilen oder Tieren leben. Sie verhindern, dass sich diese Reste unbegrenzt anhäufen, indem sie sie remineralisieren. Nur ein kleiner Teil der alljährlich erzeugten organischen Substanz wird schließlich in »Dauerhumus« verwandelt und geht dem Nährstoffkreislauf verloren (verbessert jedoch die Bodenstruktur). Tiere, die sich von lebenden Pflanzen ernähren (Phytophage = Herbivore), oder »Räuber« (Zoophage = Carnivore), die lebenden Tieren nachstellen, haben für die Selbstregulation des Ökosystems eine geringere Bedeutung, als man noch in den 1960er Jahren annahm. Ihre Populationen werden in erster Linie von den Umweltfaktoren, von Parasiten sowie durch innere (physische und psychische) Hemmnisse, oder aber vom Menschen, kontrolliert. Der Mensch fügt sich als Phytophager, Zoophager oder Pantophager (Allesfresser) in die Nahrungsketten ein oder gestaltet sie zu seinen Gunsten, z.B. indem er Holz schlägt oder Streu entnimmt. Er kann aber auch als »überorganischer Faktor« wirken, d.h. jeden Teil des Ökosystems bewusst oder unbewusst beeinflussen (s. Kapitel 13, 15 und 17 bis 21) (aus HAGGETT 2003).

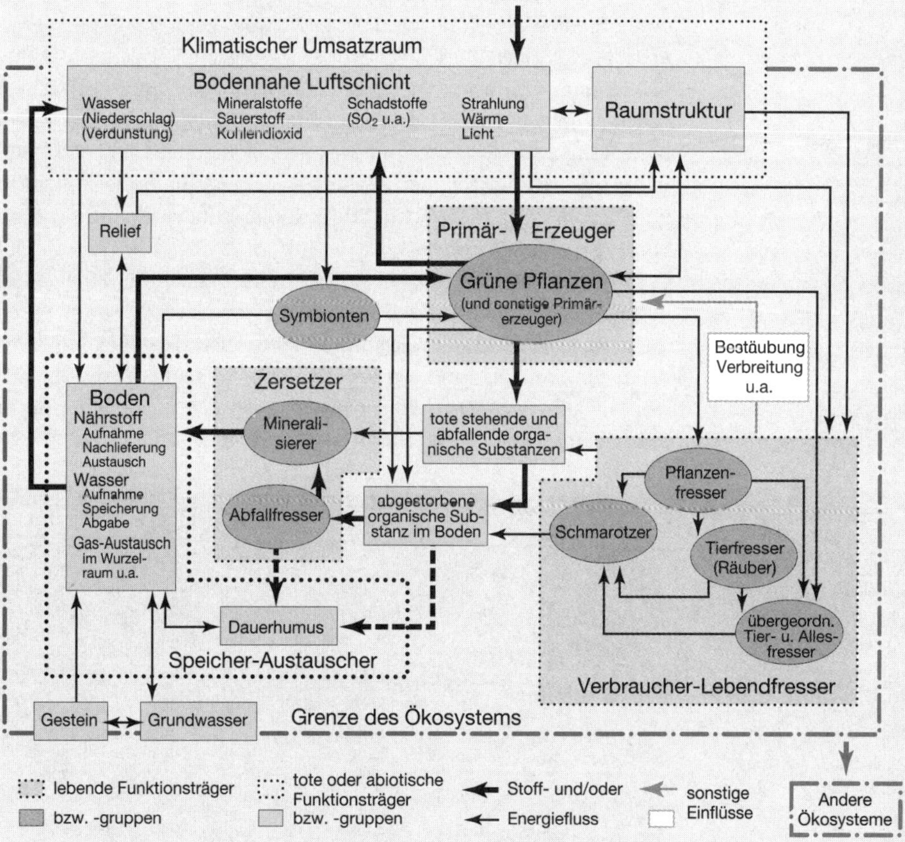

weltbedingungen sind stets mit einem Wechsel der Artzusammensetzung verbunden. Zum Beispiel halten sich die in Mitteleuropa überwinternden Krähen tagsüber zur Nahrungssuche in der freien Landschaft auf, übernachten dagegen in Städten. Sehr auffällig ist der Wechsel der Artenzusammensetzung im Jahresverlauf (vergleiche Abschnitt 16.1). Außer diesen mehr oder weniger kurzfristig zu beobachtenden Zyklen gibt es auch langfristige, zum Beispiel im Rahmen der Entwicklung eines Waldes von der Verjüngungsphase bis zur Zerfallsphase. Ausser solchen zyklischen Änderungen kann es innerhalb eines Ökosystems auch zu kontinuierlich in einer Richtung verlaufenden Standortveränderungen und damit verbundenen Änderungen der Artenzusammensetzung kommen. Beispiele sind die allmähliche Verlandung eines Gewässers (vom freien Wasser bis zum Erlenbruchwald), die Besiedlung einer neu entstandenen Insel, die Wiederbesiedlung eines anthropogen entblößten Bodens (von einer Therophytenflur zum Wald) sowie die Veränderung in einer Wiese nach Nutzungsaufgabe. Derartige kontinuierlich in einer Richtung ablaufende Veränderungen eines Ökosystems bezeichnet man als **Sukzession**. Hierbei wird zwischen primärer (erstmalige Besiedlung neuer Flächen, zum Beispiel Vulkangestein, neu entstandene Insel) und sekundärer Sukzession (Wiederbesiedlung nach »Katastrophen«, zum Beispiel Lawinen, Sturmfluten, Windwurf, anthropogenen Störungen) unterschieden. Wird die Sukzession in erster Linie durch die Organismen vorangetrieben (zum Beispiel Entstehung eines Moores durch Torfbildung), so spricht man von autogener Sukzession, wird sie durch abiotische Faktoren bestimmt (zum Beispiel Bildung eines Flussdeltas durch Ablagerung von Sedimenten), bezeichnet man die Sukzession als allogen. Nicht selten trifft man zeitlich aufeinanderfolgende Sukzessionsstadien auch räumlich nebeneinander an (s. Abb. 7.5).

Abb. 7.5 Räumliches Nebeneinander von Vegetationstypen, die (theoretisch) im Laufe einer Sukzession zeitlich aufeinander folgen. Verlandender Altarm der March (Österreich) mit Schwimmblattvegetation, Röhrichtvegetation, Weidengebüsch und Auenwald.

Fragen

(Seitenverweise zur Beantwortung)

- Definieren Sie den Begriff Ökosystem! (s. Seite 103) 1
- Nennen Sie Beispiele für Abpufferung von Störungen durch ein Ökosystem! (s. Seite 103) 2
- Welche grundsätzlichen unterschiedlichen Reaktionen der Biozönosestruktur auf Störungen sind denkbar? Wie lauten die Fachtermini für diese Reaktionstypen? (s. Seite 104) 3
- Was versteht man unter Diversitäts-Stabilitäts-Hypothese? Diskutieren Sie diesen Begriff! (s. Seite 104 f.) 4
- Welche drei Haupt-Typen funktioneller Organismengruppen sind in einem Ökosystem vorhanden? Welche davon sind unverzichtbar? (s. Seite 105 f.) 5
- Nennen Sie Untertypen der Konsumenten! (s. Seite 106) 6
- Was versteht man unter Brutto-, was unter Nettoprimärproduktion? Wo ist die Primärproduktion besonders hoch? (s. Seite 106) 7
- Welche Vorgänge sind für die Rückführung der in abgestorbener Biomasse enthaltenen Stoffe in den ökologischen Kreislauf verantwortlich? (s. Seite 106) 8
- Was versteht man unter einem Konsumenten dritter Ordnung? Nennen Sie ein Beispiel für einen solchen Konsumenten! Zu welchem Ernährungstyp gehören in der Regel Konsumenten vierter, fünfter oder höherer Ordnung? (s. Seite 107) 9
- Was versteht man unter einer Nahrungskette und wie nennt man deren einzelne Glieder? Nehmen Sie kritisch zum Begriff Nahrungskette Stellung! (s. Seite 107 f.) 10
- Wieso ist der Verzehr pflanzlicher Nahrung aus ökosystemarer Sicht energetisch effektiver als der von Fleisch? (s. Seite 108) 11
- Erläutern Sie kurz die unterschiedlichen Typen der zeitlichen Variabilität von Ökostemen! (s. Seite 109 f.) 12
- Was versteht man unter Sukzession? (s. Seite 110) 13

Literatur

BICK, H. (1999): s. Kap. 1.

ELLENBERG, H., MAYER, R., SCHAUERMANN, J. (Hrsg.) (1986): Ökosystemforschung. Ergebnisse des Solling-Projektes 1966–1986. Ulmer, Stuttgart, 507 S.

GLAVAC, V. (1996): Vegetationsökologie. Grundfragen, Aufgaben, Methoden. Fischer, Stuttgart, 320 S.

HAGGETT, P. (2003): Geographie – Eine globale Synthese. 3. A., Ulmer, Stuttgart, 884 S.

KLÖTZLI, F. (1993): Ökosysteme. UTB 1479, 3., durchges. u. erg. Aufl., Fischer, Stuttgart, 447 S.

ODUM, E.P. (1959): Fundamentals of Ecology. 2. Aufl., W.B.Saunders, Philadelphia/London, 546 S.

TISCHLER, W. (1990): Ökologie der Lebensräume. G. Fischer, Stuttgart, 498 S.

WURMBACH, H. (1970): s. Kap. 5.

8 | Der See als Ökosystem

Inhalt

Ein See im limnologischen Sinne ist ein Binnengewässer mit einer Tiefenschicht, in der keine wurzelnden Pflanzen mehr auftreten.

Das wechselseitige Zusammenwirken abiotischer und biotischer Faktoren in ökologischen Systemen lässt sich besonders leicht in stehenden Gewässern beobachten und erkennen. Wohl aus diesem Grund ist die Ökosystemforschung gegen Ende des 19. Jahrhunderts über die Untersuchung von Teichen und Seen in die Wissenschaft eingeführt worden. Auch wenn viele Erkenntnisse praktischer an kleinen Gewässern als an größeren untersucht werden können, werden wir hier doch das »klassische« Ökosystem See als aquatisches Modellsystem darstellen, da es besonders eindrücklich die Wechselwirkung von abiotischen und biotischen Beziehungen erläutert.

8.1 | Seen und Seenkunde

Ein **Weiher** im limnologischen Sinne ist ein Binnengewässer ohne Tiefenschicht; höhere Pflanzen können also potenziell überall wurzeln. Ein **Teich** im limnologischen Sinne ist ein ablassbarer Weiher wie beispielsweise Karpfenteiche, Abwasserteiche, Löschteiche.

Limnologie ist die Lehre von den Binnengewässern als Ökosysteme.

Ausgangspunkt und richtungweisend für die wissenschaftliche Erforschung der Seen war eine monographische Bearbeitung des Genfersees durch François A. FOREL (ab 1892). In den folgenden Jahren und Jahrzehnten trugen differenzierte und vergleichende Untersuchungen in Deutschland, in weiteren europäischen Ländern und in den USA dazu bei, das Ökosystem See zunehmend besser zu verstehen. Die »Seen im Kleinen«, also die Weiher und Teiche, sind didaktisch viel verwendete Anschauungsobjekte für den ökologischen und ökosystemaren Unterricht geworden. Eine diesbezügliche frühe Schrift war die des Kieler Lehrers Friedrich JUNGE mit dem Titel »Der Dorfteich als Lebensgemeinschaft« (1885).

Die Wissenschaft von den Seen als Ökosystemen wurde bald **Limnologie** genannt; heute bezeichnet dieser Begriff die allgemeine Ökologie von stehenden und fließenden Binnengewässern. Der Begriff Hydrobiologie wird dagegen eher verwendet, um den Fokus auf die in Gewässern lebenden Organismen und auf biologisch-biochemische Prozesse zu richten.

Seen gehören zu den Binnengewässern, das heißt zu den nicht mit dem Weltmeer in Austausch stehenden Gewässern. In den nicht-ariden Regionen der Erde ist der Begriff praktisch synonym zum Begriff **Süßwasser**, das heißt zu elektrolytarmen (an Kationen und Anionen armen) Gewässern. In Trockenregionen sind Binnengewässer infolge starker Verdunstung relativ salzhaltig. Bei starker Versalzung spricht man von Salzseen; diese erlauben nur wenigen Organismen eine Existenzmöglichkeit, zum Beispiel im Toten Meer (trotz dieser Bezeichnung ein Salzsee!) nur bestimmten Prokaryonten.

Hydrobiologie ist die Lehre von den Gewässerlebewesen, i.e.S. nur von den Lebewesen in Binnengewässern.

Oberflächenseen werden durch Fließgewässer oder Grundwasseraustritte versorgt und weisen in gemäßigten und feuchten Breiten meist einen oberirdischen Abfluss auf. Den Gegensatz hierzu bilden **Grundwasserseen**, zu denen meist die Baggerseen gehören; diese anthropogenen Gewässersysteme sind vielfach vom Grundwasser versorgt beziehungsweise geben an dieses das Überschusswasser ab und zeigen in vielerlei Hinsicht eigene Charakteristika. Grundwasserseen und unterirdische Seen (vor allem in Kalkgebieten verbreitet) werden hier nicht behandelt. Auf noch weitere Unterteilungen und auf die Grundwässer und fließenden Gewässer wird im Kapitel 9 eingegangen.

Im Folgenden soll das Prinzip eines leicht idealisiert gezeichneten **mitteleuropäischen Sees** dargestellt werden, wie er insbesondere sowohl im Voralpengebiet als auch in Norddeutschland verbreitet auftritt. Die meisten dieser Seen sind als Ausräumungsseen durch Gletscher am Ende der letzten Eiszeit entstanden und waren ursprünglich, vor gut 10 000 Jahren, großer und entsprechend der damals niedrigeren Lufttemperatur auch kühler und deswegen auch von anderen Organismen besiedelt. Der Grund für die andere Faunen- und Floren-Zusammensetzung waren neben den anderen klimatischen Bedingungen auch andere Arealverbreitungen; so waren Seen zum Beispiel noch lange Zeit nicht von Schilfgürteln umgeben, da diese Art (*Phragmites australis*) erst vor wenigen tausend Jahren nach Mitteleuropa eingewandert ist. Ferner wiesen viele Seen erhebliche Schwankungen ihres Seespiegels im Laufe des Jahres auf, während heute die Mehrzahl der Seen einer Seenabflussregulierung unterliegt.

Zur Kategorie **tektonischer Seen** gehört der Ochridsee in SO-Europa (Alter um 1 Mio. Jahre), die ostafrikanischen Seen (Alter: 1 bis mehrere Mio. Jahre) und der Baikalsee (Alter: mehrere 10er Mio. Jahre).

Einige mitteleuropäische Seen sind allerdings als Folge vulkanischer Prozesse entstanden, als Lösungsseen durch Einbruch in den Untergrund, infolge von Moorbildungen oder auch von Bergstürzen im Gebirge, die zu Tal-Abriegelungen geführt haben. Daneben können Seen auch durch geologische Senkenbildungen (z.B. manche flachen Salzseen) oder infolge Talabriegelung entstehen (etliche inneralpine Seen) oder auch durch lange zurückreichende geologisch-tektonische Prozesse, z.B. durch Grabenbrüche und Verwerfungen.

8.2 | Gliederung und Lebensgemeinschaften eines Sees

Das **Litoral** ist die Uferzone. Es umfasst Supralitoral = Spritzwasserzone, Eulitoral (Zone der Wasserstandsschwankungen) und Sublitoral = Infralitoral (Zone, in der noch höhere Pflanzen wurzeln).

Glaziale Ausräumungsseen hatten beim Gletscherrückzug zunächst ein etwa wannenförmiges Seebecken, das später durch Sedimentfracht und durch Wachstum und Ablagerung der Ufervegetation verkleinert wurde. Die heutige typische Seeform und die Hauptlebensbereiche sind in Abb. 8.1 am Beispiel eines Sees des Flach- oder Hügellandes zusammengestellt. Aus der Terminologie der Landschaftsgestaltung entstammt die Unterteilung in Uferbank, Halde und Schweb (oder Tiefenzone). Die ökologischen Unterteilungen richten sich nach Lebensräumen und der Charakterisierung der jeweiligen Lebensgemeinschaften: Das meist seichte Ufergebiet der Randzone, das im Bereich der regulären Wasserstandsschwankungen liegt, wird **Eulitoral** genannt. Es ist nach oben vom maximalen Wasserstand begrenzt, der typischerweise im Frühjahr nach der Schneeschmelze auftritt, nach unten von der nachlassenden Wirkung der Brandung. Die tiefere Zone trägt vielfach einen starken Unterwasserbewuchs und heißt Infralitoral. Ab hier in Richtung noch größerer Wassertiefen ist der Untergrund überwiegend schlammig, außer an Felsküsten, und ist frei von Geröllen. Der Lebensraum vom Eulitoral bis zum Profundal wird als **Benthal** bezeichnet, seine Lebensgemeinschaft als **Benthos** (manchmal auch Benthon). Dem Benthal gegenüber steht das **Pelagial** als Lebensraum des freien Wassers mit dem Plankton und dem Nekton. Das **Plankton** umfasst im Süßwasser überwiegend Kleinformen von unter 1–2 cm Größe, die nicht zu größerer Fernbewegung befähigt sind, allerdings durchaus kleine Fluchtbewegungen oder vertikale Wanderungen in der Wassersäule ausführen können. Es umfasst ein- bis wenigzellige Algen (zum Beispiel Kieselalgen, Grünalgen, Dinoflagella-

Das **Pelagial** ist die Region des freien Wassers, in der sich Nekton und Plankton aufhalten; es reicht in Richtung Ufer bis etwa zum Rand der wurzelnden Wasserpflanzen.

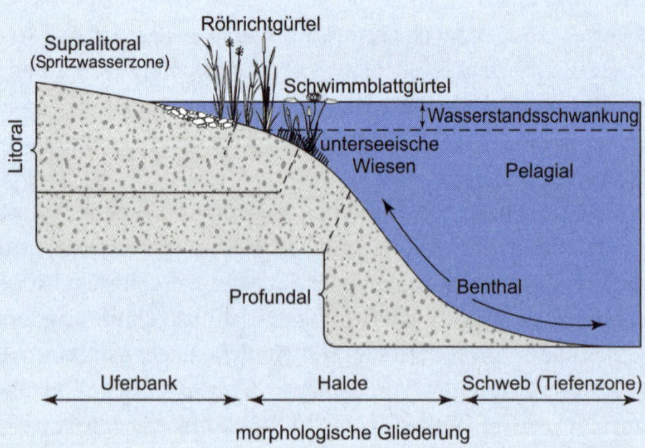

Abb. 8.1 | Gliederung eines Sees nach der Morphologie (Seebeckengestaltung; gegliedert nach Neigung und Tiefe des Seebodens) sowie nach Lebensbereichen (Endung -al). Das Benthal wird in die beiden Großbereiche Litoral und Profundal gegliedert (aus Streit 1994).

ten), Prokaryonten (die autotrophen Cyanobakterien oder »Blaualgen«, zahlreiche heterotrophe Bakterien) sowie heterotrophe (tierische) Einzeller (zum Beispiel Ciliaten), Rädertierchen und planktische Kleinkrebse (Wasserflöhe, Ruderfußkrebse). Das **Nekton** umfasst die aktiv schwimmenden Organismen, wozu in Mitteleuropa insbesondere Knochenfische gehören, zum Beispiel Felchen, Seeforellen; die Mehrzahl der übrigen Fischarten ist eher dem Benthal zuzurechnen, da sie die Weite offener Seewasserbereiche meiden. Pelagial und Benthal sind nicht scharf gegeneinander abgegrenzt und sind auch funktionell eng vernetzt.

Das **Plankton** ist die Lebensform der im Wasser schwebenden tierischen, pflanzlichen und mikrobiellen Organismen. Ihre Eigenbewegung reicht nicht aus, um sie von der Wasserbewegung unabhängig zu machen.
Das **Nekton** ist die Gemeinschaft der aktiv schwimmfähigen, echt aquatischen Organismen; in Seen sind dies vor allem die Knochenfische.

Zum Benthos, also zu den pflanzlichen und tierischen Organismen des Benthals, zählen die im Untergrund wurzelnden Gefäßpflanzen, die auf dem Sediment oder den Gefäßpflanzen selber anhaftenden Algen sowie zahlreiche Tierarten, soweit sie nicht Bestandteil von Plankton oder Nekton sind. Je nach Meereshöhe und Klima, Nährstoffsituation, Windexposition und Tiefenprofil des Gewässers sind die auftretenden Pflanzenarten und -gesellschaften unterschiedlich. Vielfach hat sich ein Schilfgürtel eingestellt, dem seewärts ein Unterwasserpflanzengürtel folgt, gegebenenfalls mit Schwimmpflanzen wie See- oder Teichrose. Nährstoffarme Seen weisen in den tieferen Zonen, die gerade noch eine positive Photosynthesebilanz ermöglichen, Rasen von Armleuchteralgen auf (Charophyta: große, an Gefäßpflanzen erinnernde Grünalgen). In größerer Tiefe reicht das Licht nicht für Pflanzenwuchs aus; allerdings wirkt ab einer bestimmten Tiefe auch der Wasserdruck selber begrenzend auf das Wachstum höherer Pflanzen. In ruhigen kleineren Buchten können sich Wasserlinsen (Lemnaceae) ansammeln, seltener auch bestimmte Wasserfarne (*Azolla*, *Salvinia*).

Auch Tiere treten zoniert auf. Sofern am Ufer eine **Geröllbrandungszone** ausgebildet ist, trifft man nur auf spezialisierte Wirbellose, die der ständigen Wasserbewegung und dem wechselnden Wasserstand widerstehen oder ausweichen können (bestimmte Egel, Insekten, Mollusken). Innerhalb von **Röhricht** (Schilf, Rohrkolben usw.) sind zahlreiche eigene Tierformen zu finden. Röhrichtregionen dienen als Brutareale für Wasservögel (Enten, Rallen, Schwäne) und bieten vielen schlüpfenden Jungfischen den anfänglichen Lebensraum. Die Wirbellosen und tierischen sowie pflanzlichen Protisten sind durch zahlreiche Arten reichhaltig vertreten (Schwämme, Bryozoen, Mollusken, Kleinkrebse, Egel und andere Ringelwürmer, Wanzen und Käfer sowie die Larven von Netzflüglern, Libellen, Fliegen und Mücken, daneben tierische und pflanzliche Einzeller), da sie hier vor starker Wasserbewegung geschützt sind. Es finden sich hier ferner zahlreiche Organismengruppen, die auch im Pelagial des Sees vorkommen, aber eine andere Artenzusammensetzung zeigen und zwischen den Röhrichtpflanzen frei schwimmen (litorale Vertreter

Am Bodensee-Obersee und -Untersee liegt der **Wasserstand** im Winter rund 1,5–2 m tiefer als im Sommer und verkleinert dadurch erheblich die effektive Seefläche. Die meisten anderen mitteleuropäischen Seen zeigen infolge Wasserstandsregulierungen eher geringe Schwankungshöhen.

der Wasserflöhe, der Hüpferlinge, der Muschelkrebschen, der Protisten und anderen Gruppen).

In Richtung größerer Seetiefe schließt sich in manchen Seen, vor allem in der Norddeutschen Tiefebene, die **Zone abgestorbener Muschelschalen** an, die in die **Tiefenzone** übergeht, welche von schlammbesiedelnden Vertretern dominiert wird, zum Beispiel Zuckmückenlarven, Tubificiden, Einzellern. In manchen Seen entwickeln sich auch Eier pelagisch lebender Fische (speziell Felchen, in Norddeutschland Maränen genannt) am tiefen Seeboden.

8.3 | Physikalische und chemische Umweltfaktoren

Im aquatischen Milieu wirken wesentlich andere Umweltfaktoren auf die Organismen ein (siehe Tab. 8.1). Diese sind daher im Verlaufe der Evolution deutlich anderen Selektionsdrücken ausgesetzt gewesen als luftlebende Organismen.

Besonders eindeutig lassen sich die Wirkungen der physikalischen und chemischen Umweltfaktoren im See studieren. Sie beeinflussen die Stoffwechselprozesse insgesamt, aber auch Wanderungen und Orientierungsmöglichkeiten von Organismen und ihre unterschiedliche Aggregation im See. Darüber hinaus werden die hydromechanischen Eigenschaften des Sees beeinflusst und auch die physikalisch-chemischen Faktoren, die auf die Organismen wirken. Als zentrale physikalische Ein-

Tab. 8.1 | Physikalisch-chemische Unterschiede zwischen Luft und Wasser als ökologischem Medium

Größe[1]	Luft	Wasser
Dichte (Auftrieb)	0,0013 g/cm^3	1 g/cm^3
Viskosität (dynamische Viskosität)	0,018 mPa x s	1 mPa x s
Spezifische Wärmeleitfähigkeit	0,000024 J x cm^{-1} x s^{-1} x grad^{-1}	0,0057 J x cm^{-1} x s^{-1} x grad^{-1}
Spezifische Wärmekapazität	0,94 J x g^{-1} x K^{-1}	4819 J x g^{-1} x K^{-1}
Druck (auf 0 m über Meer)	Atmosphärendruck	Atmosphärendruck plus hydrostatischer Wasserdruck
Spektrale Lichtverteilung in unter-schiedlicher Wassertiefe bzw. in unterschiedlicher Meereshöhe	ohne Vegetation nur geringfügige Spektralverschiebung durch Atmosphäre und Wolken	ändert sich mit der Tiefe auch unab-hängig von der Anwesenheit von Organismen
Schallgeschwindigkeit	331 m/s	1497 m/s
O_2-Konzentration	um 270 mg/l	um 10 mg/l (bei Sättigung)

[1] Die Größen sind im einzelnen von bestimmten Umweltbedingungen (z.B. Temperatur) abhängig. So liegt die größte Dichte bei 4 °C und die Viskosität nimmt mit steigender Temperatur ab. Auch die Löslichkeit von Sauerstoff nimmt mit steigender Temperatur ab und liegt bei 0 °C mit 14,5 mg/l ungefähr doppelt so hoch wie bei 30 °C (7,2 mg/l). mPa = Millipascal = g x m^{-1} × s^{-2}).

flussgrößen gelten die elektromagnetische Einstrahlung (Licht, einschließlich Wärme- und UV-Einstrahlung), Temperatur des Wasserkörpers in Abhängigkeit von der Tiefe und die Wasserbewegung, die durch Winde hervorgerufen wird. Diese Größen steuern sekundär die mehr oder weniger ausgeprägten vertikalen Gradienten und Schichtungen des Wasserkörpers.

Die auf die Oberfläche auftreffende **elektromagnetische Globalstrahlung**, die sich aus den unterschiedlichen Wellenlängenbereichen zusammensetzt, wird vom Wasserkörper, beziehungsweise in seichteren Zonen vom Sediment, teilweise absorbiert und in Wärme umgewandelt, teilweise reflektiert und wieder an die Atmosphäre abgegeben. Die Intensität der Strahlung nimmt infolge Absorption mit der Tiefe relativ rasch ab, wobei es gleichzeitig zu einer Verschiebung der Wellenlängenanteile kommt (Veränderung des Wellenlängenspektrums). Die Absorption speziell der langwelligen Wärmestrahlung führt dazu, dass die Oberschichten tagsüber am stärksten erwärmt werden. Allerdings bewirkt gleichzeitiger **Wind** Wasserbewegung und eine Verfrachtung von Teilen des Wasserkörpers, so dass auch die tieferen Schichten erwärmt werden. Da warme Wasserkörper leichter als kühle sind, können die erwärmten Wasserkörper nur mäßig in die Tiefe gedrückt werden. Einen stärkeren Tiefenaustausch gibt es, wo starke Stürme auftreten und die Seenumgebung einen freien Windzugang ermöglicht.

Im Sommerhalbjahr bildet sich in einem **geschichteten See** eine Zone mit starkem Temperaturgradienten (auch Sprungschicht genannt) zwischen der vielfach auf Werte um oder über 20 °C erwärmten Oberschicht

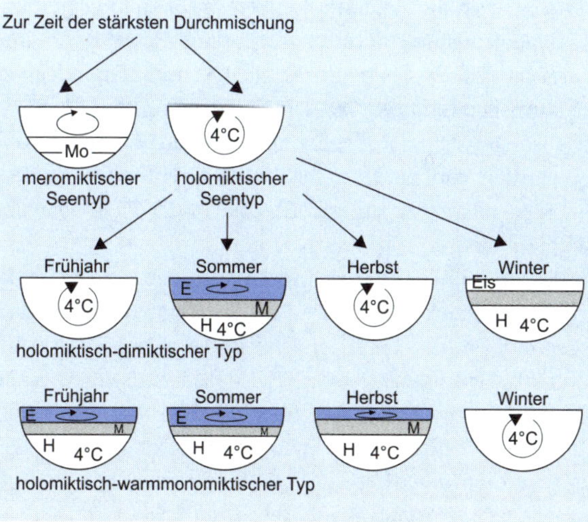

Abb. 8.2

Seetypen der gemäßigten Zone: Eigenschaften der Durchmischung und Schichtung der Wasserkörper. In vielen Tropenseen ist das Hypolimnion fast so warm wie das Epilimnion, d.h. über 20°C, doch ist die Schichtung dennoch stabil (aus STREIT 1980, verändert).

E = Epilimnion
M = Metalimnion
H = Hypolimnion
Mo = Monimolimnion

Epilimnion heißt die warme Oberflächenschicht in geschichteten Seen, die während der warmen Jahreszeit ausgebildet ist.

Hypolimnion heißt die kalte Tiefenschicht in geschichteten Seen.

Metalimnion heißt in geschichteten Seen die Zone stärkster Temperaturänderung = Sprungschicht.

und der ca. 4 °C messenden Tiefenschicht aus (Abb. 8.2). Die ca. 4 °C ergeben sich daraus, dass bei dieser Temperatur das Dichtemaximum von Wasser liegt und noch kühleres Wasser wieder leichter ist und aufsteigt und sich daher mit den wärmeren Wassermassen der darüber liegenden Schichten vermischt. Erst wenn auch die Temperatur der Oberschicht durch anhaltende Kälte des Luftklimas auf Werte nahe 4 °C reduziert wird und es durch die zusätzliche Wirkung von Winden im Herbst zu Mischungen kommt, kühlt sich der gesamte Wasserkörper weiter ab und ermöglicht Vollzirkulationen. Im Winter kann sich dann infolge der Tatsache, dass Wasser zwischen 4 °C und 0 °C wieder zunehmend leichter wird, an der Oberfläche eine Eisschicht bilden. Die während des Sommers auftretende stabile Schichtung wird **Sommerstagnation** genannt und erlaubt es, im See von einem warmen **Epilimnion**, einem **Metalimnion** mit starker Thermokline (das heißt starker Temperaturabnahme) und einem kühlen **Hypolimnion** zu sprechen. Da zwischen den Schichten kein nennenswerter Wasseraustausch stattfindet, heißt dies, dass die tieferen Wasserschichten während des Sommers nur den in der Tiefe vorrätigen Sauerstoffgehalt aufzehren können. Er bestreitet sämtliche Stoffwechselprozesse, denn eine nennenswerte Primärproduktion findet meist nur im Epilimnion statt.

Die **chemischen Umweltfaktoren** im See werden durch die physikalischen und seenmorphologischen Eigenschaften, wie Größe, Tiefe und Windangriff sowie durch Organismenaktivität und den Stoffeintrag aus dem Einzugsgebiet sowie den Wasserdurchsatz bestimmt. Niedere Sauerstoffkonzentrationen in der Tiefe führen infolge eines niedrigen Redoxpotenzials zur Freisetzung verschiedener anorganischer Ionen (Eisen, Mangan, Phosphat), hohe Sauerstoffkonzentrationen hingegen überwiegend zur Ablagerung und damit zum Entzug dieser Stoffe aus dem Nährstoffkreislauf. Flache Seen mit reichlich Nährstoffen neigen zu starkem Wachstum der höheren Wasserpflanzen und der Algen, welche nach dem Absterben Sauerstoffzehrung und damit ein sauerstoffarmes Milieu hervorrufen können. In tiefen, stark durchflossenen oder nährstoffarmen Seen reicht der Sauerstoffvorrat in der Tiefe aber über das Sommerhalbjahr aus.

Alle für den Aufbau der pflanzlichen Organismen notwendigen Nährstoffe werden von Algen und höheren Wasserpflanzen in anorganischer Form aufgenommen. Der Kohlenstoff wird bei reinen Wasserpflanzen dem Wasser als Hydrogencarbonat (HCO_3^-) oder als gelöstes Kohlendioxid (CO_2) entnommen, bei den über den Wasserspiegel ragenden Pflanzen auch oder ausschließlich aus der Luft. Stickstoff wird als Nitrat (NO_3^-) oder Ammonium (NH_4^+), Schwefel als Sulfat (SO_4^{2-}), Phosphat als Monophosphat (PO_4^{3-}), Silikat als Kieselsäure (H_4SiO_4) und Calcium als

Calciumion (Ca^{2+}) aufgenommen. Sauerstoffkonzentration (genauer die Redoxwerte) und pH-Wert bestimmen mit, in welcher chemischen Bindungsart die Elemente tatsächlich aufgenommen werden; die angegebenen chemischen Formen stehen also nur stellvertretend für eventuelle andere Formen des entsprechenden Elements (der aquatische Chemiker spricht hier von unterschiedlichen »chemischen Spezies«). Die genannten und weitere Nährstoffe werden im Verlaufe des pflanzlichen Assimilationsprozesses in Kohlenhydrate, Proteine, Fette sowie andere organische Verbindungen und auch in Skelette (zum Beispiel Calciumcarbonat, Kieselsäure) eingebaut.

Löslichkeit von Gasen im Wasser in Abhängigkeit von der Temperatur[1) | Tab. 8.2

	0 °C	10 °C	20 °C	30 °C
O_2	14,5 mg/l	11,1 mg/l	8,9 mg/l	7,2 mg/l
N_2	22,4 mg/l	17,5 mg/l	14,2 mg/l	11,9 mg/l
CO_2	1,0 mg/l	0,7 mg/l	0,5 mg/l	0,4 mg/l

1) Die Löslichkeit nimmt mit steigender Wassertemperatur ab. Bei CO_2 besteht allerdings ein komplexes Gleichgewicht zu H_2CO_3, HCO_3^- etc., die in der Tabelle nicht berücksichtigt ist (aus Schwoerbel 1999).

Sauerstoff gerät leicht zu einem ökologischen Mangelfaktor, weil einerseits die Löslichkeit dieses Gases in Wasser, wie auch von anderen Gasen, recht gering ist (vergleiche Tab. 8.2) und weil andererseits auch die Aufnahme durch den Organismus schwieriger ist als auf dem Festland. Dies hängt damit zusammen, dass Wasser eine höhere Zähigkeit (Viskosität) hat als Luft und dadurch der Nachschub aus dem umgebenden Wasserkörper verlangsamt (»zäher«) ist.

8.4 Stoffhaushalt und biologische Wechselwirkungen

Je größer und tiefer ein See ist, umso bedeutsamer wird im Allgemeinen der Produktionsanteil der Algen (einschließlich der Cyanobakterien) und desto geringer der Anteil, der auf die im Sediment wurzelnden höheren Pflanzen zurückzuführen ist. Aus den im Wasser gelösten Nährstoffen nehmen die Algen und anderen autotrophen Organismen die von ihnen benötigten Elemente in charakteristischen chemischen Spezies und Mengen auf. Die Menge der benötigten Elemente kann aus der Algenbiomasse und ihrer durchschnittlichen Elementzusammensetzung abgeschätzt werden. Die folgende Summenformel beschreibt dies annähernd:

$C_{106}H_{263}O_{110}N_{16}P_1$ + Bruchteile an verschiedenen Mineralelementen. Die Formel beschreibt im Wesentlichen nur das Protoplasma, nicht mögliche Stoffe der Zellwand, die teilweise sehr spezifisch ausgebildet ist und zum Beispiel bei Kieselalgen große Mengen an Silicium enthält. Ebenso sind unter Mangelbedingungen einzelner Elemente (zum Beispiel N- oder P-Mangel) notgedrungen auch die relativen Anteile etwas zueinander verschoben.

Die maximale **Wachstumsrate von Phytoplanktonalgen** ist für die einzelnen Arten unterschiedlich. Sie hängt auch von der Temperatur und der absoluten und prozentualen Nährstoffzusammensetzung des Wassers ab. Da Stickstoff 16 mal häufiger als Phosphor benötigt wird (berechnet auf die Anzahl Atome), muss es auch 16 mal häufiger in verfügbarer Form im Wasser vorliegen. Liegt es weniger häufig vor, führt dies (bei genügend hohen Konzentrationen aller anderen Elemente) zu einem Stickstoffmangel und bremst weiteres Wachstum. Wesentlich typischer für natürliche Binnengewässer ist allerdings ein Mangel an Phosphor in Form von Phosphat. Obwohl Phosphat nur in vergleichsweise geringer Konzentration benötigt wird, wirkt es deswegen vielfach wachstums- und damit produktionsbegrenzend auf das Ökosystem See.

Während die überwiegend im Sediment wurzelnden höheren Pflanzen der Seen nach ihrem Absterben durch tierische und mikrobielle Destruenten in die Nahrungskette geschleust werden, werden Phytoplanktonarten zu einem erheblichen Teil von filtrierendem Plankton, teilweise auch Nekton, abfiltriert und in tierische Biomasse umgewandelt. Seine Verteilung im See ist durch die Zirkulationsbewegungen der Wasserkörper, zum Beispiel bei Windeinfluss, durch die Verfügbarkeit von Licht sowie natürlich durch die filtrierenden tierischen Vertreter bestimmt. Aufgrund des Fehlens einer nennenswerten Eigenbewegung sinken viele Algen zu einem gewissen Anteil, der mehrere Prozent der gesamten Algenbiomasse pro Tag ausmachen kann, in die Tiefe des Sees ab. Solange sie während des Absinkens noch einem genügend starkem Lichtgenuss unterliegen, ist weiterhin Photosynthese möglich; unterhalb einer kritischen Zone überwiegen die Dissimilationsprozesse (Respirationsprozesse).

Die Beziehungen zwischen Phyto- und Zooplankton sind vielfältig, aber auch seit langem eingehend untersucht worden. Im Laufe eines Jahres gibt es eine charakteristische Abfolge der jeweils dominierenden Algenarten, wobei sich die verschiedenen Seen unterscheiden. In nährstoffarmen Seen dominieren vielfach Arten der Kieselalgen, in nährstoffreichen dagegen eher Grünalgen. In sehr stark eutrophierten Gewässern können neben Grünalgen (zum Beispiel *Chlorella* spec.), die so genannten Augentierchen (Euglenophyta, teilweise autotroph und teilweise heterotroph lebend) zur Massenentwicklung gelangen. Viele Algenarten haben daher auch eine gewisse Indikatorfunktion: ihr Vorkommen lässt Rückschlüsse auf Aspekte der Wasserqualität zu, zum Beispiel auf das Vorlie-

Oligotroph bedeutet nährstoffarm, bzw. mit geringer Primärproduktion.

gen größerer Konzentrationen an bestimmten anorganischen oder organischen Nährstoffen.

Neben den Nährstoffen beeinflusst das herbivore **Zooplankton** die Dichte und Artenzusammensetzung des Phytoplanktons, denn die Nahrungsaufnahme erfolgt teilweise selektiv: Kleinere Arten, wie Rädertierchen, bevorzugen eher kleine Geißelalgen und Bakterien, größere Arten, wie Wasserflöhe (*Daphnia*-Arten) und gewisse Ruderfußkrebse (Diaptomidae), ernähren sich bevorzugt von Kieselalgen und bestimmten Grünalgen. Die jeweils bevorzugt aufgenommene Algengröße hängt zum Teil von der Mechanik des jeweiligen Filtrierapparats ab, zum Teil aber auch von biochemischen Eigenschaften der Algen, die dadurch unterschiedlich stark als Nahrung ingestiert (konsumiert) beziehungsweise verdaut werden. Generell werden die zu den Prokaryonten zählenden Cyanobakterien (Blaualgen) zu einem geringeren Anteil konsumiert und schlecht assimiliert. Darüber hinaus ist die Ernährungsweise aber im Vergleich zu vielen landbewohnenden Herbivoren relativ wenig selektiv. Da die Fressintensität und die Wachstumsrate von Zooplanktonarten über einen weiten Bereich proportional zur Algendichte verläuft und da sich speziell Daphnien und Rädertierchen in der warmen Jahreszeit parthenogenetisch vermehren können, ist eine rasche Anpassung der Populationsgröße an die unter Umständen rasante Algenentwicklung und ansteigende Algenbiomasse im See möglich. Wenn das Zooplankton »nicht mehr nachkommt« oder wenn generell ungenießbare Algen dominieren, kann bei genügend Nährstoffen eine Massenentwicklung planktischer Algen erfolgen, die als **Algenblüte** oder Wasserblüte bezeichnet wird. Wenn andererseits das Algenwachstum hinter der Fressintensität des Zooplanktons zurückbleibt, kann sich ein so genanntes Klarwasserstadium ausbilden, das heißt eine Zeit sehr klaren und durchsichtigen Wassers; vielfach tritt dies in unseren Seen im Verlaufe des Frühjahrs auf.

Mesotroph bedeutet einen bezüglich Nährstoffversorgung und Primärproduktion mittleren Zustand.

Eutroph bedeutet nährstoffreich, bzw. mit hoher Primärproduktion.

Einige morphologische und ethologische Eigenheiten des Planktons scheinen eine Folge der Interaktion mit Plankton fressenden Fischen zu sein: So bilden manche *Daphnia*-Arten und bestimmte Algen vorübergehend im Jahreslauf besonders lange Körperfortsätze aus, die heute vielfach als Schutzanpassung gegen Feinddruck gesehen werden. Zum Anderen führen viele Planktonarten eine tageszeitliche Wanderbewegung zwischen den oberen und unteren Wasserschichten als Vertikalwanderung durch und sind überwiegend nachts in den oberflächennahen Schichten. Dies wird als Schutz vor sich optisch orientierenden Prädatoren gesehen. Allerdings werden bei derartigen Beobachtungen auch andere Erklärungsweisen diskutiert, und möglicherweise ist nicht eine Ursache allein für die genannten Phänomene verantwortlich. So helfen verlängerte Fortsätze in der wärmeren Jahreszeit, wenn das Wasser temperaturbedingt etwas dünnflüssiger wird, auch mit, das passive Absinken zu verlangsamen.

Als **Detritus** bezeichnet man das abgestorbene organische Material im Gewässer und am Gewässergrund.

Im **Tiefenwasser** des Hypolimnions sind die Besiedlungsdichte und die Fressaktivität meist gering. Assimilierende Organismen finden sich wegen fehlender Lichtenergie kaum; die lokale Biozönose wird von tierischen Organismen und heterotrophen Mikroorganismen beherrscht. Beständig, wenngleich in unterschiedlichem Maße, gelangen Detrituspartikel von der Ober- in die Unterschicht und bestehen aus abgestorbenen Organismen oder deren Resten, wie Kot und Exuvien, oder stellen Aggregate verschiedener Komponenten dar, die vielfach einen starken Bakterienbesatz haben. Dieser beständige »Leichenregen« ist die energetische und stoffliche Grundlage für die Organismenwelt des Profundals, die aus Bakterien, heterotrophen Einzellern, Ringelwürmern, Strudelwürmern, Erbsenmuscheln und weiteren Organismen besteht. Gewisse Tiere leben nur in bestimmten Lebensstadien in der Tiefe, zum Beispiel manche Felchenarten als Ei- und Embryonalstadium am Seeuntergrund, die Larve der Büschelmücke nur kurzfristig im Verlaufe tagesperiodischer Wanderungen (Abb. 8.3).

Abb. 8.3

Larve der Büschelmücke *Chaoborus flavicans*. Die räuberische, ca. 1 cm lange Zooplanktonart führt Vertikalwanderungen durch und reguliert ihre Lage mit Hilfe von Luftkammern schwärzliche Organe im vorderen und hinteren Bereich der Tiere; **oben** ein Schwarm im Pelagial, **unten** die mit dem Vorderende im Profundalschlamm steckenden Larven mit fakultativer Gärung (aus STREIT 1980).

8.5 Limnologisch-methodische Untersuchungsansätze

Seit weit über 100 Jahren werden Seen systematisch und gründlich untersucht und haben eine Vielzahl an speziellen Untersuchungsmethoden entstehen lassen. Differenzierte Einblicke in die Prozesse, die im Ökosystem See ablaufen, erlauben es, realistische Szenarien für die Gesundung der vielfach stark organisch, anorganisch oder aber durch Baumaßnahmen belasteten Seen zu entwickeln und funktionsfähige Ökosysteme zu erhalten. Im Folgenden sollen exemplarisch einige methodische Forschungsansätze und Messprinzipien skizziert werden.

Die **Messung physikalischer Parameter** erfolgt mit Methoden und Geräten, wie sie auch in der Meteorologie, Physik oder physikalischen Chemie verwendet werden, wobei spezielle Anpassungen an die spezifischen Probleme der Messung in größeren Wasserkörpern erfolgen mussten; Sinngemäßes gilt für die Messung chemischer Parameter. Bestimmte traditionelle einfache Methoden haben sich allerdings bis heute in der Feldforschung gehalten, weil sie gute Näherungswerte bei sehr geringem Aufwand bieten. So erlaubt das Versenken einer Secchi-Scheibe im Gewässer (einer weißen Scheibe von 30 cm Durchmesser) die Messung der Sichttiefe eines stehenden Gewässers, die wiederum etwas über das Lichtklima und die Möglichkeit der Photosynthese in zunehmender Gewässertiefe aussagt (in ungefähr doppelter Sichttiefe ist vielfach die Grenze der positiven Photosynthesebilanz erreicht). In sehr klaren Seen und auch im tropischen Ozean liegt die Sichttiefe bei 30 bis 50 m, in mitteleuropäischen Seen vielfach um 1,5 bis 12 m und in einem gedüngten Teich bei 20 bis 30 cm.

Wasserproben können durch bestimme Gefäße, die sich in größerer Tiefe vom Boot aus schließen lassen, an die Oberfläche geholt und dort analysiert werden, zum Beispiel durch den Wasserschöpfer nach Ruttner, der über ein Fallgewicht Wasser einer bestimmten Tiefe einschließt, Sedimentproben mit einem Bodengreifer. Aber auch direkte Messungen in den verschiedenen Wassertiefen sind möglich, beispielsweise durch schon vor langer Zeit entwickelte ausgeklügelte mechanische Techniken der Temperaturmessung mittels Quecksilberthermometer, welche in einer gewünschten Tiefe die lokale Wassertemperatur gleichsam festhielten und beim Heraufholen des Thermometers nicht mehr veränderten (Kippthermometer). Heute werden diese und viele weitere Messungen im Allgemeinen durch elektrische Sensoren im weitesten Sinne für Temperatur, Strahlung, pH-Werte und weitere Größen durchgeführt.

Bei der **chemischen Analytik** sind stets die chemischen Gleichgewichte zu berücksichtigen. Manche traditionell-chemischen Verfahren sind nicht für natürliche Gewässer geeignet. So ergeben einfache pH-Indikatormethoden im Freiland vielfach unrichtige Werte, so dass differenzierte kolorimetrische oder aber elektrische Verfahren (mittels eines pH-Meters) angebracht sind. Mit Elektroden lassen sich außer dem pH-Wert auch die Sauerstoffkonzentration und im Prinzip weitere Stoffe messen. Im Einzelnen sind viele chemisch-physikalische Faktoren zu berücksichtigen, und in vielen älteren Literaturstellen sind insbesondere für niedrige Stoffkonzentrationen falsche Konzentrationsangaben enthalten, weil die Bedeutung der Adsorption an der Gefäßwand falsch eingeschätzt wurde.

Messungen können direkt auf einem Schiff (Abb. 8.4) oder aber (heute für unsere Seen und auch Flüsse eher üblich) im Labor erfolgen, sofern sichergestellt ist, dass durch den Transport keine Verfälschungen (durch

Abb. 8.4 Bodengreifer in Aktion anlässlich einer Studentenexkursion auf dem Rhein.

weiter führende chemische Reaktionen) auftreten. Proben müssen daher vielfach chemisch »fixiert« werden, wofür bei Sauerstoffmessungen traditionell die so genannten »Sauerstoff-Fläschchen« dienen, die die Grundlage der Sauerstoffbestimmung nach Winkler bieten. Wichtige weitere Größen, speziell zur Charakterisierung einer organischen Belastung, sind der chemische Sauerstoffbedarf (CSB) und der biochemische Sauerstoffbedarf (BSB) einer Wasserprobe. Diese Größen sagen aus, wie viel Sauerstoff dem Wasservolumen zum Abbau der in ihm vorliegenden organischen Substanz entzogen wird. Geeignete Geräte zur Messung der anorganischen Verbindungen sind Flammenphotometrie, Atomabsorptionsspektroskopie (AAS), Emissionsspektroskopie (zum Beispiel ICP) und polarographische Verfahren. Organische oder komplexe anorganische Stoffe werden vielfach mittels Säulenchromatographie (SC), Gaschromatographie (GC), Hochdruckflüssigchromatographie (HPLC) oder Massenspektrometrie (MS) untersucht.

Planktonproben werden durch Planktonnetze mit unterschiedlichen Maschenweiten mehr oder weniger selektiv gesammelt. Kleine Algenformen lässt man zur Bestimmung in Röhrchen (Planktonzylindern) auf ein Bodenglas sedimentieren. Die optische Untersuchung und ggf. Zählung erfolgt dann mit einem inversen Mikroskop. Spezielle Abschabverfahren müssen für das Gewinnen von Arten angewandt werden, die als Aufwuchs (Periphyton) auf anderen Wasserpflanzen oder auf festem Sediment siedeln. Größere **Benthosinvertebraten** werden direkt vom Sediment aufgesammelt. Fische werden mittels Netz oder Köder gefangen; daneben hat sich die Elektrofischerei in der ökologischen Forschung bewährt, die die Fische kurzfristig betäubt; sie wird allerdings überwiegend in Fließgewässern eingesetzt.

Zur Messung des **Energieflusses** und des Stoffkreislaufs im Ökosystem See kommen ebenfalls Verfahren zur Anwendung, die dem aquatischen Milieu entsprechend angepasst sind. Die Primärproduktion pflanzlicher Biomasse im Jahreslauf lässt sich für wurzelnde Wasserpflanzen dadurch abschätzen, dass zum Zeitpunkt der Maximalentwicklung ein

Teilbereich abgeerntet wird. Die dann gemessene Biomasse entspricht etwa der Nettoproduktion pro Jahr, wobei aufgetretene Verluste durch Respiration, Abgabe von Pollen, Samen oder Fruchtbildung sowie das Absterben einzelner Individuen als Schätzgrößen zu berücksichtigen sind.

Anders erfolgt die **Produktionsabschätzung** bei Algen. Sie kann mittels der Sauerstoffmethode oder mittels der ^{14}C-Methode erfolgen. Die Sauerstoffmethode beruht darauf, dass Wasserproben aus unterschiedlichen Tiefen mittels eines geeigneten Wasserschöpfers geholt und dann in durchsichtigen Flaschen (Hellflaschen) und in abgedunkelten Flaschen (Dunkelflaschen) für einige Stunden im See in der entsprechenden Tiefe exponiert werden. Aus dem O_2-Gehalt zu Beginn und am Ende der Expositionszeit wird auf die Respirationsgröße (in den Dunkelflaschen) und auf die Nettoproduktionsgröße (Bruttoproduktion minus Respiration in den Hellflaschen) geschlossen. Aus der Differenz dieser Größen kann (näherungsweise) auf die Nettoproduktion geschlossen werden. Grundlage der Berechnungen ist die Bruttogleichung der Photosynthese. Die ^{14}C-Methode beruht darauf, dass den eingeschlossenen Organismen eine kleine Menge an radioaktivem ^{14}C als CO_2 angeboten wird und der Einbau in die Biomasse direkt verfolgt wird. Zwar misst man bei beiden Methoden außer der Respiration der Algen auch die der Mikroorganismen und Zooplankter mit, aber falls diese nicht übermäßig dominieren, wird die Abschätzung nicht stark verfälscht.

Zooplanktonorganismen nehmen vielfach wie kleine Automaten mit kontinuierlicher Fressleistung Algennahrung auf. Durch Experimente ist die Abhängigkeit dieser Nahrungsaufnahme von äußeren Parame-

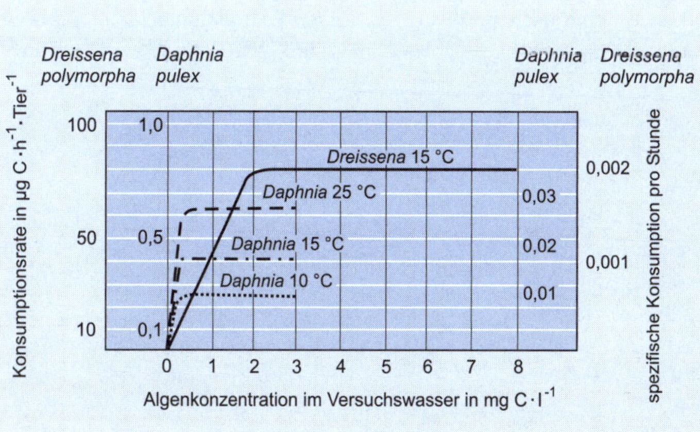

Abb. 8.5

Absolute und spezifische Konsumptionsrate von *Daphnia pulex* und *Dreissena polymorpha* in Abhängigkeit von der Nahrungskonzentration und der Temperatur bei bestimmten Körpergrößen. Experimentelle Bedingungen für *Dreissena*: Masse 40 mg C, Länge 25 mm, Nahrung *Nitzschia* (eine Kieselalge); für *Daphnia*: Länge 2 mm, Nahrung *Scenedesmus* (eine Grünalge), vorgefüttert (nach GELLER 1975 und WALZ 1978 aus STREIT 1980).

tern (Algenkonzentration, Temperatur, Planktergröße, Tageszeit) untersucht worden, wodurch man recht differenzierte Einblicke in Aspekte des tierischen Energieflusses gewonnen hat. Außer planktischen Filtrieren gibt es allerdings auch verschiedene benthische Filtrierer, speziell Muscheln (Abb. 8.5).

Bei tierischen Organismen ist eine Produktionsabschätzung durch Verfolgen des Wachstums im Freiland oder unter kontrollierten Bedingungen im Labor möglich. Ihre Respirationsrate kann im Labor gemessen werden, wobei entweder der Sauerstoffverbrauch gemessen wird oder die Abgabe ^{14}C-markierter organischer Substanz von zuvor radioaktiv markierten Tieren. Die Fressraten werden üblicherweise im Labor bestimmt, ebenso die Raten für Assimilation und Kotabgabe. Hiermit liegen die Grundlagen für Energieflussabschätzungen vor und es kann im Prinzip durch Kombination der verschiedenen Daten der Stoffkreislauf im Gewässer quantifiziert werden.

Viele ökologische Fragen beschäftigen sich heute mit Fragen der Interaktion zwischen verschiedenen Arten in Form von **Fraß- oder Konkurrenzbeziehungen** oder von genetischen Differenzierungen und Anpassungen. Um bestimmte größere räuberische Organismen aus einer Wasserprobe auszuschließen, lassen sich Wasserkörper über Netze oder feste Grenzen abtrennen und als Mesokosmos separat untersuchen. Die Maschenweite der Netze kann zum Beispiel so gewählt werden, dass lediglich gewisse Formen, zum Beispiel Fische, ausgeschlossen werden. Es können über den gleichen Mechanismus auch Fische in den Mesokosmos gegeben werden und damit die Wirkung der Prädation untersucht werden. Solche methodischen Ansätze werden auch als Biomanipulation bezeichnet. Wenn eine vollständige Abtrennung vom Wasserkörper vorgenommen wird, kann beispielsweise die Wirkung der Zugabe bestimmter chemischer Substanzen auf das Ökosystem getestet werden.

Fragen

(Seitenverweise zur Beantwortung)

1 - Nennen Sie Beispiele und Entstehungsweisen für geologisch jüngere und für geologisch ältere Seen. (s. Seite 113)
2 - Definieren Sie für Seen: Benthos, Benthal, Pelagial, Plankton und Nekton! Wie heißen die drei Wasserschichten, die in einem See unterschieden werden können? (s. Seite 114 ff.)
3 - Wann und warum liegen Seen als geschichtete Wasserkörper vor (kaltes Wasser in der Tiefe, warmes in der Oberschicht)? (s. Seite 117 f.)
4 - Nennen und erläutern Sie einige ökologisch bedeutsame physikalisch-chemische Unterschiede zwischen Luft und Wasser als Lebensraum! (s. Seite 116)
5 - Welche Bedingungen und Prozesse sind dafür verantwortlich, dass im See (im Gegensatz zum Land und zu vielen Fließgewässern) die Sauerstoffkonzentration stark abnehmen kann? (s. Seite 119)
6 - Welche Zusammenhänge zwischen Zoo- und Phytoplankton führen einerseits zu Algenblüten, andererseits zu Klarwasserstadien? (s. Seite 121)
7 - Was versteht man unter Detritus, welche Bedeutung hat er für das Ökosystem See? (s. Seite 122)

Literatur

AMBÜHL, H. (1959): Die Bedeutung der Strömung als ökologischer Faktor. Schweiz. Z. Hydrol. 21, 133–264.

FOREL, F.-A. (1892, 1885, 1904): Le Léman. Monographie Limnologique, Tome I-III. Rouge, Lausanne.

GELLER, W. (1975): Die Nahrungsaufnahme von *Daphnia pulex* in Abhängigkeit von der Futterkonzentration, der Temperatur, der Körpergröße und dem Hungerzustand der Tiere. Arch. Hydrobiol. Suppl. 48: 47ff.

HYNES, H.B.N. (1970): The Ecology of Running Waters. Liverpool Univ. Press, 555 pp.

JUNGE, F. (1885): Der Dorfteich als Lebensgemeinschaft. Nachdruck 1985. Lühr & Diercks, St. Peter-Ording, 291 S.

KALFF, J. (2002): Limnology. Prentice Hall, 800 pp.

LAMPERT, W., SOMMER, U. (1999): Limnoökologie. 2. Aufl., Thieme, Stuttgart, 489 S.

POTT, R., REMY, D. (2000): Gewässer des Binnenlandes. Ulmer, Stuttgart, 255 S.

SCHINDLER, O. (1968): Unsere Süßwasserfische. 3. Aufl., Franck, Stuttgart, 234 S.

SCHMIDT, E. (1995): Ökosystem See, Bd. 1 Uferbereich des Sees. Quelle & Meyer, Wiesbaden, 328 S.

SCHWOERBEL, J. (1994) Methoden der Hydrobiologie. Süßwasserbiologie. 4. Aufl., G. Fischer, Stuttgart, 368 S.

SCHWOERBEL, J. (1999) Einführung in die Limnologie. 8. Aufl., G. Fischer, Stuttgart, 465 S.

STEINBERG, C., CALMANO, W., KLAPPER, H., WILKEN, R.-D. (1995ff): Handbuch Angewandte Limnologie. Lose-Blatt-Samml, Ecomed, Landsberg.

STREIT, B. (1980): s. Kap. 3.

STREIT, B. (1994): s. Kap. 3.

UHLMANN, D., HORN, W. (2001): Hydrobiologie der Binnengewässer. Ulmer, Stuttgart, 528 S.

WALZ, N. (1978): The energy balance of the freshwater mussel *Dreissena polymorpha* PALLAS in laboratory experiments and in Lake Constance. Arch. Hydrobiol., Supp. 55: 83ff.

WETZEL, R.G. (2001): Limnology: Lake and River Ecosystems. 3rd ed., Academic Press, San Diego u.a., 1006 pp.

WITTIG, R. (1979): Wasser – Lösungsmittel, Lebensraum und Ökofaktor. Studium Naturwissenschaften. Akad. Verlagsges, Wiesbaden, 184 S.

9 Weitere Binnengewässer (Weiher, Flüsse, Grundwässer)

Inhalt

Stehende, fließende und unterirdische Gewässer.

Als Seen haben wir im Kapitel 8 größere Binnengewässer bezeichnet, die nicht mit dem Weltmeer verbunden sind und nicht merklich fließen und die zudem bestimmte Charakteristika (Vorliegen einer Tiefenzone) aufweisen. Kapitel 9 gibt einen Überblick über weitere stehende sowie auch über die fließenden und die unterirdischen Gewässerökosysteme der Festlandsbereiche der Erde.

9.1 Vielfältige Binnengewässer

Die Mehrzahl der in Mitteleuropa angetroffenen Gewässer ist anthropogenen Ursprungs oder anthropogen stark umgestaltet, z.B. Weiher, Teiche, Stauseen, Wasserreservoire, Baggerseen. Auch die eigentlichen Seen sind oft stark anthropogen verändert, insbesondere in der Ufergestaltung, im Nährstoffhaushalt, in der Besiedlung und im Wasserregime.

Binnengewässer weisen eine andere chemische Zusammensetzung und Besiedlung als die marinen Systeme auf. Das Tote Meer gilt daher als ein See, speziell als Salzsee, der eine andere proportionale und absolut auch eine höhere Konzentration an Salzen aufweist als das Weltmeer. Ein stehendes Gewässer, das so flach ist, dass es auf der gesamten Bodenfläche von höheren Pflanzen besiedelt werden kann (welche höchstens, je nach Wasserqualität, bis etwa 10 m wachsen), wird in der Gewässerökologie vielfach als **Weiher** bezeichnet. Demzufolge ist der kaum 2 m tiefe Neusiedlersee (ein leicht salzhaltiges Binnengewässer) limnologisch als Weiher einzustufen. Als **Teiche** bezeichnet man regulierbare, insbesondere ablassbare Gewässer, die zum Zweck der Reservoirbildung, der Fischzucht oder der Erholung künstlich errichtet worden sind. Limnologische Wissenschaftsterminologie und Alltagssprache unterscheiden sich allerdings hier im Gebrauch der Begriffe.

Als **Stauseen** werden vielfach im Gebirge liegende Gewässer bezeichnet, die künstlich aufgestaut worden sind und der Elektrizitätserzeugung oder Trinkwasserspeicherung dienen. Als **Talsperren** bezeichnete man ursprünglich die entsprechende Abtrennungsmauer des Wasserkörpers eines Stausees im Tief- oder Hügelland; heute wird der Begriff vielfach auch auf den ganzen Wasserkörper, also den Stausee, bezogen.

Ein nur temporäres Gewässer heißt »periodisch« oder »ephemer« und wird als **Tümpel** (zum Beispiel Waldtümpel), **Rockpool** (klein und am Rande eines größeren Gewässers) oder **Pfütze** (klein und vielfach durch Regen oder Schneeschmelze verursacht) bezeichnet. Organismen der Tümpel sind entweder flugfähige Insekten (zum Beispiel Stechmücken in Taiga- und Tundragebieten) oder durch resistente Dauerstadien ausgezeichnet (manche, bei uns meist sehr selten gewordene Krebse, zum Beispiel *Triops*). Als nicht mehr eigentlich aquatisch, sondern semiaquatisch oder semiterrestrisch sind schließlich die **Sümpfe** zu betrachten.

Alle bisher bezeichneten Gewässer sind oberirdische stehende Gewässer. Es gibt, vor allem in verkarsteten Kalkregionen, auch zahlreiche unterirdische stehende Gewässer (umgangssprachlich als unterirdische Seen bezeichnet).

Eine sinngemäße Unterteilung gilt für **Fließgewässer**, die in ober- und unterirdische Flüsse unterteilt werden können. Ein bedeutender unterirdischer Fluss in Mitteleuropa ist die aus dem Donautal bei Sigmaringen in den Einflussbereich des Bodensee-Untersees fließende Donau (bei Niedrigwasser vollständig, bei Hochwasser nur teilweise). Sofern Flüsse im Untergrund nicht frei fließen, sondern laminar zwischen Boden- und Gesteinspartikeln, sprechen wir von **Grundwasser** beziehungsweise Grundwasserströmen. Es gibt Grundwasserströme (unterhalb und seitlich der oberirdischen Gewässer) und ruhendes Grundwasser. Die Austrittsstellen des Grundwassers sind die **Quellen**.

Hyporheisches Interstitial: Der Lebensraum, der zwischen dem oberirdischen Gewässer und dem echten Grundwasser gleichsam vermittelt und Austauschort darstellt. Er stellt auch ein geschütztes Rückzugsgebiet für bestimmte Organismen dar, z.B. für Kleinlarven.

Die Verbindung zwischen oberirdischen und unterirdischen Gewässern (in stehenden und auch in fließenden) kann grundsätzlich in beiden Richtungen laufen. Der Grenzbereich zwischen Oberflächenwasser und Grundwasser wird **Sedimentwasser** oder **Interstitialwasser** genannt. Sowohl im Interstitialraum als auch im eigentlichen Grundwasser lebt eine eigene (arten- und individuenarme) Biozönose, die als Folge des meist starken bis vollständigen Lichtmangels vorwiegend aus heterotrophen Organismen besteht.

9.2 Stoffhaushalt und Ökologie der Fließgewässer

Die Eigenschaft, die Fließgewässer gegenüber fast allen anderen Ökosystemen auszeichnet, ist die **Strömung** (daneben kommt im Meer im Bereich der Tidenbewegungen Strömung mit allerdings alternierender Fließrichtung vor). Fließgewässerorganismen sind daher, auch wenn sie mit der so genannten »fließenden Welle« verdriftet werden, ständig neuen Umweltbedingungen ausgesetzt, die entweder konstante oder wechselnde Eigenschaften zeigen können, zum Beispiel bei lokaler Einleitung anthropogener Substanzen oder auch nach starken Regenfällen

Box 9.1

Fließgewässer in verschiedenen Gebieten

Fließgewässer fließen typischerweise von der Quelle bis zur Einmündung in ein anderes Gewässer (größeren Fluss, See, Meer). Im globalen Rahmen ist dies nur eine von mehren Möglichkeiten des Auftretens oberirdischer Fließgewässer. In vielen semiariden Gebieten treten die oberirdischen Fließgewässer nur über eine bestimmte Strecke auf und verdunsten und versickern allmählich (nördliches Afrika, südwestliches Afrika, in manchen mediterranen Gebieten, wo das oberirdische Wasserreservoir durch Abholzungen und Denudierungen beziehungsweise durch Wasserfassungen reduziert ist). Die Länge des oberirdischen Flusslaufs ist in diesen Regionen vielfach jahreszeitlich unterschiedlich (am längsten ausgebildet während der Regenzeit). Die anorganisch-chemische Zusammensetzung hängt stark vom durchflossenen Untergrund ab, wodurch das Einzugsgebiet für die Gewässercharakterisierung, zum Beispiel ob kalkreich oder kalkarm, eine erhebliche Bedeutung erlangt. Das größte Einzugsgebiet weist der Amazonas mit 7 180 000 km^2 auf; der Rhein hat ein Einzugsgebiet von 252 000 km^2.

Die chemische Zusammensetzung von Gewässern in trockenen Gebieten ist anders, nämlich einerseits durch die löslichen Gesteinsinhaltsstoffe bestimmt, zum Anderen in höheren Konzentrationen auftretend als in temperierten und feuchten Gebieten (Tab. 9-1). Für die Organismen bedeuten diese häufig isolierten Gewässer (zum Beispiel Jordanfluss-System, Tschadsee-System) auch eine starke Isolation von Nachbarsystemen.

Tab. 9.1 | Anorganischer Chemismus von Gewässersystemen

	Orinoko		Rio Grande		Mittel der Erde	
HCO_3^-	22,0 mg/l	41,4 %	183 mg/l	20,8 %	58,4 mg/l	49,4 %
SO_4^{2-}	8,8 mg/l	16,5 %	238 mg/l	27,1 %	11,2 mg/l	9,5 %
Cl^-	2,0 mg/l	3,8 %	171 mg/l	19,5 %	7,8 mg/l	6,6 %
Ca^{2+}	3,2 mg/l	6,0 %	109 mg/l	12,4 %	15,0 mg/l	12,7 %
Mg^{2+}	0,5 mg/l	0,9 %	24 mg/l	2,7 %	4,1 mg/l	3,5 %
Na^+	8,7 mg/l	16,4 %	117 mg/l	13,3 %	6,3 mg/l	5,3 %
K^+	-	-	7 mg/l	0,8 %	2,3 mg/l	1,9 %
SiO_2	8,0 mg/l	15,0 %	30 mg/l	3,4 %	13,1 mg/l	11,1 %
	53,2 mg/l	100,0 %	879 mg/l	100,0 %	118,2 mg/l	100,0 %

Gegenüber gestellt ist der Chemismus eines Gewässersystems in einem regenreichen Gebiet (Orinoko) und einem regenarmen Gebiet (Rio Grande) sowie zum Vergleich mittlere Werte von Gewässern der Erde (nach Livingstone, aus Streit 1980).

Box 9.2

Größe von Fließgewässern

Fließgewässer können von kleinen Quellrinnsalen bis zur Größe des Amazonas mit einem mittleren Abflussvolumen von 190 000 m^3/s reichen. Zum Vergleich: der Abfluss des Niederrheins liegt je nach Wasserführung bei ca. 2000 bis 5000 m^3/s. Längster Strom der Erde ist der Nil mit 6670 km, die beiden längsten Ströme Europas sind die Wolga (3700 km) und die Donau (2850 km); der Rhein hat eine Länge von 1320 km, die Elbe eine solche von 1165 km. Die Unterteilung in die umgangssprachlichen Begriffe Bach, Fluss und Strom ist relativ willkürlich. Meist spricht man bei einer Breite bis etwa drei Meter oder 5 m^3/s von einem **Bach**, danach von einem **Fluss**. Als **Strom** werden meist die großen Tieflandflüsse bezeichnet. Verschiedene speziell normierte Bezeichnungen gibt es von Seiten der Wasserwirtschaft (vgl. auch Abb 9.1).

mit temporär hoher Schwebstofffracht. Nur wenige andere Systeme zeigen ähnliche Strömungsbedingungen, speziell manche unterirdischen Gewässer, Orte starker Meeresströmungen sowie im Gezeitenbereich (zum Beispiel in den Prielen).

Wieweit ein Fließgewässer als **Ökosystem** gelten kann, ist ein Gegenstand endloser Debatten, da diese Frage von der Definition eines Ökosystems und dem Maßstab abhängt. Aus dem Blickwinkel der Landschaftsökologie ist es sinnvoll, das gesamte Einzugsgebiet zu berücksichtigen (s. Box 9.1); gleiches gilt für Messungen von Stoffbilanzen. Bei der Beschränkung der Fragestellung auf den Wasserkörper oder die Gewässerbiozönose ist aber der ganze Wasserlauf (oder auch nur ein Teil des Wasserlaufs) eine sinnvolle ökosystemare Einheit (s. Box 9.2).

Es gibt aber auch für den Wasserkörper zwei grundsätzlich unterschiedliche Betrachtungsweisen und methodische Ansätze, die Eigenschaften zu studieren: Einerseits können die Bedingungen innerhalb eines (gedachten) Ausschnittes des fließenden Wassers (der so genannten **fließenden Welle**) untersucht werden, wobei sich der Ort der Untersuchung bis zur Einmündung in ein stehendes Gewässer beständig nach abwärts verschiebt. Auf diese Weise kann zum Beispiel eine fortschreitende biochemische **Selbstreinigung** im Wasserkörper oder die Veränderung mitgeführter Planktonarten untersucht werden. Der andere Ansatz beinhaltet die Untersuchung eines definierten Fluss- oder Bachabschnitts, deren mit dem Boden verhaftete Lebensgemeinschaft aber von kontinuierlich neuem Wasser durchflossen wird. Hier bestehen also

Abb. 9.1

Ordnungszahlen der Fließgewässer. Fließgewässer bis einschließlich 3. Ordnung bezeichnet man im Allgemeinen als Bäche, darüber im Allgemeinen als Flüsse (meist über 5 m³/s).

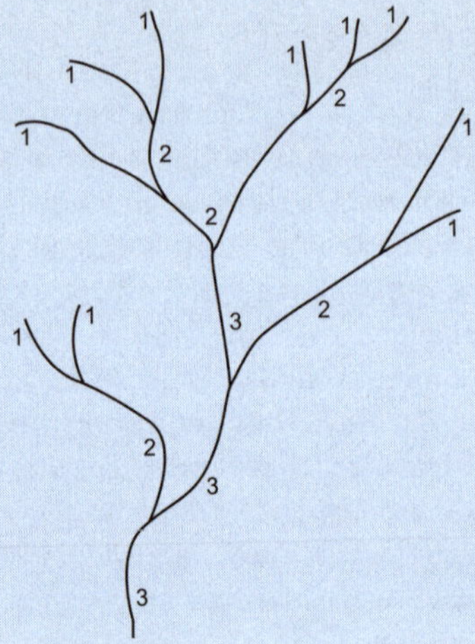

grundsätzlich andere Beziehungen zwischen Wasserkörper und Untergrund als in einem stehenden Gewässer.

Eine numerische Unterteilung kennzeichnet alle Quellabflüsse (Quellbäche) mit der Ordnungszahl 1, die aus zwei solcher Quellbäche vereinigten Abflüsse mit der Ordnungskennzahl 2, usw. Wo sich Fließgewässer unterschiedlicher Kennzahl vereinigen, gilt forthin die obere der beiden Zahlen, wo sich Fließgewässer gleicher Kennzahl vereinigen, wird diese um 1 erhöht (Abb. 9.1).

Da sich das Flussbecken als Erosionsrinne des oberirdisch abfließenden Wassers vom Ursprungsort bis zur Einmündung in ein stehendes Gewässer ergibt, tendiert es dazu, auf dieser Laufstrecke gemäß einer exponentiellen Kurve zunächst steiler und dann flacher abzufallen. Überall, wo dieser Ideallauf nicht verwirklich ist, tendiert das Fluss-System durch Erosion oder Ablagerung dazu, sich ihm anzunähern. Im Gebirge und an Wasserfällen führt dies zur rückwärts gerichteten Verlagerung, im Flachland – auch auf zwischendurch flachen Strecken – zur Ablagerung. Bei zeitlichem Wechsel der Abflussverhältnisse kann es zu seitlichen »Terrassenbildungen« kommen, welche zum Beispiel im Oberrheingraben durch die Aktivität des Rheins in den Eiszeiten und Zwischeneiszeiten zustande gekommen ist.

Ursprüngliche (und auch renaturierte) Fließgewässer zeigen abwechselnd Zonen mit stark bewegtem Wasser (**lotische Bereiche**) und mit ruhendem Wasser (**lenitische Bereiche**). Letztere können beim Übergang in ein Flachgebiet und bei starker Ausdehnung der Flussbreite über weite Strecken auftreten, aber auch in verschiedenen Formen von Randgewässern, Totarmen, in Fluss-Seen (seeartig verbreiterte Flussabschnitte) oder in eigentlichen Seen. Die Umweltbedingungen und die Besiedler sind in den beiden Bereichen unterschiedlich. Im lenitischen Bereich gleichen sie mehr oder weniger stark denjenigen der Seen. In ruhigeren Bereichen dominieren eher hochrückige Fische, in lotischen Bereichen eher solche mit rundlichem Körperquerschnitt oder gar mit Anpassungen zur Anheftung an den Untergrund. Die unterschiedlichen Sedimenttypen, die sich in den beiden Bereichen herausbilden, führen ebenfalls zu unterschiedlicher Besiedlung. Im lenitischen Bereich überwiegen naturgemäß Schlammbewohner (zum Beispiel Flussmuscheln), auf Hartsubstrat naturgemäß festgeheftete Arten (zum Beispiel Dreikantmuschel).

Während sich die Charakteristik der lenitischen Bereiche in den abiotischen Faktoren und in der Artenzusammensetzung den Eigenschaften der stehenden Gewässer nähert, sind die lotischen Bereiche die für Fließgewässer besonders charakteristischen. Hier treten die höheren Pflanzen vielfach zugunsten von Algen zurück. Der Algenbewuchs ist zugleich meist niedrig und überzieht die Gesteine; unter nährstoffreichen Bedingungen kann eine starke Fadenalgenentwicklung erfolgen. Kleinheit ist generell ein Schutz gegen das Abdriften, sowohl bei Algen als auch bei Tieren. In einem Strömungsgerinne liegen bei Fließgeschwindigkeiten, wie sie für Bäche und Flüsse typisch sind, also bei rund 1 m/s, in den substratnächsten 3 bis 4 mm deutlich reduzierte Fließgeschwindigkeiten und reduzierte Scherkräfte vor (Abb. 9.2). Daher kommt

Laminare Grenzschicht: Der Bereich unmittelbar über der Substratoberfläche mit laminarem Strömungsprofil und reduzierten Fließgeschwindigkeiten. Er ermöglicht das Vorkommen vieler kleiner Fließgewässerorganismen.

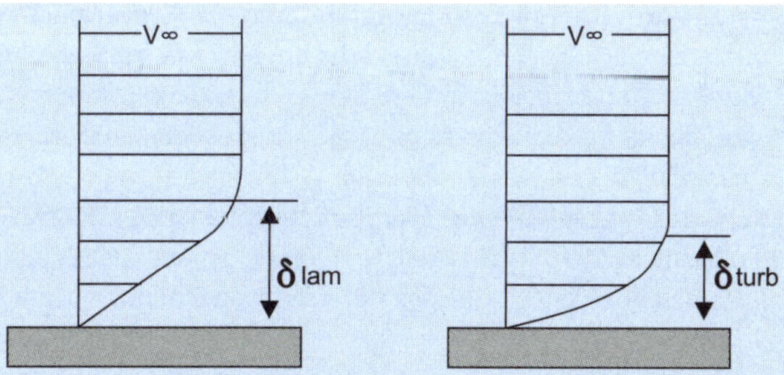

Abb. 9.2

Laminares (**links**) und turbulentes (**rechts**) Grenzschichtprofil.
δ = Grenzschichtdicke,
T = Geschwindigkeit der freien Außenströmung.
Je nach Ort ist δ_{turb} kleiner oder größer als δt_{lam}.

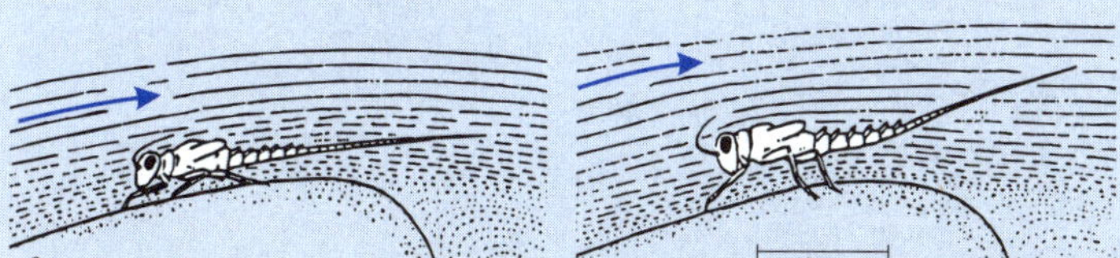

Abb. 9.3

Morphologische und ethologische Anpassungen an die Strömung im Fließgewässer (z.T. nach AMBÜHL 1959 aus STREIT 1980).

es, dass viele Fließwasserorganismen (Insektenlarven, Kleinkrebse, Schnecken) in diesem Größenordnungsbereich liegen (Abb. 9.3). Eine besonders stromlinienförmige Ausformung ist dabei nicht nötig; auch die scheinbar optimale Anpassung der Flussmützenschnecke (*Ancylus fluviatilis*) ist nicht die Folge der Anpassung an Strömungsbedingungen, sondern Teil des entsprechenden Bauplans. Der Strömungswiderstand ist unter Fließgewässerbedingungen praktisch gleich groß, ob die Anströmung von vorne oder von hinten auftrifft.

Bei den Tieren bieten verschiedene Mechanismen Schutz vor Verdriftung:

- Sie haften sich an den Untergrund (zum Beispiel Schwämme, Bryozoen, Larven der Kriebelmücken, Egel, Groppen).
- Sie können teilweise ohne größere Energieverausgabung, sondern allein durch die Bereitstellung geeigneter Auffangvorrichtung vom Nahrungsangebot durch Drift profitieren (Larven von *Hydropsyche* (Köcherfliege), Larven der Kriebelmücken (siehe Abb. 9.4)).
- Sie leben innerhalb von schützenden Röhren, die selber am Untergrund befestigt sind (bestimmte Larven von Chironomiden (»Rheotanytarsus«), der Amphipode *Corophium*) oder sind frei beweglich, aber mit schützenden und zugleich beschwerenden Sandkörnern umgeben (Steingehäuse vieler Trichopterenlarven im Fließgewässer; Beschwerungsfunktion allerdings umstritten).
- Sie leben im Sediment (Muscheln).
- Sie zeigen Anpassungen im Körperbau durch geringe Größe, abgeflachte Form (Larven der Eintagsfliegenfamilie Ecdyuronidae) oder rundlicheren Querschnitt (Flussfische im Vergleich zu Seefischen).
- Sie zeigen Anpassungen im Verhalten (Schwimmen mit kurzen kräftigen Zügen; Aufsuchen strömungsgünstiger Regionen: Forellen und andere Flussfische, Insektenlarven).

Ein spezielles Charakteristikum der Fließgewässer ist die schon erwähnte **Drift**, das heißt der Abwärtstransport fester Partikel in der fließenden Welle (Silt, Sand, tote Organismen Kotreste, Exuvien und lebende Orga-

Abb. 9.4

Larve von *Simulium* sp. (Kriebelmücke). **a** Körperstellung in der Strömung, Geschwindigkeitsprofil nur schematisch angedeutet. **b** Kopf mit Filterorgan (nach HYNES 1970).

nismen). In größeren Flüssen gesellt sich hierzu ein **Flussplankton**, das von Algen und Zooplanktern aus Stillwasserregionen der stromaufwärts liegenden Gebiete sowie von zwischengeschalteten Seen stammt. Auch die planktischen Larven der Dreikantmuschel (*Dreissena polymorpha*), die sich auf dem Flussuntergrund absetzen und zur adulten Muschel heranwachsen, stammen vielfach aus solchen Arealen. Die verdriftenden lebenden Organismen, die man als **organismische Drift** bezeichnet, treten verstärkt bei Einbruch der Dunkelheit auf und resultieren zum Einen daher, dass um diese Zeit eine intensivere Fressaktivität einsetzt, die zum versehentlichen Verdriften führen kann sowie auch zum Loslassen vom Untergrund, da in der Dunkelheit die Sicht optisch jagender Räuber (vor allem Forellen) gering ist und damit die Möglichkeit der zusätzlichen Besiedlung in flussabwärts liegenden Arealen gegeben ist. In manchen Fällen, insbesondere bei Eintagsfliegen, ist ein flussaufwärts gerichteter Kompensationsflug der weiter unten schlüpfenden Imagines beschrieben worden, wodurch sich ein Besiedlungskreislauf ergeben kann.

Die Grundlage des **Energieflusses** in Fließgewässern basiert vielfach nicht auf der Photosynthese innerhalb des Gewässersystems, sondern auf den Eintrag organischer Energie in Form von eingeschwemmtem oder hineingefallenem Material, zum Beispiel Falllaub im Waldbach. Die Basis dieser detritischen Nahrungskette bilden in diesem Falle zum Beispiel *Gammarus*-Arten sowie Mikroorganismen, welche sekundär auch den Folgekonsumenten (Prädatoren, einschließlich Fischen) eine energetische Grundlage ermöglichen.

9.3 Grundwasser und Quellen

Die Fortsetzung der Wasseroberfläche von Seen und Flüssen in den Untergrund entspricht im Allgemeinen dem Grundwasserspiegel. Hierbei kann die meist nur sehr langsame Strömung entweder vom Grundwasser in Richtung des offenen Gewässers ziehen oder aber vom offenen in das Grundwasser, je nachdem, wo die Oberfläche höher liegt, was vielfach auch durch die vorausgegangen Niederschläge bestimmt ist.

Grundwasser tritt in unterschiedlichen Formen auf der Erde auf. Regenwasser dringt im Normalfall in Böden bis auf den jeweiligen Grundwasserspiegel beziehungsweise bis auf eine undurchlässige Schicht ein und bewegt sich dann hangabwärts, bis es entweder als Quelle an die Oberfläche tritt, worauf sich ein oberirdisches Gewässer (Fließgewässer, Quell-

Merksatz

Die GRUNDWASSERSTRÖME entlang von Flüssen führen vielfach ähnlich große Wassermassen wie die Oberflächengewässer, zwar mit geringerer Fließgeschwindigkeit, dafür aber mit größerem Querschnitt.

see) bildet, oder aber bis zu einer Nivellierung mit einem anderen Gewässer, wie oben erläutert. Es gibt auch ausgesprochen grundwassergespeiste Seen, die meist weder Zu- noch Abfluss haben (Grundwasserseen, zum Beispiel viele Baggerseen). Außer diesem »rezenten« Grundwasser, das typischerweise zwischen Stunden und Wochen unter der Erde verweilt, gibt es auch »fossiles« Grundwasser, welches sich teilweise seit Jahrmillionen in oft großer Tiefe findet. Das bekannteste und größte Vorkommen ist das fossile Grundwasser der Sahara, das inzwischen an vielen Stellen zur Bewässerung verwendet wird und daher allmählich abnimmt.

Quellen sind Austrittsstellen von Grundwasser an die Erdoberfläche, zuweilen auch Austrittsstellen innerhalb von Gewässern, z.B. unterseeische Quellen.

Quellen sind Orte des Austritts von Grundwasser an die Erdoberfläche. Man unterscheidet fließende Quellen (**Rheokrenen**), die sofort nach Austritt abfließen, Sumpfquellen (**Helokrenen**), die diffus aus dem Boden treten oder aber am Austrittsort eine übernässte Zone bewirken, bevor sich das Wasser zum Quellbach vereinigt, und Quellen, die am Ort des Austritts kleine stehende Gewässer bilden (**Limnokrenen**). Die Besiedlung dieser drei Quelltypen ist unterschiedlich. Die Quellwassertemperaturen liegen meist nahe der mittleren Jahrestemperatur des entsprechenden Orts und sind somit im Jahreslauf ziemlich konstant. Weiter ist Quellwasser oft relativ nährstoffreich. An die Quelle oder den Quellsumpf beziehungsweise -see schließt sich der Quellbach als erster Abschnitt des entstehenden Fließgewässers an, der sich nach einer bestimmten Strecke mit einem weiteren Quellbach vereinigt. Im Laufe der Fließstrecke verändert sich die Quellwassertemperatur allmählich in Richtung der jeweils herrschenden Außentemperatur. Außerdem gibt es Quellen, die innerhalb von Gewässern an die »Außenwelt« dringen (See- und Flussquellen). Es sind oft Orte intensiven Unterwasserpflanzenwuchses, der durch den Nährstoffreichtum und die meist ebenfalls zu beobachtende hohe Kohlensäurekonzentration ermöglicht wird.

9.4 | Längsgliederung der Fließgewässer

Fließgewässer werden einerseits nach der Größe, andererseits nach typischen ökologischen Eigenschaften gekennzeichnet (s. Box 9.3). Von der landläufigen Unterteilung in Bach, Fluss und Strom wurde schon gesprochen, wobei die Bezeichnungen ineinander übergehen können. Wo die Charakteristiken des Bergbaches überwiegen, spricht man auch vom Lebensraum des **Rhithrals** und von der entsprechenden Lebensgemeinschaft des Rithrons. Wo die Charakteristiken des größeren Tieflandflusses überwiegen, spricht man vom **Potamal** und von der Lebensgemeinschaft des Potamons.

Box 9.3

Längsunterteilung nach Fischregionen

Eine seit langem in Mitteleuropa gebräuchliche Längsunterteilung beruht auf der Unterscheidung der Hauptvorkommensbereiche der Fische. Diese Unterteilung nach Fischregionen berücksichtigt die Beobachtung, dass Forellenartige (Salmonidae) vorwiegend im Oberlauf von Fließgewässern vorkommen, wo gleichzeitig ein Kiessubstrat zur Laichablage und eine günstige Sauerstoffversorgung für die Brut vorherrschen. Vertreter der Karpfenartigen kommen primär in Regionen langsam fließender größerer Fließgewässer mit Pflanzen vor, an denen der Laich abgelegt wird. Ihre vielfach relativ hochrückige Körperform ist wohl auch stärker an ruhig fließende Flussbereiche angepasst als an unruhig fließende Bäche und Gebirgsflüsse. Weitere charakteristische ökologische Eigenschaften sowie typische Fischarten, die in den entsprechenden Regionen siedeln, sind in Abb. 9.5 dargestellt.

Abb. 9.5

Fließgewässerregionen, Lebensbedingungen und wichtigste Fisch-Arten eines Fließgewässers. Die Forellen- und Äschenregionen weisen vor allem die Merkmale des Rhithrals auf, die Barben-, v.a. aber die Brachsenregion und die Kaulbarsch-Flunderregion (Brackwasserregion) die Merkmale des Potamals (nach SCHINDLER 1968 aus WITTIG 1979).

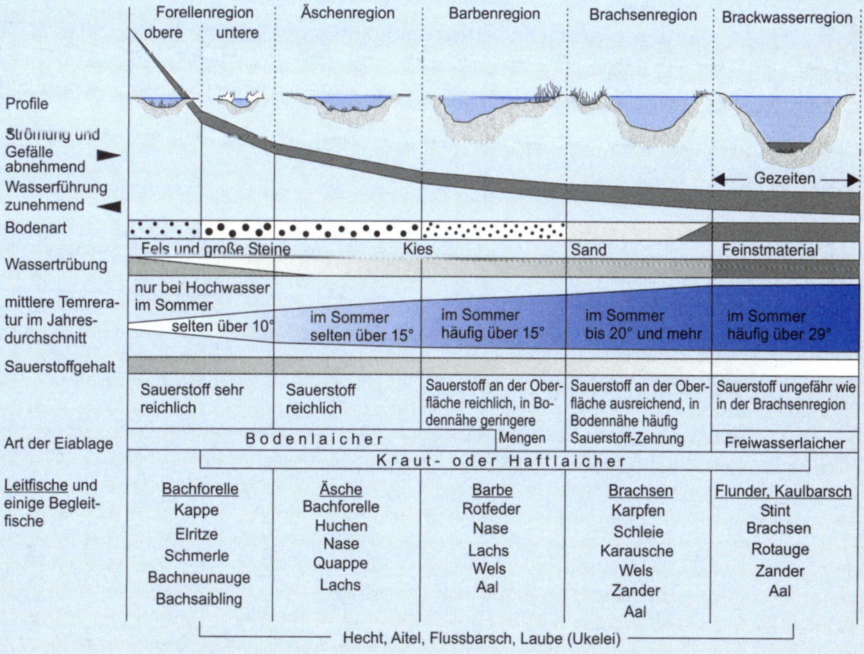

Fragen

(Seitenverweise zur Beantwortung)

1 ● Welche Typen stehender Binnengewässer unterscheidet man und wie sind sie charakterisiert? Erläutern Sie kurz was man unter dem jeweiligen Typ versteht! (s. Seite 128)

2 ● Wie unterscheiden sich Fließgewässer trockener Regionen chemisch (generell gesehen) von denen arider Regionen? (s. Seite 130)

3 ● Welche Unterschiede in den Lebensbedingungen bestehen für Besiedler von Fließgewässern im Vergleich zu Besiedlern stehender Gewässer (physikalische und chemische Faktoren, Substrat)? (s. Seite 131,133 f.)

4 ● Nennen Sie einige Mechanismen, die Fließgewässerbewohnern Schutz vor Verdriftung bieten! (s. Seite 133 f.)

5 ● Was versteht man unter organismischer Drift? (s. Seite 135)

6 ● Charakterisieren Sie die Lebensbedingungen in Quellen generell und in den verschiedenen Haupttypen von Quellen! (s. Seite 136)

7 ● Beschreiben Sie die Längsgliederung eines mitteleuropäischen Fließgewässers! (s. Seite 136 f.)

Literatur

Weiterführende und zitierte Literatur Kapitel 9 siehe bei Kap. 8.

Marine Ökosysteme

10

Inhalt

Die Weltmeere und ihre Lebensräume bedecken über 70 % der Erdoberfläche. Es handelt sich um sehr unterschiedlich ausgestaltete Meeresbecken und -areale, wobei man folgende Haupttypen unterscheiden kann:

- Schelfmeere, die über dem Kontinentalsockel liegen (zum Beispiel Nordsee, Südchinesisches Meer);
- Tiefseebereiche mit sowohl ebenen Tiefseeböden als auch unterseeischen Gebirgen mit geologisch aktiven Regionen (zum Beispiel Pazifik, Atlantik und Indischer Ozean);
- Randmeere und jüngere Meere in tektonisch aktiven Erdregionen (zum Beispiel Mittelmeer und Schwarzes Meer, Golf von Mexiko, Rotes Meer).

Äußerst unterschiedlich sind die Ufer- und Flachwasserbereiche ausgestattet (Fels- oder Sandküste, Schwemmwatt, Mangrove, Ästuare, Riffe und anderes). Die folgenden einführenden Seiten können nur exemplarisch einige Charakteristika der marinen Ökosysteme und ihrer Besiedler darstellen.

Die abiotischen Lebensbedingungen im Meer

10.1

Meerwasser zeichnet sich durch eine recht einheitliche **Salzkonzentration** von ca. 35 $^0/_{00}$ aus, die nur in subtropisch-tropischen Randmeeren infolge starker Verdunstung und geringem Wasseraustausch etwas erhöht ist. Umgekehrt verringert sie sich in manchen Randmeeren, wie der Ostsee oder der Hudson Bay, die Salzkonzentration bis zu der der zufließenden Flüsse, die typischerweise unter 0,3 ‰ beträgt. So beträgt die Salzkonzentration entlang der deutschen Ostseeküste rund 8 bis 20 ‰ mit einer von W nach O abnehmenden Tendenz.

Die **Temperatur von Meerwasser** (s. Box 10.1) bewegt sich im Bereich von über 30 °C (zum Beispiel im Roten Meer) bis zu etwa −2 °C; diese untere

Temperatur entspricht dem Gefrierpunkt von Meerwasser, das infolge des Salzgehalts bei 0 °C noch flüssig ist.

Typischerweise entsteht während der wärmeren Jahreszeit eine einigermaßen durchmischte gleichmäßig temperierte Oberschicht, die etwa 20 bis 200 m dick ist. Darunter folgt eine Zone deutlicher Temperaturabnahme – die Thermokline – die wesentlich mächtiger und tiefer gelegen ist als das Metalimnion der Seen. Die Untergrenze der Thermokline, die manchmal auch zweistufig ausgebildet ist, liegt im offenen Ozean bei etwa 500 bis 1000 m. Darunter findet sich das kalte Tiefenwasser. Die Tag-Nacht-Schwankungen der Temperatur betragen in den Oberflächenschichten des Ozeans nur einige Zehntel Grad, in flachen Küstengewässern bis ungefähr 2 °C (vergleichbar größeren Binnengewässern), im Litoralgebiet mit nur zeitweiser Wasserbedeckung allerdings wesentlich mehr, so zum Beispiel im Wattboden der Nordsee im Hochsommer bis 15 °C.

Die **Sauerstoffkonzentrationen** sind im Meerwasser meist ausreichend. Der Nachschub erfolgt durch Meeresströmungen, die auch in großer Tiefe auftreten, so dass die dort lebenden Organismen, anders als in vielen Seen, keine speziellen Anpassungen an niedere Sauerstoffkonzentrationen benötigen.

Die Gesamtenergie der ins Meerwasser einfallenden **Lichtstrahlung** fällt nach einem Exponentialgesetz ab, weist allerdings manchmal »Knickstellen« als Folge unterschiedlicher Eigenschaften der Wasserkörper auf (Abb. 10.1). Die verschiedenen Wellenlängen dringen zudem unterschiedlich tief ein. So können in 10 m Tiefe noch 75 % der Strahlungsenergie bei 475 nm zu finden sein, aber nur noch 3 % bei 625 nm. Daraus folgt eine rasche Abnahme des Farbunterscheidungsvermögens mit der Tiefe, was vor allem in den gemäßigten und kalten und in den küs-

Abb. 10.1

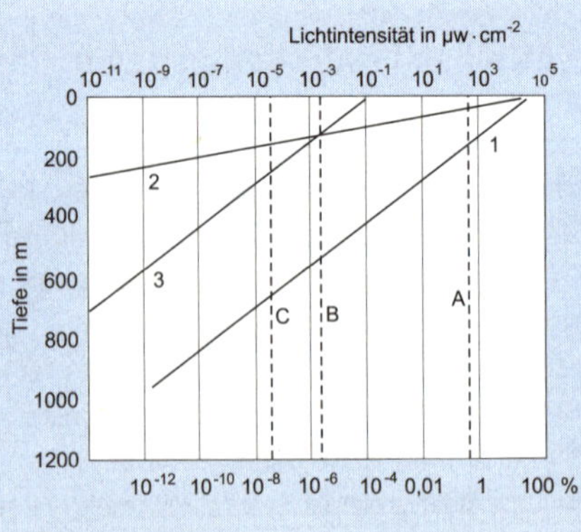

Lichtenergie im Meerwasser in Abhängigkeit von der Tiefe der Beleuchtung und dem Wasserkörper. Ungefähre Richtwerte: **1** = klares Ozeanwasser, **2** = Küstenwasser, **3** = klares Ozeanwassers nachts bei Vollmond. **A** = Grenze des Phytoplanktonwachstums, **B** = Grenze der Farbunterscheidung, **C** = Grenze der Phototaxisorientierung (nach Clarke 1936 aus Streit 1980).

Box 10.1

Meeresströmungen

Die komplex verlaufenden Temperaturen des Oberflächenwassers im Weltmeer können allerdings nur verstanden werden, wenn der Verlauf der Meeresströmungen, die als Oberflächenströme verlaufen (zum Beispiel Golfstrom) oder in Auftriebsgebieten kaltes Auftriebswasser aus der Tiefe hervorbringen, mitberücksichtigt wird. Kaltes (und nährstoffreiches) Auftriebswasser tritt insbesondere an den Westseiten von Südamerika (Humboldtstrom), von Afrika (Benguelastrom) und von Australien (Westaustralstrom) auf und verhindert zum Beispiel das Wachstum von Korallenriffen an diesen Kontinentseiten. Die Verteilung der großen Meeresströmungen wird über das Großklima gesteuert, wobei Veränderungen im Ozean-Atmosphäre-System zu grundlegenden ökologischen Veränderungen im Meer und auch auf dem Festland führen können. Das El-Niño-Phänomen im tropischen Pazifik ist eine derartige im Abstand von 2 bis 10 Jahren auftretende Anomalie, bei der kaltes, nährstoff- und fischreiches Wasser vor den Küsten Lateinamerikas durch warmes nährstoffarmes Wasser ersetzt wird. Gleichzeitig ändern sich die Luftdruckbedingungen, was zu ausgiebigem Regen und anderen Anomalien über Südamerika und sekundär auch anderen Kontinenten führen kann.

Die Ozeanwässer sind über ein komplexes System von **Meeresströmungen** miteinander verbunden. Dieses wird durch das irdische Großklima angetrieben und kann bei Klimaveränderung in seiner heutigen Form zusammenbrechen.

tennahen Gebieten ausgeprägt ist. Strahlung im Wellenbereich von 450 bis 500 nm kann allerdings durchaus noch in größeren Tiefen wahrgenommen werden. Wenn es dort auch kein deutliches optisches Unterscheidungsvermögen mehr erlaubt, so kann es doch noch zu einer optischen Differenzierung zwischen »aufwärts« und »abwärts« dienen sowie aufgrund der diurnalen Änderung in der Intensität auch über die Tageszeit informieren und etwa Vertikalwanderungen mancher Zooplankter steuern.

Bei ungefähr 1 % der Oberflächenstrahlungsenergie von Licht ist die Tiefenzone erreicht, wo eine positive Photosynthesebilanz von Algen allmählich aufhört. In stark getrübten Küstengebieten liegt diese **Kompensationsebene** manchmal in weniger als 1 m Tiefe, in den nördlichen gemäßigten Breiten vielfach zwischen 1 m und 50 m, in klarem tropischem Ozeanwasser bei rund 50 bis 150 m (Abb. 10.2). Parallel dazu ändert sich auch die Meeresfarbe von grau-grünlich über bläulich bis zu tiefblau. Blaue Meeresfarbe ist im Allgemeinen mit einer geringen Primärproduktion gekoppelt. In Riffgebieten mit ebenfalls sehr klarem Wasser kann allerdings eine erhebliche Primärproduktion durch Symbiose erfolgen (siehe unten).

Abb. 10.2

Eindringtiefe des Lichtes verschiedener Wellenlängen (in nm), dargestellt in Prozent des Oberflächenlichts auf 11°25′ südlicher Breite, 102°08′ östlicher Länge (nach Jerlov 1951).

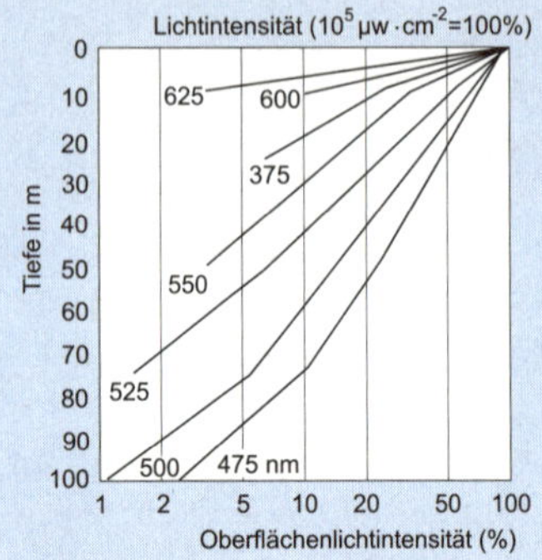

Die Wasserschicht oberhalb der Kompensationsebene heißt **euphotische Zone**. Darunter ist die Zone der zunehmenden Dunkelheit, die **dysphotische** Zone, deren Untergrenze man etwa dort festlegen kann, wo keinerlei Lichtorientierung im oben genannten Sinne mehr möglich ist. Die Wasserschicht unterhalb dieser Zone heißt **aphotische** Zone. In dieser Tiefe kommen Tiefseeorganismen mit Leuchtorganen vor. Diese dienen teilweise der Art- oder Geschlechterkennung, teilweise dem Anlocken von Beute und teilweise wohl auch als Suchlicht.

10.2 Marine Lebensräume

Vereinfacht lassen sich drei unterschiedliche geographische Großlebensräume unterscheiden:

- die **Litoralzone**, die ungefähr zwischen Ebbe und Flut liegt und den Übergang des Festlandes in den marinen Bereich darstellt;
- die **Flachmeer- oder neritische Zone** (auch Schelfmeer genannt), die den bis etwa 200 m Tiefe reichenden Teil umfasst und sich bis zum geologischen Kontinentalrand erstreckt (Schelf; dieser Bereich lag zusammen mit dem heutigen Litoral während der Eiszeit zu einem großen Teil trocken); die Flachsee macht heute ca. 8 % der Meeresoberfläche aus;
- die **ozeanische Zone**, die den Bereich mit Wassertiefen von über 200 m bis in die größte Tiefe des jeweiligen Meeres umfasst. Die größten Tiefen finden sich entlang des Pazifischen Ozeans in den Tiefseegräben, wo Tiefen bis 11 000 m auftreten. Der überwiegende Teil der Tiefenregion der Weltmeeres ist etwa 4000 bis 5000 m tief.

Merksatz

In der jüngeren Erdvergangenheit, speziell zu ZEITEN STÄRKSTER VEREISUNGEN, lagen weite Gebiete mit heutiger Meeresbedeckung trocken, da der Meeresspiegel bis über 100 m tiefer lag als heute.

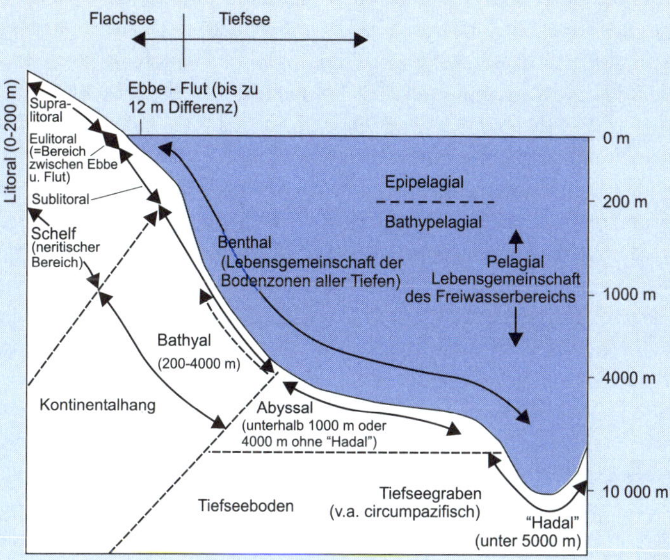

Abb. 10.3

Schematische Gliederung des Weltmeeres in Hauptlebensräume (Endung -al). Die jeweiligen Ausdehnungen der Bereiche sind für verschiedene Meere allerdings unterschiedlich groß und auch unterschiedlich definiert. So zieht sich der Kontinentalrand im Bereich der Nordsee weit in Richtung Atlantik hinaus und führt zu einer großen Ausdehnung der Flachsee (des Schelfs), während im Bereich des westlichen Südamerika ein steiler Abfall direkt in den Tiefseegraben vorliegt (nach STREIT 1994).

In Abb. 10.3 ist eine sehr schematische weitere Untergliederung skizziert.

Als **Supralitoral** bezeichnet man den Bereich oberhalb der Flutlinie. Hier finden sich an Felsküsten Rockpools, die von Spritzwasser erfüllt sind und an Weichküsten durch Gischt versalzte Böden mit entsprechend salztoleranten Pflanzen. Nur bei außerordentlichen Ereignissen, wie Sturmfluten, kann auch das Supralitoral überflutet werden.

Unter **Litoral** versteht man traditionell etwa den Bereich zwischen Ebbe und Flut, der somit im Halbtagesrhythmus mehr oder weniger lang trocken fällt. Wo keine nennenswerten Tiden auftreten, wie in der Ostsee und im Mittelmeer, wird als Litoral im Allgemeinen derjenige ufernahe Bereich bezeichnet, wo ein Einfluss der Wellen und der Brandung vorherrschend ist.

Die Bezeichnung und Abgrenzung des **Sublitorals** wird unterschiedlich vorgenommen. Vielfach wird darunter der gesamte Bereich verstanden, der sich von unterhalb des Litorals bis zum Kontinentalrand, also bis ca. 200 m Tiefe, erstreckt. Je nach Meer haben sich aber unterschiedliche Abgrenzungen durchgesetzt.

Merksatz

Die Unterteilung und Charakterisierung der MARINEN LEBENSRÄUME wird je nach Meer (Mittelmeer, Nordsee, Ostsee, tropische Meere) unterschiedlich vorgenommen.

Den Lebensraum vom Kontinentalrand in rund 200 m Tiefe bis zum abyssalen Tiefseeboden nennt man **Bathyal**. Vielfach ist es von marinen

Canyons durchsetzt und weist ein insgesamt reichhaltiges Leben auf. Typische Tiere sind Kieselschwämme, Seelilien, Garnelen, Muscheln, Schlangensterne und die Chimaeren unter den Fischen.

Im **Abyssal**, auf durchschnittlich 4000 bis 5000 m Tiefe, sind sowohl Artenzahlen als auch Individuenzahlen reduziert. Vollkommene Dunkelheit und konstante Temperatur von 2 bis 3 °C charakterisieren diesen eher gleichförmigen Lebensraum. Die dort lebenden Arten sind aufgrund der homogenen Bedingungen vielfach sehr weit, häufig weltweit, verbreitet. Das Nahrungsnetz umfasst die Detritivoren, die den organischen Teil des Sediments konsumieren. Beispiele sind Seegurken, Mollusken, Crustaceen und Polychaeten. Von diesen ernähren sich eine Reihe von räuberischen Organismen, zum Beispiel der Anglerfisch. Bakterien spielen eine wesentliche Rolle beim Abbau organischer Substanz und als Ausgangsbasis für das Nahrungsnetz. Von derzeit starkem wissenschaftlichem Interesse sind die Hydrothermalquellen mit heißen Gasaustritten, die in ozeanischen Rücken, speziell des Atlantiks, beobachtet werden.

Als **DOM** (*dissolved organic material*) bezeichnet man die gelösten organischen Substanzen im Gewässer, die im Wesentlichen durch Zerfall oder Ausscheidung von Organismen freigesetzt worden sind.

Das **Pelagial** der neritischen und ozeanischen Zonen wird von zahlreichen Plankton- und Nekton-Formen besiedelt. Das bakterielle Plankton ernährt sich von toten Zellen, organischen Ausscheidungen anderer Plankter und von gelöster organischer Substanz (DOM). Das Zooplankton besteht neben kleinen auch aus erheblich größeren Formen als das des Süßwassers. Copepoden, Quallen, Staatsquallen und Rippenquallen sind Beispiele hierfür. Speziell tritt neben dem eigentlichen Plankton (»Holoplankton«) auch Meroplankton auf, das aus Larven von im Adultleben benthischen Tieren besteht (zum Beispiel Seepocken, Seeigel, Polychaeten, Krabben). Unter dem Nekton dominieren unter anderem Heringe, Sardinen, Thunfische, Tintenfische, Haie und Wale. Seevögel ernähren sich von Meeresorganismen, speziell Pinguine, Albatrosse, Pelikane und Möwen.

Als **Hadal** grenzt man vielfach die Regionen der Tiefseegräben in den Randgebieten des Pazifiks ab. Es erstreckt sich bis auf etwa doppelte Tiefe im Vergleich zum Abyssal. Als Lebensraum bietet es aber keinen grundsätzlich anderen Aspekt.

Neben diesen Hauptlebensräumen unterscheidet man, insbesondere im Bereich des Litorals und der Flachmeere, zahlreiche weitere Lebensräume. So findet sich auf schlammigem Untergrund im Bereich von Ebbe und Flut in gemäßigten Klimaten überwiegend Salzbodensumpf mit Süßgräsern (Poaceae) und Seggen (Cyperaceae). Im Bereich der deutschen Nordseeküste liegen diese Bereiche im Übergangsgebiet zu den Wattarealen. Näheres hierzu ist im Kapitel über die europäischen Meere zusammengestellt.

Tropische Litoralregionen: Mangrove und Riffe | 10.3

Im Bereich der Tropen ist im Ebbe-Flut-Bereich der Lebensraum der **Mangrovebestände**. Mangrove nimmt weltweit rund zwei Drittel des tropischen Uferbereichs ein. Auf Korallenriffen und auf Sand wächst Mangrove nicht oder nur dürftig. Am besten wächst sie an geschützten Ufern, zum Beispiel hinter Barriereriffen, vorgelagerten Inseln oder auch in Buchten. An Orten großen Tidenhubs schaut während der Flut nur die Krone der entsprechenden Büsche oder Bäume aus dem Wasser (Abb. 10.4), während zur Ebbezeit selbst die Wurzeln freigelegt sind.

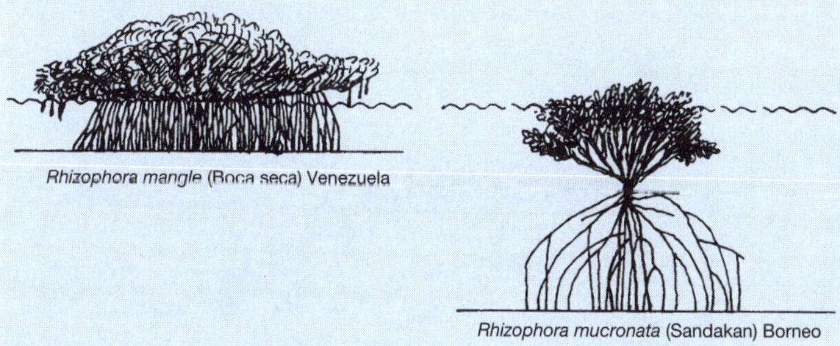

Abb. 10.4

Überflutung von Mangrovenarten bei mittlerem Hochwasserstand (nach VARESCHI 1980).

Als Mangrove bezeichnet man einen Lebensform- und Landschaftstyp, der sich aus ungefähr 90 Arten von immergrünen Bäumen und Büschen zusammensetzt, die obligate Halophyten sind, also nur auf salzhaltigem, speziell meersalzhaltigem Untergrund leben. Sie sind nicht näher miteinander verwandt, sondern gehören rund 10 verschiedenen Familien der Angiospermen an. Sie stellen damit ein eindrückliches Beispiel für getrennte evolutive Anpassung in Morphologie, Physiologie und Lebensweise an bestimmte ökologische Bedingungen dar (Konvergenz). Die meisten Arten weisen Atemwurzeln auf, die über ihre Lentizellen einen Austausch von Sauerstoff und Kohlendioxid erlauben; vielfach haben sie spezielle Wurzelsysteme ausgebildet (Abb. 10.5) und sind »lebendgebärend«. Das letztere ist eine Anpassung an die schwierigen Keimbedingungen, die salzhaltiges Milieu mit hohem osmotischen Druck für das Auskeimen darstellen würde. Die adulten Pflanzen können die Aufnahme von Salz offenbar erfolgreich begrenzen; daneben haben manche Arten Salzdrüsen.

Mangrove ist eine tropische Gehölzformation im tropischen Gezeitenbereich außerhalb kalter Meeresströmungen. Sie wird wirtschaftlich genutzt, da das Holz u.a. widerstandsfähig gegen die Schiffsbohrmuschel ist. Ökologisch kann man *Küstenmangroven* von *Flussmündungsmangroven*, die starke Salinitätswechsel ertragen, unterscheiden.

In der **Tierwelt** der Mangrove finden sich die auffälligen Winkerkrabben sowie semiterrestrische Fische, wie *Periophthalmus* (Abb. 10.6). Unter

Abb. 10.5

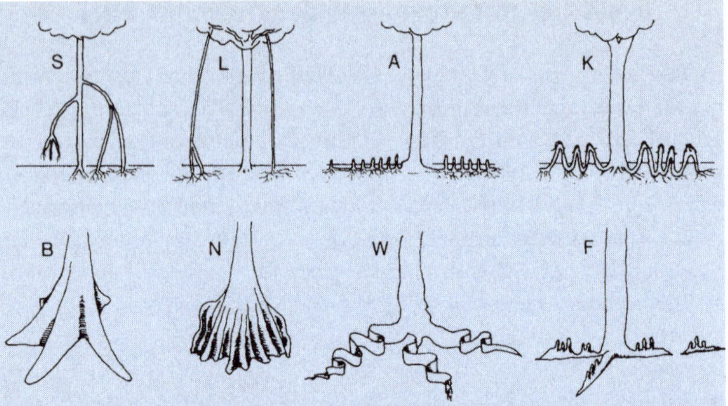

Wuchsformen von Wurzeln der Mangrovenformation. S = Stützwurzeln, L = Luftwurzeln (Ankerwurzeln), A = Atemwurzeln, K = Kniewurzeln, B = Bretterwurzeln, N = Nischenwurzeln, W = Wimpelwurzeln, F = Fingerwurzeln (nach Vareschi 1980).

Abb. 10.6

Periophthalmus (semiaquatischer Fisch), ein Bewohner der Mangrove.

den Vögeln finden sich Reiher, Ibisse, Kormorane und andere. Vielfach leben im Bereich der Mangrove auch Krokodile. Unter den Säugetieren begeben sich in Nordamerika Waschbären bei Ebbe in die Sümpfe.

Mangrovesümpfe können zusammen mit ihrer Pflanzen- und Tierwelt als eigene semiterrestrische/semimarine (Teil-)Ökosysteme betrachtet werden. Sie sind vergleichsweise produktiv. Wie in Wäldern und Gebüschen des Festlandes wird die Phytomasse zum größten Teil erst nach dem Absterben über detritivore Organismen konsumiert. Allerdings wird größenordnungsmäßig etwa die Hälfte der so anfallenden Biomasse ins offene Meer getragen.

Korallen (Anthozoa) sind als isolierte Arten weit verbreitet, zum Beispiel auch in der Nordsee. Die durch Korallen hervorgerufene Bildung von Korallenriffen kommt aber nur in warmen tropischen Gewässern oberhalb 20 °C und daher praktisch nur innerhalb der Wendekreise vor, wobei 23–25 °C eine insgesamt optimale Wassertemperatur ist. Korallenriffe fehlen demzufolge den Ostseiten von Südamerika, Afrika und

Australien, da dort Kaltwasserströme vorherrschen. Sie sind im Vergleich zum offenen Ozean (Abschnitt 10.5) sehr produktiv, was mit den zahlreichen symbiontischen Algen zusammenhängt (siehe Abschnitt 5.2).

Das Prinzip der **Riffentstehung** wurde bereits von DARWIN (1842) beschrieben: Korallen wachsen entlang dem Rand einer Insel oder eines Kontinents in der für die verschiedenen Arten jeweils zusagenden Tiefe. Wenn der Untergrund absinkt oder der Seespiegel sich hebt, wachsen die Riffe nach oben. Nach einiger Zeit können sie völlig losgelöst von früheren Inseln oder Festlandsockeln persistieren, was zu Atollen oder Barriereriffen führen kann. Das größte und berühmteste Barriereriff ist dasjenige vor der Ostküste Australiens. Der Einfluss von Süßwasser und eingetragenem Schlamm behindert ein Riffwachstum beziehungsweise wirkt schädigend auf bereits bestehende.

Der Begriff **Riff** (engl. Reef) stammt aus der Seemannssprache und meint primär eine felsige Untiefe. Biogene Riffe entstehen durch Kalkablagerungen, die in der heutigen Zeit vorwiegend in Form der Korallenriffe zustande kommen. In der erdgeschichtlichen Vergangenheit waren auch Einzeller, Schwämme, Moostierchen und Muscheln von Bedeutung. Viele Gesteinsformationen in Kalkgebieten (z.B. Kalkalpen) gehen auf solche fossilen biogenen Riffe zurück.

Heutige Korallenriffe bedecken rund 600 000 km^2 Meeresoberfläche oder 0,17 % des Weltmeers und bestehen in ihrem Masseanteil überwiegend aus abgestorbenen Riffteilen. Nur ein dünner Überzug repräsentiert das aktuelle lebende Riff, das durch fortwährende Kalkabscheidung durch die Korallen, aber auch andere Organismen, kontinuierlich wächst. Beispielsweise helfen Rotalgen und auch Bryozoen, Kalkbruchstücke zu festigen. Die Tiefenerstreckung des lebenden Riffteils erstreckt sich von knapp unterhalb der Niedrigwasserlinie bis ungefähr 50 m Tiefe.

Riffe unterliegen vielfachen **Störwirkungen**. Außer der physikalischen Beanspruchung und der Erosion durch Brandung sind es insbesondere manche Muschelarten sowie Polychaeten und Schwämme, die sich in das Riff bohren. Die während der Eiszeiten aufgetretenen starken Meeresspiegelschwankungen übten dadurch eine Störwirkung aus, dass sie den Ort des jeweils lebenden Riffwachstums verlagerten. Darüber hinaus können Orkane dazu führen, dass Riffe stark in Mitleidenschaft gezogen werden. Die Regeneration dauert in solchen Fällen viele Jahre.

10.4 Europäische Meere: Nordsee, Ostsee, Mittelmeer

Europa grenzt an eines der Weltmeere, den Atlantik, der mit mehreren Randmeeren verbunden ist: mit der Nordsee, der Ostsee und dem Mittelmeer. Diese drei Randmeere sollen hier näher charakterisiert werden, da sie die Vielfalt mariner Lebensbedingungen zum Ausdruck bringen. Nicht näher eingegangen wird auf die Eigenheiten des offenen Atlantiks (einschl. des so genannten Kanals), der im Bereich der Westküsten Frankreichs und der iberischen Halbinsel an Europa reicht und sich durch besonders hohe Ebbe-Flut-Unterschiede auszeichnet. Ebenso wird das Nördliche Eismeer mit der Barents-See, die im Bereich Nordskandinaviens an die Küsten Europas reicht, hier nicht erörtert.

10.4.1 Nordsee

Die **Nordsee** ist ein flaches Randmeer des Atlantiks, das seine heutige Ausdehnung (bis etwa zum Außenrand der heutigen Inseln) durch die rasche nacheiszeitliche Überflutung bis ca. 6000 v. Chr. schon annähernd erreichte. In etwa dieser Zeit wurde auch die Festlandverbindung zu den britischen Inseln unterbrochen. Allerdings ragten noch lange Zeit erhebliche heute versunkene Inseln aus dem Meer und Helgoland könnte bis vielleicht 2000 v. Chr. über eine aus Buntsandstein, Muschelkalk und Kreidefelsen bestehende Halbinsel mit dem Festland (bei Eiderstedt) verbunden gewesen sein. Die Gesamtfläche der Nordsee beträgt heute rund 600 000 km^2. Die mittlere Tiefe liegt bei 70 bis 90 m und nimmt von Norden nach Süden allmählich ab. Das Nordseegebiet, das von zwei Seiten von der deutschen Küste begrenzt wird, heißt Deutsche Bucht.

Ebbe- und Fluteinwirkungen resultieren aus einem Mitschwingen aus dem Atlantikbereich und wiederholen sich alle 12 h und 25 min. Der mittlere Tidenhub an der deutschen Küste beträgt 2 bis 4 m, wobei die höchsten Werte im Jadebusen auftreten. Auflandige Stürme verursachen Sturmfluten, bei denen der Wasserstand besonders an den niederländischen und deutschen Küsten gefährliche Höhen erreichen kann. Da die Sturmflutpegel seit dem Mittelalter kontinuierlich gestiegen sind, mussten auch die schon damals errichteten Schutzdeiche allmählich bis heute immer wieder erhöht werden (Abb. 10.7).

Die Salzkonzentration des Oberflächenwassers wird im Nordteil durch das Atlantikwasser bestimmt (ca. 35 ‰), im südlichen Teil durch die einmündenden Flüsse auf 32 bis 34 ‰ reduziert und im Nordosten

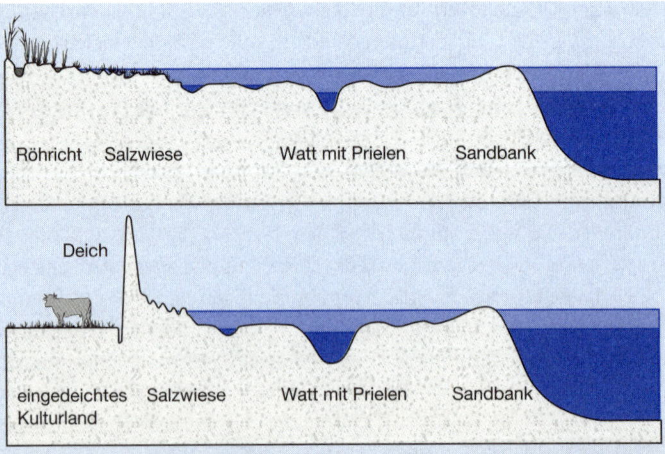

Abb. 10.7 West- und mitteleuropäische Meeresküsten früher und heute. Bis ins frühe Mittelalter säumten ausgedehnte Brackwasserröhrichte und artenreiche Salzwiesen das Wattenmeer der Nordsee (**oben**). Durch Eindeichung wurde Land gewonnen und der Wattbereich zurückgedrängt; dieser wird auch durch Verschiebung der Außensände durch die Nordsee verkleinert (**unten**) (aus Streit & Kentner 1992).

Box 10.2

Fischreiche Nordsee

Die Nordsee gilt als eines der fischreichsten Meere der Erde. Sie liefert 5 % des Weltseefischfangs, während ihr Flächenanteil an den Weltmeeren nur 1,6 % beträgt. Dies hängt mit der relativ hohen Nährstoffversorgung und Besonderheiten der Nahrungskette zusammen (vgl. Abschnitt 10.5). Gefischt werden vor allem Hering, Makrele, Kabeljau, Schellfisch, Köhler, Scholle, Seezunge und Krebse (Krabben und Garnelen).

von der salzarmen Ostsee noch deutlicher auf 25 bis 31 ‰ gesenkt. Die Jahresschwankungen können mehrere Promille betragen.

Der Meeresboden fällt im Bereich der Deutschen Bucht von der Küstenzone aus einigermaßen gleichmäßig ab. Teilweise ist das Relief allerdings recht lebhaft, vor allem zwischen den Niederlanden und Großbritannien. Im Bereich des Skagerrak (südlich von Norwegen) ist eine bis 725 m tiefe Rinne ausgebildet. Der Untergrund ist wechselhaft und besteht aus Schlick, Sand, Kiesen und verschieden großen Steinen. Flächenmäßig nehmen die fein- und mittelsandigen Ablagerungen den größten Teil ein und treten zum Beispiel bei der Doggerbank auf.

In der Deutschen Bucht der Nordsee beträgt der Tidenhub ca. 170 cm. Wegen der sehr flachen Neigung des Untergrundes dieses überfluteten Kontinentalrandes (in der Eiszeit war die Deutsche Bucht Festland), fallen während der Tidenbewegungen regelmäßig große Gebiete periodisch trocken. Während der Zeit der Wasserbedeckung ändern sich in diesem Wattenmeer kontinuierlich die abiotischen Bedingungen, da 1. die Wasserhöhe schwankt und 2. die Fließrichtung vor allem in den Prielen (das sind die natürlichen Rinnensysteme) sich je nach Ebbe oder Flut gegensätzlich verhält und 3. auch die Fließgeschwindigkeit verschieden groß ist. Im Höhenprofil (dem an flachen Abschnitten ein Horizontalprofil entspricht) zeigt das Wattenmeer Zonierungen in der Besiedlung mit einer relativ artenarmen Biozönose, die die insgesamt extremen Bedingungen erträgt. Wo Hartprofil ansteht (Pfähle und Mauern im Küstenbereich, Felsküste von Helgoland) entwickelt sich eine Zonierung gemäß der Abb. 10.8. Die Zonierung ergibt sich sowohl aus der unterschiedlichen Wirkung der abiotischen Umweltfaktoren als auch aus Konkurrenz- und Räuber-Beute-Interaktionen. Konkurrenzen können zwischen verschiedenen Arten von Seepocken (Balanidae) auftreten, aber auch zwischen Grünalgenrasen und den festsitzenden Balaniden: Mit Grünalgen bewachsene Unterlagen lassen zum Beispiel für die Jungstadien (die Cyprislarven) der Balaniden keine Anheftungsplätze mehr frei.

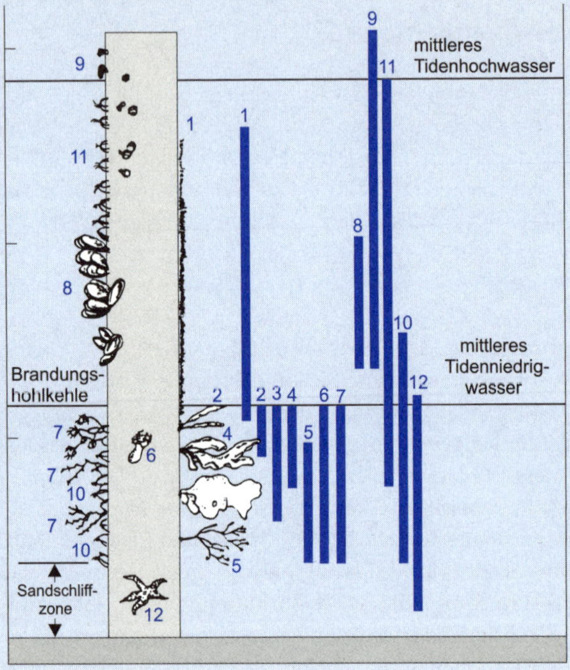

Abb. 10.8 | Vertikale Zonierung der Meeresorganismen an einem Versuchsgestell auf Sylt (nach Reise 1978). **1** *Enteromorpha* sp. (Grünalge), **2** *Enteromorpha linza* (Grünalge), **3** *Ulva lactuca* (Grünalge), **4** *Porphyra purpurea* (Rotalge), **5** *Ceramium rubrum* (Rotalge), **6** *Metridium senile* (Seenelke), **7** *Laomedea* sp. und *Tubularia larynx* (beides Hydrozoa), **8** *Mytilus edulis* (Miesmuschel) **9** *Littorina* sp. (Schnecke), **10** *Balanus crenatus* und *B. improvisus* (Seepocken), **11** *Balanus balanoides*, **12** *Asterias rubens* (Seestern).

Ältere Balanidenindividuen können zudem jüngere, die sich dazwischen angesetzt haben, erdrücken. Die räuberische Tätigkeit von Seesternen kann schließlich die Untergrenze der Miesmuschel (*Mytilus*) und Balanidenbesiedlung bestimmen.

Die flach abfallenden Wattareale entlang der deutschen Küste sind deutlich zoniert. Man unterscheidet das Felswatt und das Schwemmwatt. Das **Felswatt** ist nur auf der Insel Helgoland ausgebildet und zeichnet sich durch einen harten Untergrund (aus Buntsandstein, ehemals auch Kreide) aus.

Die folgenden Angaben beziehen sich auf das **Schwemmwatt**, welches der charakteristische Lebensraum des Wattenmeeres darstellt. Seine Zonierung wird durch Sedimentation von Teilchen unterschiedlicher Korngröße hervorgerufen. Je kleiner die Korngröße der transportierten Teilchen ist, desto weiter und damit näher zur Küste werden sie transportiert. Das Absinken erfolgt mit der Abnahme der Fließgeschwindigkeit. Die meerseitige unterste Wattzone ist permanent von Wasser bedeckt und gehört damit dem Sublitoral an. Hier wie auch im eigentlichen Watt prägen Tiefs, Priele, und Rinnen, die aus der Erosionskraft der Tidenströmung herrühren, die Oberflächengestaltung. Im Ebbe-Flut-Be-

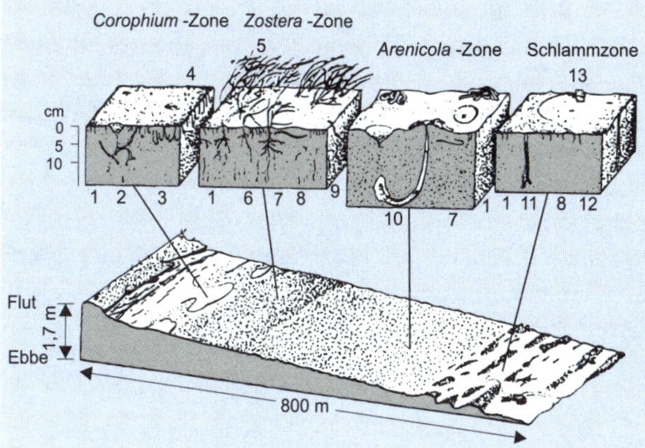

Abb. 10.9

Querschnitt durch das Eulitoral im Wattenmeer von Sylt (nach Reise 1978). **1** *Pygospio elegans* (Polychaeta, Y-Röhren), **2** *Nereis diversicolor* (Polychaeta, Trichter und Gänge), **3** *Corophium volutator* (Krebs, U-Röhren), **4** *Hydrobia ulvae* (Schnecke), **5** *Zostera noltii* (Seegras) mit *Littorina jugosa* und *Hydrobia ulvae* (beides Schnecken), **6** *Capitella capitata* (Polychaeta), **7** *Scoloplos armiger* (Polychaeta, in der oxidierten Schicht grabend), **8** *Peloscolex benedeni* (Polychaeta), **9** *Macoma baltica* (Muschel), **10** *Arenicola marina* (Polychaeta, L-förmige Röhren, Trichter und Häufchen), **11** *Heteromastus filiformis* (Polychaeta), **12** *Tharyx marioni* (Polychaeta), **13** *Littorina littorea* (Schnecke).

reich findet sich eine Abfolge von Sandwatt, Mischwatt und Schlickwatt. Das Sandwatt mit seiner hellen Farbe enthält das gröbste Substrat und damit den niedrigsten Wassergehalt, da das Wasser schnell versickert. Es ist fest und nährstoffarm. Im Mischwatt ist das Substrat feiner als das des Sandwatts und weniger sauerstoffreich und beherbergt speziali-

Zonierung und Faktorenkombinationen im Schwemmwatt von Sylt[1)] **Tab. 10.1**

Zone	Intensität des epibenthischen Räubereinflusses	hauptsächliche Prozesse, die die Zusammensetzung und die Dynamik der Gemeinschaft bestimmen	Charakteristiken der Gemeinschaft
***Corophium*-Zone**	begrenzter Zugang für Prädatoren, wie Strandgrundel, Garnele, Krabbe	Konkurrenzausschlussmechanismen und gelegentliche physikalische Störungen	dichte Röhrenbildnergesellschaft
***Zostera*-Zone**	durchwurzeltes und grobkörniges Sediment – räumlicher Widerstand gegenüber dem Einfluss der Prädatoren	konkurrierende Abgrenzung in einem komplexen Habitat	keine trophische Gruppe vorherrschend
***Arenicola*-Zone**	grobkörniger Sand – gewisser Schutz gegenüber den Prädatoren	mosaikartiges unstabiles Habitat – Prädatoreneinfluss	Koexistenz einer Schlammfressergesellschaft und einer Röhrenbildnergesellschaft – offen für weitere Immigranten
Schlamm-Zone	ungehinderter Prädatoreneinfluss	Prädatoreneinfluss steuert weitgehend die Artenzusammensetzung	Fauna z.T. überbejagt; viele tiefgrabende Formen – in Zeiten ohne Räubereinfluss Einwanderung aus den angrenzenden Gebieten

[1)] nach Reise (1980)

sierte Arten und Schlickwattbewohner. Das feinste Substrat besitzt den höchsten Wassergehalt und findet sich im Schlickwatt. Hier ist die sauerstoffreiche Schicht sehr dünn und geht bald in schwarzbraune und sauerstoffarme bis -freie Schichten über. Oberhalb der Flutlinie findet sich das Supralitoral mit den Salzwiesen, gefolgt vom Epilitoral, die nur von Sturmfluten betroffen werden können. Hierzu gehören Dünen, Deiche und Marschen.

Parallel zur abiotischen Zonierung des Watts sind auch Lebensgemeinschaften zoniert. Die in der Abb. 10.9 für die verschiedenen Zonen dargestellten Invertebraten werden durch Vögel, Fische sowie räuberische andere Invertebraten dezimiert (siehe Tab. 10.1).

10.4.2 Ostsee

Die **Ostsee** (oder Baltische See) ist ein gemäßigt-kühles flaches Nebenmeer des Atlantik und mit einer Gesamtfläche von ca. 420 000 km^2 das größte Brackwassermeer der Erde. Die mittlere Tiefe beträgt 55 m, die größte Tiefe 459 m (Landsort-Tief nördlich Gotland). In der heutigen Form und mit ungefähr dem heutigen Salzgehalt existiert die Ostsee erst seit ca. 5000 v. Chr. kontinuierlich. In der Eiszeit war sie unter Eis, danach abwechselnd ein Süßwassersee oder auch ein mehr oder weniger salzhaltiges brackisches Meer.

Der Untergrund der Ostsee ist vielfältig gegliedert. Man kann neun durch Schwellen voneinander getrennte Becken unterscheiden, die in ihren tiefsten Regionen infolge Überdüngung sauerstofffrei werden können. Den überwiegenden Teil des Bodens des Ostseebeckens bildet der Mud, der sich als feinkörniges Material in allen Becken abgelagert hat. Er ist mit abgestorbenem pflanzlichem Plankton vermischt und hat infolge des hohen Wassergehalts in der Oberschicht einen schlammigen Charakter. In ihm entwickelt sich der giftige Schwefelwasserstoff. Neben dem Mud tritt fast nur sandiges Material auf.

Die Salzkonzentration fällt entlang der dänischen und deutschen Küste von ca. 30 ‰ auf 8 ‰ und danach nur noch langsam auf ca. 3 ‰ in den nördlichsten und östlichsten Teilen der Ostsee. Im Bereich der deutschen Küste fällt die Konzentration von 15 ‰ an der deutsch-dänischen Grenze auf 7,8 ‰ an der deutsch-polnischen Grenze. Tiefenwasser kann allerdings bis zur Mecklenburger Buch ca. 20 ‰ Salz enthalten.

Die thermische Sprungschicht liegt in 20 bis 35 m Tiefe. Bei voller Ausbildung der Sprungschicht im Sommer können die Temperaturunterschiede 10 bis 14 °C erreichen.

Die Gezeiten betragen im Bereich des Kattegatt noch 50 cm, sind in der eigentlichen Ostsee aber nur schwach ausgeprägt und praktisch ohne Bedeutung. Demzufolge fehlen auch die an der Nordseeküste so eindrücklichen Landschaftstypen von Watt und Marsch.

Die am Meeresboden wurzelnden Algen- und Gefäßplanzengesellschaften (im Tiefenbereich genügender Lichtintensität) sind vergleichsweise artenreich und stark gegliedert. Festlandwärts findet man (zum Beispiel auf Darß) charakteristische Salzpflanzengesellschaften. Der Fischfang in der Ostsee umfasst vor allem Heringe und Dorsche (Kabeljau), außerdem Lachse, Sprotten, Schollen, Flundern und Flussaale.

Die Ostsee war bis Mitte des 20. Jahrhunderts ein oligotrophes Gewässer, das aber inzwischen einen mesotrophen Zustand erreicht hat. Hierbei sind zum Beispiel Nitrat- und Phosphatkonzentration in den 1970er-/80er-Jahren um das 3fache gestiegen; das Gotland-Tief ist seit 1980 anaerob. Die Nährstoffbelastung durch die einmündenden Flüsse ist bedeutend, wenngleich hier inzwischen erhebliche Anstrengungen unternommen worden sind, diese Einträge zu reduzieren.

Mittelmeer

10.4.3

Das **Mittelmeer** hat eine Fläche von rund 2 500 000 km^2 (beziehungsweise 3 000 000 km bei Einbezug des Schwarzen Meeres) und eine mittlere Tiefe von 1430 m. Die maximale Tiefe beträgt 5102 m (Matapangraben, im westlichen Teil). Es ist geologisch ein Restmeer der Tethys, des vor rund 200 Millionen Jahren entstandenen »Urmittelmeeres«. Vor rund 5,7 Millionen Jahren wurde die Verbindung zum Atlantik temporär unterbrochen, wodurch es vorübergehend austrocknete. Danach blieb die Verbindung konstant offen und führte auch zu regelmäßigen Neubesiedlungen aus dem Ozean im Anschluss an die jeweiligen Kaltzeiten des Pleistozäns. Das Mittelmeer steht über die Meerenge von Gibraltar mit dem Atlantik in einem Wasser- und Besiedlungsaustausch. Ein zusätzlicher Organismenaustausch besteht seit 1869, als der Suezkanal eröffnet wurde, mit dem Roten Meer, was im östlichen Teil des Mittelmeeres bereits zu einer erheblichen Faunen- und auch Floreneinwanderung geführt hat.

Das Mittelmeer unterliegt einem zunehmend stärkeren **Faunen- und Florenaustausch**. So beobachtet man im östlichen Mittelmeer seit Eröffnung des Suezkanals Einwanderungen aus dem Roten Meer und im Bereich des westlichen Mittelmeers die auffällige Ausbreitung einer aus Aquarien frei gekommenen Grünalge (*Caulerpa taxifolia*). Ein generelles Phänomen ist das zunehmende Auftreten Wärme liebender Immigranten aus dem Atlantik, was u.a. mit dem allgemeinen Temperaturanstieg des Mittelmeerwassers in Zusammenhang gebracht wird.

Das Mittelmeer zeigt, außer im direkten Einzugsgebiet von Flüssen und nach starken Regenfällen, praktisch immer Salinitätswerte von über 35 ‰, die von Westen nach Osten von 36 auf 39 ‰ ansteigen. Der Wasseraustausch mit dem Atlantik ist in der Tiefe gehemmt, wodurch das Tiefenwasser eine konstante Temperatur von ca. 14 °C aufweist. Da das Mittelmeer stark strukturiert ist, weisen die einzelnen Meeresteile vielfach von der Norm abweichende Einzelwerte auf. So können das Adria- und das Ägäisbecken in ihren nördlichen Teilen im Winter recht kühl werden (5 bis 7 °C Wassertemperatur), während es im südlichen

Teil mit 14 bis 15 °C Wintertemperaturen in einem auch für den Rest des Mittelmeeres charakteristischen Rahmen bleibt. Die Temperaturen des Oberflächenwassers betragen im August um 24 bis 26 °C, in der Lybischen See und im östlichsten Mittelmeer (Bereich Ägypten, Zypern, Syrien) bis über 28 °C. Im Winter sinkt das kältere und damit schwerere Wasser ab und ergießt sich in den Atlantik. Als Kompensation fließt (salzärmeres) Wasser aus dem Atlantik in das Mittelmeer ein.

Die Tidenhöhe ist mit meist ca. 30 bis 40 cm gering, nur in Randregionen kann sie ausgeprägter sein (zum Beispiel im nördlichen Adriabecken und in der Ägäis bis 1 m, an der tunesisch-lybischen Küste bis 1,8 m). Die im Uferbereich gemessenen Wasserstände werden aber im großen Ganzen stärker vom Wind kontrolliert als von den Gezeiten. Bei auflandigen Winden beobachtet man bis ca. 2 m Wasserstandserhöhung; besonders betroffen von solchen Situationen ist zu bestimmten Zeiten (meist im Winter) die Stadt Venedig.

Charakteristisch für viele Küstenbereiche des Mittelmeers sind Felsküsten. Im Supralitoral leben einerseits Tierarten, die sich durch Schalen vor Austrocknung schützen können, andererseits solche, die aufgrund ihrer Beweglichkeit in der Lage sich, zu diesem Zweck tiefere Spalten aufzusuchen. Charakteristisch sind diesbezüglich Schnecken der Gattung *Littorina*, Seepocken der Gattung *Chthamalus* und die Klippenassel, *Ligia italica*, welche besonders morgens und abends scharenweise auf Felsen und Mauern beobachtet werden kann. Die Zone des Eulitorals ist infolge des niedrigen Tidenunterschieds meist nicht sehr breit ausgebildet. An den südfranzösischen Küsten treten hier die so genannten »Trottoirs« knapp über der Niedrigwasserlinie auf, die von der Steinalge *Lithophyllum toruosum* gebildet werden. In den Zonen unmittelbar darunter finden sich Algen der Gattung *Enteromorpha* oder auch *Corallina* sowie unter den Wirbellosen Seerosen und die Pferdeaktinie *(Actinia equina)*.

Merksatz

Die Beliebtheit des Mittelmeers als TAUCHPARADIES hängt damit zusammen, dass es in einer tektonisch sehr aktiven Erdzone liegt. Hier haben kalkhaltige Gebirgszüge und Erosionen vielgestaltige Ufer- und Untermeeresbereiche geschaffen. Die teilweise hohe Wassertemperatur ermöglicht eine artenreiche Lebensgemeinschaft.

Im Sublitoral finden sich sehr unterschiedliche Lebensgemeinschaften, wobei im oberen Bereich Grünalgen (*Ulva* und *Cladophora*), an Stellen geringeren Lichtgenusses Rotalgen, Schwämme und Gorgonien aspektprägend sind. Ebenfalls in größerer Tiefe finden sich Seegräser (vor allem *Posidonia* und *Zostera*) als Vertreter der Blütenpflanzen. Die Seegraswiesen bilden den Ernährungs-Lebensraum für viele Fische, aber auch für manche Flohkrebse (*Talitrus*, *Orchestia*), die die absterbenden Pflanzen konsumieren. In noch tieferer Zone treten auffallende pflanzli-

Box 10.3

»Fischarmes« Mittelmeer

Im Pelagial der Hochsee leben im Mittelmeer Sardinen, Thunfische, Quallen, Schwertfische, Haie und Delphine. Tiergeographisch zeigt das Mittelmeergebiet eine klare Verwandtschaft zur atlantischen Tier- und Pflanzenwelt auf und es finden sich auch regelmäßig Irrgäste aus dem Atlantik (zum Beispiel 7 m lange planktivore Riesenhaie). Allerdings ist über den Suez-Kanal sowie durch eingeschleppte Formen (zum Beispiel die Alge *Caulerpa* von Monaco ausbreitend) auf regionaler Ebene teilweise ein bedeutsamer Faunen- und auch Florenwandel eingetreten.
Wegen der Nährstoffarmut der oberen Schichten ist der Fischereiertrag begrenzt. Am bedeutsamsten sind Sardinen, Sardellen, Stöcker, Makrelen, Thunfische, Muscheln, Tintenfische, Krebse und auch Schwämme.

che Organismen zurück und das Benthos wird stellenweise von Seefedern beherrscht. Wo Fels oder Steinblöcke vorherrschen, finden sich zahlreiche Schnecken, Krebse, Seeanemonen, Röhrenwürmer und an Schlupfwinkel gebundene Fische (zum Beispiel Muränen). Einen speziellen Geröllgrund bildet der Korallengrund, der vor allem von Kalk ausscheidenden Organismen gebildet wird (Korallen, Bryozoen, Kalkalgen). In Sandgründen kommen Massen des Lanzettfischchens (*Branchiostoma lanceolatum*) vor sowie unter anderem die Weichtiergattung *Dentalium* aus der Klasse der Scaphopoden (Kahnfüßer). Noch weiter nach unten schließt sich die mediterrane Tiefenzone an, die, wie erwähnt, nicht so kühl wird wie im offenen Ozean (zu Fischfauna s. Box 10.3).

Das **Schwarze Meer**, das über das Marmarameer mit dem Mittelmeer verbunden ist, ist ein Nebenmeer des Mittelmeeres und misst 461 000 km^2 bei einer mittleren Tiefe von 1300 m und einer Maximaltiefe von 2245 m. Infolge der zahlreichen Flussmündungen (Donau, Dnjepr, Don) liegt die Salzkonzentration im Oberflächenwasser bei nur 13 bis 18 ‰. Das Wasser der Tiefenschicht ist salzreicher, vom Austausch mit der Oberschicht ausgeschlossen und dadurch unterhalb von 100 bis 150 m anaerob. Es enthält 6 bis 7 cm^3 Schwefelwasserstoff pro Liter und beherbergt demzufolge Schwefelbakterien. In der Oberschicht hat sich eine pelagische Lebewelt entwickelt, die derjenigen in der Nordsee nicht unähnlich ist. Wirtschaftlich bedeutsame Fischarten sind Stör, Hausen, Sardelle, Hering, Makrele und Scholle.

10.5 | Nährstoffe, Produktion und Nutzung

Die Wassermassen der Weltmeere unterliegen großen Zirkulationsbewegungen (**Meeresströmungen**). Einerseits treten große horizontale Oberflächenströmungen auf (zum Beispiel Golfstrom) auf, andererseits Absinkgebiete (zum Beispiel im Nordatlantik) und Auftriebsgebiete (zum Beispiel an den Westküsten der drei großen Südkontinente). In den Ozeantiefen verlaufen Tiefenströme entgegengesetzt den Oberflächenströmungen und führen dadurch zum Wasserausgleich. Im Tiefenwasser liegen pflanzenverfügbare Nährstoffe infolge der in der Tiefe erfolgten Dissimilationsprozesse vermehrt in freier mineralisierter Form vor. Dort wo die nährstoffreichen Tiefenwasser zur Oberfläche gelangen, ist die Wassertemperatur im Vergleich zur Umgebung niedrig, aber die Nährstoffversorgung günstig, und die Primärproduktion kann hohe Werte erreichen. Als Folge davon kommt es zu einer starken Algen- und auch allgemeinen Planktonproduktion, was wiederum zu starker Fischproduktion und auch zu hohen Populationstärken an marinen Warmblütern, wie Robben und Seevögeln, führt. Die hohe Fischproduktion ist indirekt auch auf dem Festland durch die großen Mengen an Ausscheidungen dieser Vögel erkennbar, denn sie haben zum Teil zu großen und

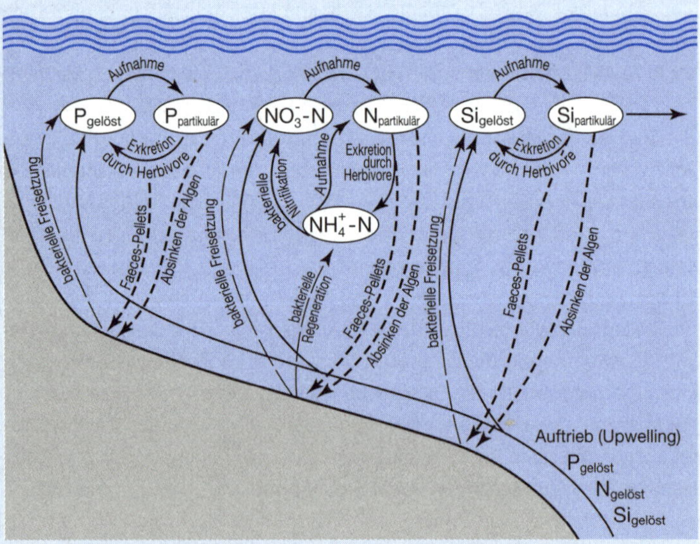

Abb. 10.10 | Stark vereinfachtes Schema des Stoffkreislaufs von P, N und Si in einem ozeanischen Auftriebsgebiet. Bakterielle Freisetzung von P und Si innerhalb des trophogenen Wasserkörpers sind der Übersichtlichkeit halber ebenso wenig dargestellt wie der NO_2^--Pool, der mit dem NO_3^-- und dem NH_4^+-Pool in Verbindung steht. Weiter fehlen die N- und P-Pools der gelösten organischen Substanz. In der (hier nicht dargestellten) Tiefsee sind die Umsetzungen am Meeresboden relativ unwesentlich im Vergleich zu den Umsetzungen im freien Wasserkörper (nach Dugdale 1972, aus Streit 1980).

teilweise schon abgebauten Ablagerungen stickstoffhaltiger Exkrete (Guano) auf dem angrenzenden Festland geführt.

Werden die Produktionswerte zwischen marinen und terrestrischen Ökosystemen verglichen, so ist die Primärproduktion in weiten Teilen des offenen Ozeans nicht höher als in Halbwüsten- bis höchstens Steppenregionen des Festlandes, nämlich unter 0,1 g $C/(m^2 \times d)$, in den Küstenregionen und Auftriebsgebieten allerdings meist über 0,5 g $C/(m^2 \times d)$. Der Grund für die überwiegend geringe Produktivität liegt in der limitierenden Verfügbarkeit von Nährstoffen (vor allem Mangel an Nitrat und Phosphat). Nur in Auftriebsgebieten mit nährstoffreichem Tiefenwasser und in Küstengebieten, wo die Nährstofffracht der Zuflüsse düngend wirkt, finden sich höhere Werte, die aus dem ansonsten oligotrophen Meerwasser regional mesotrophe Gewässerregionen machen.

Während also auf dem Festland die Primärproduktion überwiegend durch die Niederschlagsmenge begrenzt wird (niedrigste Produktion in den tropischen Wüstengebieten), sind im Meer primär die Nährstoffe produktionsbegrenzend. Vielfach liegen die »fruchtbaren« Meeresgebiete direkt neben den terrestrischen Wüstengebieten (Atacamawüste in Südamerika, namibische Wüste im südlichen Afrika, australische Wüste in Westaustralien). Eine schematische Darstellung des pelagischen Stoffkreislaufs für die drei wichtigen Algennährstoffe P, N und Si in einem nährstoffreichen Auftriebsgebiet ist in Abb. 10.10 dargestellt.

Auch in den so üppig anmutenden Korallenriff-Ökosystemen ist die freie Nährstoffkonzentration gering. Hier führen Symbiosen zwischen bestimmten Algen, die in Korallenpolypen und auch in anderen Tieren endosymbiontisch leben, zu einem gewissermaßen kurzgeschlossenen Stoffkreislauf, indem die Algen Exkrete direkt an ihre Wirte abgeben und damit eine hohe Produktion an tierischer Biomasse ermöglichen.

Merksatz

Die starke BEFISCHUNG DER WELTMEERE mit dem Massenfang von Walen und anderen Meeresorganismen hat zu wesentlichen Veränderungen in der ursprünglichen Zusammensetzung der Lebensgemeinschaft und im natürlichen Energiefluss der marinen Ökosysteme geführt.

Die organische Produktion des Meeres wird seit langer Zeit durch Fischerei sowie durch den Fang von Walen, Robben, Krebsen, Weichtieren, Schwämmen und Perlmuscheln sowie die Ernte von Algen genutzt. Der Meeresuntergrund liefert Rohstoffe und Energieressourcen in Form von Erdöl und Erdgas. Das Meer diente jedoch seit jeher auch der Abfallentsorgung und nimmt trotz inzwischen schärferer Gesetzgebungen global weiterhin eine große Menge kommunaler Abwässer sowie Fremd- und Schadstoffe aus unterschiedlichen Quellen auf, zum Beispiel Öl, Schwermetalle, schwer abbaubare organische Verbindungen und geformte Produkte (häufig aus Kunststoff).

Auf die vielfältigen Ausprägungen der ozeanischen Lebensräume soll nur exemplarisch eingegangen werden. Hierzu sei die Situation des großen subpolaren und polaren Meeres rund um den antarktischen Kontinent kurz charakterisiert. Die Primärproduktion durch das Phytoplankton beträgt hier etwa 160 g Frischmasse pro m^2 und Jahr (zum Vergleich: in der Nordsee sind es 500 bis 1000 g / (m^2 × d)). Unter den Phytoplanktonalgen werden viele Diatomeen vom Krill *(Euphausia superba)* gefressen, einem 5 bis 6 cm langen und etwa 1 g schweren Planktonkrebs. Die großen Schwärme dieser Krebsart dienen verschiedenen planktivoren Organismen als Nahrung, ursprünglich vor allem den Walen. Die Wale dürften um 1900, vor Beginn des dortigen Walfangs, etwa 180 Mio. Tonnen Krill pro Jahr gefressen haben; schon 1975 waren es infolge Abnahme der Wale noch etwa 32 Mio. Tonnen. Der heute von den Walen nicht mehr konsumierte Krillanteil erlaubt anderen Warmblütern eine verbesserte Nahrungsgrundlage und damit größere Populationsgrößen, so den Pelzrobben, die sich stark vermehrt haben. Die Nahrungsketteneffizienz von der theoretisch optimalen Weltproduktion an Walen (2 Mio. Tonnen) zur Phytoplanktonproduktion (total 6000 Mio. Tonnen) ist mit unter 0,05 % sehr gering, weshalb eine energetisch bessere Nutzung der Fang der hohen Krillproduktion ist und grundsätzlich favorisiert wird. Phytoplankton und auch die wichtigsten Primärkonsumenten (der Copepode *Calanus*) zeigen niedrigere Biomasse-turnover-Werte (Produktions-zu-Biomasse-Verhältnisse) als in der Nordsee. In dieser ist daher die Nahrungsketteneffizienz (Fischproduktion zu Primärproduktion) mit über 1 % um ein Vielfaches günstiger als in der Antarktis. In der Nordsee steht also der Fischfang energetisch nicht derart ungünstig gegenüber einem möglichen Zooplanktonfang. Dieses Beispiel mag illustrieren, dass die ökologischen Wirkungen des Energieflusses in den verschiedenen Weltmeeren und ihren Randmeeren sehr unterschiedlich sein können.

Fragen

(Seitenverweise zur Beantwortung)

1. Welche Meerestypen kann man vereinfacht unterscheiden? (s. Seite 139)
2. Welche ökologischen Bedeutungen hat das Licht (Lichtintensität, Lichtklima) für das Leben im Ozean? (s. Seite 140 ff.)
3. Welche drei unterschiedlichen Großlebensräume sind grundsätzlich in Meeren unterscheidbar? Erläutern und charakterisieren Sie deren Anordnung (ggf. durch eine Skizze)! (s. Seite 142 f.)

- Charakterisieren Sie die Litoralzonen, wie sie an Meeresküsten auftreten und stellen Sie sie der Litoralzone eines Sees gegenüber! (s. Seite 143, 145 ff., 149 ff.; im Vergleich zu S. 114 f.)
- Nennen Sie wichtige Plankton- und Nektonformen im Meer. Welche Gruppen kommen im Süßwasser nicht vor? Was mögen Gründe sein für die geringere Vielfalt der Organismengruppen im Süßwasser im Vergleich zum Meer? (s. Seite 144)
- Was versteht man unter Mangrove? Nennen Sie einige Anpassungen von Organismen an das Leben in der Mangrove (mit Beispielen)! (s. Seite 145 f.)
- Wie entstehen biogene Riffe? (s. Seite 147)
- Wie alt sind Ostsee, Nordsee, Mittelmeer ungefähr? Begründen Sie die Antworten! (s. Seite 148, 152 f.)
- Nennen Sie ökologisch bedeutsame Unterschiede zwischen Nord- und Ostsee! (s. Seite 148 ff.)
- Welche unterschiedlichen Typen von Watt unterscheidet man an der Nordseeküste? (s. Seite 150 f.)
- Welche Zonen unterscheidet man im Schwemmwatt? Charakterisieren Sie diese Zonen stichwortartig! (s. Seite 151)
- Weshalb ist der Fischereiertrag (pro Flächeneinheit) im Mittelmeer deutlich geringer als in der Nordsee? (s. Seite 155)

Literatur

CLARKE, G.L (1936): Light penetration in the Western North Atlantic and its application to biological problems. Rapports Procès-Verbaux des Réunion. CI (II,3), 1–14.

DARWIN, C. (1842): The geology of the voyage of the beagle. Part I: The structure and distribution of coral reefs. London.

DUGDALE, R.C. (1972): Chemical oceanography and primary productivity in upwelling regions. Geoforum 11, 47–61.

HOFRICHTER, R. (Hrsg.) (2002-04): Das Mittelmeer. Band I-III, Spektrum Akademischer Verlag, Heidelberg.

JERLOV, N.G. (1951): Optical studies of ocean waters. Rep. Swedish Deep-Sea Exped. 1947-1948, 3, 1–59.

OTT, J. (1996): Meereskunde. 2. Aufl., Ulmer, Stuttgart, 424 S.

REISE, K. (1978): Experiments on epibenthic predation in the Wadden Sea. Helgoländer wiss. Meeresunters. 31, 55.

SOMMER, U. (1998): Biologische Meereskunde. Springer, Heidelberg, 475 S.

STREIT, B. (1980): s. Kap. 3.

STREIT, B. (1994): s. Kap. 3.

STREIT, B., KENTNER, E. (1992): s. Kap. 1.

VARESCHI, V. (1980): Vegetationsökologie der Tropen. Ulmer, Stuttgart, 293 S.

11 Klima und ökologische Gliederung der Erde

Inhalt

Unser Klima setzt sich aus verschiedenen Faktoren zusammen.

Offensichtlich ist das Klima großräumig gesehen der für die Verteilung der Arten und Biozönosen sowie für die Beschaffenheit der terrestrischen Ökosysteme wichtigste Faktorenkomplex, wie man aus der weitgehenden Deckungsgleichheit von Klimazonen und Vegetationszonen ersehen kann (siehe Walter & Breckle 1999). Klima ist ein Faktorenkomplex, der sich aus mehreren Einzelfaktoren zusammensetzt.

11.1 Begriffsabgrenzungen

Klima und Ökosysteme beeinflussen sich gegenseitig.

Wichtige Klimafaktoren sind: Temperatur, Niederschlag, Strahlung, Wind und die chemische Zusammensetzung der Luft. Besonders wichtig ist die Kombination der beiden erstgenannten Faktoren (Temperatur und Niederschlag), denn diese Kombination bestimmt darüber, ob den landlebenden Organismen ausreichend Wasser zur Verfügung steht: Bei tiefen Temperaturen verdunstet wenig Wasser, so dass selbst geringe Niederschläge ausreichen. Bei hohen Temperaturen herrscht dagegen auch eine hohe Verdunstung vor und der Wasserbedarf ist dementsprechend hoch. Je nach dem Verhältnis zwischen Temperatur und Niederschlag unterscheidet man humide und aride Zonen beziehungsweise Zeiten. Übersteigt der Niederschlag (N) die Verdunstung (V), so ist das Klima **humid** (N > V), im umgekehrten Falle (N < V) **arid**.

Klimadiagramme geben Auskunft über das mittlere Klima (im Zeitraum von 30 Jahren) eines Ortes im Jahresverlauf (siehe Abb. 11.1). Da Temperatur und Niederschlag die wichtigsten Faktoren sind, werden Klimadiagramme häufig auf diese beiden Angaben reduziert. Trägt man sie so ins Diagramm ein, dass auf der x-Achse 10 °C und 20 mm Niederschlag einander entsprechen, so kann man humide und aride Zeiten leicht unterscheiden: Der Zeitraum des Jahres, in dem die Temperaturkurve über der Niederschlagskurve liegt, ist arid, der übrige humid.

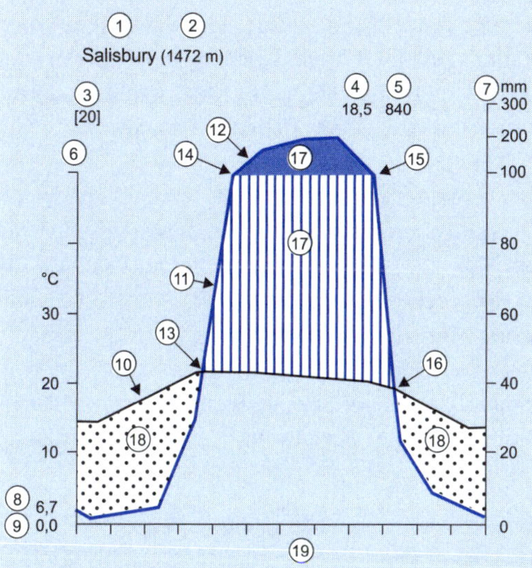

Abb. 11.1

Aus einem Klimadiagramm zu entnehmende Informationen. **1**: Station; **2**: Höhe üNN; **3**: Zahl der Beobachtungsjahre; **4**: mittlere Jahrestemperatur (°C); **5**: mittlere jährliche Niederschlagsmenge (mm); **6**: Temperaturskala; **7**: Niederschlagsskala (so skaliert, dass 20 mm auf der Niederschlagsskale 1 °C auf der Temperaturskala entsprechen); **8**: mittleres tägliches Minimum des kältesten Monats; **9**: absolutes Minimum (tiefste gemessene Temperatur); **10**: Kurve der mittleren Monatstemperaturen; **11**: Kurve der mittleren monatlichen Niederschläge (ein Skalenteil = 20 mm); **12**: Kurve der mittleren monatlichen Niederschläge, jedoch 10fach gestaucht (ein Skalenteil = 200 mm Niederschlag); **13**: Ende der ariden, Beginn der humiden Zeit; **14**: Beginn der perhumiden Zeit (= Monate mit über 100 mm Niederschlag); **15**: Ende der perhumiden Zeit; **16**: Ende der humiden, Beginn der ariden Zeit; **17**: die Höhe dieser Flächen bildet ein Maß für den Grad der Humidität (blau gestrichelt), bzw. Perhumidität (flächig blau) des Zeitraums; **18**: die Höhe der Fläche bildet ein Maß für die Aridität des jeweiligen Zeitraumes; **19**: Zeitskala (Monate, beginnend mit Januar) (nach WALTER & BRECKLE 1999).

Für die ökologische Gliederung der Erde ist das Makroklima verantwortlich. Daneben unterscheidet man das regionale Mesoklima und das einen Standort kennzeichnende Mikroklima. Wird Klima in einem Vegetationsbestand, zum Beispiel einem Wald oder einer Wiese, beschrieben, so spricht man von Bestandsklima.

Das Klima wirkt nicht nur auf die Ökosysteme, sondern diese beeinflussen auch das Klima, zum Beispiel

- ist die Luftfeuchtigkeit über vegetationsbedeckten Flächen im Allgemeinen höher als über vegetationsfreien;
- kämmen Wälder (insbesondere Nadelwälder) beachtliche Mengen an Feuchtigkeit und Luftverunreinigungen aus der Atmosphäre aus;
- ist die Luft über vegetationsbedeckten Flächen an Sonnentagen kühler als über vegetationsfreien;
- bewirken Baumreihen und Hecken eine Abbremsung des Windes;
- emittieren manche Agrarökosysteme klimarelevante Mengen von Methan;
- wirken Meere und wachsende Wälder als beachtliche CO_2-Senke.

11.2 Klimazonen und Biome

Die unterschiedlichen Kombinationsmöglichkeiten von Temperatur (heiß, warm, gemäßigt, kalt) und Niederschlägen sowie der zeitlichen

Dauer und jährlichen Verteilung der Niederschlagsereignisse ermöglichen die Unterscheidung von traditionellerweise neun Klimazonen. Da ihnen jeweils eine bezeichnende Kombination von Ökosystem-Typen zugeordnet werden kann, werden sie auch als **ökologische Regionen** oder **Bioregionen** bezeichnet. Das Bild dieser Regionen wird jeweils von charakteristischen Vegetationstypen geprägt. Daher spricht man auch von Vegetationszonen (Abb. 11.2).

Der durch das Klima geprägte Lebensraum einer Bioregion bildet zusammen mit seinem Organismenbestand eine ökologische Einheit höheren Ranges, ein **Biom** (Tab. 11.1). Biom ist also in diesem Sinne ein abstraktiver Begriff. Um zwischen diesem abstraktiven Begriff und einer geographisch-räumlichen Einheit von Ökosystemen zu unterscheiden, sprechen manche Autoren von **Biom-Typ** (als abstraktem Begriff) und von Biom (als konkreter Einheit), also zum Beispiel Biom-Typ tropischer Regenwald (weltweit), Biom Tropischer Regenwald in Äquatorial-Afrika.

Abb. 11.2 Vereinfachte Karte der Vegetationszonen (ohne edaphische oder anthropogene Abwandlungen). **1** Immergrüne Regenwälder; **2** Halbimmergrüne und regengrüne Wälder; **2a** Savannen, Grasland, tropische Gehölzfluren; **3** Heiße Wüsten und Halbwüsten (bei 35°N,S in 7a übergehend); **4** Hartlaubgehölze mit Winterregen; **5** Warmtemperierte Feuchtwälder; **6** Nemorale sommergrüne Wälder; **7** Steppen der gemäßigten Zonen; **7a** Halbwüsten und Wüsten mit kalten Wintern; **8** Boreale Nadelwaldzone; **9** Tundra; **10** Gebirge (aus Walter & Breckle 1999).

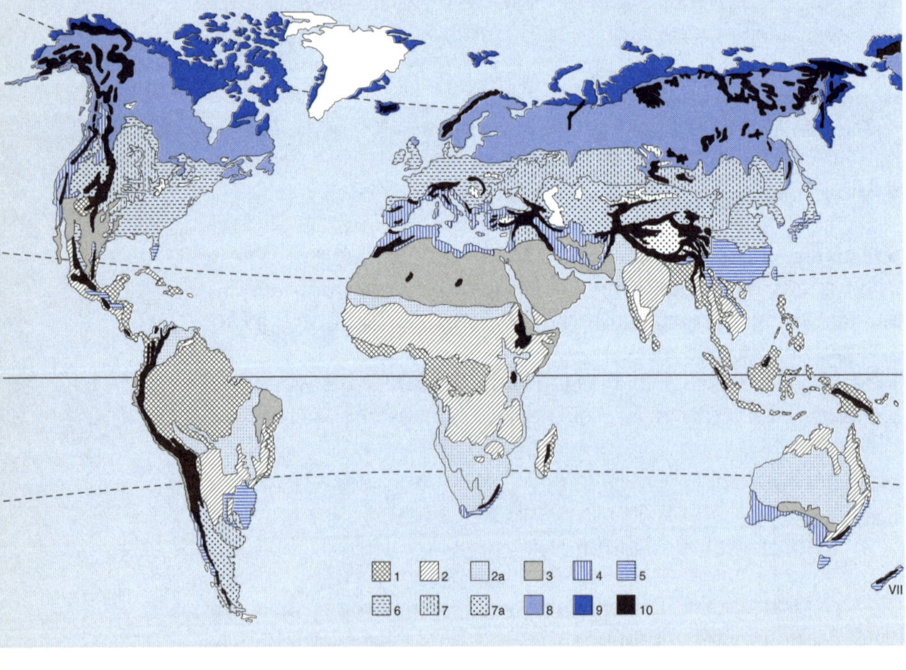

Die Zonobiome der Erde[1)] Tab. 11.1

Nr.	Klima	Vegetation
I	humid-tropisches Tageszeitenklima	immergrüner tropischer Regenwald
II	humido-arid tropisch mit Sommerregen	tropischer Laub abwerfender Wald oder Savannen
III	heiß-arid subtropisch mit spärlichem Regen (Wüstenklima)	subtropische Wüstenvegetation
IV	arid-humid (mediterran) mit Sommerdürre und Winterregen	Hartlaub-Gehölzvegetation
V	warm-temperiert (ozeanisch) humid	temperierter immergrüner Wald
VI	gemäßigt mit kurzer Frostperiode	nemoraler winterkahler Wald
VII	arid-gemäßigt kontinental mit kalten Wintern	Steppen bis Wüsten
VIII	kalt-gemäßigt mit kühlen Sommern und langen Wintern	borealer Nadelwald (Taiga)
IX	arktisch mit sehr kurzen Sommern	Tundra

1) nach Walter & Breckle (1999)

Gliederung der Biome | 11.3

Biom: Lebensraum einer Bioregion mit seinem Organismenbestand.

Genau genommen entsprechen nur jeweils das Flach- und das niedrige Hügelland einer Region dem Klima der betreffenden Zone; in den höheren Lagen (montan, alpin, nival) gibt es Abwandlungen des Klimas, die Veränderungen in der Lebensgemeinschaft bewirken. Man unterscheidet daher innerhalb eines Bioms zwischen:

- **Zonobiom** (planarer bis colliner Bereich des Bioms, also Gebiete mit für die Zone typischem Klima);
- **Orobiom** (weist eine höhenbedingte Abwandlung des Klimas und damit auch der Lebensgemeinschaften auf);
- **Pedobiom** (bezeichnet Sonderstandorte, die nicht vom Klima, sondern vom Boden bestimmt werden; dazu gehören Felsen und flachgründige Gesteinsböden, Sande, sumpfige, zeitweilig überflutete, salzhaltige, nährstoffarme sowie schwermetallreiche Böden).

Die oben genannte Biomuntergliederung ist sehr gut für abstrakte theoretische Fragen und Betrachtungen geeignet. Im konkreten Fall sind Zono-, Oro- und Pedobiom oft so eng verzahnt, dass enge ökosystemare Beziehungen bestehen. Im Übergangsbereich zweier Biome treten die Arten beider Bioregionen nebeneinander auf. Derartige Grenzzonen werden von Ökologen gesondert betrachtet und als **Ökotone** bezeichnet.

Nord-Süd-Abfolge und Höhenstufen der Biome | 11.4

Bezüglich der Artenzusammensetzung und Abfolge der Orobiome kann man bei grober Verallgemeinerung feststellen, dass in Mitteleuropa, Ostasien und Nord-Amerika die Abfolge der Vegetation in den Höhen-

Merksatz

Ursache der Ähnlichkeit von alpiner und arktischer Flora und Fauna in Europa ist deren Ursprung aus gemeinsamen eiszeitlichen Vorfahren.

stufen eines Gebirges von unten nach oben eine kurze Wiederholung der Zonenfolge von Süden nach Norden darstellt (Abb. 11.3).

In Europa und Nord-Amerika bestehen nicht nur physiognomische Übereinstimmungen zwischen den Biozönosen der Orobiome und der nördlichen Zonobiome, sondern es sind auch viele gemeinsame Arten vorhanden. Der Grund für diese Ähnlichkeit ist der Ursprung der arktischen und der alpinen Fauna und Flora aus gemeinsamen eiszeitlichen Vorfahren. Seitdem ist es allerdings in Gebirgen, vermutlich aufgrund ihres Inselcharakters, zu einer stärkeren Neubildung an Arten gekommen als in den polaren und arktischen Regionen.

Ein Grund dafür, dass die Höhenstufenfolge nicht exakt, sondern nur bei stark verallgemeinerter Betrachtung mit der Zonenfolge identisch ist, sind die Niederschläge: Sie nehmen in Gebirgen von unten nach oben zunächst meist rasch zu (Steigungsregen), über den Wolken wird es dann jedoch trocken. Vom Äquator nach Norden erfolgt dagegen zunächst eine Abnahme, dann jedoch eine Zunahme und anschließend wieder eine Abnahme.

Abb. 11.3

Abfolge der Vegetationszonen von Mitteleuropa bis Nordeuropa und Höhenstufung der Vegetation in den nördlichen Alpen bei Garmisch; Vegetationszonierung nach verschiedenen Autoren, nicht maßstabsgerecht; Höhenstufen nach Schroeder (1998).

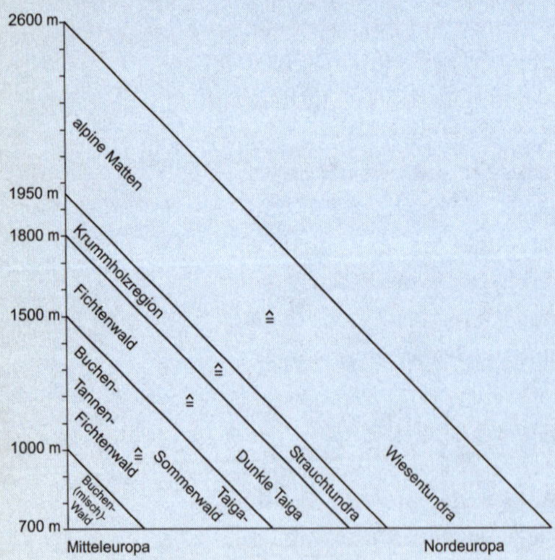

Ein weiterer Grund ist das unterschiedliche Verhältnis von direkter zu diffuser Strahlung. Die direkte Sonnenstrahlung nimmt mit der Höhe zu, die diffuse ab. Daher werden mit zunehmender Höhe die Unterschiede zwischen Nord- und Südseite größer. Je weiter man nach Norden kommt, desto bedeutender wird die diffuse Strahlung, so dass die Unterschiede zwischen Nord- und Südseite geringer werden.

Jedes Gebirge innerhalb eines Zonobioms ist eine ökologische Einheit mit typischer Höhenstufenfolge, wobei man allgemein die Stufen collin, montan, alpin und nival unterscheidet. Gebirge, die genau auf der Grenze zweier Zonobiome liegen (Alpen, Kaukasus, Himalaya), stellen meist scharfe Klimagrenzen dar, weshalb die Höhenstufenfolgen am Nord- und Südrand deutlich verschieden sind.

(Seitenverweise zur Beantwortung)

Fragen

- Welcher Faktorenkomplex ist für die globale Anordnung und Beschaffenheit der Ökosysteme am wichtigsten? Begründen Sie Ihre Antwort! (s. Seite 160) 1
- Welche Klimafaktoren sind die bedeutendsten für die globale Verteilung und Beschaffenheit der Ökosysteme? (s. Seite 160) 2
- Wie definiert man humides, wie arides Klima? (s. Seite 160) 3
- Welche Klimadaten werden durch die beiden in einem typischen Klimadiagramm enthaltenen Kurven repräsentiert? Was kann man aus dem Verlauf dieser beiden Kurven zusätzlich entnehmen? (s. Seite 161) 4
- Was versteht man unter Makroklima, Mesoklima und Mikroklima? (s. Seite 161) 5
- Nennen Sie Beispiele dafür, wie Vegetation das Klima beeinflussen kann! (s. Seite 161) 6
- Was ist ein Biom? Welche verschiedenen Kategorien von Biomen unterscheidet man? Was ist jeweils der ausschlaggebende Faktor? (s. Seite 163) 7
- Nennen Sie Beispiele für Pedobiome! (s. Seite 163) 8
- Welche Zonobiome findet man in Mitteleuropa (von Süden nach Norden)? Vergleichen sie die Abfolge der Zonobiome mit der Anordnung der Orobiome! (s. Seite 163 f.) 9
- Weshalb ist die Höhenstufenfolge am Nord- und Südhang der Alpen deutlich unterschiedlich? (s. Seite 164) 10
- Wie kommt es, dass die Alpen zahlreiche Arten aufweisen, die auch in der Tundra vorkommen? (s. Seite 164) 11

Literatur

GRABHERR, G. (1997): Farbatlas Ökosysteme der Erde. Ulmer, Stuttgart, 364. S.

SCHULTZ, J. (2002): Die Ökozonen der Erde. 3. Aufl., Ulmer, Stuttgart, 320 S.

SCHROEDER, F.-G. (1998): Lehrbuch der Pflanzengeographie. Quelle & Meyer, Wiesbaden, 458 S.

WALTER, H., BRECKLE, S.-W. (1990–94): Ökologie der Erde. 2. Aufl., UTB Große Reihe, Fischer, Stuttgart. Bd. 1 (1990): Ökologische Grundlagen in globaler Sicht, 238 S.; Bd. 2 (1991): Spezielle Ökologie der tropischen und subtropischen Zonen, 461 S.; Bd. 3 (1994): Spezielle Ökologie der gemäßigten und arktischen zonen Euro-Nordasiens, 726 S.; Bd. 4 (1994): Spezielle Ökologie der gemäßigten und arktischen Zonen außerhalb Euro-Nordasiens, 586 S.

WALTER, H., BRECKLE, S.-W. (1999): Vegetation und Klimazonen. 7. neubearb. und erw. Aufl., Ulmer, Stuttgart, 544 S.

WALTER, H., LIETH, H. (1967): Klimadiagramm-Bände / Weltatlas. Fischer, Jena.

12 Bedeutung der einzelnen Klimafaktoren

Inhalt

Klimafaktoren und ihre Bedeutung.

Wie bereits in Kapitel 11 erwähnt, setzt sich das Klima aus Einzelfaktoren zusammen, von denen Niederschlag (12.1), Strahlung (12.2), Temperatur (12.3), Wind (12.4) und chemische Zusammensetzung der Luft (vergleiche Kapitel 13) ökologisch besonders bedeutsam sind.

12.1 Niederschläge

Poikilohydre trocknen bei geringer Umgebungsfeuchtigkeit (Luftfeuchtigkeit) aus, sind daher völlig abhängig vom Wassergehalt ihrer Umgebung.
Homoiohydre besitzen Einrichtungen zur Regulierung ihres Wasserhaushaltes, sind daher in gewissem Rahmen unabhängig vom Wassergehalt ihrer Umgebung.

Niederschläge sind, abgesehen von Sonderstandorten, für terrestrische Ökosysteme die wichtigste direkte oder indirekte Wasserversorgung. Ohne Wasser ist Leben nicht denkbar: Es stellt das universelle Lösungsmittel dar, in dem sämtliche chemische Lebensprozesse ablaufen, es ist Transportmittel für Nährstoffe, Assimilate und Hormone, dient manchen Organismen als Festigungsmittel (Turgor) und schützt Organismen als Schneedecke gegen Frost. Neben dieser direkten Bedeutung wirkt Wasser in vielfältiger Weise auch indirekt auf Organismen und Ökosysteme ein (Erosion, Überstauung, Transport von Verbreitungseinheiten, Bodenbildung, Nährstofftransport).

Hinsichtlich des Abhängigkeitsgrades vom Wassergehalt der Umgebung unterscheidet man homoio- (Hydroregulierer) und poikilohydre Organismen (Hydrokonforme). **Poikilohydre** trocknen bei geringer Umgebungsfeuchtigkeit (Luftfeuchtigkeit) aus, wobei sie ihre Lebenstätigkeit mehr und mehr einstellen, und quellen bei Befeuchtung wieder auf. Ein solches Verhalten zeigen Bakterien, Algen, Pilze, Flechten, Moose sowie einige Farne (zum Beispiel der einheimische *Asplenium ceterach*) und wenige Blütenpflanzen.

Homoiohydre besitzen Einrichtungen zur Regulierung ihres Wasserhaushaltes, sind daher in gewissem Rahmen unabhängig vom Wassergehalt ihrer Umgebung. Für die höheren Pflanzen bildet das Vakuolensystem ein inneres Wasserreservoir. Wasserverluste können individuell durch Schließen der Spaltöffnungen verringert werden. Als evolutive Adaptation an wasserarme Standorte haben sich bestimmte morphologisch-anatomische Merkmale sowie auch physiologische Mechanismen ausgebildet. Bezüglich des Bauplans unterscheidet man bei den terrestrischen Pflanzen zwischen Hygro-, Meso- und Xeromorphen, wobei letztere in Sukkulente und Skleromorphe unterteilt werden (siehe Abb. 12.1).

Diesen terrestrischen Typen stehen die aquatischen Hydro- und die semiaquatischen Helomorphen gegenüber. Als vollständig im Wasser (d. h. untergetaucht) lebende Organismen haben **Hydrophyten** keine »Veranlassung« zum Wassersparen oder zur Ausbildung besonderer Organe zur Wasseraufnahme (gut ausgebildete Wurzeln). Wurzeln und Leitgewebe sind daher stark reduziert und die Blätter sind sehr zart und besitzen keine oder nur eine sehr dünne Cuticula; Spaltöffnungen fehlen in der Regel. Weil in wasserdurchtränkten Böden (Sümpfe, Moore, Ufer) die Sauerstoffversorgung sehr schlecht ist, haben sumpfbewohnende Pflanzen im Spross ein sehr gut ausgebildetes Durchlüftungsgewebe (Aerenchym), das bis in die Wurzeln hineinreicht. Leitbündel sind daher relativ schwach ausgebildet, so dass die in den Luftraum hineinragen-

Abb. 12.1 Querschnitte durch Blätter und primäre Wurzeln (schematisch) typischer Vertreter der in der Gefäßpflanzenflora Mitteleuropas repräsentierten Bauplantypen (aus Ellenberg 1996).

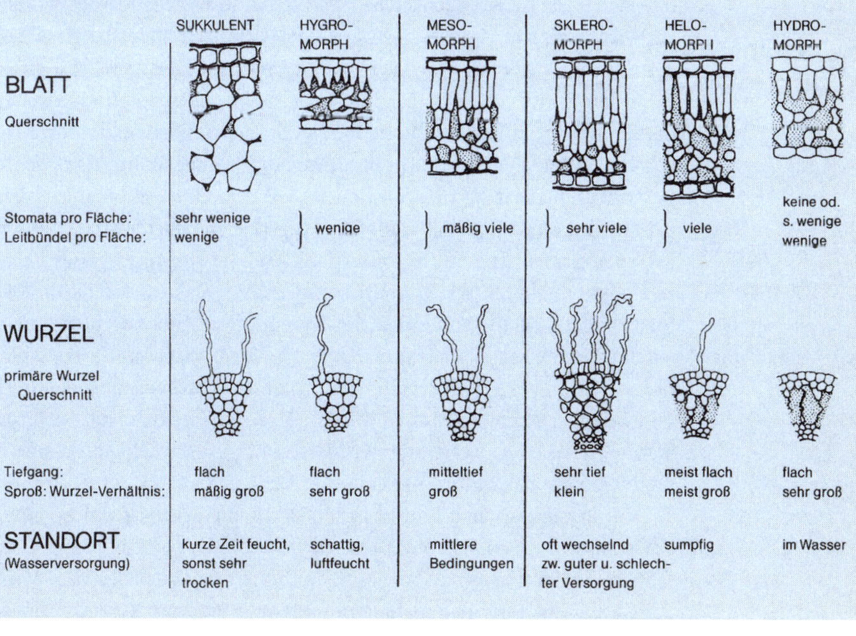

Tab. 12.1 | **Spektrum des anatomisch-morphologischen Baus von 1760 Gefäßpflanzenarten Mitteleuropas**[1]

A	Bauplantyp	A	Charakterisierung
1,6	blattsukkulent	21,2	an zeitweilige Trockenheit angepasst
19,5	skleromorph		
53,5	mesomorph	53,5	»normal« gebaut
8,5	hygromorph	8,5	zart gebaut, leicht vertrocknend
13,1	helomorph	16,9	an Nässe bzw. Leben im Wasser angepasst
3,8	hydromorph		

[1] aus Ellenberg (1996)
A: prozentualer Anteil an der Gefäßpflanzenflora Mitteleuropas.

den Pflanzenteile aufgrund des schlechten Nachschubs sparsam mit Wasser umgehen müssen. Ihre Blätter sowie die Sprossoberflächen weisen deshalb xeromorphe Merkmale (dicke Cuticula, teilweise auch Blattreduktion) auf. Dies erweist sich auch im Hinblick auf die hohe Einstrahlung und den an Gewässern oft starken Wind als vorteilhaft. Solche Pflanzen mit gut ausgebildeten Durchlüftungsgeweben im Spross, relativ schwach entwickeltem Wurzelsystem aber xeromorphen Merkmalen der Blätter und der Sprossoberfläche bezeichnet man als **Helophyten**.

Unsere einheimische Flora wird überwiegend von **Mesomorphen** gebildet (siehe Tab. 12.1). **Hygromorphe** leben in der Krautschicht von Wäldern, insbesondere von Feuchtwäldern und solchen mit hoher Luftfeuchtigkeit (Schluchtwälder). In jeder Hinsicht **xeromorphe** Arten trifft man nur in ariden und semiariden Regionen an. In Mitteleuropa finden sich lediglich bei Arten von relativ trockenen Standorten (südexponierte Felswände, Dünen, Trockenrasen, Industrie- und Bahngelände) Anpassungen im Blattbau. Verglichen mit Wüsten- und Steppenarten sind unsere »Xeromorphen« aber als Mesomorphe zu bezeichnen. Die Mehrzahl der einheimischen »Xeromorphen« gehört zur Gruppe der Skleromorphen. Sukkulente sind deutlich seltener, wobei es sich in allen Fällen um Blattsukkulenz handelt. Sie finden sich insbesondere in den Gattungen *Sedum*, *Sempervivum* und *Saxifraga*. Viele Sukkulente tropisch arider Regionen zeigen eine völlige Reduktion der Blätter zu Dornen und eine totale Sukkulenz des Sprosses. Diese Wuchsform hat sich konvergent in mehreren Gattungen und Familien entwickelt, von denen die Cactaceae am bekanntesten sind (Abb. 12.2).

Ein physiologischer Schutz gegen Wasserverluste ist das Schließen der Spaltöffnungen (Stomata). Da ein regelmäßiges Öffnen der Stomata jedoch für den Fortgang der Photosynthese (und damit für das Wachstum und den Energiehaushalt der Pflanze) unerlässlich ist, müssen

Abb. 12.2

Völlige Reduktion der Blätter und totale Sukkulenz der Sprosse als Anpassung an trockene Lebensräume. **a** Riesen-Säulenkaktus (*Cereus giganteus*, Fam. Cactaceae) in Arizona, **b** die Kandelaber-Wolfsmilch (*Euphorbia canariensis*, Fam. Euphorbiaceae) auf Teneriffa, **c** *Hoodia curroria* (Apocynaceae) in Namibia.

Pflanzen in Trockengebieten ständig zwischen »Verdursten« und »Verhungern« lavieren. Bei den in unseren Breiten vorherrschenden **C3-Pflanzen** besitzt das die Bindung von CO_2 katalysierende Enzym nur eine relativ geringe Effizienz. Die betreffenden Arten müssen ihre Stomata daher relativ häufig öffnen, wenn ihre Photosynthese nicht zum Erliegen kommen soll. Weit effizienter ist das entsprechende Enzym der **C4-Pflanzen**, die ihre Stomata dementsprechend nicht so häufig öffnen müssen und weniger Wasser abgeben. **CAM-Pflanzen** brauchen ihre Spaltöffnungen nur nachts zu öffnen, was ebenfalls den Wasserverlust verringert. Dies ist möglich, weil das nachts aufgenommene CO_2 in Form von Malat gespeichert und dann während des Tages für die Photosynthese wieder freigesetzt wird.

Auch die **Lebensform** (Abb. 2.3) kann als Anpassung an die Wasserverhältnisse des Standortes gedeutet werden: Therophyten überdauern die trockene Jahreszeit als Samen, Geophyten in Form unterirdischer Überdauerungsorgane (Zwiebeln, Knollen, Rhizome). Tiere können Trockenzeiten als Dauereier, Sporen oder im Boden eingegraben überdauern.

Noch weiter als bei den erfolgreichsten Landpflanzen ist die Unabhängigkeit vom Wasser bei vielen Tieren ausgebildet. Insbesondere unter den Arthropoden und Vertebraten findet man Arten, die lange Zeit oder sogar völlig ohne Wasseraufnahme auskommen können. Zur Effizienz des Wasserhaushalts tragen in das Körperinnere versenkte Atmungsorgane (Tracheen, Lungen), Schuppen, Fell oder Federkleider beziehungsweise Panzer und eine starke oder völlige Einschränkung der Wasserabgabe bei der Exkretion bei. Manche Wüstentiere decken bis zu 90 % ihres Wasserhaushaltes durch die Veratmung von Fetten. Einige zwar nicht in Wüsten, jedoch an sehr trockenen Standorten lebende Arten (zum Beispiel die Kleidermotte) kommen zeitlebens völlig ohne freies Wasser aus.

Nicht nur die Menge der Niederschläge, sondern auch ihre Verteilung im Jahreslauf sowie die Form (Aggregatzustand) sind von großer ökologischer Bedeutung.

Von großer Bedeutung für die Organismen ist nicht nur die Menge der Niederschläge, sondern auch ihre Verteilung im Jahreslauf sowie die Form (Aggregatzustand), in der die Niederschläge fallen. Wenn zwischen den einzelnen Jahreszeiten deutliche Temperaturunterschiede bestehen, ist es sehr wichtig, ob die Niederschläge überwiegend in der kalten oder in der warmen Jahreszeit fallen. Fällt die Hauptmenge, wie in Mitteleuropa, während der warmen Jahreszeit, so kann das Wasser von der Vegetation optimal für ihre Entwicklung genutzt werden. Regnet es dagegen, wie im Mittelmeerraum, hauptsächlich während der Winterzeit, so kann der temperaturmäßig günstigere Sommer nur von an Trockenheit angepassten Arten genutzt werden (Hartlaubgewächse, Zwergsträucher). Die Hauptentwicklungsphasen nicht adaptierter Arten müssen dagegen im temperaturmäßig ungünstigeren Winter ablaufen.

Nicht nur Regen, sondern auch **Schnee** besitzt große ökologische Bedeutung. Sie liegt allerdings weniger in der direkten Wasserversorgung der Organismen, von denen viele in der kalten Jahreszeit sowieso eine Ruhepause einlegen und daher weniger Wasserbedarf haben, sondern in seiner isolierenden Wirkung. Schnee schützt die von ihm bedeckten Organismen vor dem Erfrieren. Entsprechend findet man in Gebieten, die im Winter regelmäßig von Schnee bedeckt sind, eine reichhaltigere Vegetation als an solchen Standorten, an denen der Schnee vom Wind weggeweht wird.

Das Auftreten von **Tau** beruht darauf, dass warme Luft mehr Feuchtigkeit aufnehmen kann als kalte. Die nächtliche Abkühlung der Luft führt daher zur Abscheidung von Wasser in Form von Tautropfen. Für viele auf Baumkronen oder Felsen lebende Organismen stellt Tau eine wichtige Wasserquelle dar.

In einigen Regionen der Erde kommt es zwar regelmäßig zur Wolkenbildung, jedoch nur selten oder sogar nie zu Niederschlägen. An sol-

Abb. 12.3

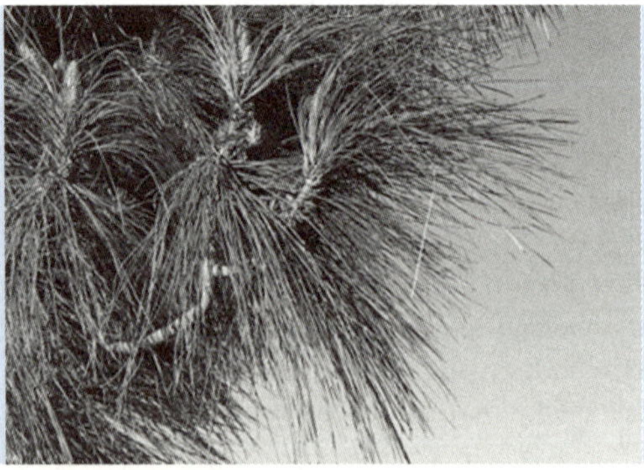

Mit ihren bis zu 15 cm langen Nadeln kämmt die Kanarische Kiefer (*Pinus canariensis*) die Luftfeuchtigkeit aus den Wolken und versorgt auf diese Weise ein gesamtes Ökosystem mit Wasser.

chen Standorten bilden Wolken (**Nebel**) die wichtigste, manchmal einzige Wasserquelle für entsprechend angepasste Ökosysteme wie die Nebelwälder tropischer Gebirge, die Nebelwüsten in Namibia und Chile und die Kanarischen Kiefernwälder (Abb. 12.3).

Strahlung

12.2

Die von der Sonne ausgehende **Strahlung** ist die Grundlage aller Lebensvorgänge auf der Erde. Sie bewirkt, dass die Temperaturen auf unserem Planeten in einem Bereich liegen, der Leben ermöglicht, sie hält den Wasserkreislauf in Gang, ist Ursache der Meeresströmungen und liefert die Energie für die Photosynthese, mit der die grünen Pflanzen Biomasse aufbauen, aus der letztlich auch die Tiere ihre Energie und Biomasse beziehen.

Anders als in Gewässern (siehe Kapitel 7) stellt die Photosynthese in terrestrischen Ökosystemen (außer Höhlen) keinen primär limitierenden Faktor dar. Üppiges Pflanzenwachstum kann jedoch dazu führen, dass nicht mehr genügend Strahlung bis zum Boden durchdringt, um dort Photosynthese zu ermöglichen. Moose und Farne können bei geringerer Lichtstärke Photosynthese betreiben als Samenpflanzen. Man findet sie daher in dunklen Wäldern sowie an Eingängen von Höhlen noch dort, wo keine Samenpflanzen mehr existieren. Die schattenverträglichste Blütenpflanze Mitteleuropas ist der Wald-Sauerklee (*Oxalis acetosella*) (Abb. 12.4).

Abb. 12.4

Der Wald-Sauerklee (*Oxalis acetosella*) ist die schattenverträglichste Art unter den mitteleuropäischen Blütenpflanzen.

Wegen der zentralen Bedeutung des Lichtes für die grünen Pflanzen besteht an gut für das Pflanzenwachstum geeigneten Orten meist eine starke Konkurrenz um die Ressource **Licht**. Je höher eine Pflanze ihre photosynthetisch aktiven Organe (Blätter) über andere hinaus erheben kann, um so wettbewerbsfähiger ist sie. Hochstämmige Bäume sind daher überall dort, wo nicht andere Faktoren dem Höhenwachstum der Pflanzen enge Grenzen setzen, die vorherrschende Lebensform. Allerdings müssen Bäume viel Energie in den Aufbau eines stabilen Stammes investieren. Kletterpflanzen (Lianen) sparen sich einen Großteil dieser Energie, im Kronenbereich der Bäume wachsende Epiphyten kommen völlig ohne eigene Trägerorgane aus. Die oberirdischen Sprosse der Pflanze wachsen in der Regel dem Licht entgegen (positiver Phototropismus), Wachstumskrümmungen bei einseitiger Beleuchtung bringen die Pflanzenorgane in eine vorteilhafte Lage. Sogar die Chloroplasten bewegen sich innerhalb der Zelle an die Orte optimaler Beleuchtung. Hinsichtlich des Lichtbedarfs unterscheidet man zwischen Lichtpflanzen, die nur bei voller Sonneneinstrahlung gedeihen (Wüsten- und Hochgebirgspflanzen) und Schattenpflanzen, die bei voller Sonneneinstrahlung geschädigt werden. Weil Einstrahlung stets mit Temperaturerhöhung verbunden ist, diese wiederum Wasserverluste nach sich zieht, zeigen stark lichtexponierte Pflanzen einen eher xeromorphen Bau, Schattenpflanzen dagegen einen hygro- oder mesomorphen Bau. Entsprechend der unterschiedlichen Lichtexposition können an ein und derselben Pflanze Blätter unterschiedlich gebaut sein: Schattenblätter sind vergleichsweise großflächig, haben mehr Chlorophyll pro Blattflächeneinheit als Sonnenblätter und erreichen Kompensationspunkt und Lichtsättigung bereits bei geringen Lichtmengen. Sonnenblätter sind kleiner, derber und besitzen oft ein mehrschichtiges Palisadengewebe.

Tiere benutzen den von ihnen optisch wahrnehmbaren Teil der Strahlung zur Gewinnung von Informationen über ihre Umwelt. Die durch den Lichteinfall verursachten Farben sind wichtige Auslöser und Signale. Zu denken ist hier an Schreck-, Warn- und Tarntrachten (siehe Kapitel 2) sowie an die »Hochzeitskleider« der Männchen Revier besitzender und Brutpflege betreibender Fischarten (zum Beispiel Stichling) und das bunte Gefieder der Männchen mancher Vogelarten. Auch die auffällige Färbung der Blüten tierbestäubter Samenpflanzen stellt ein optisches Signal für die Bestäuber dar.

Strahlung und Temperatur sind eng miteinander verbunden.

Beim Auftreffen auf beziehungsweise Durchgang durch ein dichteres Medium wird (ein Teil der) Lichtenergie in Wärmeenergie umgewandelt. Die Faktoren Strahlung und Temperatur (siehe Abschnitt 12.3) sind deshalb eng miteinander verbunden.

12.3 Temperatur

Leben ist nur innerhalb eines bestimmten Temperaturbereiches möglich. Die obere Temperaturgrenze wird dadurch bestimmt, dass Eiweiße bei einer bestimmten **Temperatur** die für ihre jeweilige Funktion charakteristische Struktur verlieren und schließlich koagulieren. Die untere Grenze, zumindest aktiven Lebens, wird durch die Temperatur gebildet, bei der die wässrige Lösung in den Zellen gefriert. Darüber hinaus ist die Geschwindigkeit chemischer Reaktionen (also auch die der in den Zellen ablaufenden) temperaturabhängig: Mit der Temperatur steigt auch die Reaktionsgeschwindigkeit (RGT-Regel). Weiterhin hat jeder Lebensvorgang ein Temperaturoptimum, das von Art zu Art in Anpassung an den jeweiligen Lebensraum der Art deutlich verschieden sein kann.

Wegen der zentralen Bedeutung der Temperatur ist es für Organismen, die in Lebensräumen mit wechselnden Temperaturen leben (deutliche Unterschiede zwischen Tag und Nacht, Sommer und Winter oder zwischen Teilbereichen des Lebensraumes: Nord- und Südseiten, Berggipfel und -täler, verschiedene Wassertiefen etc.), von großer Bedeutung, eine möglichst optimale Körpertemperatur auch an Orten mit ungünstiger Außentemperatur aufrecht zu erhalten. Die meisten Organismen sind allerdings **poikilotherm** (wechselwarm), das heißt nicht in der Lage, ihre Körpertemperatur gegenüber der Umgebungstemperatur zu verändern. **Homoiotherm** (gleichwarm) im engeren Sinne sind ausschließlich die Vögel und Säugetiere, die eine nahezu konstante Körpertemperatur aufweisen. Ansätze zur Temperaturregulierung sind allerdings bei einigen anderen Organismen vorhanden, zum Beispiel können Haie und Thunfische ihre Körpertemperatur regulieren, indem in den als Wärmeaustauscher arbeitenden Kiemen das abgekühlte, sauerstoffreiche Blut in Kontakt mit dem erwärmten Blut aus der Muskulatur kommt. Soziale Bienen sorgen durch Muskelbewegungen für eine gleichbleibende Temperatur in ihrem Stock und Nachtfalter erzeugen mit ihrer Flugmuskulatur Wärme, die sie mit Hilfe einer isolierenden Haarschicht im Körper halten. Werden Stoffwechselvorgänge zum Aufwärmen des Körpers benutzt, so spricht man von Endothermie. **Endotherm** sind also die Homoiothermen sowie die oben erwähnten Haie, Thunfische, Nachtfalter und Bienen. **Ektotherme** dagegen erhalten ihre Körperwärme aus der Umgebung. Oft suchen sie daher gezielt warme Plätze auf und setzen eine möglichst große Körperfläche der Sonne aus (zum Beispiel Reptilien, Schmetterlinge).

Merksatz

POIKILOTHERME ändern ihre Körpertemperatur parallel zur Umgebungstemperatur. HOMOIOTHERME sind in der Lage, ihre Körpertemperatur konstant zu halten.

Verhalten und Anpassungen gegenüber tiefen Temperaturen

12.3.1

Bezüglich der Reaktion auf niedrige Temperaturen (Kälte) sind drei Gruppen von Organismen zu unterscheiden:

Box 12.1

Gefriertoleranz von Pflanzen und Tieren

Gefriertolerant sind einige Süßwasseralgen, Luftalgen, Flechten und Moose. Auch manche ausdauernden Gefäßpflanzen winterkalter Gebiete ertragen zumindest die extrazelluläre Eisbildung im Körper und die damit verbundene Dehydratation. Diese Frosthärte wird von den Pflanzen durch allmähliche Abhärtung (Akklimatisation) erworben. Plötzliche frühe Fröste sowie Spätfröste (nach Verlust der Abhärtung) sind daher besonders gefährlich. Im Verlauf der Abhärtung werden Zucker und Öle im Plasma angereichert, die Vakuolen in viele kleine Vakuolen zerteilt und spezielle Enzyme gebildet. Zweige von Maulbeere (*Morus*), Weiden (*Salix*) und Pappeln (*Populus*) können nach langsamer Abkühlung auf −30 °C sogar in flüssigem Stickstoff (−196 °C) gelagert werden. Nach vorsichtigem Auftauen schlagen sie wieder aus.

Auch Tiere ertragen das Einfrieren. Der Frosch *Rana sylvatica* reichert Glukose im Blut auf das 60fache des Normalen an. Dies bedeutet eine relative Entwässerung der inneren Organe, die durch Eisbildung noch verstärkt wird. Die Körperflüssigkeit erstarrt, das Herz hört auf zu schlagen, die Atmung wird eingestellt. Wenn die Temperatur steigt, nehmen die dehydrierten, aber nicht gefrorenen Organe wieder Wasser auf und die Körperfunktionen setzen wieder ein.

- **Abkühlungssempfindliche** Organismen (Arten wärmerer Meere, tropischer Regenwälder und der Mangrove) werden schon bei Temperaturen wenig über dem Nullpunkt geschädigt. Unter den Kulturpflanzen gilt dies für Tomate und Tabak. Die Honigbiene stirbt bei 2 °C nach ca. 6 Stunden;
- **Gefrierempfindliche** (Eisbildung verzögernde oder vermeidende) Organismen sind Arten, die zwar Temperaturen < 0 °C ertragen, nicht aber Eisbildung im Körper. Diese Organismen versuchen, der Eisbildung vorzubeugen, indem sie durch Erhöhung der Zellsaftkonzentration (Zucker, Aminosäuren) den Gefrierpunkt ihrer Körperflüssigkeiten herab setzen. Allgemein gilt, je wasserärmer ein Organismus absolut oder relativ ist, desto weniger gefrierempfindlich ist er. Absolute oder relative Wasserarmut kann durch kleine Zellen ohne Vakuolen oder das Aufsuchen eines trockenen Ortes erzielt werden. Manche Insekten überleben in Kältestarre, solange sie sich an einem trockenen Ort befinden.
- **Gefriertolerante** Organismen sind frostresistent, weil sie Eisbildung im Körper ertragen (Box 12.1).

Endotherme Tiere sind in kalten Gebieten dann im Vorteil, wenn sie ein möglichst großes Volumen besitzen, denn das Volumen, in dem die Wärme produziert wird, wächst in der dritten Potenz, die Oberfläche, durch die Wärme abgegeben wird, dagegen nur in der zweiten. Außerdem sollten die Körperanhänge möglichst klein sein (da sie eine vergleichsweise große Oberfläche aufweisen) und das Blut (als Transportmittel der Wärme) möglichst effektiv durch den Körper gepumpt werden, das Herz also kräftig entwickelt sein. Hieraus ergeben sich für Säuger und Vögel drei ökologische Regeln:

- **Bergmannsche Regel** (Größenregel): Tiere einer Art (zum Beispiel Kolkrabe, Hirsch, Wildschwein, Braunbär) und Arten eines Verwandtschaftskreises (Pinguine) sind in kälterem Klima im Durchschnitt größer als solche aus warmen Klimazonen (zum Beispiel Kaiserpinguin, Südpol: 120 cm; Galapagospinguin: 50 cm).
- **Allensche Regel**: Körperanhänge (Ohren, Extremitäten, Schwanz) sind bei Tieren einer Art oder eines Verwandtschaftskreises im kälteren Klima relativ kleiner (Ohren von Polar-, Rot- und Wüstenfuchs).
- **Hessesche Regel** (Herzgewicht Regel, s. Tab. 12.2): Das relative Herzgewicht ist bei Tieren einer Art im kälteren Klima größer. Tiere haben meist die Möglichkeit, niedrigen Temperaturen durch Wanderungen, Eingraben in den Boden oder Rückzug in Höhlen auszuweichen.

Eine wichtige physiologische Anpassung stellt der **Winterschlaf** dar, der von einigen endothermen Säugetieren durchgeführt wird, zum Beispiel dem Igel (*Erinaceus europaeus*) und dem Hamster (*Cricetus cricetus*). Winterschläfer setzen ihre Körpertemperatur nach einer hormonellen Umstellung stark herab, wodurch der Stoffwechsel verlangsamt wird, so dass die Tiere in einen inaktiven Zustand übergehen. Bei der **Winterruhe**, die beispielsweise von Dachs (*Melis melis*) und Braunbär (*Ursus arctos*) durchgeführt wird, bleibt die Körpertemperatur unverändert. Sowohl Winterschlaf als auch Winterruhe können nur überstanden werden, wenn sich die betreffenden Organismen vorher einen ausreichenden Fettvorrat zugelegt haben. Einige endotherme Organismen, z. B. Kolibris, fallen bei kurzzeitiger Kälte in einen Starrezustand, der **Torpor** genannt wird. Ektotherme fallen bei niedrigen Temperaturen in eine **Kältestarre** (Winterstarre), da ihre Körpertemperatur der Umwelttemperatur folgt. Puppen und Eier von Arthropoden können tiefere Temperaturen ertragen als die adulten Tiere (bis −50 °C, Adulte nur bis −30 °C).

Relatives Herzgewicht männlicher Haussperlinge in verschiedenen Regionen* Tab. 12.2

Region	relatives Herzgewicht
Leningrad	15,5 ‰
Norddeutschland	13,8 ‰
Tübingen	13,1 ‰

* aus HESSE (1921)

Box 12.2

Rekorde der Hitzetoleranz

Spitzenreiter der **Hitzetoleranz** sind nach derzeitigem Kenntnisstand die zu den Archaea gehörenden Bakteriengattungen *Pyroliktium* und *Metanopyrus*, die bei Temperaturen von 100 °C optimal gedeihen. Immerhin noch bei 60 bis 70 °C leben einige Cyanobakterien und Flechten. Als Anpassung an die hohen Temperaturen ihres Lebensraumes sind die Proteine dieser Arten sehr dicht gefaltet und durch Salzbrücken stabilisiert. Darüber hinaus besitzen sie stark hydrophobe Innenbereiche, die einer Entfaltung entgegenwirken. Sehr hohe cytoplasmatische Konzentrationen von cyklischem 2,3-Diphosphoglycerat bewirken eine zusätzliche Thermostabilisierung der Nukleinsäuren und Proteine. Spezielle Enzyme falten denaturierte Proteine wieder neu. Die rRNA und die Membran der thermophilen Archaea weisen einen im Vergleich zu anderen Organismen erhöhten Anteil der die Thermostabilität vergrößernden Wasserstoffbrücken auf.

12.3.2 Verhalten und Anpassung gegenüber hohen Temperaturen

Die Wirkung zu hoher Temperaturen ist irreversibel. Während Kälte eine meist reversible Kältestarre bewirkt, führt Hitzestarre in der Regel zum Tod (irreparable Denaturierung beziehungsweise Zerstörung von Proteinen, Lipiden und Nukleinsäuren). Schutz vor Überhitzung ist daher lebensnotwendig (Rekorde s. Box 12.2). Da, wie bereits oben erwähnt, das Auftreffen von Sonnenstrahlen zur Erwärmung führt, ist die Vermeidung dieser Strahlen eine der wichtigsten Maßnahmen gegen Überhitzung. Schutz vor Strahlung kann erzielt werden durch:

- Reflexion (glänzende Oberflächen, weiße Färbung),
- Verringerung der von der Strahlung getroffenen Fläche (Veränderung der Blattstellung oder Körperhaltung),
- Strahlungsvermeidung durch gezieltes Aufsuchen schattiger Orte.

Neben dem Schutz vor Strahlung stellt die Kühlung durch **Transpiration** einen wichtigen Schutz vor Überhitzung dar.

12.3.3 Feuer

In semiariden Gebieten ist Feuer ein wichtiger Standortfaktor.

Besonders hohe Temperaturen entwickeln sich im Rahmen von Feuern, die in manchen Naturräumen (Steppe, Savanne, Taiga, Trockenwälder) ein regelmäßiges Umweltereignis sind. Die natürlicherweise durch Blitzschlag oder Selbstentzündung entstehenden, oft aber auch vom Menschen gezielt entfachten **Feuer** erreichen einen Meter über dem Boden Temperaturen von 500 °C, führen aber bereits in geringer Bodentiefe nicht mehr zu einer für die Organismen bedrohlichen Hitze. Regelmäßige Feuer verhindern das Aufkommen eines geschlossenen Baumbestandes und begünstigen ausschlagfähige Zwergsträucher oder Kräuter, insbesondere auch Gräser. In semiariden Weidelandschaften werden Feuer daher vom Menschen gezielt eingesetzt, um Verbuschung zu verhindern und, da die Gräser nach dem Brand neu ausschlagen, um die Weideperiode zu verlängern. In Regionen, wo wenig Dünger zur Verfügung steht, werden die auf dem Feld verbleibenden Ernterückstände abgebrannt, weil die Asche als mineralischer Dünger wirkt. Bei starkem landwirtschaftlichen Flächenbedarf wird Brandrodung betrieben. Früher war der Einsatz von Feuer auch in Mitteleuropa in der Landwirtschaft weit verbreitet. Insbesondere spielte Feuer bei der Heidewirtschaft eine wichtige Rolle (siehe Kapitel 17). Die Anwendung von Feuer durch die Gattung *Homo* »ist seit 1,5 Millionen Jahren nachgewiesen. Der anthropogene Feuereinfluss in den tropischen Wäldern Asiens und Afrikas ist seit fast 30 000 Jahren nachweisbar und führt seit dem Übergang vom Pleistozän ins Holozän zur Savannisierung in den wechselfeuchten Tropen. Mit zunehmender Bevölkerungsdichte in der »Dritten Welt« eskaliert der Landnutzungsdruck und damit auch die Anwendung des Feuers« (GOLDAMMER 1993: 19). In Mitteleuropa wird Feuer heute im Naturschutz zur Bewahrung von Offenlandschaften wieder begrenzt eingesetzt (Abb. 12.5).

Große Tiere weichen Bränden durch Flucht aus und kehren nach dem Brand in ihren Lebensraum zurück. Kleintiere werden nicht geschädigt, wenn sie sich im Boden oder unter der Borke feuerresistenter Bäume befinden.

Abb. 12.5

Einsatz des Feuers im Naturschutz zur Erhaltung von Offenlandschaften. Bekämpfung eines bereits relativ stark entwickelten Busches durch ein Ringfeuer.

Manche Pflanzenarten können in der dichten, von ihrem eigenen Bestandesabfall gebildeten Rohhumusauflage nicht keimen. Sie benötigen also von Zeit zu Zeit Brände, damit eine Verjüngung des Bestandes erfolgt. In Mitteleuropa gilt dies für Heidekraut (*Calluna vulgaris*) und die Waldkiefer (*Pinus sylvestris*). Solche Pflanzenarten, die durch Feuer gefördert werden, bezeichnet man als **Pyrophyten**. Einige nordamerikanische Nadelbäume sind noch stärker auf Feuer angewiesen: Ihre Zapfen sind durch Harz verklebt und öffnen sich erst nach einem Brand. So ist gewährleistet, dass der Same nicht bereits auf der dichten Rohhumusschicht keimt und anschließend eingeht, sondern sich erst dann entwickelt, wenn die für den Keimling undurchdringliche Rohhumusschicht vom Brand vernichtet wurde.

12.4 Wind

Wind stellt einen bedeutsamen mechanischen Standortfaktor dar. An direkten Wirkungen sind zu nennen:

- Transport von Organismen und deren Verbreitungseinheiten (Früchte und Samen: s. Abb. 12.6; Sporen und Pflanzenteile),
- Verhinderung des Aufkommens starker, hochwüchsiger Vegetation (zum Beispiel führt man das Fehlen jeglichen Baumwuchses auf den hinsichtlich Temperatur und Wasserversorgung durchaus Baumwuchs ermöglichenden südatlantischen Inseln auf die dort sehr starken Winde zurück),
- mechanische Schädigung (Windwurf durch orkanartige Winde),
- Steigerung der Transpiration.

Die Kombinationswirkung der mechanischen Beeinträchtigung und der Förderung von Transpiration begünstigt an windreichen Standorten

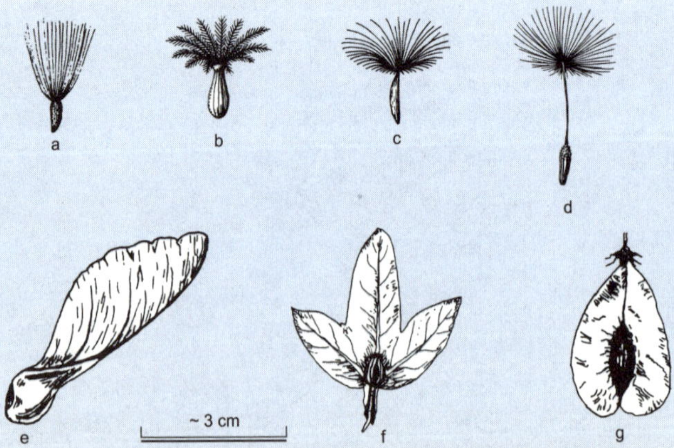

Abb. 12.6 Windverbreitete Samen und Früchte. **a** *Epilobium parviflorum*, **b** *Valeriana officinalis*, **c** *Senecio vulgaris*, **d** *Taraxacum officinale*, **e** *Acer pseudoplatanus*, **f** *Carpinus betulus*, **g** *Ulmus glabra* (nach SCHROEDER 1998; dort Angabe der Quellen).

skleromorphe Pflanzenarten. Gut angepasst sind Gräser: Ihre schmalen Blätter setzen dem Wind wenig Widerstand entgegen und sind zudem häufig skleromorph gebaut, der Spross ist innen hohl und daher sehr elastisch. Auf dieser Elastizität beruht das Wogen der Kornfelder im Wind.

(Seitenverweise zur Beantwortung)

Fragen

- Nennen Sie einige direkte Bedeutungen und einige indirekte von Niederschlägen für Organismen! (s. Seite 166) 1
- Welche grundsätzlich unterschiedlichen Organismentypen sind hinsichtlich des Abhängigkeitsgrades vom Wassergehalt der Umgebung zu unterscheiden? Nennen Sie Beispiele für jeden dieser beiden Typen! (s. Seite 166) 2
- Nennen und erläutern Sie (ggf. durch eine Skizze) typische Bauplanmerkmale hygro-, meso- und xeromorpher Pflanzenarten! Welcher dieser Bauplantypen ist in Mitteleuropa bevorzugt anzutreffen? Diskutieren Sie den Begriff »xeromorph« im Hinblick auf die mitteleuropäische Flora! (s. Seite 167 f.) 3
- Wie nennt man die Bauplantypen der aquatischen und semiaquatischen Pflanzen? (s. Seite 167 f.) 4
- Nennen Sie Beispiele für Wassersparmechanismen bei Pflanzen und Tieren! (s. Seite 167 ff.) 5
- Nennen Sie wichtige ökologische Bedeutungen von Schnee, Tau und Nebel! (s. Seite 170) 6
- Wo (allgemein und konkret) spielt Nebel eine wichtige Rolle als Wasserquelle für die dortigen Ökosysteme? (s. Seite 171) 7
- Welche ökologische Bedeutung besitzt die Strahlung? (s. Seite 171 f.) 8
- Worin liegt der Wettbewerbsvorteil von Lianen und Epiphyten? (s. Seite 172) 9
- Wie kann man erklären, dass Pflanzen lichtreicher Standorte in der Regel xeromorph gebaut sind, solche schattiger Standorte dagegen hygromorph? (s. Seite 172) 10
- Durch welche physiologischen Vorgänge werden die obere und untere Temperaturgrenze des Lebens bestimmt? (s. Seite 172 f.) 11
- Welche unterschiedlichen Typen der Organismen sind bezüglich der Regulierung der Körpertemperatur zu unterscheiden? (s. Seite 173) 12
- Welche drei Gruppen werden bei der Reaktion von Organismen auf niedrige Temperatur (Kälte) unterschieden? (s. Seite 173 f.) 13
- Wie schaffen es wechselwarme Organismen, bei Temperaturen, die unter dem Gefrierpunkt liegen, zu überleben? (s. Seite 174) 14

Fragen

15 ● Nennen Sie drei Regeln, die sich auf die Körpergröße bzw. Größe bestimmter Organe homoiothermer Organismen in kälteren und wärmeren Gebieten beziehen? Was ist der jeweilige evolutive Hintergrund dieser Regeln? (s. Seite 175)

16 ● Nennen Sie Möglichkeiten für Tiere, ungünstige Temperaturen zu vermeiden! (s. Seite 175, 177)

17 ● Erläutern Sie die Begriffe »Winterschlaf«, »Torpor« und »Kältestarre«! (s. Seite 175)

18 ● Welche Eigenschaften bieten Organismen Schutz vor Strahlung? (s. Seite 176)

19 ● Inwiefern stellt Schutz vor Strahlung gleichzeitig auch Schutz vor Überhitzung dar? (s. Seite 176)

20 ● Zu welchem Zwecke wurden Ökosysteme vom Menschen durch Anwendung des Feuers verändert? (s. Seite 177)

21 ● Erläutern Sie, wie Pflanzen von Feuer profitieren können. Wie bezeichnet man Arten, die durch Feuer gefördert werden? Nennen Sie Beispiele! (s. Seite 178)

22 ● Welche ökologischen Wirkungen besitzt der Wind? (s. Seite 178)

23 ● Welcher pflanzliche Bauplantyp ist an windreichen Standorten bevorzugt anzutreffen? (s. Seite 178)

Literatur

Davenport, J. (1991): Animal Life at Low Temperature. Chapman & Hall, London, 256 S.

Ellenberg, H. (1996): Vegetation Mitteleuropas mit den Alpen. 5. A., Ulmer, Stuttgart, 1096 S.

Goldammer, J.G. (1993): Feuer in Waldökosystemen der Tropen und Subtropen. Birkhäuser, Basel, 251 S.

Gross, M. (1997): Exzentriker des Lebens. Zellen zwischen Hitzeschock und Kältestreß. Spektrum Akademischer Verlag, Heidelberg/Berlin/Oxford, 302 S.

Hausmann, K., Kremer, B.P. (Hrsg.) (1993): Extremophile. Mikroorganismen in ausgefallenen Lebensräumen. VCH, Weinheim/Basel, 420 S.

Hesse, R. (1921): Das Herzgewicht der Wirbeltiere. Zool. Jahrb. Abt. Allg. Zool. Physiol. 38, 243–364.

Marchand, P.J. (1996): Life in the Cold. An Introduction to Winter Ecology. 3rd ed., University Press of New England, Hannover/London, 304 pp.

Prisco, G. di (ed.) (1991): Life Under Extreme Conditions. Biochemical Adaptation. Springer, Berlin/Heidelberg/New York usw., 144 pp.

Anthropogene Veränderungen des Klimas

13

Inhalt

Bei allen Verbrennungsvorgängen entstehen Gase, die in die Atmosphäre abgegeben werden. Außerdem bilden sich im Zuge chemischer Fabrikationsprozesse Gase, die teils beabsichtigt in die Atmosphäre entsorgt werden, teils unbeabsichtigt entweichen. Bei vielen Aktivitäten des Menschen gelangen außerdem Stäube in die Luft (Steinbrüche, Kalk- und Zementindustrie, Deponien, Straßenbau, Abbruch von Gebäuden, Verkehr, Ackerbau). All diese Vorgnge verändern die chemische Zusammensetzung der Luft, also das chemische Klima. Durch die Freisetzung so genannter Treibhausgase trägt der Mensch außerdem zur Veränderung des physikalischen Klimas bei.

Veränderungen des chemischen und physikalischen Klimas der Luft.

13.1 Von der Emission zur Deposition

Im Zusammenhang mit der Freisetzung von Stoffen in die Atmosphäre und ihrem Eintritt in Ökosysteme sind folgende Begriffe wichtig:

- Emission,
- Transmission,
- Immission,
- Deposition.

Stoffe werden in vielfältiger Weise in die Atmosphäre entlassen (s. Tab. 13.1). Dieser Vorgang der Abgabe eines Stoffes heißt **Emission**. Die Menge der abgegebenen Stoffe wird in Menge pro Zeiteinheit (zum Beispiel Tonnen pro Jahr) gemessen beziehungsweise angegeben. In Beschreibungen der Umweltbelastung werden in der Regel drei Emittentengruppen unterschieden: Haushalte/ Kleingewerbe, Industrie und Verkehr. Die Form der Emissionsquelle kann punktförmig, linear oder flächig sein.

Emission: Abgabe eines Stoffes in die Umwelt und/oder Menge des abgegebenen Stoffes.

Die Verfrachtung eines emittierten Stoffes durch den Wind bezeichnet man als **Transmission**. Im Verlaufe der Transmission wird der emittierte Stoff unter dem Einfluss der Sonnenstrahlung und durch Reak-

Tab. 13.1 | Herkunft wichtiger Luftverunreinigungen

Stoff	Verursacher
NO_x (NO_2, NO)	Kfz-Verkehr, Verbrennung fossiler Brennstoffe
O_3 [1)]	insbesondere Kfz-Verkehr/Photochemische Reaktionen in der Atmosphäre
C_2H_4 und andere Kohlenwasserstoffe	Kfz-Verkehr, Industrie
PAN [2)]	u.a. Kfz-Verkehr/Photochemische Reaktionen in der Atmosphäre
SO_2	Verbrennung fossiler Brennstoffe
Cl und HCl	Raffinerien, Industrie
NH_3	Industrie, Landwirtschaft
HF	Aluminium-, Stahlindustrie
Pb	Öl-, Gasverbrennung, div. industrielle Prozesse
andere Metalle	Kraftwerke, Schmelzöfen, industrielle Prozesse
Feinstaub (< 2,5 μm)	Industrie, Kfz-Verkehr, atmosphärische Reaktionen
Grobstaub (>2,5 μm)	Industrie, Kfz-Verkehr

1) sekundäre Luftverunreinigung, die durch Umwandlungsreaktionen in der Atmosphäre aus Vorläufersubstanzen entsteht.
2) Peroxiacelylnitrat.

Transmission: Verfrachtung eines emittierten Stoffes.

tion mit anderen Stoffen nicht selten chemisch verändert, zum Beispiel Umwandlung von SO_2 zu H_2SO_4, von NO_2 zu HNO_3. Auch **Ozon** (O_3) wird nicht emittiert, sondern entsteht aus sauerstoffhaltigen Emissionen (insbesondere dem vom Kraftverkehr emittierten NO_2) unter Einwirkung von Sonnenlicht. Hierbei handelt es sich um eine Gleichgewichtsreaktion, die bei Dunkelheit in Anwesenheit von Luftverunreinigungen (insbesondere NO) in der Gegenrichtung verläuft. In Städten nimmt daher die Ozonkonzentration an sonnigen Tagen zu, nachts jedoch wieder ab. Wird Ozon aus den Städten und von den Autobahnen in Reinluftgebiete verfrachtet, so wird es dort jedoch nicht wieder abgebaut, sondern reichert sich im Laufe längerer Schönwetterperioden an.

Immission: Die zu einem bestimmten Zeitpunkt an einem bestimmten Ort vorhandene Luftverunreinigung.

Deposition: Absetzen eines Stoffes auf einer Oberfläche und/oder Menge des abgesetzten Stoffes pro Zeiteinheit und Fläche.

Unter **Immissionen** versteht man die zu einer bestimmten Zeit an einem bestimmten Ort vorhandenen Luftverunreinigungen. Sie werden als Masse des betreffenden Stoffes pro Volumen (zum Beispiel mg/m^3) oder ppm (parts per million: Teil chemische Substanz pro Teil Luft, also cm^3/m^3) oder ppb (parts per billion: mm^3/m^3) angegeben.

Luftverunreinigungen müssen nicht für immer in der Atmosphäre verbleiben, sondern können diese verlassen und sich auf Böden, in Gewässern oder auf Pflanzen absetzen. Diesen Vorgang, also das Absetzen eines Stoffes aus der Atmosphäre auf eine Oberfläche, bezeichnet man als **Deposition.** Gemessen wird die Deposition in Masse pro Fläche und Zeiteinheit, also zum Beispiel in $mg/m^3 \times d$ oder in $kg/ha \times a$.

Für ökologische Fragen ist die Kenntnis der in die Luft abgegebenen Stoffe beziehungsweise in der Luft vorhandenen oder aber wieder aus der Luft in Ökosystemen deponierten Stoffmengen sehr wichtig. Die emittierten Stoffe lassen sich messen oder berechnen. Immissionen kann man ebenfalls messen (Luftanalyse). Ein großes Problem bereitet dagegen die Deposition. Sie setzt sich nämlich aus einer nassen und einer trockenen Fraktion zusammen, von denen die trockene wiederum aus zwei Teilfraktionen (der Sedimentation und der nicht messbaren Interzeption) besteht.

Die **nasse Deposition** erfolgt mit dem Niederschlag und ist dementsprechend einfach messbar (Bestimmung der Niederschlagsmenge, Ermittlung der Konzentration der darin enthaltenen Substanzen). Unter **Sedimentation** versteht man den Teil der **trockenen Deposition**, der auf Grund der Schwerkraft abgesetzt wird. Er kann in Staubmessgeräten aufgefangen und gewogen werden. Unter **Interzeption** versteht man die Anlagerung von Stoffen an Oberflächen auf Grund elektrostatischer und oberflächenabhängiger Kräfte. Die Aufnahme ist also von der Beschaffenheit der betreffenden Oberfläche abhängig, das heißt jedes unterschiedliche Blatt hat eine unterschiedliche Interzeption, Bodenoberflächen wiederum andere und Gewässeroberflächen noch andere etc. Es gibt somit kein Messgerät, das die Interzeption realistisch messen kann.

Wirkungen auf Organismen und Ökosysteme | 13.2

Luftverunreinigungen können sowohl eine direkte Schädigung oder Förderung bestimmter Organismen bewirken als sich auch indirekt durch Veränderung der Standortfaktoren auswirken. Zu den indirekten Wirkungen gehören:

- Bildung von Sekundärschadstoffen (Saurer Regen, Ozon), also weitere Veränderungen des Luftchemismus,
- Veränderung des Gewässerchemismus (pH-Wert, Düngung, Kontamination),
- Veränderung des Bodenchemismus (pH-Wert, Düngung, Kontamination),
- Treibhauseffekt (Temperaturerhöhung),
- Zerstörung der Ozonschicht (Erhöhung der UV-Strahlung).

Je nach dem, über welches Umweltmedium der Schadstoff auf den Organismus wirkt, spricht man entweder vom Luftpfad (also direkter Übergang aus der Luft auf den Organismus) oder vom Boden- beziehungsweise Wasserpfad (Einwirkung über den Boden auf bodenlebende Organismen beziehungsweise Wurzeln von Pflanzen; Einwirkung über das Wasser auf wasserlebende Organismen).

Nebel wird von hoch in den Luftraum hineinragenden Pflanzen, also Bäumen, regelrecht aus der Luft »ausgekämmt«. Enthält die Luft Schadstoffe, so werden daher in Wäldern mehr Schadstoffe als in waldfreien Bereichen deponiert. Besonders intensive »Schadstoffsammler« sind Nadelwälder, da deren für die Auskämmung von Nebel sowie auch für die Interzeption wichtige Oberfläche im gesamten Jahr konstant bleibt, während Laubbäume in unseren Breiten im Winter ihre Oberfläche durch Abwurf der Blätter erheblich verringern. Sehr hohe Schadstoffmengen werden im Stammfußbereich solcher Bäume eingetragen, die eine annähernd trichterförmige Krone besitzen, bei denen also der größte Teil des auf die Krone niedergehenden Regenwassers einschließlich der darin enthaltenen Schadstoffe sowie auch der vorher auf dem Baum trocken deponierten und dann vom Regenwasser abgewaschenen Stoffe schließlich dort deponiert wird, wo das vom Stamm ablaufende Wasser in den Boden versickert. In hängigem Gelände existieren daher am Fuß der Buchen schürzenartige, Hang abwärts gerichtete Bodenbereiche, die deutlich höher mit Schadstoffen belastet sind als der übrige Waldboden (siehe Abb. 13.1).

Merksatz

LUFTVERUNREINIGUNGEN können sowohl direkt (Luftpfad) als auch indirekt über den Boden (Bodenpfad) auf Organismen einwirken.

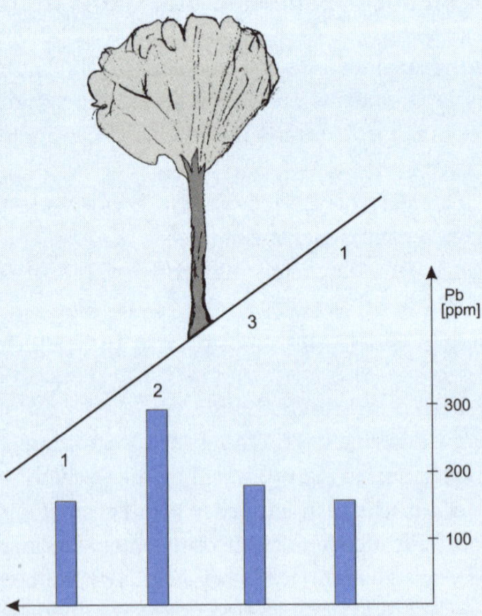

Abb. 13.1

Konzentration von pflanzenverfügbarem (EDTA-löslichem) Blei im Boden von Kalkbuchenwäldern des Teutoburger Waldes am Ende der 1980er-Jahre (Mittelwerte der Untersuchungen verschiedener Autoren). **1**: stammferner Bereich; **2**: Hang abwärts in ca. 1 m Entfernung von einem Buchenstamm; **3**: Hang aufwärts in ca. 1 m Entfernung von einem Buchenstamm.

Box 13.1

Ozon

Neben dem Sauren Regen war Ozon (O_3) ein wichtiger Auslöser der neuartigen Waldschäden. Nach Rückgang der SO_2-Emissionen und damit auch der Verringerung der sauren Niederschläge ist **Ozon** heute wohl einer der bedeutendsten Luftschadstoffe. Hauptquelle ist zur Zeit (Stand 2003) von Kraftfahrzeugen ohne Katalysator gebildetes NO_2, das unter dem Einfluss von Sonnenlicht mit O_2 reagiert (siehe Gleichung 13.1). Hohe O_3-Konzentrationen treten daher nur in sommerlichen Schönwetterperioden auf. Bei Dunkelheit verläuft die Reaktion in umgekehrter Richtung. Wird O_3 in Reinluftgebiete verdriftet, so kann dort keine Rückbildung erfolgen, weil NO fehlt.

$$NO_2 + O_2 \rightleftharpoons NO + O_3$$

Gleichung 13.1

Hohe O_3-Konzentrationen wirken auf die Mehrzahl der Pflanzen direkt schädigend und sind auch für die Gesundheit des Menschen bedenklich. Während also ein Anstieg der Ozon-Konzentration in der Atmosphäre schädigend auf Organismen einwirkt, ist eine Abnahme der Ozon-Konzentration in der Stratosphäre, wie sie durch FCKW-Emissionen verursacht wird, fast noch bedenklicher. Der Ozon-Gehalt der Stratosphäre stellt nämlich einen wirksamen Schutzschild gegen die karzino- und mutagene UV-Strahlung dar. Leider besteht keine Beziehung zwischen dem O_3-Gehalt der unteren Schichten der Atmo- und dem der Stratosphäre. Der Anstieg der O_3-Konzentration in der Atmosphäre kann also die Abnahme in der Stratosphäre nicht ausgleichen.

Solange in den einzelnen Haushalten mit Holz, Braunkohle oder Kohle gekocht und geheizt wurde und Kohle den wichtigsten Energielieferanten für die Schwerindustrie darstellte, war die Luftverschmutzung zunächst auf Städte und hier insbesondere auf Industriegebiete beschränkt. Zur Verringerung der dort sehr starken Luftbelastung wurden nach dem Zweiten Weltkrieg hohe Industrieschornsteine gebaut, um die Emissionen weiter zu streuen und damit zu verdünnen. Gleichzeitig wurden Staubfilter eingebaut. Beides zusammen führte tatsächlich zu einer Verbesserung der Luft in Städten und Industriegebieten, verschlechterte jedoch den Luftzustand in den bisherigen Reinluftgebieten. Die Erhöhung der Immissionsquellen (Schornsteine) führte nämlich zu einer erheblich längeren Verweildauer der Schadstoffe in der Luft und damit zur Bildung aggressiver Radikale sowie starker Säuren (H_2SO_4 aus

Tab. 13.2 Verursacher des anthropogenen Treibhauseffektes[1)]

Spurengas	Anteil
CO_2	61 %
CH_4	15 %
FCKW	11 %
N_2O	4 %
O_3	< 9 %

[1)] aus SCHÖNWIESE (2002)

bei der Verbrennung von Kohle, Braunkohle und Holz entstehendem SO_2; HNO_3 aus NO_2, das sich bei hohen Temperaturen im Auspuff von Kraftfahrzeugen mit Verbrennungsmotoren bildet). Diese Säuren waren die Grundlage der **Sauren Niederschläge**.

Die erste großflächig zu beobachtende Auswirkung der sauren Niederschläge war die **Versauerung** oligotropher Gewässer, wie sie insbesondere in Skandinavien und Nordamerika Ende der 1970er-Jahre festgestellt wurde. Oligotrophe Gewässer waren deshalb betroffen, weil sie kaum gepuffert sind und daher auf den Säureeintrag nahezu sofort mit einer Veränderung des pH-Wertes reagieren. Eutrophe Gewässer sind dagegen gut gepuffert und zeigen dementsprechend keine Reaktion auf saure Niederschläge. Die Gewässerversauerung führte zu einer nahezu völligen Vernichtung der bis dahin vergleichsweise reichen Fauna und Flora dieser Gewässer. Übrig blieben einige wenige säuretolerante Arten.

Wie in Kapitel 14 gezeigt wird, hat der pH-Wert des Bodens einen entscheidenden Einfluss auf den Ionen-Haushalt und damit auf die bodenbewohnenden Organismen, also auch die Pflanzenwurzeln. Die vom Sauren Regen bewirkte Versauerung der Waldböden war daher ein wichtiger Faktor bei der Entstehung der so genannten **neuartigen Waldschäden** (oft auch als »Waldsterben« bezeichnet, s. Box 13.1), die in Mitteleuropa zu Beginn der 1980er-Jahre auftraten. Neben solchen indirekten Wirkungen saurer Niederschläge über den Bodenpfad wurden auch direkte nachgewiesen, zum Beispiel die Korrosion bzw. vorzeitige Alterung der Cuticula sowie die Auswaschung von Nährstoffen aus den Blättern.

Weil das Klima von den Wechselwirkungen zwischen unterschiedlich schnell reagierenden Systemen abhängt (Atmosphäre, Ozeane, Eisgebiete, Vegetationsverteilung), aber auch von externen Faktoren wie der Strahlungsintensität der Sonne, verändert es sich ständig auf natürliche Weise. Unabhängig von diesen natürlichen Klimaänderungen steht jedoch fest, dass seit Beginn der Industrialisierung wichtige klimarelevante Stoffe in der Atmosphäre auf Grund menschlicher Tätigkeiten deutlich zugenommen haben. Nach Ansicht des »Zwischenstaatlichen Ausschusses für Klimaveränderung« (Intergovernmental Penal on Climate Change, IPCC) sprechen alle wissenschaftlichen Befunde dafür, dass der Mensch einen erkennbaren Einfluss auf das globale Klima ausübt. Dieser Einfluss erfolgt durch die Emission der so genannten **Treibhausgase** (Tab. 13.2 und 13.3). Eine Zunahme der Konzentration dieser Gase, wie sie für CO_2 nachgewie-

Herkunft der anthropogenen Emissionen von Treibhausgasen[1)] | **Tab. 13.3**

Stoff	Verursacher
CO_2	75 % fossile Energie, 20 % Waldrodungen, 5 % Holznutzung (Entwicklungsländer)
CH_4	27 % fossile Energie, 23 % Viehhaltung, 17 % Reisanbau, 16 % Abfälle (Müll, Abwasser), 11 % Biomasse-Verbrennung, 6 % Tierexkremente
FCKW[2)]	Treibgas in Spraydosen, Kältetechnik, Dämm-Material, Reinigung
N_2O	23-48 % Bodenbearbeitung (einschl. Düngung,), 15-38 % chemische Industrie,
O_3	17-23 % fossile Energie, 15-19 % Biomasse-Verbrennung
	indirekt über Vorläufersubstanzen wie z.B. Stickoxide (NOx u.a. Verkehrsbereich)

[1)] aus SCHÖNWIESE (2002) [2)] Fluor-Clor-Kohlenwasserstoffe

sen ist (Abb. 13.2), bewirkt eine Zunahme der, bisher positiven, Treibhauswirkung der Atmosphäre. Ohne diese wären die Oberflächentemperaturen auf der Erde ähnlich extrem wie auf dem Mond (−160 °C bis +130 °C).

Aus der bisher beispielsweise für Deutschland im Zeitraum von 1901 bis 2000 nachgewiesenen Erhöhung der bodennahen Lufttemperatur von 0,9 °C (SCHÖNWIESE 2002), kann das zukünftige Ausmaß der Temperaturerhöhung aus folgenden Gründen nicht abgeschätzt werden:

- Die hohe Wärmespeicherkapazität der Ozeane verzögert die volle Ausprägung der Erwärmung um Jahrzehnte.
- In manchen Regionen sorgen Sulfataerosole für eine Reflexion von Strahlung und bewirken damit eine Abkühlung.
- Nahezu alle klimarelevanten Beimengungen der Atmosphäre stammen aus der Biosphäre oder werden von dieser zumindest stark be-

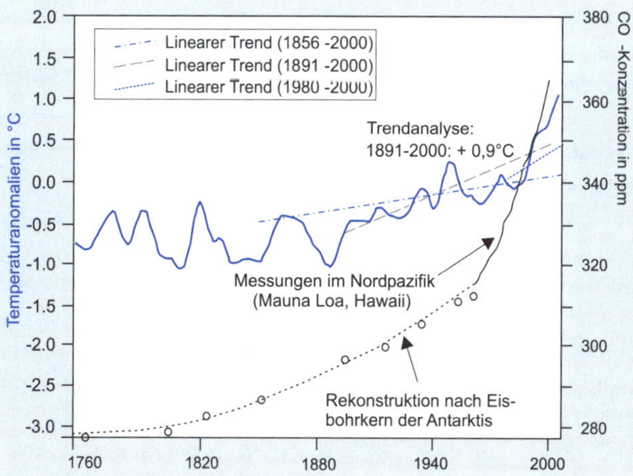

Abb. 13.2

Verlauf der atmosphärischen CO_2-Konzentrationen am Mauna-Loa (Hawaii) und Trends der relativen jährlichen Variationen (Anomalien, Referenzintervall 1961–1990) der global gemittelten bodennahen Lufttemperatur (nach verschiedenen Quellen zusammengestellt von SCHÖNWIESE 2002).

einflusst. Um den weiteren Verlauf der Temperaturen voraussagen zu können, müsste also die Reaktion der Biosphäre genau bekannt sein.

- Ein sehr wichtiger Treibhausfaktor, der Wasserdampfgehalt der Atmosphäre, wird nicht in erster Linie vom Menschen, sondern von der Biosphäre und vom Klima selbst beeinflusst, so dass für die Entwicklung dieser Komponente kein zuverlässiges Modell erstellt werden kann.

Als Folge der Erwärmung ist im Verlauf des 21. Jahrhunderts mit einer Umverteilung der Niederschlagszonen und damit einer Verschiebung der Biome und der landwirtschaftlichen Anbauzonen zu rechnen. Dabei wird der Meeresspiegel ansteigen und verstärkte Küstenerosionen verursachen. Weil die Zwischenwirte für viele Infektionskrankheiten, zum Beispiel für Malaria, Wärme und Feuchtigkeit liebend sind, werden sich auch die hiermit verbundenen gesundheitlichen Probleme verschieben und wahrscheinlich ausweiten.

Fragen

(Seitenverweise zur Beantwortung)

1 Welche Vorgänge beschreiben den Verlauf von der Freisetzung eines anthropogenen Stoffes in die Umwelt bis zu seinem Auftreffen auf Ökosystemkomponenten? Durch welche dieser Termini werden sowohl Vorgänge als auch Stoffmengen bezeichnet? In welchen Einheiten werden diese Stoffmengen gemessen? (s. Seite 181 ff.)

2 Auf welche Weise bzw. durch welche Vorgänge können anthropogen in die Luft abgegebene Stoffe chemisch verändert werden? (s. Seite 182)

3 Wie entsteht das anthropogene atmosphärische Ozon? Weshalb findet man nach Schönwetterperioden in Reinluftgebieten höhere Ozonkonzentrationen als in Städten und entlang von Autobahnen? (s. Seite 182)

4 Was versteht man im Zusammenhang mit Luftverunreinigungen unter dem Luft- bzw. Boden-Pfad? (s. Seite 183)

5 Weshalb ist die Deposition von Schadstoffen in Waldgebieten größer als auf waldfreien Flächen? (s. Seite 184)

6 Nennen Sie einige indirekte ökologische Wirkungen von Luftverunreinigungen! (s. Seite 185)

7 Erläutern Sie die unterschiedliche Bedeutung von Ozon in der Atmo- und der Stratosphäre! (s. Seite 185)

8 Welche Emittentengruppen sind bzw. waren der Hauptverursacher von Saurem Regen? Welche Stoffe und welche chemischen Vorgänge führen zur Bildung von Saurem Regen? (s. Seite 185 f.)

9 Weshalb ist eine durch Luftschadstoffe bedingte Gewässerversauerung nur bei oligotrophen Gewässern aufgetreten? (s. Seite 186)

10 Fragen

- Nennen Sie einige Treibhausgase! Wieso werden diese so bezeichnet? (s. Seite 186 f.)
- Weshalb lässt sich das Ausmaß der aufgrund von Emissionen von Treibhausgasen zu erwartenden Klimaveränderungen nicht abschätzen? (s. Seite 187)

11

Literatur

HOUGHTON, J. (1994): Globale Erwärmung: Fakten, Gefahren und Lösungswege. Springer, Berlin/Heidelberg/New York etc., 230 S.

GRASSL, H. (2000): Klimaveränderung. Lexikon der Bioethik, Pdf-Version, Gütersloher Verlagshaus, Gütersloh, 392–396.

GUDERIAN, R. (Hrsg.) (2001): Immissionsökologische Grundlagen, Wirkungen auf Boden, Wirkungen auf Pflanzen. Springer, Berlin, 602 S.

PRINZ, B. (2000): Saurer Regen. Lexikon der Bioethik, Pdf-Version, Gütersloher Verlagshaus, Gütersloh, 231-234.

SCHÖNWIESE, C.-D. (1995): Klimaschwankungen. Daten, Analysen, Prognosen, Springer, Berlin, 224 S.

SCHÖNWIESE, C.-D. (2002): Klima in der Diskussion. AFZ Der Wald 8/2002, 386–389.

ULRICH, B. (2000): Waldschäden. Lexikon der Bioethik, Pdf-Version, Gütersloher Verlagshaus, Gütersloh, 749-752.

WITTIG, R. (1986): Acidification phenomena in beech (Fagus sylvatica) forests of Europe. Water, Air and Soil Pollution 31, 317–323.

WITTIG, R. (1989): Impact of air pollution on ecosystems with particular respect to nature conservation. S.IT.E. Atti 7, 343–353

WITTIG, R., NEITE, H. (1983): Sind Säurezeiger im Stammfußbereich der Buche Indikatoren für immissionsbelastete Kalk-Buchenwälder?- Allgemeine Forst Zeitschrift 38, 1112–1113.

14 | Boden

Inhalt

Boden ist die oberste Schicht der Erdrinde.

Unter **Boden** versteht man die aus verwittertem Gestein und organischer Substanz bestehende oberste Schicht der Erdrinde. Boden ist also ein Umwandlungs- und Vermischungsprodukt aus mineralischen und organischen Substanzen. An der Bodenbildung sind physikalische, chemische und biologische Prozesse beteiligt, die Verwitterung genannt werden. Sie werden vom Klima und den im Boden lebenden Organismen sowie auch vom Chemismus der Ausscheidungs- und Abfallprodukte der Lebewesen außerhalb des Bodens hervorgerufen. Boden ist ein dynamisches System: Ständig schreitet die chemisch-physikalische Verwitterung des Gesteinsuntergrundes weiter voran und setzt dort vorhandene Mineralstoffe frei, ständig werden Pflanzenabfälle und Tierkadaver abgebaut und ihre Abbauprodukte in den Boden eingearbeitet. Organismen und Klima sind aber nicht nur an der Bildung und Weiterentwicklung des Bodens beteiligt, sondern der Boden wirkt auch stark auf die Organismen und zumindest lokal auf das Klima zurück (Abb. 14.1).

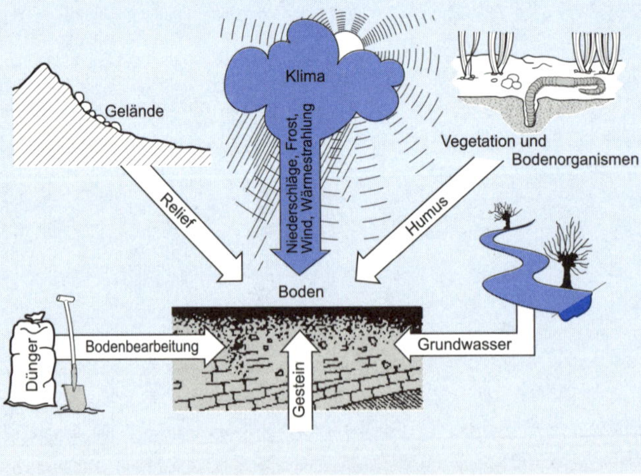

Abb. 14.1 | Die an der Bodenbildung beteiligten Faktorenkomplexe und ihre Wechselwirkungen (aus STREIT & KENTNER 1992).

Der Boden als Drei-Phasen-System

14.1

Physikalisch gesehen ist der Boden ein **Drei-Phasen-System** aus:

- mineralischen und organischen Bestandteilen (fester Phase),
- wassergefüllten Lücken (flüssiger Phase),
- luftgefüllten Lücken (gasförmiger Phase).

Die Eignung des Bodens als Lebensraum für Kleintiere, Algen, Bakterien, Pilze und Pflanzenwurzeln hängt von dem Verhältnis dieser drei Phasen zueinander ab. Dieses wird durch die **Porung** (s. Box 14.1) des Bodens bestimmt, die wiederum von **Körnung** (Größe der Bodenpartikel) und **Lagerungsdichte** abhängt. Je größer und gleichmäßiger die Bodenpartikel sind, umso größer sind aus Gründen der geometrischen Ähnlichkeit auch die Poren. Je abgestufter die Körnung ist, umso mehr können Hohlräume zwischen den großen Partikeln durch kleine Partikel ausgefüllt werden. Die Anordnung der festen Bodenbestandteile nennt man Bodenstruktur oder Bodengefüge, die Geometrie des Bodenhohlraums heißt Porenstruktur. Durch häufiges Betreten oder Befahren werden Böden allmählich verdichtet (Erhöhung der Lagerungsdichte), das heißt Anzahl und Größe der Poren nehmen ab.

Die **Porengröße** ist der entscheidende Faktor für den Wasser- und Lufthaushalt des Bodens und damit für seine Besiedelbarkeit.

Kornfraktionen des Bodens[1)] **Tab. 14.1**

Fraktion	Teilchen
Bodenskelett	> 2 mm
Feinerde	< 2 mm
Sand	63–2000 µm
Schluff	2–63 µm
Ton	< 2 µm

[1)] nach AG Boden 1994.

Hinsichtlich der Körnung des Bodens unterscheidet man das Bodenskelett und die Feinerde, die wiederum in Sand-, Schluff- und Ton Fraktion unterteilt wird (Tab. 14.1). Analog zur Körnung werden auch die Bodenhohlräume nach Größen differenziert. Die Porengröße ist der entscheidende Faktor für den Wasser- und Luftgehalt des Bodens und damit für seine Besiedelbarkeit.

Die Größe der Poren bestimmt auch, ob und in welchem Maße Wasser im Boden aus dem Grundwasserbereich kapillar zur Oberfläche aufsteigen kann. In allen Böden wird die Grundwasseroberfläche von einem Raum überlagert, dessen Poren völlig oder teilweise mit Wasser gefüllt sind, dem **Kapillarsaum**. Man unterscheidet zwischen dem geschlossenen Kapillarsaum, dessen Poren sämtlich wassergefüllt sind und dessen Höhe vom jeweils größten Porendurchmesser bestimmt wird, und dem offenen Kapillarsaum. In letzterem ist sowohl Wasser als auch Luft in den Poren vorhanden. Seine maximale Höhe hängt vom kleinsten Porendurchmesser ab. (Abb. 14.2). Viele Pflanzen können mit ihren Wurzeln nicht in den Bereich des geschlossenen Kapillarsaums eindringen, da dort ein zu großer Sauerstoffmangel herrscht. Weil die kapillare Steighöhe dem Radius der Kapillaren umgekehrt proportional ist, hängt

Box 14.1

Porengrößen

Grobporen (> 50 µm) binden das Wasser nur sehr schwach und werden in Böden ohne Stauschicht durch die Schwerkraft leicht entwässert. Sie sind im wesentlichen für die Bodendurchlüftung verantwortlich und stellen die einzigen Poren dar, die Wurzeln zugänglich sind. **Mittelporen** (0,2 bis 50 µm) können von Wurzelhaaren und Mikroorganismen erschlossen werden und speichern kapillares Wasser, das durch die Pflanzenwurzeln verwertbar ist. **Feinporen** (< 0,2 µm) binden das Wasser so stark, dass es für die meisten Pflanzen nicht mehr verwertbar ist. Diese Poren sind unter humiden Bedingungen fast stets mit Wasser gefüllt. Ein ausschließlich Feinporen enthaltender Boden ist somit kein Drei-Phasen-, sondern lediglich ein Zwei-Phasen-System. Entsprechend enthält ein grobporiger Boden in ariden Regionen kein Wasser, ist also ebenfalls ein Zwei-Phasen-System, allerdings aus Fest- und Gasphase.

die Höhe des geschlossenen Kapillarsaums von der Bodenart ab. Mit zunehmender Korngröße nimmt die Porengröße zu und damit die Höhe des geschlossenen Kapillarsaums (Tab. 14.2). In ariden Gebieten ist bei hohem Grundwasserstand der kapillare Wasseraufstieg zusammen mit der Verdunstung für eine **Bodenversalzung** verantwortlich: Das Kapillarwasser verdunstet an der Bodenoberfläche, die in ihm enthaltenen Salze kristallisieren aus und bilden eine Salzkruste.

Alles im Boden vorhandene Wasser ist letztlich auf die Niederschläge zurückzuführen, von denen stets ein Teil in den Boden eindringt. Wie viel in den Boden gelangt und wie viel oberirdisch abfließt, hängt unter anderem von der Bodenart ab: grobporige Böden können schneller Wasser aufnehmen als feinporige. Bei wolkenbruchartigen Regenfälle nehmen daher zum Beispiel Tonböden weit weniger Wasser auf als Sandbö-

Tab. 14.2 | Höhe des geschlossenen Kapillarsaumes in Abhängigkeit von der Bodenart[1)]

Bodenart	Höhe des Kapillarsaumes	
Geröll	1	↑ zunehmende Korngröße
Kies, Steine	5–10	
Sand	10–20	
Lehmiger Sand	40–50	
Sandiger Lehm	50–60	
Schluff	50–100	

1) nach Mückenhausen (1954)

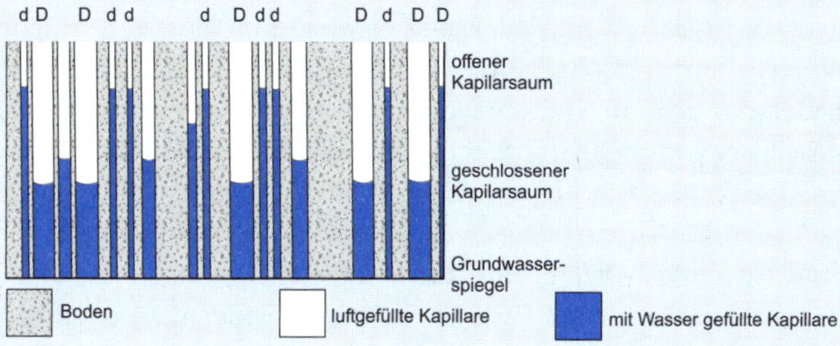

Abb. 14.2

Offener und geschlossener Kapillarsaum im Boden. Die Höhe des geschlossenen Kapillarsaumes wird vom maximalen Porenradius R = D/2, die des offenen vom kleinsten Porenradius r = d/2 bestimmt (aus WITTIG 1979).

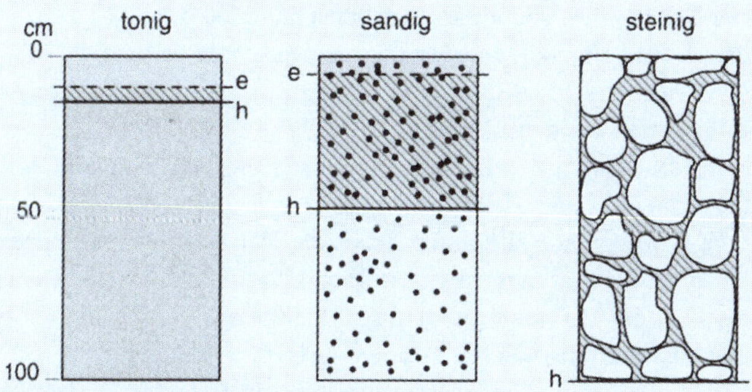

Abb. 14.3

Schematische Darstellung der Wasserspeicherung verschiedener Bodenarten in ariden Gebieten nach einem Regen von 50 mm. **h**: untere Grenze der Bodendurchfeuchtung; **e**: untere Grenze, bis zu der der Boden wieder austrocknet. Der tonige Boden speichert 50 %, der sandige 90 % und der steinige 100 % (aus WALTER & BRECKLE 1999).

den, denn die engen Poren des Tons sind sehr bald »verstopft« und das Wasser fließt oberirdisch ab. In Trockengebieten mit kurzzeitigen heftigen Regenfällen stellen steinige Böden daher bessere Pflanzenstandorte dar als tonige (Abb. 14.3). In den Boden eindringendes Wasser sickert teilweise bis zum Grundwasser durch (Senkwasser). Der Rest, das Haftwasser, wird im Hohlraumgefüge des Bodens gespeichert. Das mengenmäßige Verhältnis von Haft- und Senkwasser wird vor allem von der Bodenart und der Porengrößenverteilung des Bodens bestimmt. In Poren bis zu maximal 60 µm Durchmesser wird Wasser kapillar festgehalten, bei einem größeren Porendurchmesser versickert es. Neben der Porengröße beeinflusst auch der Gehalt an quellbaren Substanzen (Kolloide, organisches Material) die **Feldkapazität** eines Bodens. Unter Feldkapazität versteht man diejenige Wassermenge, die ein natürlich gelagerter Boden gegen die Schwerkraft zurückzuhalten vermag. Sie wird in g H_2O pro 100 ml Boden angegeben.

Die meisten höheren Pflanzen nehmen Wasser mit Hilfe ihres Wurzelsystems aus dem Boden auf. Da das Wasser im Boden kapillar und osmotisch gebunden ist, müssen die Wurzeln eine Saugspannung erzeugen, die größer als die Bodensaugspannung ist. Die von den Pflanzenwurzeln entwickelten Saugspannungen reichen nicht aus, um dem Boden das gesamte Haftwasser, bestehend aus Kapillar- und Adsorptionswasser (= hygroskopisch gebundenes Wasser) zu entziehen, sondern es kann nur ein von Art zu Art verschieden großer Teil des Kapillarwassers genutzt werden. Ist dieser Anteil verbraucht, so beginnt die Pflanze zu welken. Die meisten einheimischen Hygrophyten können schon eine **Bodensaugspannung** von 7 bis 8 bar nicht überwinden. Viele Kulturpflanzen welken bei einer Bodensaugspannung von 10 bis 20 bar, krautige Arten mäßig trockener Standorte und einige Holzpflanzen bei 20 bis 30 bar sowie spezialisierte Xerophyten erst bei weit über 60 bar.

Der Gehalt eines Bodens an **Nährstoffen** hängt ab von:

- dem Nährstoffgehalt des Ausgangsgesteins,
- der Geschwindigkeit der Verwitterungsprozesse (Nachlieferung von Nährstoffen aus dem Mineral),
- dem Nährstoffeintrag in die Böden durch Niederschläge und Bestandesabfall (und eventuell Düngung),
- dem Eintrag von Nährstoffen durch kapillar aufsteigendes oder den Boden horizontal durchströmendes nährstoffreiches Grundwasser,
- dem Entzug von Nährstoffen durch Pflanzenwurzeln,
- der Auswaschung von Nährstoffen durch Sickerwasser.

Merksatz

TONMINERALIEN und HUMUSSTOFFE sind maßgeblich für die Speicherung von Nährstoffen in Böden verantwortlich.

Die in der Regel in Form von Ionen vorliegenden Nährstoffe werden im Boden einerseits durch Adhäsionskräfte, andererseits durch elektrostatische Kräfte gehalten. Je größer die innere Oberfläche des Bodens ist, also je kleiner die Bodenpartikel sind, desto mehr Nährstoffe können durch Adhäsionskräfte gehalten werden. Besonders günstig auf das Nährstoffhaltevermögen eines Bodens wirken sich Tonmineralien und Humus aus, da diese an ihren Oberflächen elektrische Ladungen besitzen. Je höher der Ton- und Humusgehalt eines Bodens, desto höher ist (bei ansonsten gleichen Ein- und Austragsbedingungen) der Nährstoffgehalt.

Lössböden stellen im mitteleuropäischen Klima die produktivsten Böden dar und sind daher fast überall in Ackerland umgewandelt. Ihre Produktivität beruht darauf, dass der hohe Tonanteil eine Auswaschung von Nährstoffen weitgehend verhindert, dass zahlreiche Mittelporen vorhanden sind, die eine Wassernachlieferung aus dem Grundwasser ermöglichen (ohne das Wasser zu stark festzuhalten) und dass genügend Grobporen existieren, um eine ausreichende Durchlüftung des Bodens zu gewährleisten.

Der pH-Wert der Bodenlösung als Standortfaktor | 14.2

Wie jeder aus Erfahrung weiß, können sowohl starke Säuren (hohe H^+-Ionen-Konzentration) als auch starke Basen (hohe OH^--Ionen-Konzentration) direkt schädigend auf den Organismus wirken. Die direkte Schädigung des Plasmas durch zu hohe H^+- Konzentrationen der Bodenlösung setzt etwa unterhalb pH 2,3 ein, OH^--Ionen liegen ab pH 8,9 in schädigender Konzentration vor. Somit können also Böden von pH 2,3 bis pH 8,9 besiedelt werden.

Der für zahlreiche Vorgänge der Bodenbildung sowie die Verfügbarkeit der Nährstoffe bedeutsame **pH-Wert** der Bodenlösung (Abb. 14.4) ist von verschiedenen Faktoren abhängig. Einer der wichtigsten ist der Salzgehalt des Bodens, der aufgrund hydrolytischer Vorgänge dessen pH-Wert beeinflusst. Überwiegen insgesamt Salze starker Basen und schwacher Säuren, so bewirkt die Hydrolyse einen hohen pH-Wert, während umgekehrt ein Übergewicht von Salzen starker Säuren und schwacher Basen zu einem niedrigen pH-Wert führt. Der Salzgehalt des Bodens wird teilweise vom Ausgangsgestein bestimmt, daneben hängt er vom Grundwasser, von der Häufigkeit und Intensität eventueller Überschwemmungen und vom Salzgehalt des überschwemmenden Wassers sowie vom Klima ab. Auch die Organismen sind für die Ionenzusammensetzung mitverantwortlich, da sie dem Boden Ionen entnehmen, andererseits aber auch durch Remineralisation organischer Stoffe wieder zuführen. Die Aufnahme von Kationen durch die Pflanzen erfolgt im Austausch gegen H^+-Ionen. Falls die Remineralisation nicht im gleichen Maße abläuft wie die Nährstoffaufnahme, hat die Nährstoffaufnahme durch die Pflanzen also eine Bodenversauerung zur Folge. Kulturböden sind somit stets der Gefahr einer pH-Wert Absenkung ausgesetzt, da die auf ihnen gewachsenen Pflanzen nicht an Ort und Stelle mineralisiert, sondern vom Menschen geerntet und abtransportiert werden.

Im humiden Klima überwiegt in Böden im Allgemeinen die Versickerung gegenüber dem kapillaren Wasseraufstieg, so dass

Abb. 14.4

Einfluss des pH-Wertes auf verschiedene Vorgänge im Boden und die Verfügbarkeit der Nährstoffe (nach Schroeder 1992)

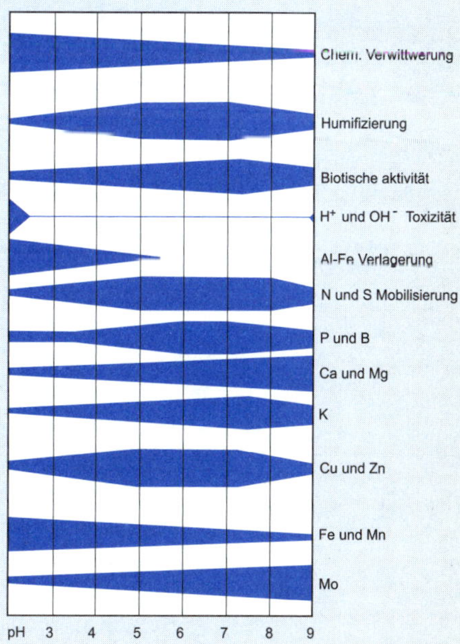

Abb. 14.5

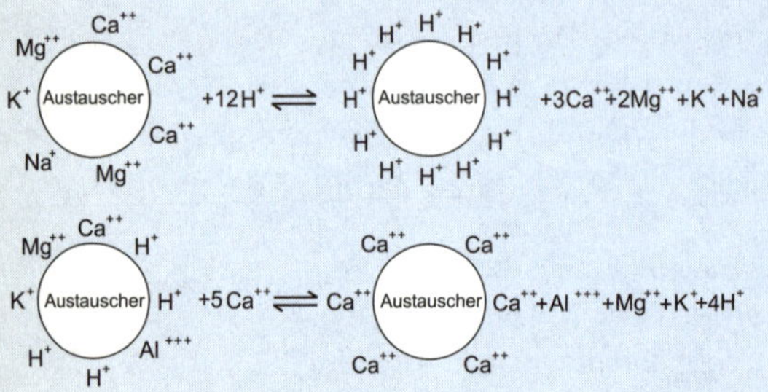

Funktion von Austauschern (schematisch; aus WITTIG 1979).

außer der Vegetation auch die Versickerung für eine Verarmung an leicht auswaschbaren Kationen wie Ca^{2+}, Mg^{2+}, K^+ und Na^+ verantwortlich ist. Da die Auswaschung ebenfalls im Austausch gegen H^+-Ionen erfolgt, unterliegen in humiden Gebieten alle Böden einer allmählichen Oberflächenversauerung.

Auf Ansäuerung läuft auch die Atemtätigkeit der Bodenorganismen und der Pflanzenwurzeln hinaus: Die CO_2-Produktion bewirkt eine Freisetzung von Protonen in der Bodenlösung. Führt der mikrobielle Abbau der organischen Substanzen nicht zur völligen Mineralisation, sondern lediglich zur Bildung von Huminsäuren, so kann hierdurch der pH-Wert im Extremfall bis auf pH 3 erniedrigt werden. Schließlich können chemolithotrophe Mikroorganismen HNO_3 und H_2SO_4, also starke Säuren bilden, was eine Senkung auf Werte unter pH 2,5 zur Folge haben kann.

14.3 Pufferung von Böden

Im Boden sind mehrere **Puffersysteme** wirksam (Tab. 14.3), die anfallende H^+-Ionen reversibel oder irreversibel binden und damit den pH-Wert des Bodens in einem bestimmten Bereich stabilisieren können. Die Pufferung beruht überwiegend auf chemischen Reaktionen, kann aber auch auf Austauscher-Vorgängen basieren. Als Austauscher fungieren anorganische und organische Bodenpartikel, die Ionen reversibel adsorbieren und gegen andere austauschen können (Abb. 14.5). Man unterscheidet zwischen Kationen- und Anionenaustauschern. Kationenaustauscher können H^+-Ionen binden und dafür Metall-Ionen freisetzen, während Anionenaustauscher OH^--Ionen im Austausch gegen PO_4^{3-}, SO_4^{2-}-, NO_3^- oder Cl^--Ionen anlagern. Da Tonmineralien und Humusstoffe, die den Hauptanteil der Austauscher repräsentieren, erst im Laufe der Bodenbildung entstehen, sind Rohböden, das heißt am Anfang ihrer Entwicklung aus dem Muttergestein stehende Böden, weit schlechter gepuffert als ausgereifte.

Optimale Lebensbedingungen herrschen in solchen Böden vor, die sich im Carbonat- oder Austauscherpufferbreich befinden. Im Silikatpufferbereich kann es bereits zu Auswaschungen von Nährstoffen sowie

Natürliche Pufferung von Böden[1)]

Tab. 14.3

pH-Bereich	Pufferbereich	Reaktion(en)	Bemerkungen
8,6–6,2 neutral	Carbonat-Pufferbereich	$CaCO_3 + H^+ + HCO_3^- \rightarrow Ca^{2+} + 2\ HCO_3^-$ oder[2)] $CaCO_3 + 2H^+ + SO_4^{2-} \rightarrow Ca^{2+} + SO_4^{2-} + H_2O + CO_2$	Ca^{2+} als dominierendes Kation am Austauscher und in der Bodenlösung; Auswaschung von Ca
6,2–5,0 schwach sauer	Silikat-Pufferbereich	Verwitterung primärer Silikate unter Freisetzung von Nährstoffkationen	geringe Nährstoff-Auswaschung
5,0–4,2 mäßig sauer	Austauscher-Pufferbereich	Verdrängung von Ca^{2+} am Austauscher durch $Al_2\ (OH)_5^+$ und Al_3^+	Auswaschung von Ca^{2+} und Mg^{2+}; nachlassende Konkurrenzfähigkeit von Edellaubhölzern und anspruchsvollen Bodenpflanzen
4,2–3,8 stark sauer	Al-Pufferbereich	$AlOOH \times H_2O + 3H^+ \rightarrow Al^{3+} + 3\ H_2O$	austauschbare Vorräte von Ca^{2+} u. Mg^{2+} nahe Null; Auswaschung von Al und Mn
3,8–3,2 extrem sauer	Al/Fe-Pufferbereich	$Fe(OH)_3 + 3H^+ \rightarrow Fe^{3+} + 3H_2O$	hohe Konzentration von Al^{3+} u. Fe^{3+} in der Bodenlösung; Wachstumsbeeinträchtigung für alle Pflanzen

1) nach ULRICH (1991),
2) bei saurem Niederschlag (H_2SO_4; analog auch mit HNO_3).

zum Ausfall einiger besonders säureempfindlicher Arten kommen. Im Aluminium- und Eisenpufferbereich werden Aluminium- beziehungsweise Eisenionen freigesetzt, die auf eine Vielzahl von Organismen toxisch wirken. In solchen Böden werden Pflanzenwurzeln häufig geschädigt und die Bodenfauna ist sehr artenarm (zum Beispiel weitgehendes Fehlen von Regenwürmern). Entsprechend wird die Humusauflage nur schlecht in den Boden eingearbeitet, was zu hohen Auflagen von unzersetzter Streu führt. Da die in der toten Pflanzenmasse gespeicherten Nährstoffe somit dem Boden nur sehr verzögert zurückgegeben werden, führt dies zur Verarmung an Nährstoffen (insbesondere Kalzium- und Magnesiumionen) und damit zu einer weiteren Absenkung des pH-Wertes (Verschlechterung des Pufferzustandes). Da in humiden Regionen im Boden mehr Wasser versickert als kapillar wieder aufsteigt, kommt es dort überall zu einer (allerdings sehr langsam ablaufenden) oberflächlichen Bodenversauerung. Anthropogen ist dieser Prozess vielerorts stark beschleunigt worden. Entnahme von Biomasse ohne anschließende Zufuhr der mit der Biomasse entnommenen puffernden Substanzen hat, insbesondere in von Natur aus nährstoffarmen und relativ sauren Böden, zu starker weitergehender Versauerung und damit verbundenen bodenverändernden Prozessen geführt (Podsolierung der Böden in atlantischen Heiden: s. Abschnitt 17.1). Während dieser Prozess immerhin einige Jahrhunderte in Anspruch genommen hat, hat der Saure Regen innerhalb von ein bis zwei Jahrzehnten dazu geführt, dass Böden, die sich ursprünglich im Austauscher- oder Silikat-Pufferbereich befunden haben, in den Aluminium- oder Eisenpufferbereich überführt wurden. Inzwischen wird vielerorts versucht, diese negative Entwicklung durch regelmäßige Kalkung der Waldböden wieder umzukehren. Eng verbunden mit der Bodenversauerung ist die Gewässerversauerung, die nicht nur durch direkten Eintrag von Säuren über die Niederschläge in die Gewässer erfolgte, sondern auch durch Auswaschung von Eisen- und Aluminiumionen und deren Verfrachtung in Gewässer.

14.4 Bodenprofile und Bodentypen

Bodenprofil: Zweidimensionaler senkrechter Schnitt durch einen Boden, der die Abfolge der Horizonte flächenhaft zeigt.

In jedem Boden sind mehr oder weniger oberflächenparallele Schichten zu erkennen, die als **Horizonte** bezeichnet werden. Die unterschiedliche Art und Abfolge der Horizonte wird zur Unterscheidung der verschiedenen Bodentypen herangezogen. Den zweidimensionalen senkrechten Schnitt durch einen Boden, der die Abfolge der Horizonte flächenhaft zeigt, nennt man **Bodenprofil** (Abb. 14.6).

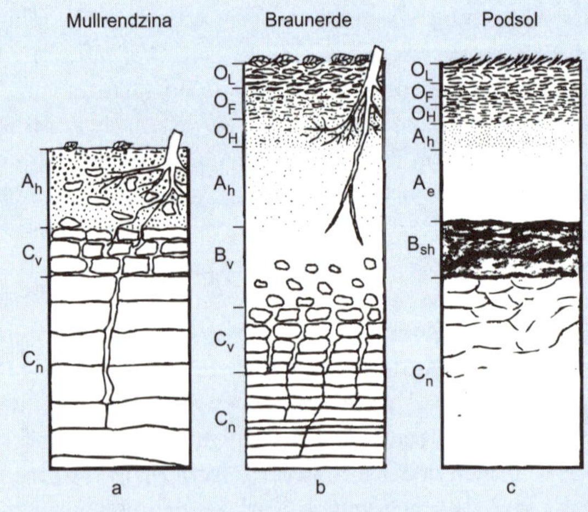

Abb. 14.6

Schematische Profile häufiger einheimischer Bodentypen. **a**: Mullrendzina aus Kalkstein (Kalkbuchenwald); **b**: Braunerde aus Grauwacke des Rheinischen Schiefergebirges (bodensaurer Moder-Buchenwald); **c**: Podsol aus Sand (bodensaurer Nadelwald). **O** = O-Horizont, organisches Material, das auf dem Mineralboden abgelagert ist. **O_L** = nicht zersetzte Streuauflage (L von engl. litter = Streu). **O_F** = ± zersetzte Pflanzenteile, Strukturen makroskopisch noch erkennbar (F von Fermentation). **O_H** = stark zersetzte organische Substanz (Huminstoffe) ohne erkennbare Pflanzenstrukturen (H von Humus). **A** = A-Horizont, ein im obersten Profilbereich gebildeter Mineralbodenhorizont. **A_h** = durch Huminstoffe dunkel gefärbter Mineralbodenhorizont. **A_e** = verarmter, gebleichter, hellgrauer Horizont des Podsols (e von engl. elution = Auswaschung). **B** = B-Horizont, allgemein ein durch Bodenbildungsvorgänge zwischen A- und C-Horizont entstandener Bodenhorizont nicht wasserbeeinflusster Böden. **B_v** = durch Mineralverwitterung verbraunter und verlehmter Horizont zwischen A und C (v von verwittert). **B_{sh}** = Teil des B-Horizontes, in dem sich Sesquioxide (s) und Huminstoffe (h) angelagert haben. **C** = C-Horizont, Ausgangsgestein. **C_v** = Teil des C-Horizontes, der Verwitterungsspuren zeigt (v von verwittert). **C_n** = nicht verwittertes Ausgangsgestein (n von lat. novus = neu) (nach Bick, 1999).

Für die Darstellung von Bodenprofilen werden standardisierte Signaturen benutzt, wobei man zur Charakterisierung von Bodenhorizonten Großbuchstaben und nachgestellte Kleinbuchstaben für eine Unterteilung der Horizonte verwendet. Obwohl definitionsgemäß der Boden ein Gemisch aus organischen und anorganischen Materialien darstellt, die rein organische Streuauflage sowie der mineralische Untergrund also nicht zum Boden gehören, werden diese Schichten in einem Bodenprofil mit aufgeführt. Bei der organischen Auflage unterscheidet man zwischen der Streuauflage L (nicht oder wenige zersetzte Pflanzensubstanz mit weniger als 10 Vol-% Feinsubstanz) und dem organischen Horizont O (Humusansammlung über dem Mineralboden mit mehr als 10 Vol-% Feinsubstanz). Die Mehrzahl der typischen mitteleuropäischen Böden zeigt ein ABC-Profil, wobei A der mineralische Oberbodenhorizont mit Akkumulation zersetzter organischer Substanz und/oder Verarmung an mineralischer Substanz, und B der mineralische Unterbodenhorizont ist, dessen Farbe und Stoffbestand gegenüber dem Ausgangsgestein durch Akkumulation eingelagerter Stoffe aus dem Oberboden und/ oder fortgeschrittene Verwitterung verändert ist. Den rein mineralischen Untergrundhorizont bezeichnet man als C-Horizont, beziehungsweise bei Grundwassereinfluss als G- und bei Stauwassereinfluss als S-Horizont.

Humus 14.5

Unter **Humus** versteht man die im Boden abgestorbene organische Substanz und ihre organischen Umwandlungsprodukte. Zusammen mit der Biomasse bildet er die organische Fraktion des Bodens, wobei der Humus etwa 85 %, die Biomasse etwa 15 % dieser Fraktion ausmachen.

Je nach Art des Bestandesabfalls, des Klimas sowie der Wasser-, Nährstoff- und pH-Verhältnisse erfolgt die mechanische Zerkleinerung und chemische Umwandlung der anfallenden Nekromasse nicht auf allen Standorten in gleichem Maße. Es bilden sich daher unterschiedliche Humusformen heraus, wobei drei Haupttypen unterschieden werden:

- **Rohhumus** ist nur geringfügig zerkleinert, die einzelnen Pflanzenteile sind mit bloßem Auge noch gut erkennbar. Er entsteht bei langsam verlaufender Zersetzung, also bei kühlfeuchten anaeroben oder xerothermen Klimabedingungen, bei Basenarmut des Bodens sowie bei hohem Gerbstoffgehalt des organischen Materials, in Mitteleuropa zum Beispiel unter *Calluna*-Heide und Fichten-Forsten;
- **Moder** enthält stark zerkleinerte, aber mit der Lupe noch erkennbare Pflanzenreste, man findet ihn zum Beispiel in bodensauren Buchenwäldern (Moder-Buchenwälder);

Tab. 14.4 | Individuenzahl und Biomasse der häufigsten Boden-Organismen[1)]

Organismengruppe[2)]	N	A
Pilze (Hefe- und Fadenpilze)	2	7 bis 10
Bakterien (inkl. Actinomyceten)	1	7 bis 13
Regenwürmer	9	0 bis 1
Protozoen	3	5 bis 9
Nematoden	5	4 bis 6
Enchyträen	8	2 bis 3
Schnecken	12	0 bis 1
Fluginsekten (Käfer, Larven)	11	0 bis 1
Hundertfüßer und Doppelfüßer	10	-1 bis +1
Algen	4	4 bis 8
Milben	6	3 bis 4
Springschwänze	7	2 bis 3
Asseln	13	-1 bis 0
Webespinnen	14	-1 bis 0

[1)] nach Gisi et al. (1997) [2)] In der Reihenfolge ihrer Biomasse
N: Rangfolge der Organismengruppen bezüglich der Individuen bzw. Zellzahl
A: Größenordnung der Anzahl (in Zehnerlogarithmen).

- **Mull** ist eine Humusform, bei der die Pflanzenreste auch mikroskopisch nicht mehr erkennbar sind. Die Bindung der organischen Substanzen erfolgt in Ton-Humus-Komplexen. Mull ist charakteristisch für basenreiche, nicht vernässte und nicht zu trockene Böden (zum Beispiel Mull-Buchenwälder). Er wird von den Organismen schnell in den Boden eingearbeitet, so dass häufig keine Humusauflage vorhanden ist.

14.6 | Bodenlebewesen (Edaphon)

Intakte Böden sind Lebensraum einer Vielzahl von Arten und Individuen (Tab. 14.4).

Ihre Gesamtheit heißt **Edaphon**, wobei zwischen Bodenfauna und -flora unterschieden wird. Eine andere Unterteilung ist die nach der Größe in Kombination mit dem besiedelten Bodenbereich:

- Hydrophile Mikro- und Mesobiota besiedeln Wasserporen und Wasserfilme der Erdkrümel. Insbesondere handelt es sich um Bakterien, Pilze, Algen, Protozoen, Rotatorien, Tardigraden und Nematoden;
- aerobionte Mesobiota leben in lufterfüllten Poren: Milben, Collembolen und andere kleine Arthropoden (vor allem Junglarven holometaboler Insekten);

- geobionte Makrobiota sind sich durch die Erde wühlende Enchytraeiden, Regenwürmer, Schnecken und größere Arthropoden sowie Wurzeln (außer Baumwurzeln);
- geobionte Megabiota (Wirbeltiere und Baumwurzeln).

Als Anpassungen an das Bodenleben haben sich innerhalb der verschiedenen Organismengruppen konvergent zahlreiche gleichgerichtete Anpassungen ausgebildet, insbesondere:

- mehr oder weniger spindel- oder wurmförmige Körpergestalt,
- Rückbildung von Körperanhängen (außer Grabbeinen),
- Rückbildung der Augen,
- Entwicklung eines feinen Gehör-, Geruchs-, Tast- oder Erschütterungssinnes,
- Rückbildung von Transpirationsschutz.

Fragen

(Seitenverweise zur Beantwortung)

- Was versteht man unter Boden? (s. Seite 190) 1
- Inwiefern ist der Boden ein Drei-Phasen-System? Wodurch wird der Anteil der drei Phasen im Boden bestimmt? (s. Seite 191) 2
- Welche unterschiedlichen Bodenfraktionen unterscheidet man hinsichtlich der Körnung? (s. Seite 191) 3
- Welche Größenklassen von Bodenporen unterscheidet man und welches sind ihre wichtigsten ökologischen Eigenschaften? (s. Seite 192) 4
- Was versteht man unter dem Kapillarsaum? Welche beiden Typen von Kapillarsäumen sind zu unterscheiden? Wovon wird deren jeweilige Höhe bestimmt? (s. Seite 191 f.) 5
- Worauf beruht die in ariden Gebieten häufig zu verzeichnende Bodenversalzung? (s. Seite 192) 6
- Welche Beziehungen bestehen zwischen dem Eindringen und der Speicherung von Niederschlagswasser in den Boden und der Porengröße? (s. Seite 193) 7
- Wo verbleibt das in den Boden einsickernde Niederschlagswasser? (s. Seite 193) 8
- Was versteht man unter Feldkapazität eines Bodens? (s. Seite 193) 9
- Weshalb kann von Pflanzen nicht alles im Boden enthaltende Wasser genutzt werden? (s. Seite 193 f.) 10
- Bei welchen Bodensaugspannungen beginnen Pflanzen (in Abhängigkeit von ihrem Bauplan) zu welken? (s. Seite 194) 11
- Wovon hängt der Gehalt eines Bodens an Nährstoffen ab? (s. Seite 194) 12
- Inwiefern ist der Ton- und Humusgehalt eines Bodens mit seinem Nährstoffgehalt gekoppelt? (s. Seite 194) 13

Fragen

14 - Weshalb stellen Lössböden im mitteleuropäischen Klima die produktivsten Böden dar? (s. Seite 194)
15 - Wovon hängt der pH-Wert der Bodenlösung ab? (s. Seite 195)
16 - Wieso kommt es, dass Böden in Mitteleuropa allmählich oberflächlich versauern? (s. Seite 195 f.)
17 - Auf welche Bodeneigenschaften und welche Vorgänge im Boden hat der pH-Wert der Bödenlösung maßgeblichen Einfluss? (s. Seite 195)
18 - Nennen Sie die Puffersysteme des Bodens und erläutern Sie die jeweils pufferwirksamen Vorgänge! (s. Seite 196 f.)
19 - Welche Stoffgruppen stellen den Hauptanteil der Austauscher im Boden? (s. Seite 196)
20 - Was versteht man unter einem Bodenprofil? Zeichnen Sie das Profil eines häufigen mitteleuropäischen Bodens! (s. Seite 198)
21 - Nennen Sie einige in Mitteleuropa verbreitete Bodentypen! (s. Seite 198)
22 - Was versteht man unter Humus? (s. Seite 199)
23 - Welche Humustypen werden unterschieden? Geben Sie eine kurze Charakterisierung dieser Typen! (s. Seite 199 f.)
24 - Wie bezeichnet man die Gesamtheit der bodenbewohnenden Organismen? (s. Seite 200)
25 - Nennen sie einige typische Anpassungen von Organismen an das Bodenleben! (s. Seite 201)

Literatur

AG Boden (Arbeitsgruppe Boden) (1994): Bodenkundliche Kartieranleitung. 4. Aufl., Schweizerbart'sche Verlagsbuchhandlung, Hannover, 392 S.

Bick, H. (1999): s. Kap. 1

Dunger, W. (1983): Tiere im Boden. 3. Aufl., Neue Brehm Bücherei 327, A. Ziemsen, Wittenberg, 280 S.

Gisi, U., Schenker, R., Schulin, R., Stadelmann, F.X., Sticher, H. (1997): Bodenökologie. 2. neubearb. und erw. Aufl., Thieme, Stuttgart/New York, 350 S.

Kuntze, H., Roeschmann, G., Schwerdtfeger, G. (1994): Bodenkunde. 5. Aufl., UTB 1106, Ulmer, Stuttgart, 423 S.

Mückenhausen, E. (1954): Die Beurteilung des Faktors »Wasser« bei der bodenkundlichen Kartierung. Forstarchiv 25, 269-273.

Popp, W. (1981): Biologie der Bodenorganismen. UTB 1101. Quelle & Meyer, Heidelberg, 224 S.

Schachtschabel, T., Blume, H.-P., Brümmer, G., Hartge, K.-H., Schwertmann, U. (1992): Lehrbuch der Bodenkunde (»Scheffer-Schachtschabel«). 13. Aufl., Enke, Stuttgart, 492 S.

Schinner, F., Sonnleitner, R. (1996): Bodenökologie: Mikrobiologie und Bodenenzymatik. Bd. 1: Grundlagen, Klima, Vegetation und Bodentyp. Springer, Berlin/Heidelberg/New York usw., 450 S.

Schroeder, D. (1992): Bodenkunde in Stichworten. 5., rev. und erw. Aufl., Hirt in der Gebr.-Borntraeger-Verl.-Buchhandl, Berlin, 175 S.

Streit, B., Kentner, E. (1992): s. Kap. 1.

Ulrich, B. (1991): An Ecosystem Approach to Soil Acidification. In Ulrich, B., Sumner, M.E. (Hrsg.): Soil Acidity. Springer, 28-79.

Walter, H., Breckle, S.-W. (1999) s. Kap. 11.

Wittig, R. (1979): s. Kap. 9.

Der Mensch als dominierender Faktor in der Kulturlandschaft

15

Inhalt

Solange sich menschliche Populationen ausschließlich durch Sammeln von Pflanzen und Jagen von Tieren ernährten, entsprach ihre Bedeutung für die von ihnen bewohnten Ökosysteme der von anderen Weidegänger- und Prädator-Arten. Mit dem Übergang zu Viehhaltung und Landwirtschaft begann der Mensch jedoch gestaltend in Ökosysteme einzugreifen. In der Kulturlandschaft und noch mehr in der technisierten Stadt- und Industrielandschaft ist er heute zum dominierenden Umweltfaktor geworden.

Auswirkungen der Eingriffe des Menschen in Ökosysteme.

15.1 Entstehung der Kulturlandschaft

Ohne Eingreifen des Menschen wäre Mitteleuropa überwiegend von Laubwäldern bedeckt.

Ohne Eingreifen des Menschen wäre Mitteleuropa, mit Ausnahme der Moore und Hochgebirge sowie weniger kleinflächiger Sonderstandorte (salz- und schwermetallreiche Böden, steile Felshänge) ein Waldland, wobei der Laubwald deutlich überwiegen würde. Die vom wirtschaftenden Menschen umgestaltete Landschaft wird als Kulturlandschaft bezeichnet. Ihr steht die (in Mitteleuropa allenfalls noch in kleinen Resten vorhandene) Naturlandschaft gegenüber, zu der diejenigen Ökosysteme gehören, die sich nach der letzten Eiszeit unabhängig von menschlichen Aktivitäten entwickelt haben.

Die Mehrzahl der bei uns heute vorhandenen Arten hatte sich während der Eiszeit in wärmere Regionen jenseits der Alpen zurückgezogen. Die Geschwindigkeit der Wiedereinwanderung nach der Eiszeit war bei sehr mobilen Tierarten (Vögeln, Säugern, Mehrzahl der Insekten) sehr hoch, bei ortstreuen, wenig mobilen Arten (zum Beispiel Schnecken) dagegen erheblich niedriger. Manche kleine, an sich »langsame« Arten wurden allerdings passiv von größeren Arten im Fell oder Federkleid mitgeschleppt und so schneller verbreitet, als es ihnen auf aktivem Wege möglich gewesen wäre. Ähnliche Unterschiede gab es im

Pflanzenreich: Arten mit vom Winde transportierten Verbreitungseinheiten kamen früher an als Arten mit weniger effektiven Verbreitungsmechanismen.

15.1.1 Die wichtigsten menschlichen Eingriffe

Bezüglich der menschlichen Eingriffe sind in Mitteleuropa zwei Perioden zu unterscheiden:

- Zeit der **Extensivwirtschaft**: umfasst die vorgeschichtliche Zeit, das gesamte Mittelalter und dauerte bis in die Neuzeit hinein (siehe Abschnitt 17.1).
- Zeit der **Intensivwirtschaft**: je nach Region im 18. oder 19. Jh., in einigen abgelegenen Gebieten auch erst im 20. Jh. beginnend (siehe Abschnitt 17.2).

Die wichtigsten menschlichen Eingriffe im Zuge der Extensivwirtschaft waren:

- Holzentnahme (Bauholz, Brennholz, Werkholz),
- Eintrieb von Vieh in den Wald (Waldweide, Waldhude),
- Rodung von Waldflächen für Ackerbau und Siedlung,
- Be- und Entwässerung von Flächen (in der Regel solcher Flächen, die entweder als Acker oder aber als Grünland genutzt wurden).

Die beiden ersten Nutzungen bewirkten eine Veränderung der Artenkombination der Wälder. Beide Nutzungen bedeuten nämlich:

- Benachteiligung (Entnahme oder Beschädigung: Abhacken, Abpflücken, Verbiss) von Arten mit bestimmten Qualitäten (gutes Bauholz, gutes Brennholz, vom Vieh gerne gefressen);
- Förderung von Arten mit bestimmten Eigenschaften (ungeeignete Holzqualität, vom Vieh verschmäht).

Die Eingriffe des Menschen in die Landschaft hat zunächst deren Diversität und als Folge davon die Artenvielfalt stark vergrößert.

Neben diesen direkten Wirkungen auf die Organismenzusammensetzung ergaben sich auch indirekte über die Veränderung der Standorteigenschaften:

- Auflichtung und dadurch Förderung lichtliebender Arten, Benachteiligung schattenbedürftiger Arten;
- Veränderung des Temperaturregimes (stärkere Temperaturschwankungen, an Sonnentagen insbesondere an Südseiten sehr hohe Temperaturen), dadurch Förderung entsprechend angepasster Arten; Zurückdrängung von Arten, die ein eher ausgeglichenes Klima benötigen.

Die alte, weitgehend extensiv bewirtschaftete Kulturlandschaft war erheblich vielfältiger (Lebensräume, Arten) als die ursprüngliche Naturlandschaft. Hierfür gibt es zwei Gründe:

- Wald wirkt ausgleichend, Nutzung bringt auch kleinere Standort-

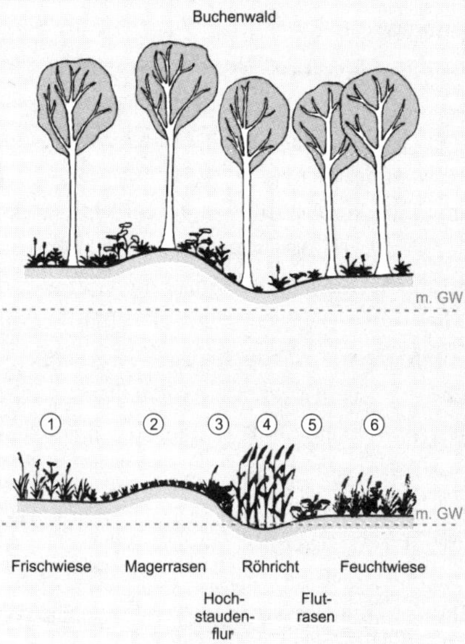

Abb. 15.1

Wald gleicht geringe Standortunterschiede aus, die sich nach Schlag des Waldes differenzierend auswirken. Daher entstehen, selbst bei gleicher Folgenutzung (hier Mahd), in der Regel mehrere Ersatzgesellschaften aus einer Waldgesellschaft. Zur Differenzierung der Nachfolgevegetation trägt außerdem bei, dass der mittlere Grundwasserstand nach Schlag des Waldes während der Vegetationsperiode deutlich höher liegt als unter Wald.

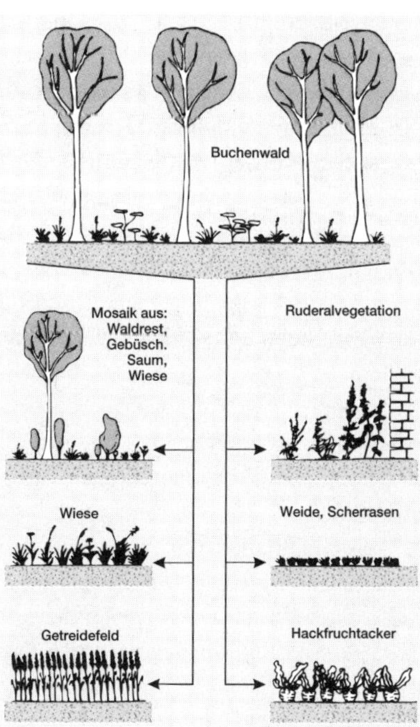

Abb. 15.2

Durch unterschiedliche Nutzung können aus einem Waldökosystem-Typ verschiedene Typen von Kulturökosystemen entstehen.

unterschiede, die sich unter Wald nicht auswirken, zur sichtbaren Ausprägung (siehe Abb. 15.1);
- kleinräumig unterschiedliche Nutzung wirkt differenzierend (siehe Abb. 15.2).

Die heutige intensive, oft großflächig gleichförmige Nutzung der Landschaft führt zu einer Reduktion der Artenvielfalt bis zu einem Niveau, das weit unter dem der ehemaligen Naturlandschaft liegt.

Die heute übliche großflächig einheitliche und intensive Nutzung führt dagegen zur Nivellierung von Standortunterschieden und damit zur Verarmung der Landschaft, zum Beispiel durch Entwässerung feuchter, Bewässerung trockener und Düngung nährstoffarmer Böden. Außerdem werden die im Zuge der früheren kleinräumigen Bewirtschaftung entstandenen landschaftsdifferenzierenden Elemente (Hecken, Baum- und Gebüschgruppen, Alleen, Einzelbäume, Hohlwege, Lesesteinhaufen, Feuerlöschteiche etc.) nach und nach vernichtet. Auch die zahlreichen Eingriffe in den Wasserhaushalt (Abschnitt 15.1.5) haben die Vielfalt der Landschaft verringert.

15.1.2 Wald- und Forstwirtschaft

Für die Köhlerei aber auch zur Herstellung von Werkzeugen (vor allem Stielen für Hacke, Schaufel, Spaten etc.) benötigte man früher Stangenholz. Zu seiner Gewinnung wurde die so genannte **Stockschneitelung** betrieben: Abhacken der Bäume unmittelbar oberhalb des Bodens. Der Stockausschlag wurde je nach Boden, Klima und benötigtem Stangendurchmesser alle sieben bis zwanzig Jahre wieder abgeschlagen. Der auf diese Weise entstehende Wald heißt **Niederwald**. In früheren Zeiten wurden oft ganze Regionen als Niederwald genutzt. Die Buche ist nur im atlantischen Klima als Niederwaldbaum geeignet, bei subkontinentalem oder submediterranem Einschlag des Klimas (zum Beispiel: Mittelrhein-, Mosel- und Nahetal, Süddeutschland, Österreich) wird sie durch Niederwaldwirtschaft zurückgedrängt und Eichen und die Hainbuche gefördert. So sind in vielen Regionen anthropogene Eichen-Hainbuchenwälder entstanden.

Mancherorts wurden einige Bäume von der Stockschneitelung ausgenommen, um Bauholz vorzuhalten und Samenbäume zu haben. Einen solchen Wald, der ein Gemisch aus Nieder- und Hochwald darstellt, nennt man **Mittelwald**.

Der heutige Waldtyp, der nur aus hohen Bäumen besteht, heißt **Hochwald**. Großflächig gibt es ihn erst seit Beginn der Forstwirtschaft (ca. 16. Jahrhundert). Kleinflächig war er eventuell in bevorzugten Jagdgebieten der Landesherren (»Tiergärten«), in denen die Bevölkerung kein oder nur eingeschränktes Nutzungsrecht hatte, auch in früheren Zeiten existent.

Dort, wo **Waldweide** betrieben wurde, konnte man keine Stockschneitelung vornehmen, da die Austriebe vom Vieh verbissen wurden.

Die Bäume wurden deshalb in einer vom Vieh nicht erreichbaren Höhe geschneitelt (Kopf- oder Astschneitelung: Kopfbäume, astlose Bäume).

Hudewälder stellen ein Gemisch aus offenen Flächen, Gebüschen (mit Säumen) sowie Waldrelikten und -pionierstadien sowie Einzelbäumen dar. Die Einzelbäume (Eiche, Buche etc.) weisen meist eine durch Kappen zunächst des Spitzentriebes bewirkte Verbreiterung der Krone auf. Zweck dieser Kronenverbreiterung war eine eine Erhöhung der »Mast« (Eichel- und Bucheckernproduktion). Eine weitere Waldnutzung bestand früher in der Gewinnung von Streu und Laubheu, das man in der »Laube« trocknen ließ.

Die wichtigsten Baumarten Deutschlands im Jahr 2000[1)] Tab. 15.1

Art /Gattung	% der Forstfläche
Buche (*Fagus sylvatica*)	20
Eichen (*Quercus* spec.)	9
Sonstige Laubhölzer	5
Fichte (*Picea abies*)	30
Sonstige Nadelhölzer	36

[1)] nach diversen Quellen

Angepflanzte Wälder bezeichnet man meist als **Forst**. Kowarik (1995) schlägt jedoch vor, nur dann von Forst zu sprechen, wenn die Gehölzartenkombination von der des für den betreffenden Standort charakteristischen Naturwaldes abweicht. Weil es für das System langfristig gesehen unerheblich ist, auf welche Weise es begründet wurde, ist dieser Vorschlag aus ökologischer Sicht sehr sinnvoll. Die moderne Forstwirtschaft hat in erster Linie die Holzproduktion zum Ziel. Daneben haben Wälder (Forste) wirtschaftliche Bedeutung als Erosionsschutz, Wassergewinnungsflächen und Erholungsgebiete. Wegen der vorrangigen Holzproduktion werden schnell wachsende Nadelhölzer vielerorts den einheimischen Laubbäumen vorgezogen. Die ehemals in Mitteleuropa dominierenden Laubhölzer nehmen daher heute nur noch gut ein Drittel des Wirtschaftswaldes ein (siehe Tab. 15.1), werden im Staatsforst inzwischen aber wieder gefördert.

Hinsichtlich der Holzernte ist zwischen großflächigem Kahlschlag und der gezielten Entnahme von Einzelbäumen zu unterscheiden. Letzteres wird **Plenterwirtschaft** genannt und entspricht dem natürlichen Waldzyklus weitgehend, ist also aus ökologischer Sicht zu favorisieren.

Entwicklung des Grünlands 15.1.3

Weitergehende Beweidung (s. auch Box 15.1) führt zu immer offeneren Landschaften: Je nach Produktivität des Bodens und der damit verbundenen Regenerationsfähigkeit der Vegetation entstehen großflächige Rasen oder Zwergstrauchheiden (Abschnitt 17.1) mit Gebüschinseln und oft nur noch sehr kleinen Waldresten oder ein sehr kleinräumiges Mosaik aus Rasen, Gebüschen und Waldinseln. Letzteres ist zum Beispiel

Box 15.1

Allmende und Weidewirtschaft

Allmendproblem: Die individuelle Nutzung einer im Allgemeinbesitz befindlichen Ressource führt in der Regel zu einer Schädigung oder zu einer Verknappung (bis hin zur völligen Vernichtung) dieser Ressource.

Teilweise bis zum Ende des 19. Jahrhunderts wurde das Weidevieh in Mitteleuropa auf nicht eingezäunten, im Gemeinschaftsbesitz befindlichen Flächen (Allmende, gemeine Mark) gehalten. Das Vieh musste daher gehütet werden, weshalb man auch von Hutweiden spricht. Die Tatsache, dass Allgemeinbesitz weniger verantwortlich behandelt wird als Privatbesitz, führte häufig zur Übernutzung der Weideflächen und damit zur Vegetations und Bodendegradation und schließlich zu Erosion. Ökologische Probleme, die aus der gemeinschaftlichen Nutzung einer im Allgemeinbesitz befindlichen Ressource resultieren (zum Beispiel Luft- und Gewässerverschmutzung) werden daher als Allmendproblem bezeichnet. Erst nach der Privatisierung der Allmende (Markenteilung) entstanden eingezäunte Standweiden, auf denen das Vieh etwa von April bis Oktober gehalten wurde. Da eine derartige Dauerbeweidung zu Bodenverdichtung, starker Förderung nicht gefressener »Weideunkräuter« (giftige, bewehrte oder schlecht schmeckende Arten) führt, wurden seit etwa Mitte des 20. Jahrhunderts viele Standweiden durch Umtriebsweiden oder Rotations-Mähweiden ersetzt (Aufteilung der Weidefläche in 8 bis 12 Teile; gesamter Viehbestand verbleibt jeweils wenige Tage auf einer dieser Koppeln, bis die Weide gleichmäßig abgefressen ist, dann Wechsel auf die nächste Teilfläche; am Ende der Vegetationsperiode Mahd aller Flächen). Das Resultat dieser Bewirtschaftung ist »die langweiligste Gemeinschaft, die ein Vegetationskundler sich denken kann« (ELLENBERG 1996: 65).

das typische Bild des Biotopkomplexes der mitteleuropäischen thermophilen Vegetation (siehe Abschnitt 17.2.2).

Beweidung und Mähen führen zu physiognomisch ähnlichen Ökosystemtypen, die sich aber artenmäßig deutlich unterscheiden. Auf die Unterschiede wird in Abschnitt 17.3 eingegangen.

15.1.4 Entwicklung der Ackerlandschaft

Ackerbau wird in Mitteleuropa seit über 7000 Jahren betrieben (FANSA 1988, KÜSTER 1982) und hat sich in enger Verbindung mit der Viehhaltung entwickelt, da Stallmist als Dünger eine wichtige Grundlage bildete. Beide Wirtschaftsweisen kamen von Kleinasien über den Balkan nach Mitteleuropa. Wie noch heute in den Tropen üblich, wurden die Äcker zunächst nicht kontinuierlich bebaut, sondern Anbauphasen wechselten mit Brachejahren ab, in denen sich die durch den Entzug der geernteten Biomasse ausgelaugte Böden regenerieren konnten. In den Brachezeiten, aber saisonal auch in den Anbaujahren (vor der Halmentwicklung des Getreides und nach der Ernte) wurden die Äcker beweidet. Äcker und Weiden waren daher früher ähnlichere Lebensräume als sie es heute sind.

15.1.5 Eingriffe in den Wasserhaushalt

Die Bestrebungen des Menschen, einen möglichst großen Teil der Landfläche intensiv zu nutzen, haben zu vielfältigen Eingriffen in den Landschaftswasserhaushalt geführt:

- Begradigung und Eindeichung der Flüsse; Folgen: Vernichtung der Auen, Vernichtung flusstypischer Standorte wie Kiesbänke, Steilufer, Flutmulden, Abschneiden von Mäanderschlingen, schneller Wasserabfluss, Fehlen von Rückhalteräumen (dadurch Erhöhung der Hochwassergefahr);
- Entwässerung von Feuchtstandorten; Folgen: Grundwasserabsenkung, Rückgang vieler Feuchtgebietsarten;
- Abtorfung von Mooren (s. Abb. 21.1); Folge: lokales bis regionales Aussterben und landesweit starke Gefährdung fast aller Arten der Hochmoore sowie auch zahlreicher Arten anderer Moortypen.
- Anlage von Wehren und Staudämmen; Folgen: Verkleinerung des Überflutungsbereiches, Änderung von Sauerstoff- und Temperaturregime des gestauten Gewässers sowie Aussterben wandernder Fische.
- Eindeichung der Meeresküsten (siehe Abb. 10.7); Folge: Verlust salzbeeinflusster amphibischer Biotope (Salzwiesen, Brackwasserröhrichte).

Weitere Eingriffe des Menschen erfolgten zum Zwecke der Trink- und Brauchwassergewinnung, wobei die Wassergewinnung vielerorts zum Versiegen von Quellen und zur Grundwasserabsenkung geführt hat. Auch die Anlage und der Betrieb von Tagebauen (zum Beispiel zum Abbau von Braunkohle) ist mit einer Grundwasserabsenkung verbunden, da dieses großräumig abgepumpt werden muss, um ein Fluten der Grube zu verhindern.

Die Eingriffe des Menschen in die Naturlandschaft haben in den gemäßigten Breiten zu einer starken Verringerung der Fläche der Feuchtgebiete geführt.

15.2 Anthropogene Veränderungen von Fauna und Flora

An vom Menschen geschaffenen und genutzten Standorten sind solche Arten im Vorteil, die an ihrem natürlichen Standort bereits auf das Überstehen von Störungen selektioniert wurden. Dies ist insbesondere an Fluss- und Meeresufern sowie auf rutschendem Geröll der Fall.

In der Kulturlandschaft sind solche Arten bevorzugt, die von Natur aus an Störungen angepasst sind.

Box 15.2

Ehemalige Auenwaldpflanzen als Kulturfolger

Beispiele für ehemalige Auenwaldpflanzen, die heute in der Kulturlandschaft häufig sind, bilden die Große Brennnessel (*Urtica dioica*) und der Giersch (*Aegopodium podagraria*). Pflanzen von Auenstandorten sind außer an Störungen auch an langandauernde Sauerstoffarmut im Boden angepasst. Diejenigen unter ihnen, die gleichzeitig aufgrund von Niedrigwüchsigkeit und Lage der Erneuerungsknospen eine gewisse Trittresistenz aufweisen, sind daher besonders für die Besiedlung stark betretener Standorte geeignet, wo aufgrund der Bodenverdichtung ebenfalls Sauerstoffmangel im Boden herrscht. Typische Beispiele sind Breit-Wegerich (*Plantago major*) und Gänse-Fingerkraut (*Potentilla anserina*).

Einheimische Pflanzen, die von einem Naturstandort aus auf anthropogene Standorte übergegangen sind (s. Box 15.2), bezeichnet man als **Apophyten** (Tab. 15.2), den Vorgang des Übergangs als Apophytisierung. Ein entsprechender Begriff existiert in der Zoologie nicht.

Da sich bei weitem nicht alle einheimischen Arten auf anthropogenen Standorten behaupten können, bietet die Kulturlandschaft Platz für in der Naturlandschaft nicht konkurrenzfähige Spezies. Mit der im Zuge der Kulturlandschaftsentstehung voranschreitenden Entwaldung wanderten daher zahlreiche Steppenarten, die in der vorherigen Waldlandschaft nicht vorhanden waren, in die neuen Offenlandschaften (Kultursteppen) ein. Andere Arten wurden aktiv oder passiv vom Menschen mit der Ausbreitung des Ackerbaus verbreitet (zum Beispiel viele Ackerbeikräuter). Arten, die in der Naturlandschaft noch nicht vor-

Tab. 15.2 | Ursprüngliche Standorte von Apophyten

Ursprünglicher Standort	Beispiele
Bruchwälder, Auenwälder, Hochstaudenfluren an Flussufern	*Aegopodium podagraria, Calystegia sepium, Galium aparine, Humulus lupulus, Urtica dioica*
Spülsäume, Schlamm-, Sand- und Kiesflächen an Binnengewässern (Pionierfluren)	*Bidens tripartita, Chenopodium rubrum, Plantago major, Polygonum lapathifolium, Potentilla anserina, Rumex obtusifolius*
Spülsäume, Dünen und Felsen an Meeresküsten	*Atriplex prostrata, Elymus repens, Sonchus arvensis, Tripleurospermum perforatum*
Windwurf- u. Verlichtungsflächen	*Cirsium arvense, Cirsium vulgare, Verbascum*-Arten
Lockergestein (Geröllhalden, Sanddünen)	*Chaenorrhinum minus, Galeopsis segetum, Sedum telephium* agg., *Sedum acre, Tussilago farfara*
Felsen	*Asplenium ruta-muraria, Sedum album, Orthotrichum anomalum, Tortula muralis, Caloplaca murorum, Lecanora muralis*

Box 15.3

Tierwanderungen durch Kanalbau

Der Bau von Kanälen als Verbindung ehemals separater aquatischer Ökosysteme, zum Beispiel von Rhein und Donau, hat zu vorher nicht oder seit langer Zeit nicht mehr möglichen Wanderungen und Vermischungen der Fauna geführt. Als Folge davon findet man heute im Rhein zahlreiche ehemals ausschließlich in der Donau beheimatete Organismen und umgekehrt. Von Ost nach West durch den Main-Donaukanal gewandert ist zum Beispiel der Donau-Flohkrebs (*Dikerogammarus villosus*), während sich die Süßwassergarnele (*Atyaephyra desmaresti*) in umgekehrter Richtung ausgebreitet hat.

handen waren, aber sich schon früh in der Kulturlandschaft eingebürgert haben, bezeichnet man als **Archäobiota** (Archäophyten beziehungsweise Archäozoen). Neben der Mehrzahl der Ackerbeikräuter gehören hierzu unter anderem Feldhamster, Feldmaus und Feldlerche, aber auch einige ursprünglich aus wärmeren Regionen stammende »Hausgenossen«, zum Beispiel Hausmaus, Küchenschabe und Heimchen.

Während die Archäobiota bereits vor mehreren Hundert bis einigen Tausend Jahren eingewandert sind, so dass eine sichere Unterscheidung zwischen ihnen und den Einheimischen häufig schwierig ist, sind zahlreiche weitere Arten erst im Zuge der Ausbreitung von Handel und Verkehr in der Neuzeit (per Definition seit der Entdeckung Amerikas: 1492) eingewandert. Diese »Neuankömmlinge« bezeichnet man als **Neobiota** (Neophyten, Neozoen).

Die Mehrzahl der Neobiota wurde vom Menschen bewusst oder unbewusst eingeschleppt. Unbewusstes Einschleppen erfolgte bereits im Neolithikum mit der Einführung des Ackerbaus, später im Rahmen des Imports von Früchten, Gemüsen, Zierpflanzen und fremdländischen Hölzern, mit eingeführter Schafwolle, mit Ballasterde beziehungsweise -wasser (verwendet zur Stabilisierung von Schiffen bei Leerfahrten) sowie in oder als Verpackungsmaterial. Ausgangspunkt für solche unabsichtlich eingeschleppten Neobiota waren daher die Auslade- und Umschlagplätze der oben genannten Waren (Häfen, Bahnhöfe) sowie Lager-, Verarbeitungs- und Verkaufsorte (Südfrucht-,

Merksatz

Definitionsgemäß bestehen Fauna und Flora seit dem Sesshaftwerden des Menschen im Neolithikum nicht mehr nur aus einheimischen Arten (INDIGENAE), sondern zusätzlich aus Alteinwanderern (ARCHÄOBIOTA: Archäophyten, Archäozoen). Seit Beginn der Neuzeit sind außerdem Neueinwanderer (NEOBIOTA: Neophyten, Neozoen) hinzugekommen.

Tab. 15.3 | Beispiele für ehemals aus Ziergärten und Parkanlagen verwilderte Neophyten[1)]

Art	Herkunft[2)]	Vorkommen[2)]
Acer negundo	N-Amerika	Bahngelände, Flussauen
Ailanthus altissima	China	in Großstädten überall
Buddleja davidii	China	v.a. Bahn- und Industriegelände
Cymbalaria muralis	Adria-Gebiet bis Schweiz	Mauern
Fallopia japonica	O-Asien	v.a. Fluss- und Bachufer, außerdem Bahn- u. Industriegelände, Mülldeponien
Heracleum mantegazzianum	SW-Asien	Bachauen, Straßenbegleitgrün, Waldränder
Impatiens parviflora	M-Asien	Parkwälder, Heckensäume, Wegsäume in Wäldern
Oenothera glazioviana	N-Amerika	Bahn- u. Industriegelände, Straßenränder
Oxalis corniculata	Mediterrangebiet	steinbelegte Wege, Pflasterritzen, Gärten, Scherrasen
Robinia pseudoacacia	USA	Bahnböschungen, ehemalige Trümmerflächen
Rubus armeniacus	Armenien?	Bahnlinien, aufgelassenes Gartenland
Solidago canadensis	atlant. N-Amerika	alle wenig bis mäßig gestörten Ruderalstandorte, Säume an Verkehrswegen, Flussufer, aufgelassene Magerrasen
Solidago gigantea	N-Amerika	ähnlich S. *canadensis*, aber auf frischere Standorte beschränkt
Veronica filiformis	Kaukasus, Kleinasien	Scherrasen

1) aus Wittig (2002)
2) v.a. nach Adolphi (1995); falls dort nicht erwähnt, nach Oberdorfer (2001).

Tab. 15.4 | Beispiele für in Mitteleuropa eingebürgerte, ursprünglich als Nutz- oder Ziertiere bzw. als Jagdwild eingeführte Tierarten[1)]

Wissenschaftlicher Name	Deutscher Name	Herkunft	in Mitteleuropa seit
Oryctolagus cuniculus	Kaninchen	Spanien	13. Jh.
Ondatra zibethica	Bisamratte	Nordamerika	1915
Myocastor coypus	Nutria, Sumpfbiber	Südamerika	1927
Procyon lotor	Waschbär	Nordamerika	1927
Cervus dama	Damhirsch	Kleinasien	8. Jh.
Ovis musimon	Mufflon	Mitteleuropa	1902
Phasianus colchicus	Fasan	Asien	Römerzeit
Psittacula krameri	Halsbandsittich	Afrika, S-Asien	ca. 1970
Lepomis gibbosus	Sonnenbarsch	Nordamerika	1887
Ameiurus nebulosus	Zwergwels	Nordamerika	1885
Cambarus affinis	Amerik. Flusskrebs	Nordamerika	1890

1) zusammengestellt aus Niethammer (1963) und anderen Quellen.

Woll-, Ölfrucht- und Holzlager, Wollwebereien, Ölmühlen) und auch Abfallplätze. Einige Arten sind aus eigener Kraft eingewandert (vgl. Box 15.3). Nicht wenige wurden aber auch absichtlich zu Nutz- oder Zierzwecken eingeführt und sind dann verwildert. Manche Tierarten (auch Archäozoen) wurden sogar zu Jagdzwecken unmittelbar ausgesetzt. Als grobe Faustregel gilt, dass von 100 eingeführten Arten 10 (ein Zehntel) zeitweilig verwildern und sich davon eine (wiederum ein Zehntel) dauerhaft etablieren kann. Beispiele für aktiv vom Menschen eingeführte Neobiota sind in den Tab. 15.3 und 15.4 enthalten.

Einige Neubürger sind an bestimmten Standorten offensichtlich konkurrenzstärker als einheimische Arten und konnten sich dementsprechend sehr stark ausbreiten. Diese Ausbreitung hat stellenweise zur Gefährdung einheimischer Arten geführt. Andere Neobiota sind Schädlinge an Kulturpflanzen, zum Beispiel der Kartoffelkäfer (Abb. 17.8), und einige können dem Menschen gefährlich werden, zum Beispiel der Riesenbärenklau (*Heracleum mantegazzianum*) durch Ausscheidung phototoxischer Substanzen. Nur wenige Arten haben es geschafft, sich einen festen Platz in naturnahen Lebensräumen zu erobern. Bei Pflanzen bezeichnet man diese als **Agriophyten**, die anderen, die zwar einen festen

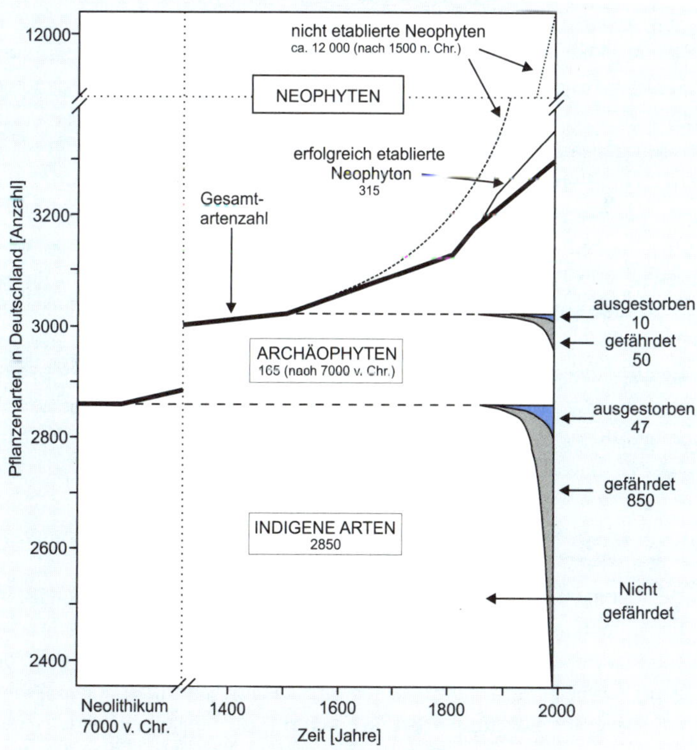

Abb. 15.3

Änderung der Pflanzenvielfalt in Deutschland (nach SCHERER-LORENZEN et al. 2000 aus WBGU 2002).

Platz in der aktuellen vom Menschen geprägten Vegetation haben, aber nicht in der natürlichen bzw. naturnahen Vegetation vorkommen, werden **Epökophyten** genannt. Von beiden zu unterscheiden sind die nicht eingebürgerten unbeständigen Sippen (**Ephemerophyten**), die zwar gelegentlich wildwachsend angetroffen werden, aber nicht in der Lage sind, ausdauernde Populationen in der aktuellen Vegetation aufzubauen. Sie können sich nicht aus eigener Kraft erhalten und treten nur deshalb mehr oder weniger regelmäßig auf, weil ihre Verbreitungseinheiten immer wieder erneut durch den Menschen bewusst oder unbewusst ausgebracht werden.

Anökobiota (Anökophyten, Anökozoen): Arten, von denen kein natürlicher Standort bekannt ist, die also offensichtlich erst auf von Menschen geschaffenen Standorten entstanden sind.

Für mehrere schon in prähistorischer Zeit im Gefolge des Menschen auftretende Pflanzenarten ist kein natürlicher Standort bekannt. Man muss daher annehmen, dass sie sich erst gebildet haben, nachdem der Mensch durch seine Eingriffe Teile der Naturlandschaft zur Kulturlandschaft umgewandelt hatte. An derartigen alten **Anökophyten** kommen in Siedlungen beispielsweise *Bromus hordeaceus*, *Capsella bursa-pastoris*, *Chenopodium album*, *Hordeum murinum* s. str., *Poa annua*, *Senecio vulgaris* und *Stellaria media* vor. Aber auch in jüngster Zeit sind gerade in Siedlungen einige Arten neu entstanden beziehungsweise in der Entstehung begriffen. Beispielsweise lassen sich bei mehreren der heute in europäischen Städten anzutreffenden Nachtkerzen-Arten (*Oenothera* spec.) nur noch wenige Übereinstimmungen zwischen den europäischen Formen und ihren nordamerikanischen Vorfahren feststellen, die vor etwa 350 Jahren nach Europa eingeführt wurden. Innerhalb dieser Taxa ist momentan offensichtlich eine weitere reiche Differenzierung im Gange. Auch für einige im engeren Umfeld des Menschen lebende (synanthrope) Tierarten, zum Beispiel den Kornkäfer (*Sitophilus granarius*), ist kein natürlicher Lebensraum bekannt. Konsequenterweise müsste man sie als **Anökozoen** bezeichnen. Abb. 15.3 zeigt exemplarisch die Veränderungen der Gefäßpflanzenvielfalt in Deutschland seit Eingreifen des Menschen, also seit dem Neolithikum. Die Anökophyten sind hierbei nicht gesondert aufgeführt, sondern, je nach Zeitpunkt ihrer Entstehung, den Archäo- oder Neophyten zugeordnet.

15.3 Aspekte der Ökologie des Menschen

In der intensiv genutzten Kulturlandschaft ist der Mensch der dominierende Standortfaktor.

Wie bereits mehrfach erwähnt, ist der Mensch im Laufe der Zeit allmählich zu einem wichtigen, in der Kulturlandschaft (Kapitel 17) und insbesondere in Städten (Kapitel 18), zum wichtigsten Standortfaktor geworden. Es gibt heute keinen Lebensraum, der nicht in irgendeiner Weise vom Menschen beeinflusst ist. Die sich mit der Ökologie des Menschen beschäftigende Wissenschaft (Humanökologie) ist daher nicht nur eine

Aut- beziehungsweise Populationsökologie des Menschen, sondern eine (aus einem speziellen Blickwinkel gesehene) Ökologie der gesamten Erde, die in diesem Buch nur stichwortartig behandelt werden kann. Zur Humanökologie gehören:

- Geschichte und ökologische Auswirkungen der menschlichen Aktivitäten: Jäger- und Sammlertum, Ackerbau und Viehzucht, Industrialisierung, Entstehung des Nord-Süd-Gefälles, postindustrielle Zeit;
- Bevölkerungsentwicklung (siehe Abschnitt 3.5): Geburten- und Sterberate; Bevölkerungswachstum, Krankheiten, Unfallursachen, Lebenserwartung, Alterspyramide; Verstädterung (s. Abschnitt 18.8);
- Nahrungsgewinnung: Nutzung von Pflanzen- und Wildtieren; Kulturpflanzen, Pflanzenzucht, Landwirtschaft und ihre Einflüsse auf die Umwelt (Erosion, Entwässerung, Düngung, Einsatz chemischer Schädlingsbekämpfung, Freisetzung gentechnisch veränderter Organismen); Fischfang (Überfischung der Meere, Aquakultur); Waldnutzung und Forstwirtschaft (forstliche Monokulturen), Entwaldung, Savannen- und Wüstenausbreitung; künstliche Bewässerung (Staudammbau, Bodenversalzung in ariden Gebieten);
- Energiegewinnung und -verbrauch: Energiequellen (fossile Energie, nachwachsende Energie, Wasser- und Windenergie); Landschaftsveränderungen durch Energiegewinnung (Braunkohleabbau, Staudämme); Umweltbelastungen durch auf Energieeinsatz zurückgehende Emissionen (siehe Kapitel 13);
- Eingriffe in den Wasserkreislauf (siehe Abschnitte 15.1.5 und 20.3);
- Rohstoffgewinnung: Abbau von Metallen, Salz, Steinen und Erden, Landschaftsschäden; Ersatz endlicher Rohstoffe durch nachwachsende;
- Abfall: Entsorgung: Deponien, Verklappung im Meer, Verbrennung und daraus resultierende Probleme; Recycling, Kompostierbare Verpackungen; Abfallvermeidung;
- Verkehr: Bodenversiegelung für Straßen, Parkplätze und Landebahnen; Lebensraumzerschneidung und Veränderung der Landschaft durch Straßen; Streusalz; Schiffbarmachung von Flüssen; Verbindung getrennter Ökosysteme durch Kanäle und daraus resultierende Faunenveränderung (siehe Abschnitt 15.2, Box 15.3); Verschmutzung der Meere durch Schiffsabfälle und Tankerunglücke;
- Umweltbelastung durch Chemikalien: Schwermetalle, Pflanzennährstoffe, Biozide, Rückstände und Umwandlungsprodukte von Pharmazeutika und Kosmetika, Erdöl und Erdölprodukte; Emissionen, Rückstände und Abfälle der anorganischen Chemie (H_2SO_4, HCl, HF, etc.);
- Ökobilanzen (siehe Abschnitt 20.7).

Fragen

(Seitenverweise zur Beantwortung)

1 • Wie unterscheidet sich die heutige Kulturlandschaft von der ehemaligen Naturlandschaft? Welche beiden Perioden des menschlichen Eingriffs in die Land-schaft sind zu unterscheiden? (s. Seite 203)

2 • Welches waren die wichtigsten menschlichen Eingriffe im Zuge der Entstehung der Extensivlandschaft? (s. Seite 204)

3 • Inwiefern bewirkten Holzentnahme und Waldweide eine Veränderung der Artenkombination der Waldökosysteme? (s. Seite 204)

4 • Wieso war die durch extensive Nutzung entstandene Kulturlandschaft reichhaltiger differenziert als die ehemalige Naturlandschaft? (s. Seite 204 f.)

5 • Wieso ist die heutige Intensivlandschaft weniger differenziert als die Extensivlandschaft? (s. Seite 205 f.)

6 • Was versteht man unter Schneitelung, welche Formen der Schneitelung wurden betrieben und was war ihr Zweck? (s. Seite 206)

7 • Erläutern Sie die Begriffe Nieder-, Mittel- und Hochwald! (s. Seite 206)

8 • Was versteht man unter einem Hudewald? (s. Seite 207)

9 • Was versteht man unter Forst? (s. Seite 207)

10 • Nennen Sie die Folgen einer Dauerbeweidung! (s. Seite 207 f.)

11 • Was ist Allmende und was versteht man unter dem Allmendproblem? (s. Seite 208)

12 • Seit wann etwa wird in Mitteleuropa Ackerbau betrieben? Von woher und auf welchem Weg gelangten die Kenntnisse über den Ackerbau nach Mitteleuropa? (s. Seite 208)

13 • Wie wurde in Europa zur Zeiten der Anfänge der Ackerbauzeit (bzw. wie wird in Entwicklungsländern noch heute) für eine Regeneration des nach mehreren Erntejahren ausgelaugten Bodens gesorgt? (s. Seite 208 f.)

14 • Inwiefern entwickelte sich der Ackerbau in Mitteleuropa in enger Verbindung mit der Entwicklung der Viehhaltung? (s. Seite 209)

15 • Nennen Sie gravierende menschliche Eingriffe in den Landschaftswasserhaushalt und geben Sie deren Folgen an! (s. Seite 209)

16 • Einheimische Arten welcher Standorte waren an anthropogene Standorte präadaptiert? Nennen Sie Beispiele! (s. Seite 209 f.)

17 • Inwiefern bietet die Kulturlandschaft bessere Einbürgerungsmöglichkeiten für Neobiota als die Naturlandschaft? (s. Seite 210)

18 • Erläutern Sie die Begriffe Archäophyten, Archäozoen, Neophyten, Neozoen, Apophyten und Apozoen! Geben Sie jeweils Beispiele! (s. Seite 210 ff.)

19 • Nennen Sie einige Fragen bzw. Themen, mit denen sich die Humanökologie beschäftigt! (s. Seite 214 f.)

Literatur

ADOLPHI, K. (1995): Neophytische Kultur- und Anbaupflanzen als Kulturflüchtlinge des Rheinlandes. Martina Galunder-Verlag, Weil, 271 S. + Anh.

BONN, S., POSCHLOD, P. (1998): Ausbreitungsbiologie der Pflanzen Mitteleuropas. Quelle & Meyer, Wiesbaden, 404 S.

BRANDES, D. (Hrsg.) (2001): Adventivpflanzen. Beiträge zu Biologie, Vorkommen und Ausbreitungsdynamik von gebietsfremden Pflanzenarten in Mitteleuropa. Braunschweiger Geobot. Arb. 8, 331 S.

ELLENBERG, H. (1996): s. Kap. 12.

FANSA, M. (Hrsg.): Vor siebentausend Jahren: Die ersten Ackerauern im Leinetal. Hildesheim, 21–34. Lax, Hildesheim, 84 S.

JACOMET, S., KREUZ, A. (1999): Archäobotanik. Ulmer, Stuttgart, 368 S.

KOWARIK, I. (1995): Zur Gliederung anthropogener Gehölzbestände unter Beachtung urban-industrieller Standorte. Verhandl. Ges. Ökol. 24, 411–421.

KOWARIK, I. (2003): Biologische Invasionen. Ulmer, Stuttgart, 380 S.

KÜSTER, H. (1995): Geschichte der Landschaft in Mitteleuropa. C.H. Beck, München, 424 S.

LEVER, C. (2003): Naturalized reptiles and amphibians of the world. Oxford University Press, Oxford, 318 pp.

LOHMEYER, W., SUKOPP, H. (2001). Agriophyten in der Vegetation Mitteleuropas. In BRANDES, D. (Hrsg.): Adventivpflanzen. Beiträge zur Biologie, Vorkommen und Ausbreitungsdynamik von Archäophyten in Mitteleuropa. Braunschweig, 179–220.

LONG, J.L. (2003): Introduced mammals of the world: their history, distribution and Influence. CSIRO Publ. Collingwood, Vic, 589 pp.

MICHELS, H. (1997): Zur Verbreitung und Bestandsentwicklung des Halsbandsittichs (*Psittacula krameri*) in Düsseldorf. Jber. naturwiss. Ver. Wuppertal 50, 129–132.

NIETHAMMER, G. (1963): Die Einbürgerung von Säugetieren und Vögeln in Europa. Parey, Hamburg/Berlin, 319 S.

OBERDORFER, E (2001): Pflanzensoziologische Exkursionsflora. 8. Aufl., Ulmer, Stuttgart, 1050 S.

POTT, R., HÜPPE, J. (1991): Die Hudelandschaften Nordwestdeutschlands. Abh. Westfäl. Mus. Naturkde. 53(1/2), 313 S.

SCHENK, W. (1996): Waldnutzung, Waldzustand und regionale Entwicklung in vorindustrieller Zeit im mittleren Deutschland. Steiner, Wiesbaden, 325 S.

SCHERER-LORENZEN, M., ELEND, A., NÖLLERT, S., SCHULZE, E.-D. (2000): Plant invasions in Germany - General aspects and impact of nitrogen deposition. In MOONEY, H.A., HOBBS, R.J. (Hrsg.): Invasive species in a changing world. Island Press, Covelo, 351–368.

SCHROEDER, F.-G. (1969): Zur Klassifizierung der Anthropochoren. Vegetatio 16, 225–238.

SUKOPP, H., SCHOLZ, H. (1997): Herkunft der Unkräuter. Osnabrücker Naturwiss. Mitt. 23, 327–333.

THELLUNG, A. (1915): Pflanzenwanderungen unter dem Einfluß des Menschen. Bot. Jahrb. Syst., Pflanzengesch. Pflanzengeogr., 53, Beiblatt 116, 37–66.

WAND, N. (1991): Das Dorf der Salierzeit. Jan Thorbecke Verlag, Sigmaringen, 75 S.

WBGU (Wissenschaftlicher Beirat der Bundesregierung Globale Umweltveränderung)(2000): Jahresgutachten 1999: Welt im Wandel: Erhaltung und nachhaltige Nutzung der Biosphäre. Springer, Berlin/Heidelberg, 482 S.

WILLIAMSON, M. (1996): Biological Invasions: Population and Community Biology Series 15, Chapman & Hall, London, 256 pp.

WITTIG, R. (1977): Agriophyten in Westfalen.- Natur und Heimat 37, 13–23.

WITTIG, R. (2002): s. Kap. 6.

ZIZKA, G. (1985): Botanische Untersuchungen in Nordnorwegen I. Anthropochore Pflanzenarten der Varangerhalbinsel und Sör-Varangers. Diss. Bot. 85, 1–84.

16 | Wälder

Inhalt

Mitteleuropa gehört zum Zonobiom der sommergrünen, laubabwerfenden Wälder.

Wie bereits mehrfach erwähnt wäre Mitteleuropa ohne Eingriff des Menschen mit Ausnahme der alpinen Regionen, der Gewässer und Hochmoore vollständig von Waldvegetation bedeckt. Die zonale, das heißt die für das Zonobiom, zu dem Mitteleuropa gehört, bezeichnende Vegetation besteht aus sommergrünen, Laub abwerfenden Wäldern (*deciduous forests*). Daneben kommen in Mitteleuropa auf Sonderstandorten, die eine für Laubbäume zu kurze Vegetationsperiode aufweisen beziehungsweise zu trocken, zu nährstoffarm oder zu kalt sind, Nadelbäume vor (höhere Regionen des Harzes und der Alpen; Sandgebiete Süd-, Mittel- und Ostdeutschlands; Hochmoore; Orte mit Kaltluft-Abfluss oder -Stau). Wegen der damit weit größeren Bedeutung der Laubwälder beziehen sich die folgenden Ausführungen in erster Linie auf diese.

16.1 | Struktur und Dynamik

Nahezu alle einheimischen Laubwälder sind mehr oder weniger deutlich in eine Gehölz-, Strauch- und Krautschicht sowie eventuell eine Moosschicht gegliedert. Die Mehrzahl der Arten der Krautschicht ist schattenverträglich, einige Arten benötigen Schatten. Zum Ökosystemkomplex eines Waldes gehören außerdem Waldlichtungen, wie sie durch Windwurf, Absterben von Bäumen sowie, in unseren Breiten wohl nur sehr selten, durch Waldbrände entstehen können. Charakteristisch für diese Lichtungen sind stickstoffliebende Kräuter (zum Beispiel *Epilobium angustifolium*, *Digitalis purpurea*) sowie in fortgeschrittenen Sukzessionsstadien Pioniersträucher (*Rubus*, *Sambucus*) und -bäume (*Betula pendula*, *Salix caprea*, *Sorbus aucuparia*). Der erhöhte Strahlungseinfall bedeutet nämlich Erwärmung, damit stärkere Aktivität der Bodenorganismen und folglich eine gesteigerte Mineralisierung des angehäuften Humus, also auch Stickstofffreisetzung.

In den meisten Waldtypen ist der Boden von einer Streuschicht bedeckt, die je nach Zahl und Aktivität der Zersetzer (abhängig vom Boden-pH, s. Abschnitt 14.2) in Rohhumus, Moder und/oder Mull (siehe Abschnitt 14.5) umgewandelt und in den Boden eingearbeitet wird.

Alle mitteleuropäischen Wälder zeigen eine ausgesprochen saisonale **Dynamik** (Jahresdynamik). Besonders gut sichtbar ist sie bei den frühjahrsgeophytenreichen Wäldern. Die Dynamik lässt sich am besten am Ablauf der Blüten- und Blattentwicklung sowie an der Fruchtreife verfolgen. Die Beobachtung des jahreszeitlichen Wandels des Aussehens der Pflanzen und der gesamten Vegetation bezeichnet man als **Phänologie**. Genau wie die Soziologie (vergleiche Abschnitt 6.6) ist auch die Phänologie in der Botanik stärker vertreten als in der Zoologie, aber auch dort sind saisonale Erscheinungen zu verzeichnen (Rückkehr der Zugvögel, Brüten, Balzen von Säugern, Verpuppung von Insekten, Auftreten der Imago, Mauser und Haarwechsel, Abflug der Zugvögel, Ankunft von Wintergästen und anderes).

Der Wechsel von belaubtem und unbelaubtem Zustand bewirkt in Kombination mit dem jährlichen Klimawandel eine deutliche jahreszeitliche Aspektfolge der Waldbiozönose. Im Frühling beginnt die Belaubung, wobei sich zuerst die Krautschicht, dann die Blätter der Strauch- und schließlich der Baumschicht entwickeln. In Wäldern auf basenreichen Standorten sind zahlreiche Frühjahrsblüher vorhanden, die die Krautschicht zu Frühlingsanfang in einen bunten Blütenteppich verwandeln. Bei den Frühblühern handelt es sich um Geophyten, die zum Austrieb und zur Blütenbildung Vorräte benutzen, die sie in ihren Rhizomen, Knollen oder Zwiebeln gespeichert haben. Anschließend nutzen sie die lichtreiche Zeit (vor der Blattentfaltung der Bäume) und die damit einhergehende Freisetzung von Nährstoffen durch Mineralisierung der Streu zur Reproduktion und zur Anhäufung neuer Reserven für das folgende Jahr. Wenn im Sommer die Blätter der Bäume vollständig entfaltet sind, gedeihen am Boden nur noch Schattenpflanzen. Im Spätsommer kommen Früchte und Samen zur Reifung, die gleichzeitig die Nahrungsquelle für eine Vielzahl von Konsumenten bilden. Nach warmen Sommerregen bilden Pilze ihre Fruchtkörper aus. Unter dem im Herbst abgefallenen Laub finden viele Kleintiere des Waldes Schutz vor den kalten Wintertemperaturen. Andere Arten überwintern unter Baumborke, in Totholz oder Hohlräumen in Pflanzen.

Neben der Jahresdynamik sind langfristige Zyklen zu beachten, die über den altersbedingten Zerfall eines Waldes zur Bestandsverjüngung führen.

16.2 Mitteleuropäische Laubwälder

6 % der Fläche Deutschlands sind potenzielles Buchenwaldgebiet (siehe Tab. 16.1). Daher werden die Buchenwälder etwas detaillierter (Abschnitt 16.2.1), die übrigen einheimischen Laubwälder dagegen summarisch abgehandelt (Abschnitte 16.2.2 und 16.2.3).

16.2.1 Buchenwälder

Tab. 16.1 Flächenzusammensetzung der potenziellen natürlichen Vegetation Deutschlands[1)]

Waldtypen	F (%)
Buchen(misch)wälder	66
Bodensaure Eichenmischwälder	11
Eichen-Hainbuchenwälder	11
Auen- und Feuchtwälder	9
Bruchwälder	2
Nadelwälder	1

1) nach Bohn et al. 2000.

Ein Beispiel für eine sehr konkurrenzstarke Art, deren ökologisches Optimum (vgl. Abb. 6.5) nahezu mit dem physiologischen identisch ist, stellt in unserer einheimischen Waldvegetation die Buche (*Fagus sylvatica*) dar. Im mittleren (= optimalen) Standortbereich verdrängt sie alle anderen, mit zunehmender Verschlechterung (trockener, feuchter oder nährstoffärmer) können einzelne Individuen anderer Baumarten neben der immer noch dominierenden Buche bestehen. Lediglich auf trockenen, nassen sowie stark sauren Standorten

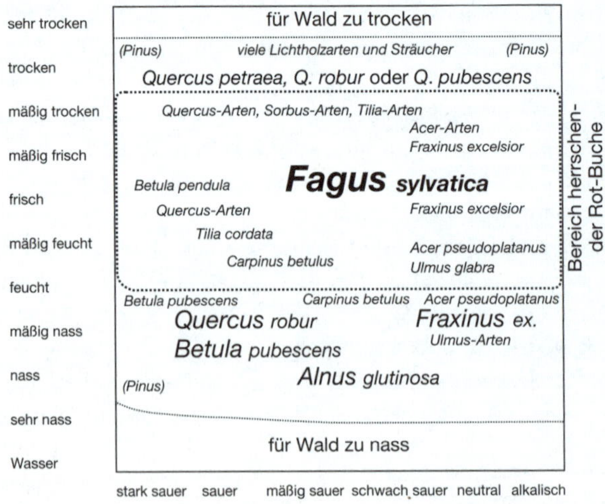

Abb. 16.1 Ökogramm der in der submontanen Stufe Mitteleuropas bei gemäßigt-subozeanischem Klima waldbildenden Baumarten. Die Größe der Schrift drückt ungefähr den Grad der Beteiligung an der Baumschicht aus, wie er als Ergebnis des natürlichen Konkurrenzkampfes zu erwarten wäre (vgl. Abb. 16.2). Eingeklammert = nur in manchen Gebieten (nach Ellenberg 1996, aus Härdtle et al. 2004).

Abb. 16.2

Natürlicher Feuchtigkeits- und Säurebereich wichtiger Baumarten Mitteleuropas in der submontanen Stufe bei gemäßigt-subozeanischem Klima bei freiem Konkurrenzdruck, d.h. ohne forstliche Eingriffe. Heller Raster = physiologische Amplitude (oder »Potenzbereich«), dunkler Raster = physiologischer Optimalbereich (»Potenzoptimum«); dick umrandet = Bereich, in dem die betr. Baumart bei natürlichem Konkurrenzkampf mehr oder minder stark zur Herrschaft gelangt (»Existenzoptimum«); gestrichelt umrandet = Existenzoptimum wird mit anderen Baumarten geteilt bzw. (bei *Pinus*) gilt nur für das südliche und östliche Mitteleuropa. Für jedes der Ökogramme gibt die Ordinate die Feuchtigkeit des Standortes an (vom offenen Wasser über mittelfeuchten Boden bis zum sonnexponierten und flachgründigen, sehr trockenen Fels. die Abszisse reicht von sehr sauren bis zu kalkreichen Böden. Oberhalb der oberen punktierten Linie ist es für Wald zu trocken, unterhalb der unteren zu nass. Bei mittleren (durch den kleinen Kreis bezeichneten) Verhältnissen gedeihen alle Baumarten gut, aber nur die Rot-Buche kann sich hier in freiem Konkurrenzkampf durchsetzen (aus HÄRDTLE et al. 2004).

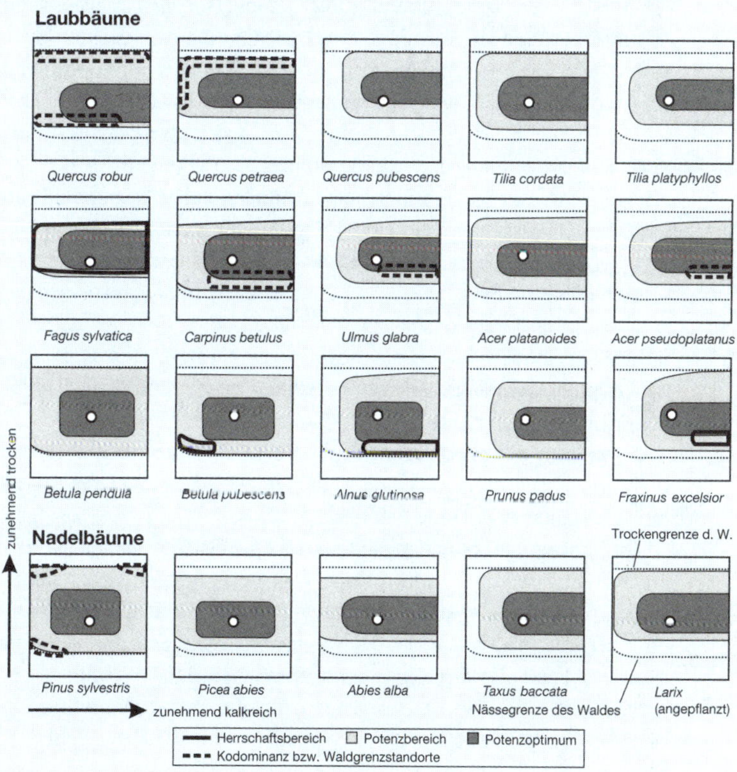

fällt die Buche aus, so dass andere Arten zur Dominanz gelangen (siehe Abb. 16.1). Kulturversuche zeigen, dass das physiologische Optimum aller einheimischen Baumarten dem der Buche sehr ähnlich ist (siehe Abb. 16.2). Die ökologische Potenz dieser Arten ist allerdings größer als die der Buche, von der sie an den Rand ihrer ökologischen Amplitude gedrängt werden.

Merksatz

Die Buche (*Fagus sylvatica*) ist der von Natur aus flächenmäßig bedeutendste mitteleuropäische Laubbaum. Entsprechend der breiten ökologischen Amplitude und der großen Konkurrenzkraft der Buche gibt es in Abhängigkeit von den unterschiedlichen Standortbedingungen (insbesondere Bodenverhältnissen) mehrere Buchenwald-Typen.

Buchenwälder bilden daher in Mitteleuropa die klimazonale (der Klimazone zugehörige) Vegetation und sind dementsprechend auf weiten Strecken der von Natur aus dominierende Waldtyp. In ihnen wird die Baumschicht im typischen Fall ausschließlich oder überwiegend von der Buche gebildet. Wegen der starken Schattenwirkung der Buche ist eine Strauchschicht nur schwach entwickelt. Auf Böden mit guten Puffereigenschaften und dementsprechend guter Basenversorgung (Carbonat- und Austauscher-Pufferbereich) ist eine dicht geschlossene Krautschicht vorhanden, die im Frühjahr aus Frühjahrsgeophyten, im Sommer aus schattentoleranten Waldkräutern gebildet wird. Mit zunehmender Verschlechterung des Pufferbereiches verringert sich der Deckungsgrad der Krautschicht. Anhand der Artenkombination, die eine Folge der Standorteigenschaften, insbesondere des im Boden vorherrschenden Pufferbereiches ist, lassen sich im Tiefland und den unteren Berglagen Mitteleuropas drei Haupttypen von Buchenwäldern unterscheiden:

Moder-Buchenwälder (basenarme Standorte; häufige Arten: *Deschampsia flexuosa*, *Luzula luzuloides*, *Vaccinium myrtillus*),

Mull-Buchenwälder (basenreiche Standorte; häufige Arten: *Galium odoratum*, *Lamium galeobdolon*, *Mercurialis perennis* sowie zahlreiche Frühjahrsgeophyten),

Trockenhang-Buchenwälder (südexponierte, flachgründige Standorte; mehrere Orchideen-, einige wärmeliebende Seggen- und Gras-Arten; relativ viele submediterrane Arten).

Die Trockenhang-Buchenwälder sind für Mitteleuropa als extrazonal zu werten, ihre zonale Verbreitung liegt im Randbereich des submediterranen Klimas, also außerhalb der mitteleuropäischen Zone. In Mitteleuropa findet man sie nur auf wärmebegünstigten Standorten (Südhänge mit Kalkböden; Wärmeinseln wie zum Beispiel Kaiserstuhl).

Wie Tab. 16.2 zeigt, unterscheiden sich die oben genannten und die nachfolgend behandelten Waldtypen nicht nur aus botanischer Sicht, sondern auch in der Zusammensetzung ihrer Fauna.

16.2.2 Übrige Laubwälder außerhalb der Flussauen und Moore

Unter den nicht von der Buche beherrschten mitteleuropäischen Laubwäldern außerhalb der Flussauen und Moore (siehe die beiden mittleren Zeilen von Tab. 6.4) ähneln die auf basenreichen Standorten wachsenden in der Krautschicht den entsprechenden Buchenwäldern, die auf basen-

Charakteristische Tierarten-Kombinationen in Buchen- und Eichenhainbuchenwäldern Nordwestdeutschlands[1)] — Tab. 16.2

Tiere		Waldgesellschaften											
		Buchenwälder								Eichen-Hainbuchen-wälder			
Fam.[2)]	Art	Trockenhang-B.W.			Mull-B.W.								
T	*Limonia modesta* Wied.	2.2	5.9	2.3	1.4	3.2	3.4	3.5	2.4	5.2	6.2	3.1	2.7
Mi	*Stenodema laevigatum* L.	3.2	3.9	2.3	2.2	3.2	3.3	2.1	2.5	3.7	3.6	1.3	2.5
Mi	*Lygus pratensis* L.	4.6	2.2	2.6	1.1	3.3	2.3	2.6	3.8	2.4	1.1	.	2.2
N	*Nabis pseudoferus* Rem.	3.3	4.4	.	1.1	3.4	1.1	1.1	1.1	2.3	1.3	.	1.1
Ca	*Abax ater* Vill.	.	2.2	1.1	.	3.4	1.1	2.2	2.2	.	1.1	1.2	.
Cu	*Phyllobius argentatus* Mg.	1.1	3.8	1.2	1.1	4.2	3.5	5.1	3.2	5.9	3.3	2.5	1.4
E	*Agriotes pilosus* Panz.	.	1.1	1.1	1.1	.	1.1	1.3	2.6	4.2	3.3	1.2	2.8
Cu	*Rhynchaenus fagi* L.	5.1	6.3	2.6	4.1	2.5	1.5	6.6	7.9	2.2	.	1.1	.
Ca	*Abax ovalis* Dft.	1.3	.	2.2	2.4	3.5	2.2	1.1	3.5	.	.	.	.
E	*Athous haemorrhoidalis* F.	.	2.2	1.2	3.7	2.5	.	1.1	3.8	.	.	1.1	.
Ca	*Pterostichus madidus* Fbr.	2.2	2.2	3.4	.	.	.	1.1	4.6	.	.	.	.
T	*Limonia maculata* Mg.	3.4	2.2	.	3.3	4.9	.	.	.	.	.	.	.
E	*Athous vittatus* Fabr.	.	.	.	1.1	5.1	1.1	.	.	.	.	.	.
T	*Tipula scripta* Mg.	.	.	.	1.1	2.2	1.2	.	.	2.2	2.2	1.1	2.2
L	*Allolobophora caliginosa* (Sav.)	.	1.1	.	3.4	5.1	.	2.1	3.6	6.2	4.4	5.1	1.1
E	*Athous subfuscus* Müll.	.	.	.	.	1.1	2.4	2.5	2.2	1.2	1.4	1.2	.
Sl	*Philonthus decorus* Grav.	.		.	.	3.3	1.1	3.3	2.4	8.2	4.7	4.4	2.3
L	*Lumbricus rubellus* Hoffm.	.	.	.	.	.	2.4	3.3	1.1	6.1	3.6	4.1	3.9
Ca	*Pterostichus oblongopunctatus* F.	.	.	.	.	.	3.7	1.1	1.1	.	5.8	1.1	2.6
My	*Leptothorax nylanderi* (F.)	3.5	3.9	6.8	.	.	.	.	.	.	.	.	.
E	*Limonius parvulus* Panz.	2.2	1.1	1.1	.	.	.	.	.	.	.	.	.
Cu	*Brachysomus echinatus* Bonsd.	1.1	1.1	1.3	.	.	.	.	.	.	.	.	.
Ch	*Hermaeophaga mercurialis* F.	.	.	1.1	4.1	3.8	.	2.2	.	.	.	.	.
E	*Agriotes acuminatus* Steph.	.	.	.	2.3	1.1	.	1.1	.	1.1	.	.	.
Ca	*Trichotichnus laevicollis* St.	.	.	.	.	.	2.2	4.7	2.1	.	1.1	.	.
Ca	*Nebria brevicollis* Flor.	.	.	.	.	.	.	.	.	1.2	2.2	2.2	1.1
Mi	*Phytocoris longipennis* L.	.	.	.	.	.	.	.	.	1.1	1.1	2.2	3.1
Cu	*Coeliodes erythroleucus* Gm.	.	.	.	.	.	.	.	.	2.2	1.1	1.1	.

1) Nach LOHMEYER & RABELER (1965), verändert und gekürzt; Jede Spalte repräsentiert einen Bestand. Die Ziffer vor dem Punkt bedeutet die Zahl positiver Stichproben (max. 8 pro Jahr), die Zahl dahinter die Höchstzahl der gefundenen Individuen. Eine unterstrichene Zahl hinter dem Punkt ist mit 10 malzunehmen. Viele weitere Arten wurden weggelassen.

2) Familien: Ca = Carabidae (Laufkäfer), Ch = Chrysomelidae (Blattkäfer), Cu = Curculionidae (Rüsselkäfer), E = Elateridae (Schnellkäfer), L = Lumbricidae (Regenwürmer), My = Myrmicinae (Knotenameisen), N = Nabidae (Sichelwanzen), T = Tipulidae (Schnaken).

armen Standorten ebenfalls den Buchenwäldern der basenarmen Standorte. Der scheinbare Widerspruch einer sehr unterschiedlichen Baumschicht und einer sehr ähnlichen, in vielen Fällen nahezu identischen Krautschicht ist folgendermaßen erklärbar: Während die Mehrzahl der Waldkräuter in der obersten Bodenschicht (Ah-Horizont), einige sogar in der Humusauflage wurzeln, reichen die Wurzeln der Bäume bis in den C-Horizont herein. Bäume werden daher von hochanstehendem Grund- oder Stauwasser oder Überflutungen in weit stärkerem Maße betroffen, als die Kräuter. Im Falle eines beispielsweise in etwa 1 m Tiefe gelegenen Stauhorizontes sind die Kräuter gar nicht, die Bäume hingegen deutlich betroffen. Ein solcher Stauhorizont führt, genauso wie Überflutungen oder hochstehendes Grundwasser, zur Abwesenheit der Buche auf ansonsten (zum Beispiel nach Drainierung) für die Buche geeigneten Standorten. Der zweite Grund für den Unterschied ist der, dass die hoch in den Luftraum hineinragenden Bäume dem jeweiligen Mesoklima des Standortes weit stärker ausgesetzt sind, als die geschützt am Boden wachsenden Kräuter.

Floristisch und dementsprechend auch ökologisch lassen sich fünf Haupttypen nicht von der Buche beherrschter Wälder außerhalb der Flussauen und Moore unterscheiden:

- Eichen-Hainbuchenwälder (Carpinion),
- Bach-Auenwälder, Hartholzauenwälder der Flussauen (Alno-Ulmion),
- Schatthang-, Steilhang- und Hangfußwälder (Tilio-Acerion),
- (Birken- und Buchen-)Eichenwälder bodensaurer Standorte (Quercetalia robori-petraeae),

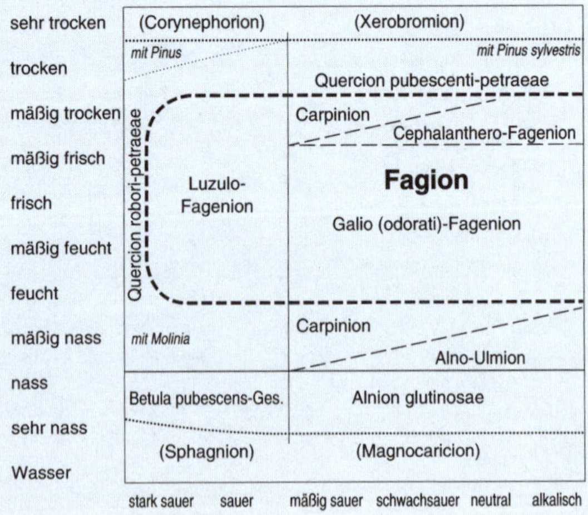

Abb. 16.3

Ungefährer Feuchtigkeits- und Säurebereich der Verbände und Unterverbände mitteleuropäischer Laubwaldgesellschaften (aus ELLENBERG 1996; vgl. Abb. 16.1).

- Eichenwälder submediterran getönter (extrazonaler) Standorte (Quercetalia pubescenti-petraeae).

Die nach den Buchenwäldern (Fagion) flächenmäßig bedeutendsten **Eichen-Hainbuchenwälder** (Carpinion) befinden sich im ökologischen Diagramm (Abb. 16.3) sowohl auf der trockenen als auch auf der feuchten Seite an die Buchenwälder angrenzend. Offensichtlich hat die Hainbuche und haben auch die Eichen eine breitere ökologische Amplitude als die Buche. Ein großer Teil der aktuell vorhandenen Hainbuchenwälder ist allerdings nicht natürlich, sondern wirtschaftsbedingt. Bei Niederwaldwirtschaft (siehe Abschnitt 15.1.2) ist die Buche nämlich an für sie nicht ganz optimalen Standorten weniger konkurrenzkräftig als Hainbuche und Eichen-Arten.

16.2.3 Auen- und Bruchwälder

Auen- und Bruchwälder sind die am stärksten vom Wasser beeinflussten Waldtypen. Die Wirkung des Wasserfaktors ist so stark, dass sie den des Klimas übertrifft. Entsprechend findet man in Mitteleuropa und im Mediterran-Gebiet, deren klimazonale Vegetation deutlich voneinander verschieden ist (immergrüne Hartlaubwälder und sommergrüne Laubwälder), ähnliche Auen- und Bruchwälder. Diese Waldtypen sind also azonal (keiner Zone zugehörig). Davon abgesehen unterscheiden sich Auen- und Bruchwälder jedoch deutlich.

Unter **Aue** versteht man den Überflutungsbereich eines Fließgewässers. Während die ökologischen Auswirkungen der Überflutungen an Bächen und Kleinflüssen vergleichsweise gering sind, so dass der bis an das Ufer reichende Wald floristisch noch deutliche Ähnlichkeiten mit

Aue: Überflutungsbereich eines Fließgewässers.

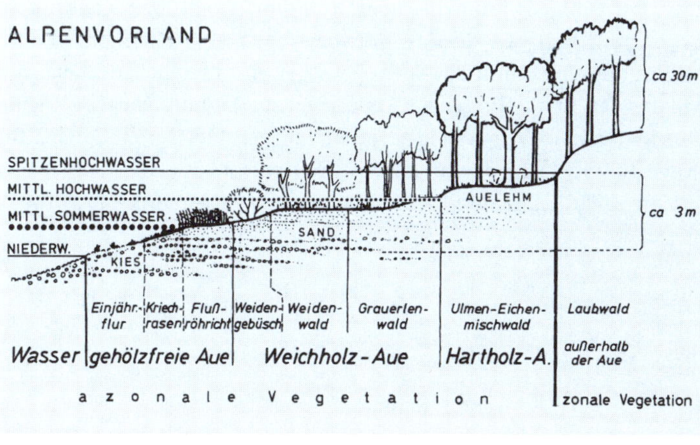

Abb. 16.4

Schematischer Querschnitt durch die vollständige Serie der Auenvegetation am Mittellauf eines Flusses im Alpenvorland (aus ELLENBERG 1996).

der zonalen Vegetation aufweist, gibt es an den großen Strömen einerseits waldfreie Bereiche, andererseits einen Waldtyp, der von den bisher behandelten völlig verschieden ist. Hierbei handelt es sich um die Wälder der so genannten **Weichholzaue** (siehe Abb. 16.4), deren Baumschicht in erster Linie aus der Silber-Weide (*Salix alba*) aufgebaut ist. Zum Wasser hin vorgelagert ist diesem Wald ein Pioniergebüsch aus Korb- und Mandel-Weide (*Salix viminalis*, *Salix triandra*). All diese Weidenarten haben schmale Blätter, die dem strömenden Wasser wenig Widerstand entgegen setzen. Ihre Stämme und Zweige sind zumindest in der Jugend sehr biegsam, sie regenerieren sich nach Beschädigung durch Eisschollen oder Flussgeschiebe leicht und haben die Fähigkeit, nach Verletzung der Rinde neu zu blühen und zu fruchten. Im Unterwuchs der Weidenauenwälder dominieren überflutungsresistente, nitrophile, Ausläufer bildende Geophyten, die man oft in der Ruderalflora antrifft, deren Heimat aber wahrscheinlich die Flussauen sind (zum Beispiel *Urtica dioica*, *Elymus repens*).

Die sich weiter landeinwärts an die Weichgehölzwälder anschließenden **Hartholzauenwälder** sind weniger extremen Standortbedingungen ausgeliefert, so dass ihre Artenkombination schon große Ähnlichkeit zu der der zonalen Vegetation außerhalb des Überflutungsbereiches aufweist. Typische Bäume der Hartholzaue sind die Stiel-Eiche (*Quercus robur*) und Ulmen (*Ulmus*). Aufgrund des durch den Ulmen-Splintkäfer verursachten Ulmensterbens sind ausgewachsene Ulmen in Hartholzauen allerdings nur noch sehr selten anzutreffen.

Bruchwälder wachsen im typischen Fall auf ganzjährig nassen Torfböden.

Während der Wasserstand in Flussauen saisonal erheblich schwankt, so dass aus einem überfluteten Standort zeitweise ein Trockenstandort werden kann, findet man **Bruchwälde**r auf Böden, in denen das Grundwasser dauernd nahe der Oberfläche steht, die allerdings gewöhnlich nur im zeitigen Frühjahr überschwemmt sind. Der ganzjährige Wasserreichtum des Bodens führt zu einer schlechten Sauerstoffversorgung und damit zu einem verzögerten mikrobiellen Abbau der anfallenden Streu. Hierdurch kommt es zur Bildung von Torf. Echte Bruchwälder stocken auf einer von ihnen selbst gebildeten Torfschicht von mindestens 10 bis 20 cm. Auf mittleren bis reichen Standorten wächst ein Erlenbruchwald, auf armen Standorten ein Birkenbruchwald.

Fragen

(Seitenverweise zur Beantwortung)

- Welcher Waldtyp ist für das Zonobiom, zu dem Mitteleuropa gehört, bezeichnend? (s. Seite 218) 1
- An welchen Standorten findet man in Mitteleuropa Nadelwälder? (s. Seite 218) 2
- Nennen Sie einige Kräuter, die für junge Waldschläge und -lichtungen bezeichnend sind sowie einige Bäume und Sträucher fortgeschrittener Sukzessionsstadien von Lichtungen und Schlägen! (s. Seite 218) 3
- Was versteht man unter Phänologie? (s. Seite 219) 4
- Welcher Baum ist in Mitteleuropa auf mittleren Standorten der konkurrenzstärkste? Welche Standorte werden von dieser Art nicht besiedelt? (s. Seite 220 f.) 5
- Welche drei Haupttypen von Buchenwäldern sind in Mitteleuropa unterscheidbar, welches sind ihre bezeichnende Arten? (s. Seite 222) 6
- Nennen Sie die Haupttypen nicht von der Buche beherrschter Wälder außerhalb der Moore und Flussauen Mitteleuropas! (s. Seite 224) 7
- Was versteht man unter einer Aue, welche Waldtypen treten in Auen auf? (s. Seite 225 f.) 8
- Nennen Sie einige typische Gehölzarten der Weichholz- sowie solche der Hartholzauenwälder! (s. Seite 226) 9
- An welchen Standorten findet man Bruchwälder? Welche beiden Bruchwaldtypen sind in Mitteleuropa zu unterscheiden? Wovon hängt es ab, welcher dieser beiden Typen auftritt (s. Seite 226) 10

Literatur

BOHN, U., GOLLUB, G., HETTWER, C. (2000): Karte der natürlichen Vegetation Europas. Bundesamt für Naturschutz (Hrsg)., Bonn, 153 S.

BRAUNS, A. (1991): Taschenbuch der Waldinsekten. Grundriß einer terrestrischen Bestandes- und Standort-Entomologie. G. Fischer, Stuttgart/Jena, 860 S.

ELLENBERG, H. (1996): s. Kap. 12.

HÄRDTLE, W., EWALD, J., HÖLZEL, N. (2004): Wälder des Tieflandes und der Mittelgebirge. Ulmer, Stuttgart.

HOFMEISTER, H. (1990): Lebensraum Wald. 3. völlig neu bearb. Aufl., Parey, Hamburg/Berlin, 275 S.

LOHMEYER, W., RABELER, W. (1965): Aufbau und Gliederung der mesophilen Laubmischwälder im mittleren und oberen Wesergebiet und ihre Tiergesellschaften. In TÜXEN, R. (Hrsg.): Biosoziologie. Dr. W. Junk, Den Haag, 238–257.

OTTO, H.-J. (1994): Waldökologie. Ulmer, Stuttgart, 392 S.

POTT, R. (1993): Farbatlas Waldlandschaften. Ulmer, Stuttgart, 224 S.

POTT, R. (1995): Die Pflanzengesellschaften Deutschlands. 2., stark überarb. u. erw. Aufl., Ulmer, Stuttgart, 622 S.

RÖHRIG, E., ULRICH, B. (eds.) (1991): Temporate Decidous Forests. Ecosystems of the World 7. Elsevier, Amsterdam, 635 S.

TÜXEN, R. (1986): Unser Buchenwald im Jahreslauf. Beih. Veröff. Natursch. u. Landespfl. 47, 125 S.

WITTIG, R. (Hrsg.) (1991): Schützenswerte Wälder in Nordrhein-Westfalen. Geobot. Kolloq. 7, Natur & Wissenschaft, Solingen, 84 S.

17 Ökosysteme der historischen und der heutigen Agrarlandschaft

Inhalt

Extensive und intensive Landwirtschaft früher und heute.

Als Folge extensiver Beweidung beziehungsweise Grünlandwirtschaft waren bis zur Mitte des 20. Jahrhunderts verschiedene Biotoptypen in Mitteleuropa weit verbreitet, die heute fast nur noch in Naturschutzgebieten anzutreffen sind:

- Hudewälder,
- Streuwiesen,
- Heiden,
- Magerrasen.

Auf die zwei letztgenannten Typen wird im Folgenden etwas näher eingegangen (Abschnitt 17.1 und 17.2). Hudewälder wurden bereits in Abschnitt 15.1 erwähnt. Der Begriff Streuwiese ist in Abb. 17.7 erläutert.

Typisch für die heutige intensive Landwirtschaft sind Massentierhaltung und Einsatz großer Maschinen. Sowohl der Anbau von Nahrungsmitteln als auch der von Futter erfolgen großflächig unter dem Einsatz von Dünge- und »Pflanzenschutzmitteln« (Pestizide: Herbi-, Fungi-, Insektizide). Die Mehrzahl der so genutzten Flächen ist entweder als Intensivgrünland (Abschnitt 17.3) oder als Acker (Abschnitt 17.4.) zu bezeichnen.

17.1 Atlantische Heide

Der Begriff »Heide« besitzt in unterschiedlichen Regionen Deutschlands unerschiedliche Bedeutungen.

In Nordwestdeutschland, dem ehemaligen großflächigen Wuchsgebiet von Heiden, werden unter diesem Begriff baumlose Zwergstrauchbestände, die meist auf armen Sandböden vorkommen, zusammengefasst. Im Gegensatz dazu versteht man unter **Heide** in Süddeutschland jegliches magere, extensiv genutze oder brach liegende Weideland, zum Beispiel Kalkmagerrasen mit Wacholder, und in Ostdeutschland lichte Kiefernwälder der sandigen Ebenen. In allen Fällen bezeichnet Heide das ehemalige gemeinsame Weideland, die Allmende.

Noch in den 1950er-Jahren wurde das Landschaftsbild der nährstoffarmen Sandgebiete des nordwestlichen Mitteleuropas (»Geest«) und der aus sauren Gesteinen aufgebauten Mittelgebirge von Zwergstrauch-Heiden bestimmt (Abb. 17.1). Die ausgedehnten Heiden verdankten ihre Entstehung einem auf die Nährstoffarmut der Böden zurückgehenden Bewirtschaftungssystem, das auf einem Zusammenwirken von extensiver Weidewirtschaft (Wanderschäferei), der mit dem Ackerbau verbundenen Streunutzung und der Imkerei beruhte.

Merksatz

Die früher im nordwestlichen Mitteleuropa und in den basenarmen Mittelgebirgen weit verbreiteten Zwergstrauchheiden verdanken ihre Entstehung einem komplexen Bewirtschaftungssystem, das auf die Nährstoffarmut der Böden zurückzuführen ist.

Auf nährstoffarmen, sauren Böden ist im (sub-)atlantischen Klima unter extensiver **Schafbeweidung** keine andere Pflanze so konkurrenzfähig wie das Heidekraut (*Calluna vulgaris*). Die Schafbeweidung erzeugt daher einen dicht geschlossenen und reich blühenden Heideteppich. Ohne Schafbeweidung wird dieser schnell lückig und blütenarm. Während beweidete Exemplare von *Calluna vulgaris* 30 bis 40 und sogar 50 Jahre alt werden können, sterben unbeweidete spätestens im zweiten Lebensjahrzehnt ab. Eine nicht mehr beweidete Heide entwickelt sich daher wieder zum Wald.

An der Erhaltung der reich blühenden Heiden waren auch die Imker interessiert. Nicht abgeplaggte (s. Box 17.1) überalterte Heidebestände wurden von diesen angezündet, was ebenfalls zur Regeneration führte. Heidekraut kann nämlich auf einer dichten Humusschicht, wie sie sich unter Heide bildet, nicht keimen. Jungpflanzen entwickelten sich daher früher entweder nach dem Plaggen oder nach dem Abbrennen.

Neben dem dominierenden Heidekraut können einige weitere Zwergsträucher in der Heide auftreten, unter denen Ginster-Arten be-

Abb. 17.1

Heidelandschaft in der Lüneburger Heide.

Box 17.1

Plaggen

In früheren Zeiten wurden überalterte Heidebestände von den Bauern samt der angefallenen Humusschicht und den Wurzeln abgehackt (diesen Vorgang nennt man **Plaggenhieb**). Die so gewonnenen Plaggen wurden als Stallstreu verwendet und anschließend zusammen mit den Exkrementen des Viehs als Dung auf die Felder in der Umgebung der Höfe ausgebracht. Auf diese Weise verarmte die Heide ständig an Nährstoffen, was einen immer stärkeren Vorteil von *Calluna vulgaris* gegenüber eventuellen Konkurrenten bedeutete. Die Nährstoffverarmung setzte bestimmte bodenchemische Prozesse in Gang, die das charakteristische Podsol-Profil der Heideböden erzeugten.

Dominierende Arten der Zwergstrauchheiden des nordwestlichen Mitteleuropas sind *Calluna vulgaris* an frischen bis trockenen Standorten, *Erica tetralix* an feuchten bis nassen Standorten, *Empetrum nigrum* in Küstengebieten und *Vaccinium myrtillus* in montanen Regionen.

sonders charakteristisch sind (*Genista anglica, G. pilosa, G. germanica*). Die wissenschaftliche Bezeichnung der Gesellschaft lautet daher Genisto-Callunetum (siehe auch Tab. 6.3). Mit zunehmender Annäherung an die Küste bekommt das Heidekraut verstärkt Konkurrenz durch die Krähenbeere (*Empetrum nigrum*), mit steigender Bodenfeuchte durch die Glockenheide (*Erica tetralix*), die auf anmoorigen Böden eine eigene Gesellschaft bildet, das Ericetum tetralicis. Von Glockenheide dominierte Zwergstrauchbestände wachsen auch auf entwässertem Hochmoortorf, sofern durch Beweidung ein Baumaufwuchs verhindert wird. In Bergheiden dominiert oft die Blaubeere (*Vaccinium myrtillus*).

Die Heidesande Nordwestdeutschlands werden bei Entblößung des Bodens (zum Beispiel nach Windwurf, Brand, Überweidung oder anthropogenen Eingriffen) leicht vom Wind verweht. Zum **Vegetationskomplex der Heideökosysteme** gehören daher im nordwestlichen Mitteleuropa stets Sandtrockenrasen, insbesondere die für bewegte Sande typischen Silbergrasfluren. Durch Windausblasungen entstanden auch temporäre Weiher, die genauso wie anthropogen als Viehtränke oder Fischteich angelegte Gewässer von inzwischen sehr selten gewordenen submersen oder amphibischen Pflanzen besiedelt wurden. Bezeichnend für fortgeschrittene Sukzessionsstadien solcher Gewässer sind Schwingrasen von Torfmoosen (*Sphagnum cuspidatum, S. fallax*) und Wollgras (*Eriophorum angustifolium*), aus denen schließlich kleine Hochmoore entstehen konnten. Typische **Tiere der Heidelandschaften** sind unter anderem Birkhühner, Heidelerche, Zaun- (in trockenen Heiden) und Moor-Eidechse (in feuchten), Kreuzotter (*Vipera berus*) sowie Brauner Bär (*Arctica caja*), ein Schmetterling, dessen Raupen an Ericaceen fressen, und der Heide-Lochkäfer (*Lochmaea sutturalis*), der sich monophag von Heidekraut ernährt.

Magerrasen

17.2

Dadurch, dass Mitteleuropa vom Menschen mehr und mehr entwaldet wurde (siehe Abschnitt 15.1), wandelte sich das bodennahe Mikroklima in einer für Organismen lebenswichtigen Weise: Der Wegfall der klimatisch ausgleichenden Wirkung des Waldes (Abpufferung von Temperatur-Extremen durch Schatten an heißen Tagen und Wärmerückstrahlung in kalten Nächten; Verminderung der Verdunstung beziehungsweise Transpiration durch Herabsetzung der Windgeschwindigkeit) bewirkte eine Vergrößerung der Amplituden von Temperatur, Luftfeuchte und Windgeschwindigkeit. Zuvor ganzjährig frische bis mäßig trockene Böden wurden dadurch zu sommertrockenen, dazu noch sehr warmen, im Winter jedoch zeitweilig sehr kalten Standorten. Das Mikroklima entsprach also nicht mehr dem zonalen Großklima der nemoralen Laubwälder, sondern dem von kontinentalen Steppen, mediterranen Karstgebieten und, in geringerem Maße, auch dem alpiner Regionen. Daher konnten zahlreiche Tier- und Pflanzenarten aus dem kontinentalen und mediterranen Raum einwandern beziehungsweise aus höheren Lagen heruntersteigen. Auch breiteten sich einige einheimische Arten aus, die bisher an in Mitteleuropa vor Eingreifen des Menschen nur sehr kleinflächig vorhandenen Sonderstandorten gelebt hatten (Felsen, Steilufer, Schotterbänke, Dünen). Innerhalb der so entstandenen Rasen bewirken Korngrößen, chemische Beschaffenheit und Mächtigkeit der über dem anstehenden Gestein aufgelagerten Feinerde eine Typen Differenzierung. Floristisch sind zwei Haupttypen zu unterscheiden: die Sandmager- oder Sandtrockenrasen (Koelerio-Corynephoretea, siehe Abschnitt 17.2.1) und die basiphilen Trocken- und Halbtrockenrasen (Festuco-Brometea, siehe Abschnitt 17.2.2).

Als Anpassungen der Pflanzen an das Leben in Trockenrasen sind zu deuten:

- Verholzung der Stängelbasis (zum Beispiel *Thymus*, *Helianthemum*);
- Ledrige oder sklerenchymatische Blätter (unter anderem *Carlina*, *Helianthemum*, *Eryngium campestre*);
- Reduktion der transpirierenden Oberfläche durch Verkleinerung bis Rückbildung der Blätter (zum Beispiel *Galium verum*), pfriemliche Verwachsung der Blätter (*Festuca ovina* agg., einige *Allium*-Arten), Einrollen oder Falten der Blätter (Rollblätter: *Stipa*-Arten, Faltblätter: *Sesleria*-Arten);
- Wachsüberzüge zur Reduktion der cuticulären Transpiration (führen oft zu blaugrüner Färbung der Blätter und des Sprosses, zum Beispiel einige *Euphorbia*-Arten, *Eryngium campestre*);
- Schaffung windstiller Oberflächen über den Stomata (Einrollen, Fal-

ten oder Verwachsung der Blätter: siehe oben; Überzug mit toten Haaren, dadurch silbrig-graue Färbung, zum Beispiel *Helichrysum arenarium*);

- Strahlungsreflexion durch glänzende oder silbrig-weiße Oberflächen (Wachsüberzüge oder weiße Haare: siehe oben);
- Kleinwüchsigkeit (sehr viele Magerrasen-Arten);
- hoher Anteil der unterirdischen an der Gesamtbiomasse (alle Magerrasen-Arten außer den Sukkulenten);
- polster- oder dicht horstförmiger Wuchs (dadurch gegenseitige Beschattung der Einzelsprosse und Schaffung windstillen Nanoklimas (*Thymus*, *Festuca ovina* agg.);
- Wasserspeicherung (Sukkulenz: *Sedum*);
- Verlagerung der Vegetationsperiode in das zeitige Frühjahr: Therophyten (zum Beispiel *Arabidopsis thaliana*, *Teesdalia nudicaulis*, *Spergularia morisonii*) oder Geophyten (*Pulsatilla*, *Adonis vernalis*, *Ophrys*);
- CAM-Syndrom (siehe Abschnitt 12.1).

Manche dieser Eigenschaften sind gleichzeitig ein gewisser Schutz vor Fraß (holzig-ledrige Blätter, holzige Stängelbasis, frühe Vegetationszeit, starke Behaarung) und Mahd (niedriger Wuchs).

17.2.1 Sandmagerrasen

Unter den Samenpflanzen gibt es nur sehr wenige Arten, die lockereren, von Zeit zu Zeit vom Wind verlagerten (»wandernden«) Sand besiedeln können. Haben diese Arten (*Carex arenaria*, *Corynephorus canescens*) mit Hilfe ihres Wurzel- und Rhizomwerks den Sand etwas festgelegt, so kommen Flechten und Moose sowie einige weitere Samenpflanzen hinzu. Greift der Mensch nicht mehr ein, erfolgt eine Wiederbewaldung. Besonders artenarm sind saure, kalkfreie Sande, wie man sie im nordwestlichen Mitteleuropa findet. Etwas artenreicher sind die für das südöstliche Mitteleuropa bezeichnenden, noch nicht völlig entkalkten Sande. Hier fand man früher eine, heute nur noch in einigen Naturschutzgebieten (zum Beispiel »Mainzer Sand«) erhaltene, steppenartige Vegetation mit zahlreichen kontinentalen Arten.

Abb. 17.2

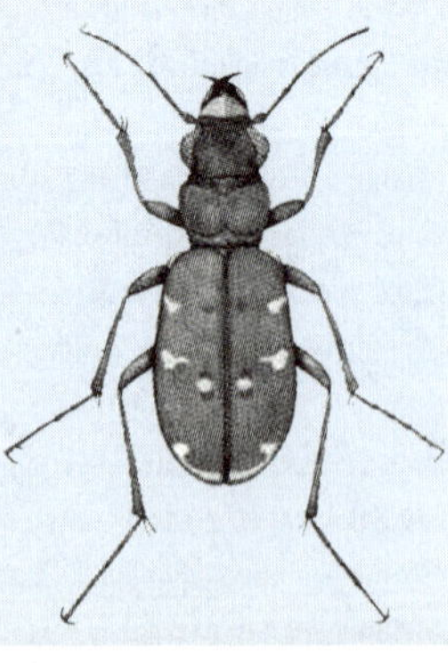

Sandlaufkäfer (*Cicindela campestris*).

Bezeichnende Tierarten von Sandmagerrasen sind Sandlaufkäfer (*Cincindela*: Abb. 17.2), Ameisenlöwe (Larve der Ameisenjungfer, *Myrmeleon europaeus*) und einige Grashüpfer (*Corthippus mollis*, *C. brunneus*,

Abb. 17.3

Silbergrasflur im NSG »Hooge Veluve«, Niederlande.

C. biguttulus). Insbesondere für Silbergrasfluren (Abb. 17.3) bezeichnend sind Gefleckte Keulenschrecke (*Myrmeleotettix maculatus*) und Blauflügelige Ödlandschrecke (*Oedipoda coerulescens*).

Basiphile Trocken- und Halbtrockenrasen

17.2.2

Bei den basiphilen Trockenrasen handelt es sich um wärmeliebende, trockenheitsbedingte Naturrasen, das heißt Rasen, die an Standorten wachsen, die auf Grund ihrer Trockenheit nicht von Wäldern oder Gebüschen besiedelt werden können. Im mitteleuropäischen Klima existieren solche Standorte natürlicherweise nur kleinflächig in südlicher Exposition an Steilhängen oder erodierten Felsbereichen sowie anthropogen in Steinbrüchen und auf Halden basischer Gesteine. Ohne den Menschen und sein Weidevieh wären aber auch viele dieser sommerwarmen, trockenen, sehr feinerdearmen Standorte nicht von lichtliebenden Trockenrasen bewachsen, sondern auf Grund ihrer Kleinflächigkeit von benachbart wachsenden Bäumen beschattet. Nur dort, wo der Mensch das Aufkommen von Wald um diese Trockenrasen-Standorte herum durch Mahd oder Beweidung verhindert, sind sie in typischer, artenreicher Ausprägung anzutreffen. Der übrige Bereich des südexponierten Hanges wird in solchen Fällen ebenfalls vorwiegend von Rasengesellschaften eingenommen. Da deren Standorte aber nicht ganz so extrem sind, unterscheiden sich diese Halbtrockenrasen in ihrer Artenkombination von den Trockenrasen. Andererseits kann es zeitweilig in beiden Rasentypen sehr warm und trocken sein, so dass viele gemeinsame Arten vorhanden sind. Weil Trockenrasen deutlich lückiger sind als Halbtrockenrasen, können sich in ihnen konkurrenzschwache, langsamwüchsige Arten behaupten, sofern sie nur resistent gegen Trockenheit sind. Arten der Frischwiesen haben dagegen in Volltrockenrasen keine Überlebenschance. Bei den Halbtrockenrasen liegen die Verhältnisse genau umgekehrt.

Abb. 17.4 Vegetationskomplex aus Trocken- und Halbtrockenrasen, thermophilen Gebüschen und Waldresten (Vezprem, Ungarn).

Einige Therophyten (zum Beispiel *Erophila verna*, *Cerastium pumilum*) und Sukkulente (*Sedum*) sowie bestimmte Flechten sind daher Differenzialarten der Voll- gegenüber den Halbtrockenrasen, Frischwiesenarten differenzieren die Halb- gegen die Volltrockenrasen.

Den Vegetationskomplex der Trocken- und Halbtrockenrasen, zu dem stets auch thermophile Gebüsche mit Gebüschsäumen und oft Waldreste (mit Waldmänteln und -säumen) gehören (Abb. 17.4) bezeichnet man wegen seiner Bindung an trocken-warme Standorte als **Xerothermvegetation**. Typische Tierarten sind Schlingnatter (*Coronilla austriaca*), Östliche Smaragd-Eidechse (*Lacerta viridis*), Schwalbenschwanz (*Papilio machaon*, Abb. 17.5), Apollofalter (*Parnassius apollo*, Abb. 17.6), bestimmte Blutströpfchen (zum Beispiel *Zygaena purpuralis*, *Z. angelicae*) und Bläulinge (*Lysandra coridon*, *L. bellargus*), Gottesanbeterin (*Mantis religiosa*) sowie die Gehäuseschnecke *Zebrina detrita*.

17.3 Intensiv-Grünland

Unter dem Oberbegriff Grünland werden in Mitteleuropa von Gräsern dominierte Ökosysteme zusammengefasst, die ihre Entstehung der Viehwirtschaft direkt (Beweidung) oder indirekt (Mahd zur Gewinnung von Futter für die Winterzeit) verdanken. Auch die in Abschnitt 17.2 behandelten Halbtrocken- und Sandmagerrasen sind also Grünland. Als extensiv genutzte Lebensräume unterscheiden sie sich jedoch ökologisch deutlich von den Düngewiesen und -weiden der Intensivlandwirtschaft (s. Box 17.2).

Anders als beim Ackerbau nutzt man bei der Grünlandwirtschaft nicht eine einzelne Pflanzenart (die jeweilige Kulturpflanze), sondern eine Pflanzengesellschaft. Keine Mono-, sondern eine Polykultur ist das Ziel der landwirtschaftlichen Arbeit. Da die Standortansprüche der einzelnen Arten einer Gesellschaft nicht völlig identisch sind, ist Grünland weit weniger anfällig gegen kurzfristige Klimaschwankungen, Schädlingsbefall oder andere episodische Umweltveränderungen als Ackerkulturen.

Gemähtes Grünland bezeichnet man als **Wiese**. Mähen (**Mahd**) ist ein starker, aber kurzfristiger Eingriff, auf den eine relativ lange Erholungsphase folgt. Arten, deren Lebenszyklus dem Mahdrhythmus angepasst ist, haben gute Überlebensmöglichkeiten (Pflanzen, die vor der Mahd blühen und fruchten; Insekten, deren Larven- oder Puppenentwicklung vor der Mahd abgeschlossen ist, etc.).

Abb. 17.5

Schwalbenschwanz (*Papilio machaon*).

Abb. 17.6

Apollofalter (*Parnassius apollo*).

Beweidung ist ein unregelmäßiger Eingriff, der auf Intensivweiden sehr häufig erfolgt. Ein zusätzlicher Ungunstfaktor für die Organismen ist der mit Beweidung verbundene Tritt (mechanische Schädigung, Bodenverdichtung). Im Hinblick auf den Stoffhaushalt des Ökosystems stellt die über den Kot erfolgende Teil-Rückführung von Nährstoffen einen Vorteil dar. Bei Futterwiesen wird dem Ökosystem nämlich mit dem Mähgut der gesamte darin enthaltene Nährstoffvorrat entzogen. Von den Futterwiesen zu unterscheiden sind die heute nicht mehr üblichen Streuwiesen. Sie wurden erst im Herbst gemäht, wenn bereits eine weitgehende Rückverlagerung der Nährstoffe aus den oberirdischen in die unterirdischen Pflanzenteile erfolgt war. In Abb. 17.7 sind Merkmale einiger aktueller und historischer Typen des Wirtschaftsgrünlandes zusammengestellt. Tab. 17.1 enthält einige häufige und charakteristische Pflanzenarten des Intensiv-Grünlands frischer Standorte im Flachland.

Wiesen und Weiden sind ökologisch und artenmäßig deutlich verschieden.

Die häufigste Pflanzengesellschaft der Intensivweiden ist die Kammgras-Weidelgras-Gesellschaft (Cynosuro-Lolietum). Noch vor wenigen Jahrzehnten waren weite Flächen Mitteleuropas von solchen Weiden bedeckt. Im Zuge der Massentierhaltung wird das Vieh vielerorts nur noch in Ställen gehalten. Die nicht mehr benötigten Weideflächen wurden meistens in Futtermaisäcker umgewandelt.

Weil sehr häufiges Mähen, wie es bei Scherrasen (Park- und Zierrasen) geschieht, für die Pflanzen den gleichen Effekt hat wie intensive Beweidung, ähnelt die pflanzliche Artenkombination der Scherrasen sehr der der Intensivweiden. In beiden Grünlandtypen dominieren niedrige Gräser sowie Ausläufer- und Rosettenpflanzen. Typisch für Weiden und Scherrasen ist auch ein im Vergleich zu den Wiesen höherer Anteil an Therophyten.

Abb. 17.7

Historische und rezente Grünlandtypen (aus Ellenberg 1996). Die **Streuwiese** wird so spät geschnitten, dass man mit dem strohig gewordnen Aufwuchs fast nur noch Kohlenhydrate entzieht; ohne Nährstoffzufuhr bleibt ihr Ertrag daher relativ hoch, während man ein- bis mehrschürige **Futterwiesen** zunehmend düngen muss, um ausreichende Erträge zu erzielen. Die Zahl der Arten pro Flächeneinheit – auch der »Unkräuter« – ist am höchsten in extensiv bewirtschafteten Futterwiesen, die man nur einmal im Jahr mäht. Das Extrem hinsichtlich Artenzahl, Häufigkeit der »Weideunkräuter«, Nährstoffmangel und Ertragsarmut stellt die früher übliche Allmend- oder **Triftweide** dar. Hohe Erträge bei geringfügiger Artenzahl und Verunkrautung liefern dagegen Rotationsweiden (**Umtriebs-Mähweiden**), die immer nur wenige Tage mit Vieh besetzt werden und sich dann regenerieren könne. Sie erfordern aber auch den größten Dünger- und Arbeitsaufwand, während **Standweiden** von dem auf ihnen verbleibenden Vieh gedüngt werden. Unkräuter siedeln sich hier vor allem an »Geilstellen« an, d.h. an kotbedeckten Flecken (bei Rindern) oder Teilflächen (bei Pferden), die gemieden werden.

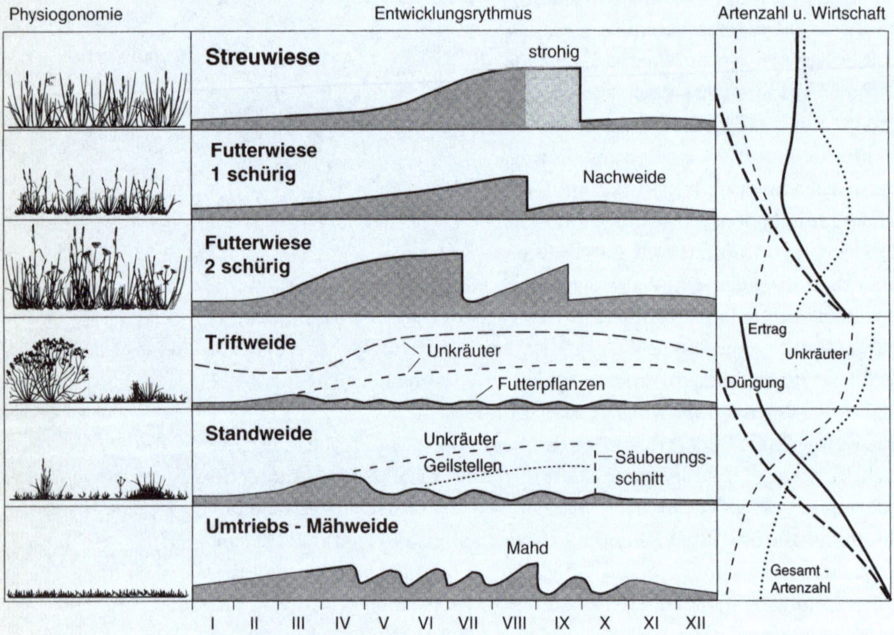

Tab. 17.1 | **Einige stete Arten der Frischwiesen (Arrhenatherion) des Flachlandes und der Fettweiden und Vielschurrasen (Cynosurion)**

Arrhenatherion	Cynosurion
Arrhenatherum elatius, Bromus hordeaceus, Crepis biennis, Galium album, Geranium pratense, Lathyrus pratensis, Vicia cracca	*Crepis capillaris, Lolium perenne, Phleum pratense, Plantago major, Poa annua, Veronica filiformis, Veronica serpyllifolia*
Achillea millefolium, Cardamine pratensis, Cerastium holosteoides, Dactylis glomerata, Holcus lanatus, Poa pratensis, Trifolium pratense, Veronica chamaedrys	

Box 17.2

Der Rückgang der Glatthaferwiese

Die typische Düngewiese frischer Standorte des Flach- und Hügellandes ist beziehungsweise war in Mitteleuropa die Glatthaferwiese (Arrhenatheretum elatioris). Sie wird typischerweise zweimal im Jahr gemäht. Bezeichnend sind hochwüchsige Gräser und Stauden. Aufgrund immer weiter fortschreitender Intensivierung der Landwirtschaft ist auch dieser Typ der Düngewiese inzwischen selten geworden. Verantwortlich sind erhöhte Düngung und die dadurch mögliche mehrfache Mahd, die Nutzung als Gülle-Deponie oder die Kombination von Mahd und Beweidung.

Äcker

17.4

Äcker weisen, wie Wiesen, eine Periodizität der Störungen auf: Bodenbearbeitung, Saat, Ernte. Nur solche Arten können sich behaupten, deren gesamter Lebenszyklus oder zumindest die empfindlichste Phase des Zyklus zwischen der letzten Bodenbearbeitung beziehungsweise anderweitigen Störung und der Ernte abläuft.

Der Ackerbau hat das Verbreitungsgebiet vieler ehemaliger Steppenbewohner erheblich vergrößert.

Fast die Hälfte (44 %) Deutschlands wird von Ackerland eingenommen (siehe Tab. 17.2). Anders als im Grünland, wo mehrjährige deutlich überwiegen, dominieren sowohl unter den Kultur- als auch den Wildpflanzen (Unkräuter, Beikräuter) der Äcker einjährige Arten. Einjährig sind alle Getreide-Arten, die Hülsenfrüchte (Erbsen, Bohnen) sowie viele Gemüse- und Salatarten. Die einzige in Mitteleuropa großflächig angebaute mehrjährige (allerdings schon nach einem halben Jahr geerntete) »Feldfrucht« ist die Kartoffel.

Mit dem Ackerbau und der Einführung neuer Kulturpflanzen haben sich auch zahlreiche Tierarten (s. Box 17.3) und Wildkräuter ausbreiten können. Für Tiere stellen Ackerbaugebiete eine steppenähnliche Offenlandschaft dar. Ehemalige Steppenbewohner wie Feld-Lerche und Rebhuhn sind hier seit prähistorischen Zeiten (Archäozoen) anzutreffen.

Wegen des Einsatzes von Herbi- und Fungiziden sowie der intensiven Bodenbearbeitung

Flächennutzung in Deutschland im Jahr 2001[1] — Tab. 17.2

Nutzung	%
Ackerland	44,0
Forst/Wald	29,5
Grünland	18,7
Gebäude[2]	6,5
Verkehr	4,8
Gewässer	2,9

[1] Quelle: Statistisches Bundesamt (2002),
[2] incl. zugehöriger Freiflächen.

Regenwurmzönosen[1] — Tab. 17.3

Lebensraum	A	I
Wald	30	78
Wiese	26	97
Acker	4	41

[1] nach DUNGER 1983
A: Artenzahl I: Individuenzahl pro m²

Box 17.3

Neozoen als Pflanzenschädlinge

Die so genannten Pflanzenschädlinge sind Arten, die an Kulturpflanzen fressen und bei Massenauftreten zu Ernteeinbußen führen. Unter ihnen finden sich auch Neozoen, zum Beispiel der Kartoffelkäfer (Abb. 17-8), der übrigens erst nach seiner Verschleppung zu einem »Schädling« geworden ist. Im ursprünglichen Verbreitungsgebiet (Arizona, Nord-Mexiko) war er zunächst relativ selten und lebte an wildwachsenden *Solanum*-Arten. Als dort die Kartoffel angebaut wurde, kam es jedoch zur Massenvermehrung. Seither breitete sich die Art stetig nach Osten aus und gelangte 1922 (vermutlich per Schiff) nach Europa, wo sie inzwischen von Frankreich aus bis in Gebiete südlich des Urals vorgedrungen ist (OHNESORGE 1991).

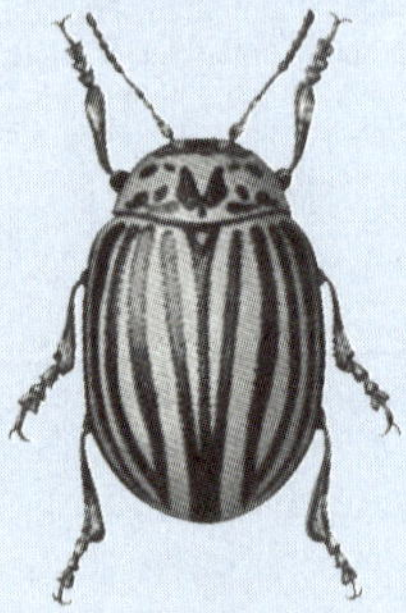

Abb. 17.8 | Kartoffelkäfer (*Leptinotarsa decemlineata*).

stellen Äcker heute einen sehr artenarmen Lebensraum dar, wie Tab. 17.3 am Beispiel der Regenwürmer zeigt. Äcker bilden damit einen guten Beleg für die Gültigkeit des zweiten biozönotischen Grundprinzips (vergleiche Abschnitt 6.2).

Fragen

(Seitenverweise zur Beantwortung)

1 ● Nennen Sie einige Ökosystemtypen der agrarischen Extensivlandschaft! (s. Seite 228)

2 ● Was versteht man in unterschiedlichen Regionen Deutschlands unter Heide? (s. Seite 228)

3 ● Welche Wirtschaftsweisen und anthropogenen Eingriffe waren an der Entstehung und der Erhaltung der Heiden beteiligt? (s. Seite 229 f.)

4 ● Welche Pflanzengesellschaften sind für die atlantische Heide bezeichnend? Nennen Sie einige typische Arten dieser Heide-Gesellschaft! (s. Seite 229 f.)

5 ● Nennen Sie einige weitere Biotoptypen, die zum Ökosystemkomplex der nordwestdeutschen Heiden gehören! Welche Pflanzenarten sind für diese Biotoptypen bezeichnend? (s. Seite 230)

6 ● Nennen Sie einige typische Tierarten der nordwestdeutschen Heide! (s. Seite 230)

7 ● Welche beiden Haupttypen von Magerrasen sind in Mitteleuropa unterscheidbar? (s. Seite 231)

Fragen

- Nennen Sie Anpassungen von Pflanzen an das Leben in Trockenrasen! (s. Seite 231 f.) 8
- Nennen Sie einige bezeichnende Tier- und Pflanzenarten von Sandmagerrasen! (s. Seite 232 f.) 9
- Wie unterscheiden sich Trocken- und Halbtrockenrasen standörtlich von einander? Durch welche Artengruppen werden sie differenziert? (s. Seite 233 f.) 10
- Welche in Mitteleuropa anzutreffenden Vegetationstypen werden unter der Bezeichnung Xerothermvegetation zsammengefasst? (s. Seite 234) 11
- Nennen Sie einige bezeichnende Tierarten der Trocken- und Halbtrockenrasen! (s. Seite 234) 12
- Was haben die beiden Grünlandtypen Wiese und Weide aus ökologischer Sicht gemeinsam, was unterscheidet sie? Nennen Sie einige gemeinsame sowie einige für den jeweiligen Typ bezeichnende Pflanzenarten! (s. Seite 235 f.) 13
- Welche Eigenschaften des Lebenszyklus von Pflanzen- und Tierarten begünstigen das Überleben dieser Arten in Wiesen? (s. Seite 235) 14
- Welche pflanzlichen Lebensformtypen herrschen auf Äckern vor? (s. Seite 237) 15
- Welcher Biotoptyp wurde von der Mehrzahl der heute auf Äckern anzutreffenden Arten von Wildkräutern ursprünglich besiedelt? Nennen Sie einige Beispiele für typische Tier- und Pflanzenarten der Äcker! (s. Seite 237) 16
- Inwiefern stellen Äcker einen guten Beleg für die Gültigkeit des zweiten biozönotischen Grundprinzips dar? (s. Seite 237 f.) 17

Literatur

DIERSCHKE, H., BRIEMLE, G. (2002): Kulturgrasland. Ulmer, Stuttgart, 239 S.

DUNGER, W. (1983): s. Kap. 14.

ELLENBERG, H. (1996): s. Kap. 12.

OHNESORGE, B. (1991): s. Kap. 5.

POTT, R. (1999): Lüneburger Heide. Ulmer, Stuttgart, 256 S.

POTT, R. (1995): s. Kap. 16.

POTT, R. (1996): Biotoptypen. Schützenswerte Lebensräume Deutschlands und angrenzender Regionen. Ulmer, Stuttgart, 448 S.

TIVY, J. (1993): Landwirtschaft und Umwelt, Agrarökosysteme in der Biosphäre, (engl. Originalausgabe 1990: Agricultural Ecology, Longman, Harlow, 288 pp.) aus dem Engl. übersetzt von C. Holz u. S. Knoll, Spektrum Akademischer Verlag Heidelberg etc., 344 S.

WEBER, H.E. (2003): Hecken, Gebüsche und Säume. Ulmer, Stuttgart, 229 S.

WILMANNS, O. (1989): Zur Entwicklung von Trespenrasen im letzten halben Jahrhundert – Einblick, Rückblick, Ausblick – das Beispiel des Kaiserstuhls. Düsseldorfer Geobot. Kolloq. 6, 3–17.

18 | Lebensraum Stadt

Inhalt

Städte als Wärmeinseln, Kalkinseln, Trockengebiete und Häufungszentren nicht einheimischer Organismen.

Städtische (urbane) Ökosysteme unterscheiden sich durch eine Reihe von Eigenschaften von nicht-städtischen. Zwar findet man die meisten der in Städten wirkenden einzelnen Umweltfaktoren auch außerhalb der Stadtagglomerationen, ihr Zusammenwirken jedoch führt zu sehr spezifischen ökologischen Systemen und Artenkombinationen. Typisch städtisch ist das gehäufte, verdichtete Auftreten zahlreicher Nutzungen, insbesondere Wohnen (einschließlich der wohnungsnahen Erholung), Industrie, Handel, Verkehr und Administration (siehe Abschnitt 18.6) und damit ein reger Stoff- und Energiefluss (Abschnitt 18.7). Dadurch ist auch eine Abgrenzung des Gegenstandes der Stadtökologie im engeren Sinne möglich: Nur Bereiche, in denen eine oder mehrere dieser Nutzungen in starkem Maße auftreten, gehören zum Untersuchungsgebiet der Stadtökologie (vergleiche Abschnitt 18.1). Städte der kühlen und gemäßigten Regionen sind im Vergleich zu ihrem Umland als Wärmeinseln, Kalkinseln, Trockengebiete und Häufungsgebiete von nicht einheimischen Pflanzen und Tieren gekennzeichnet (Abschnitt 18.2 bis 18.5). Weltweit ist eine Zunahme der großstädtischen Bevölkerung zu verzeichnen, das heißt eine zunehmende Verstädterung (Abschnitt 18.8).

18.1 | Stadtökologie

Zur ökologischen Erforschung stark vom Menschen geprägter Ökosysteme, insbesondere der Stadt, reichen die naturwissenschaftlichen Disziplinen nicht aus, denn diese Systeme sind ein Werk der menschlichen Gesellschaft, deren Untersuchung daher auch in den Bereich der Gesellschaftswissenschaften fällt. Die Geistes- oder Kulturwissenschaften tragen ebenfalls zur Klärung wichtiger Aspekte bei. Der Mensch passt sich nicht dem Lebensraum Stadt an, sondern gestaltet ihn nach seinen Vorstellungen, die unter anderem durch Tradition, Politik, wirtschaftliche Verhältnisse und Modetrends bestimmt werden. Veränderungen in all diesen Bereichen bleiben meist nicht ohne Auswirkungen auf die städtischen Ökosysteme. Deshalb müssen sie im Rahmen der Stadtökologie berücksichtigt werden. Andererseits haben städtische Ökosysteme auch Auswirkungen auf Bereiche, die nicht in das Gebiet der Naturwissenschaften fallen. Insbesondere für die angewandte Stadtökologie ist es daher sinnvoll, Kontakt zu den Sozial-, Kultur- und Humanwissenschaften zu suchen.

Dennoch kommen fast alle Biologen, die den Begriff »Stadtökologie« diskutieren, zu dem Schluss, dass die Stadtökologie ein Teil der Ökologie und damit eine biologische Wissenschaft oder aber zumindest eine Naturwissenschaft ist (siehe zum Beispiel TREPL 1994, REBELE 1994). Der Geograph HARD (1997: 101) hält ein solches naturwissenschaftliches Konzept von Stadtökologie sogar »für das einzig sinnvolle« und »für das einzige, das (unter bestimmten Umständen) für die so genannte Praxis wirklich etwas abwerfen kann.« WITTIG & SUKOPP (1998: 2) definieren Stadtökologie im engeren Sinne folgendermaßen: **Stadtökologie im engeren Sinne ist diejenige Teildisziplin der Ökologie, die sich mit den städtischen Biozönosen, Biotopen und Ökosystemen, ihren Organismen und Standortbedingungen sowie mit Struktur, Funktion und Geschichte urbaner Ökosysteme beschäftigt.** Wegen des prägenden permanenten anthropogenen Einflusses muss die Stadtökologie in noch stärkerem Maße als andere Teilbereiche der Ökologie mit Nicht-Naturwissenschaften zusammenarbeiten. Eine erhöhte Bedeutung kommt auch dem historischen Aspekt zu.

Eine Stadt, insbesondere eine Großstadt, ist kein einzelnes Ökosystem, sondern ein Ökosystemkomplex. Allerdings kann eine ganzheitliche Betrachtung sinnvoll sein. Insofern ähnelt die Stadt- der Landschaftsökologie, die ebenfalls Ökosystemkomplexe (Landschaften) untersucht. Im Vergleich zur Landschaftsökologie ist bei der Stadtökologie die Vernetzung mit anderen Fachgebieten allerdings noch komplexer.

Stadtökologie unterscheidet sich in einem weiteren wichtigen Punkt sowohl von der »klassischen« Ökologie als auch von der Landschaftsökologie: Sie ist zum überwiegenden Teil als angewandte Wissenschaft entstanden. Ihr Ziel war und ist vielfach noch heute das Finden von Wegen zu einer menschenfreundlichen, die Umwelt nicht zu sehr belastenden Stadt. Somit ergibt sich eine zweite, erweiterte Definition von Stadtökologie als Wissenschaft: **Stadtökologie im weiteren Sinne ist ein integriertes Arbeitsfeld mehrerer Wissenschaften aus unterschiedlichen Bereichen und von Planung mit dem Ziel einer Verbesserung der Lebensbedingungen und einer dauerhaften umweltverträglichen Stadtentwicklung** (WITTIG & SUKOPP 1988: 2).

18.2 | Stadtklima

Das Stadtklima ist in vieler Hinsicht gegenüber dem des Umlandes abgewandelt (siehe Tab.18.1). Die Ursachen für die Klimaveränderung sind »im Wesentlichen drei Einflussgrößen zuzuordnen« (KUTTLER 1998b: 348):

- Reduktion vegetationsbedeckter Flächen,
- Umwandlung der natürlichen Bodenoberflächen in versiegelte, mit einem stark strukturierten Stadtkörper bedeckte Flächen,

Tab. 18.1 | Mittlere Veränderungen von Klimaparametern in Verdichtungsgebieten[1], ihre Ursachen und ihre Auswirkungen auf die Stadtflora[2]

Faktoren	Veränderungen gegenüber dem Umland	Ursachen
Strahlung		
Globalstrahlung auf horizontaler Oberfläche	– 20 %	Dunsthaube, erhöhte Bewölkung (aufgrund des Aufsteigens der Luft)
Gegenstrahlung	+ 10 %	
Ultraviolett im Winter	– 70 %	
Ultraviolett im Sommer	– 10 % bis – 30 %	
Sonnenscheindauer		
im Winter	– 8 %	erhöhte Bewölkung (s.o.)
im Sommer	– 10 %	
Lufttemperatur		
Jahresmittel	+ 0,5 bis + 1 °C	Glashauseffekt, Energieumsatz im Baukörper, anthropogene Wärmezufuhr
Winterminima	+ 1 bis + 3 °C	
maximale Temperaturunterschiede	bis + 13 °C	
Dauer der winterlichen Frostperiode	– 30 %	
Windgeschwindigkeit		
Jahresmittel	– 25 %	Baukörper
Windstille	+ 115 %	
rel. Luftfeuchtigkeit		
Jahresmittel	– 6 %	Oberflächenversiegelung, erhöhte Temperatur, weniger Vegetation
Sommermittel	– 8 %	
Niederschlag		
totale Regensumme	+ 10 % (Leeseitig)	erhöhte Bewölkung (s.o.)
Schneefall	– 5 %	höhere Temperatur
Tauabsatz	– 65 %	geringe rel. Luftfeuchtigkeit (s.o.)
Luftverunreinigungen		
CO_2, NO_X, AVOC[3], PAN[4]	mehr	Emissionen, Immissionen
O_3	weniger	nächtliche Reduktion durch NO

[1] aus KUTTLER (1998a) [2] nach WITTIG (1991, ergänzt) [3] AVOC = anthropogene Kohlenwasserstoffe
[4] PAN = Peroxiacetylnitrat.

- Massierung von Quellen thermischer und luftverunreinigender Emissionen.

Von den charakteristischen Veränderungen des Stadtklimas dürfte für Fauna, Flora und Vegetation und den Menschen vor allen Dingen die Tatsache, dass die Stadt wärmer ist als ihr Umland, von großer Bedeutung sein. Dieser Unterschied beruht in erster Linie auf weniger kalten Wintern und Nächten und hier wiederum insbesondere darauf, dass die Minimaltemperaturen nicht so tief sind wie im Umland. In Wien wurden nachts bis zu 13 °C höhere Temperaturen gemessen als im Umland (AUER et al. 1989). Als Folge des Stadtklimas haben zahlreiche frost- und kälteempfindliche Organismen, die an das mitteleuropäische Klima nicht angepasst sind, inzwischen einen festen Platz in unseren Großstädten gefunden. Beispiele für solche wärmeliebenden Neobiota (siehe Abschnitt 15.2) sind Sommerflieder (*Buddleja davidii*), Götterbaum (*Ailanthus altissima*) und Halsbandsittich (*Psittacula krameri*).

Die in Städten an dicht befahrenen Straßen auftretenden Luftverunreinigungen sind eine Belastung für alle Stadtbewohner (Menschen, Tiere, Pflanzen). SO_2 (aus Hausbrand und Industrie) war in den westlichen Industrieländern bis zur Mitte der 1980er-Jahre, im ehemaligen Ostblock bis zum Beginn dieses Jahrtausends, ein großes Problem. Aufgrund der hohen SO_2-Belastung, die im Ruhrgebiet zeitweise über 1 mg SO_2 pro m^3 Luft lag (heute beträgt sie in den meisten Städten 0,01 bis 0,05 mg), waren in Mitteleuropa nahezu alle Innenstädte frei von epiphytischen Flechten und Moosen.

Eine wichtige Rolle spielen heute organische Luftverunreinigungen. Ein weiteres Problem, insbesondere für Pflanzen-, aber auch für zahlreiche Tierarten, ist die Trockenheit des Stadtklimas.

18.3 Stadtböden

Auch die Böden städtischer Standorte sind gegenüber denen des Umlandes deutlich verändert. Hierfür sind folgende Ursachen zu nennen:

- Viele Stadtbereiche, in der Regel der überwiegende Teil der außerhalb der ehemaligen Stadtmauern gelegenen Flächen, waren zuvor Ackerboden (die Stadt musste ernährt werden, daher fand im unmittelbaren Umland Ackerbau statt). Durch Pflügen kam es zur Mischung und Vertiefung des humosen Oberbodens sowie zur Verdichtung im Unterboden. Außerdem wurden Kalkung und Düngung durchgeführt, was Nährstoffgehalt und pH-Wert erhöhte.
- Nach der Urbanisierung wurden die Ackerböden zum Teil in Gartenböden (Hortisole) umgewandelt, das heißt sie wurden in jahre-, oft Jahrhunderte langer Arbeit der Gartenbesitzer in Richtung auf

einen Optimalzustand hin entwickelt: Auflockerung der Lehmböden, Tonanreicherung in Sandböden. Tab. 18.2 belegt die »Aufwertung« der Gartenböden am Beispiel zweier Böden, die beide aus glazialen Sanden gebildet wurden, von denen der eine jedoch unter Wald blieb, der andere zu einem Hortisol wurde.

- Zement und Mörtelreste bewirken eine Erhöhung des pH-Wertes der Bodenlösung. Manch städtische Sandböden ähneln daher bezüglich ihres pH-Wertes Kalk-Braunerden.
- Staubniederschläge (Ruß, Straßenstaub unter anderem) führen im gesamten Stadtgebiet, insbesondere aber entlang von Straßen und in der Umgebung größerer Emittenten (Industriegebiete) ebenfalls zu einem pH-Wert-Anstieg, aber auch zu einer Erhöhung des Schadstoffgehaltes (Organika, Schwermetalle).
- An Straßenrändern und insbesondere auf Baumscheiben ist eine Erhöhung des N- und P-Gehaltes zu verzeichnen.
- Der winterliche Streusalzeinsatz verursacht eine Bodenversalzung.
- Fahrzeuge und Baumaschinen bewirken eine Verdichtung des Bodens.

Tab. 18.2 | Einige pflanzenrelevante Parameter eines Wald- und eines Gartenbodens aus gleichem Ausgangsmaterial[1]

Parameter	Waldboden[2]	Gartenboden[2]
pH-Wert	3,3	7,0
% Ton	1,5	2,2
ppm verfügbares Phosphat	23,0	430,0
‰ Gesamtstickstoff	0,1	1,4

[1] Quellen: s. Wittig (2002) [2] jeweils in 20 cm Tiefe.

Zusammenfassend lassen sich viele Stadtböden im Vergleich zu natürlichen Böden folgendermaßen charakterisieren:

- reicher an Karbonat und anderen den pH-Wert der Bodenlösung erhöhenden Substanzen,
- nährstoffreicher (Ausnahmen: Bahn- und Industriegelände),
- deutlich schadstoffhaltiger,
- trockener (siehe Abschnitt 18.4),
- stellenweise verdichtet.

18.4 | Wasser

Städte sind in vieler Hinsicht bezüglich des Wasserhaushalts ungünstigere (trockenere) Standorte als ihr Umland:

- die Luftfeuchtigkeit ist verringert;

- der Grundwasserspiegel ist abgesenkt;
- die Entfernung zum Grundwasser ist zusätzlich durch Bodenaufhöhung (Kulturschutt) vergrößert;
- der Oberflächenabfluss des Wassers ist verstärkt;
- auf Grund hoher Anteile von Gesteinsmaterial versickert das Wasser zumindest in bestimmten Böden (Böden aus Schotter, Müll, Schlacke etc., wie sie häufig im Industrie- und Bahngelände zu finden sind) sehr schnell;
- toxische Substanzen in Böden und Luft erschweren die Wasseraufnahme und steigern die Transpiration, machen den Standort somit physiologisch gesehen trockener als er aus klimatisch-bodenkundlicher Sicht ist.

Das Thema Wasserversorgung und -verbrauch des Menschen wird in Abschnitt 20.3 behandelt

18.5 Nutzung und ökologische Gliederung

Noch wichtiger als die Veränderung der abiotischen Umweltfaktoren ist in Städten die Tatsache, dass fast alle Flächen vom Menschen ständig oder zumindest sporadisch genutzt werden. Ein großer Teil der Nutzungen ist mit der Errichtung von Gebäuden und/oder sonstiger Versiegelung von Oberflächen verbunden. Beides wirkt sich einerseits direkt auf Fauna und Flora aus (versiegelte und bebaute Flächen sind nur von wenigen speziali-

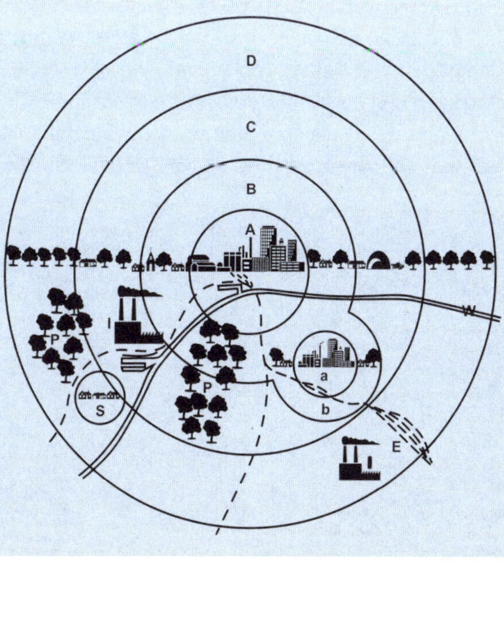

Abb. 18.1

Das konzentrische ökologische Stadtmodell (Zonen A, B, C, D) wird durch Unterzentren (a, B), Schlafstädte (S) und azonale Elemente (E, I, P, W) bis hin zur Unkenntlichkeit verwischt. **A, a** Zone der geschlossenen Bebauung; **B, b** Zone der aufgelockerten Bebauung; **C** innere Randzone; **D** äußere Randzone; **E** Eisenbahngelände; **I** Industriegelände; **P** Parkanlagen und Grünflächen i.w.S.; **S** Schlafstadt; **W** Wasserstraßen und Hafengelände (nach WITTIG 1991).

Abb. 18.2 | Konzentrische Verbreitung von Pflanzen in der Stadt (nach Wittig et al. 1985 aus Wittig 2002).

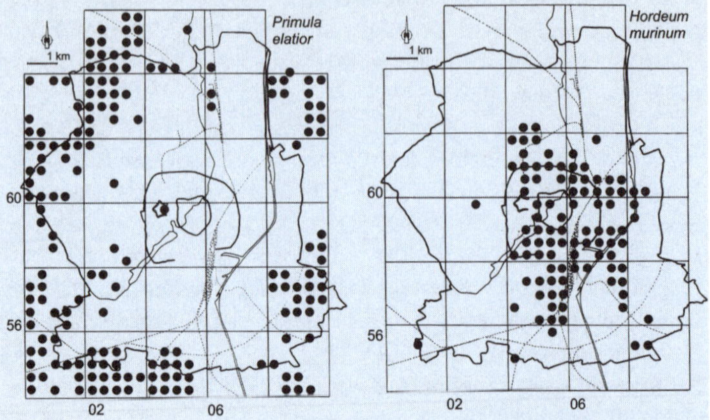

sierten Arten besiedelbar), hat aber andererseits auch, wie in den vorausgegangenen Abschnitten gezeigt wurde, indirekte Auswirkungen über die Beeinflussung des Klimas und des Oberflächenabflusses. Mit der Mehrzahl der Nutzungen sind Schadstoffemissionen (sei es letztlich nur über die Heizung der Gebäude) und eine allmähliche Materialanhäufung im Siedlungsbereich verbunden. Allerdings verteilen sich alle diese Nutzungen und dementsprechend auch ihre Auswirkungen nicht gleichmäßig über das Gebiet einer Siedlung, sondern sind in unterschiedlichen Quartierstypen unterschiedlich ausgebildet. Besonders augenfällig ist dies in Großstädten, wo sich die in der Regel zum Zentrum hin zunehmende Bebauungsdichte und Oberflächenversiegelung in der Zusammensetzung der Flora widerspiegelt: Mit Anstieg von Bebauung und Besiedlung nimmt die Zahl der Pilz-, Flechten- und Moos-Arten vom Stadtrand zum Zentrum hin deutlich ab, während die der spontanen Samenpflanzen im Stadtzentrum größer ist als im Umland (vergleiche Tab. 18.3). Nicht zuletzt aufgrund

Tab. 18.3 | **Artenzahlen verschiedener Gruppen des Pflanzenreiches in den vier Stadtzonen[1)]**

Pflanzengruppe	Stadt	Bebauung		Randzone	
		geschlossen	aufgelockert	innere	äußere
Pilze	Łodz	72	162	403	
Flechten[1)]	New Castle	0 (−1)	1–4	7–12	23–28
Moose[2)]	New Castle	0	0	0	4
Farnpflanzen	Düsseldorf	3[3)]	8	15	24
Farn- und Samenpflanzen	Berlin	380	424	415	357

[1)] in den 1960–1980er-Jahren (Zeiten hoher SO_2-Belastung); Quellen: s. Wittig (2002)
[2)] nur epiphytische Arten [3)] nur Stadtzentrum im engeren Sinne.

solcher botanischen Beobachtungen (siehe auch Abb. 18.1) zeigen die ersten ökologischen Stadtgliederungen (zum Beispiel SUKOPP et al. 1973) ein konzentrisches Stadtmodell (siehe Abb. 18.1, oben), obwohl dieses Modell in keiner Großstadt in idealer Form verwirklicht (siehe Abb. 18.1, unten).

Städtische Biozönosen

18.6

Hauptbewohner der Stadt ist der Mensch, der daher den größten Teil der Biomasse der Konsumenten ausmacht. Bemerkenswerterweise stehen in einer in den 1970er-Jahren für Brüssel erstellten Bilanz (DUVIGNEAUD & DENAEYER-DE SMET 1977) an zweiter Stelle der tierischen Biomasse nicht etwa Hunde und Katzen, sondern Regenwürmer. Dies dürfte sich allerdings ändern, wenn nicht das ganze Stadtgebiet, sondern nur der bebaute Bereich untersucht wird. Auch in Städten, abgesehen von dicht bebauten oder versiegelten Bereichen, stellen die grünen Pflanzen deutlich mehr Biomasse als die Konsumenten. Auf die Stadtflora und -vegetation (siehe Abschnitt 18.6.1) sowie die Stadtfauna (Abschnitt 18.6.2) wird im Folgenden kurz eingegangen.

Stadtflora und -vegetation

18.6.1

Die Begriffe »Flora beziehungsweise Vegetation einer Stadt« und »Stadtflora beziehungsweise Stadtvegetation« sind nicht identisch: Ersterer meint die Pflanzenarten (Pflanzengesellschaften) einer bestimmten Stadt, letzterer die Arten (Gesellschaften) des Biotop-Typs »Stadt«. Pflanzen, die sich ohne Zutun des Menschen in einem Gebiet angesiedelt haben, werden als spontane Flora dieses Gebietes bezeichnet. Entsprechend repräsentieren die von diesen Arten gebildeten Gesellschaften die spontane Vegetation. Der spontanen Flora beziehungsweise Vegetation steht die vom Menschen angepflanzte gegenüber. Das Verbreitungsbild zahlreicher spontaner Pflanzenarten der Stadt spiegelt in erster Linie die Intensität des menschlichen Einflusses wider. Da sich diese zum Stadtzentrum hin in der Regel verstärkt, zeigen viele Pflanzenarten ein mehr oder weniger konzentrisches Verbreitungsbild (Abb. 18.2)

Alle Großgruppen des Pflanzenreiches, also Algen, Pilze, Flechten, Moose, Farne und Samenpflanzen, sind in Städten zumindest durch einige Arten repräsentiert. Um den Rahmen dieses Buches nicht zu sprengen, wird im Folgenden nur auf die Flechten und Samenpflanzen eingegangen, die besonders gut untersucht sind. Als Sammelbegriff für die spontane Flora und Vegetation von Siedlungen

Merksatz

FLORA EINER STADT: Pflanzenarten oder -gesellschaften innerhalb einer bestimmten Stadt. STADTFLORA: Pflanzenarten im Biotoptyp »Stadt« allgemein.

(Städte, Dörfer, Burgen) wird häufig der Begriff Ruderalpflanzen (Ruderalvegetation) verwendet. Dieser Begriff leitet sich von dem lateinischen Wort "*rudera*" (Trümmer) ab und wurde ursprünglich auf die nach Kriegen und anderen Katastrophen auf Trümmerschutt anzutreffenden Arten bezogen. Inzwischen umfasst er jedoch alle an anthropogenen Standorten in und in der Umgebung von Siedlungen auftretenden Pflanzenarten, also die Arten der Weg-, Straßen- und Bahnränder, Industrie- Gewerbe- und Lagerflächen, Bahnhöfe, Häfen, Deponien, Trittstandorte, Mauern und der Umgebung von Gebäuden.

18.6.1.1 Flechten

Aus zahlreichen Städten liegen Kartierungen der Flechtenverbreitung (meist der epiphytischen Arten) vor, in denen fünf Zonen unterschieden werden (siehe Abb. 18.3). Diese Zonierung war das Resultat der früher hohen SO_2-Belastung. Nachdem die SO_2-Konzentrationen in Mitteleuropa deutlich abgenommen haben, ist inzwischen eine Rückwanderung von Flechten in die Innenstädte zu verzeichnen. Es gibt daher heute wohl keine flechtenfreien Zonen mehr. Aufgrund der immer noch hohen NO_x-Belastung wandern allerdings vermehrt nitrophytische Flechten in die Städte ein. Es erfolgt also keine Wiederherstellung der in Zeiten vor der SO_2-Belastung vorhandenen Flechtenflora, sondern es wird die sehr artenarme azidophytische Flechtenflora durch eine artenreichere nitrophytische ersetzt, die aber bei weitem nicht den Reichtum der früheren Reinluftgebiete erreicht.

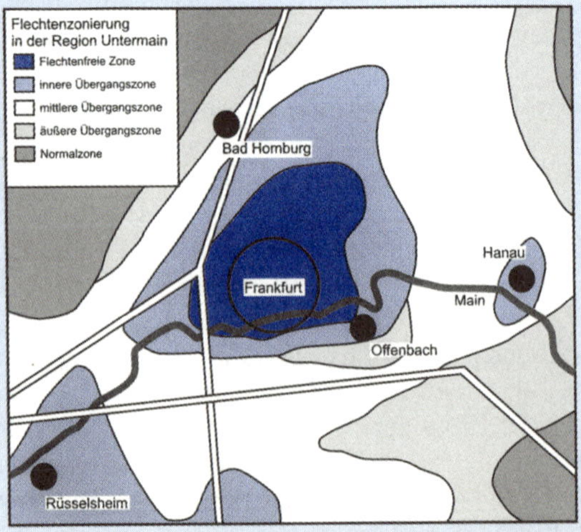

Abb. 18.3 Flechtenzonen in der Region Untermain in den 1970er-Jahren (nach STEUBING 1981 aus WITTIG 2002).

Samenpflanzen

18.6.1.2

Die städtische Vegetation ist in erster Linie aus Samenpflanzen aufgebaut. Sie sind die einzige Großgruppe des Pflanzenreiches, von der man in Städten deutlich mehr Arten pro km^2 findet als im Umland, vor allem als in Wäldern. Mit wenigen Ausnahmen sind die häufigsten Arten der Städte übrigens auch im Umland (auf Äckern oder entlang von Wegen) häufig. Von diesen in Mitteleuropa an allen vom Menschen gestörten Orten anzutreffenden Arten unterscheiden sich die auf die Stadt beschränkten Spezies vor allen Dingen im Hinblick auf ihre Temperaturansprüche: sie sind deutlich wärmeliebender und damit in unserem Klima wenig konkurrenzfähig. Gäbe es keine Städte, so könnten sich diese Arten in Mitteleuropa nicht behaupten. Die meisten stadttypischen Arten sind nicht einheimisch, sondern in historischer Zeit eingewandert oder eingeschleppt worden, also Neophyten.

Liste der in 8 deutschen Städten am häufigsten gepflanzten bzw. im bebauten Bereich insgesamt häufigsten[1] Baumarten **Tab. 18.4**

Baumart[2]	Herkunft	Bremerhaven	Köln	Stuttgart	Karlsruhe	Berlin (West)	Hamburg	Halle	Leipzig
Acer pseudoplatanus	M-Eur	●	●	○	○	○	●	○	●
Betula pendula	M-Eur	●	●	●	●	●	●	●	●
Acer platanoides	M-Eur		○	○	●	●	○	●	●
Aesculus hippocastanum	Med	○	○	○		●	○	○	●
Quercus robur	M-Eur	○	○		○	○	○		○
Carpinus betulus	M-Eur	○	●	●	○		●	○	
Sorbus aucuparia	M-Eur	●	○	○		○	●		
Tilia spec.		○				●	○		○
Acer campestre	M-Eur		○	○				○	○
Robinia pseudoacacia	N-Am		●			○		○	○
Fraxinus excelsior	M-Eur							●	●
Picea abies	M-Eur	○	○	●	●	○	○	○	○
Picea omorica	Med	●	○	○	●	○	○		
Taxus baccata	M-Eur	○	○	●			○	○	○
Picea pungens	N-Am	○		○	○	○	○		○
Pinus nigra	Med	○	●	○	○	○			

● an 1. bis 5. Stelle,
○ an 6. bis 15. Stelle Quellen: s. WITTIG (2002)

[1] In den fünf erstgenannten (linksstehenden) Städten wurde der gepflanzte Baumbestand, in den drei anderen der gesamte Baumbestand charakteristischer Stadtstrukturtypen untersucht.

[2] Es werden nur solche Arten aufgeführt, die in mindestens zwei Städten an erster bis fünfter Stelle oder in mindestens vier Städten an sechster bis fünfzehnter Stelle stehen.

Innerhalb der spontanen krautigen Vegetation lassen sich drei große Gruppen unterscheiden. Die Trittpflanzengesellschaften (Lolio-Plantaginetea beziehungsweise Polygono-Poetea annuae), die Einjährigen Ruderalfluren (Stellarietea mediae, insbesondere Sisymbrietalia) und die Ausdauernden Hochstaudenfluren (Artemisietea vulgaris). Bleibt eine Fläche in Mitteleuropa längere Zeit ungenutzt, so entwickelt sie sich zum Wald. Da es auch in typisch städtischen Bereichen, insbesondere im Bahn- und Industriegelände, derartige längerfristig ungenutzte Flächen gibt, gehören Gebüsche und Pionierwälder zur stadttypischen Vegetation. In städtischen Gehölzgesellschaften treten einheimische Arten wie Schwarzer Holunder (*Sambucus nigra*), Sand-Birke (*Betula pendula*), Sal-Weide (*Salix caprea*) sowie Berg- und Spitz-Ahorn (*Acer pseudoplatanus*, *A. platanoides*) gemeinsam mit Gartenflüchtlingen und Neubürgern auf. Beispiele für die letztgenannte Gruppe sind Armenische Brombeere (*Rubus armeniacus*), Robinie (*Robinia pseudoacacia*), Sommerflieder (*Buddleja davidii*), Götterbaum (*Ailanthus altissima*) und Eschen-Ahorn (*Acer negundo*).

Neben den spontan auftretenden gibt es in Städten eine Vielzahl angepflanzter Arten, unter denen die Bäume (Tab. 18.4) stark ins Auge fallen. In manchen Stadtgebieten ist der Baumbestand so groß, dass er aus der Luft einen waldartigen Eindruck vermittelt. Solche Gebiete bezeichnet man als *urban forest*. Besonders hohen Belastungen sind Straßenbäume ausgesetzt (Verkehrsimmissionen, Streusalz, Trockenheit, Bodenverdichtung, mechanische Verletzung bei Verkehrsunfällen). Städtische Straßenbäume werden daher allenfalls halb so alt, wie sie am natürlichen Standort werden könnten.

18.6.2 Stadtfauna

Im Vergleich zum Umland bieten Städte Tieren (s. Box 18.1) sowohl Vorteile (zum Beispiel reiches Nahrungsangebot in Form von Abfällen, Vorräten, Winterfütterung; viele Versteck- und Schlafmöglichkeiten, als auch Nachteile (zum Beispiel häufige Störungen, technogene Gefahrenquellen wie Verkehr und Lichtfallen für Insekten). Schon im Altertum entwickelte sich daher wahrscheinlich innerhalb der Stadtmauern eine eigene Fauna (**Intramuralfauna**). Viele heute in mitteleuropäischen Städten verbreitete Arten stammen ursprünglich aus wärmeren Ländern. Manche sind daher auf den wärmeren Innenbereich von Gebäuden beschränkt (**Intradomalfauna**: siehe Tab. 18.5).

Wie bei den Pflanzen, so weist auch bei den Tieren die Mehrzahl der Artengruppen in der Stadt gegenüber dem Umland reduzierte Artenzahlen auf. Meist tritt dafür eine Art mit stark erhöhter Individuenzahl auf (vergleiche Abschnitt 6.2: geringe Diversität der Lebensgemeinschaften

Box 18.1

Für »Stadttiere« vorteilhafte Eigenschaften

Aufgrund der spezifischen Standortbedingungen sind in Städten solche Arten bevorteilt, die folgende Eigenschaften aufweisen (WITTIG 1995):

- geringe Fluchtdistanz;
- keine weiten offenen Flächen nötig;
- Verhaltensmuster an reich strukturiertes, felsiges Gelände angepasst, also ehemalige Felsbewohner (Haus-Tauben stammen von der südeuropäischen Felsentaube ab; Haus-Rotschwanz, Mehl-Schwalbe, Haus-Schwalbe, Mauersegler sind ebenfalls ehemalige Felsen- beziehungsweise sogar Höhlenbewohner);
- Nahrungsansprüche ähnlich wie die des Menschen (Allesfresser: Ratten, Hausmäuse) oder aber Spezialisten für bestimmte Nahrungsmittel (Mehlkäfer) oder andere Materialien des menschlichen Bedarfs (Kleidermotte);
- hohe Reproduktionsrate (viele Nachkommen und kurze Generationszeit);
- geringe Körpergröße;
- keine zu große Konkurrenz oder Belästigung für den Menschen;
- nicht auf hohe Luftfeuchtigkeit oder Bodenfeuchtigkeit angewiesen;
- nicht auf Gewässer oder nicht auf sauberes Wasser angewiesen;
- unempfindlich gegen Immissionen.

von Extremstandorten). Von allen Faunengruppen ist, wie im Umland, die Avifauna in den Städten am besten untersucht. Ähnlich wie bei den Pflanzen kann man auch bei den Tieren die Bevorzugung einzelner Stadtbereiche durch manche Arten feststellen. Dementsprechend unterscheidet MULSOW (1967) auf Grund der jeweiligen Zusammensetzung der Avizönose zwei Stadtzonen mit je drei Untertypen (siehe Tab. 18.6).

18.7 Stoff- und Energieflüsse

Eine Analyse und Übersicht der Stoff- und Energieflüsse wurde bisher nur für drei Großstädte erstellt: Brüssel (DUVIGNAUD & DENAEYER-DE SMED 1975), Hongkong (NEWCOMBE et al. 1978, BOYDEN et al. 1981) und Wien (PUNZ et al. 1996). Anschaulicher als die Gesamtbilanz sind dabei die pro-Kopf-Daten (Abb. 18.4). In der Wiener Studie wurde sämtlichem pro Einwohner Wiens nachgewiesenen Ressourcenverbrauch ein entsprechendes Flächenäquivalent zugeordnet, nämlich diejenige Fläche, die zur Bereitstellung der Ressourcen erforderlich ist. Auf diese Weise

Tab. 18.5 | Intradomalfauna (inkl. Parasiten i.w.S.[1])

Vorkommen	Beispiele
Haut und in den Haaren des Menschen	Kopflaus, Schamlaus, Menschenfloh (s. Tab. 5.7); Flöhe der Haustiere (s.u.); Milben
Kleidung des Menschen	Kleiderlaus
Fell bzw. in Federn von Haustieren	Milben; Flöhe; Feder- und Haarlinge (Mallophaga)
Bett des Menschen	Hausstaubmilben (u.a. *Dermatophagoides pteronyssinus*); Flöhe, v.a. Menschenfloh (*Pulex irritans*); Bettwanze (*Cimex lectularius*)
Lager bzw. Nest von Tieren	Hunde- und Katzenflöhe (*Ctenocephalides-Arten*); Vogelflöhe (*Ceratophyllus-Arten*); Nagerflöhe; Milben
Nahrungs- und Genußmittel	Vorratsmilben (Mehl: *Acarus siro*; Käse: *Tyrophagus casei*; Obst: *Carpoglyphus lactis*); Tau- und Essigfliegen (*Drosophila*-Arten)
Wolle, Fellen, Pelzen, Teppichen, etc.	Kleider- u. Pelzmotte (*Tineola bisselliella, Tinea pellionella*); Staubläuse (s.u.); Hausstaubmilben (Pyroglyphidae); Teppich-, Pelz- u. Speckkäfer (*Anthrenus scrophulariae, Attagenus pellio, Dermestes lardarius*)
Papier, Bücher, Tapeten	Staub- und Bücherläuse (Psocoptera)
Holz (Dachbalken, Möbel, Kunstgegenstände)	Poch- u. Klopfkäfer (Anobiidae: z.B. *Anobium punctatum, Xestobium rufovillosum*); Balkenbock (*Hylotrupes bajulus*)
ausgestopfte Tiere bzw. Insektensammlungen	Museums- u. Kabinettkäfer (*Anthrenus museorum, A. verbasci*)
in Kellerräumen	Kellerschnecke (*Limax flavus*); Kellerassel (*Porcellio scaber*)
feuchte Räume	Silberfischchen (*Lepisma saccharina*)
warme Räume (z.B. Backstuben)	Heimchen (*Achaeta domestica*), Schaben (*Blattella germanica, Blatta orientalis*)
Lagerräume	Schaben, Kurzdeckenkäfer (Staphylinidae), Schimmelkäfer (*Cryptophagus*), Reismehlkäfer (*Tribolium*), Korn- und Reiskäfer (*Sitophilus*), Wanderrate (*Rattus norvegicus*)
unterm Dach	Wespen (u.a. *Paravespula vulgaris, P. germanica*) und Hornisse (*Vespa crabra*)
Zimmerpflanzen	Schildläuse, Wollläuse, Schmierläuse, etc.
potenziell alle ungestörten Orten im Haus (Abstellkammern, Lagerräume, Dachböden, Keller, unter und hinter Möbeln, Hohlräume in Mauern etc.)	Hausmaus (*Mus musculus*), Hausspinne (*Tegenaria* spec.), Mauerspinne (*Dictyna civina*), Weberknechte (Opiliones), Ameisen (Formicoidea)

[1] nach WEIDNER (1993) sowie MEHLHORN & MEHLHORN (1992).

wurde ermittelt, dass die zur Deckung der menschlichen Grundbedürfnisse (Nahrung, Kleidung, Wohnung) eine Fläche von ca. 1300facher Größe des Wiener Stadtgebietes erforderlich ist. Die Fläche für den Gesamtenergiebedarf ist noch dreimal höher. Auf einen Einwohner entfallen nach dieser Rechnung 1,2 km² Bedarfsfläche. Wien mit seinen 415 km² könnte ohne Nutzung des Umlandes also nur 385 Personen mit dem heutigen Lebensstandard Platz bieten. Derartige Berechnungen (siehe a. Abschnitt 20.5) sind zwar mit zahlreichen Unsicherheiten behaftet, zeigen aber zweifellos an, dass Städte nur auf Kosten weiter Flächen des Umlandes existieren können, also »parasitäre« Ökosysteme sind.

Charakter- und typische Begleitarten der Avizönosen der Großstadtlandschaft [1)] | **Tab. 18.6**

Haussperling-Amsel-Großstadtlandschaft Charakterarten (C): Haussperling, Amsel			Begleitarten (B): Grünfink, Kohlmeise		
Haussperling-Mauersegler-Innenstadt Charakterarten: Haussperling, Mauersegler Begleitarten: Turmfalke, Star, Haustaube, Hausrotschwanz			**Amsel-Grünfink-Randstadtzone** Charakterarten: Amsel, Grünfink Begleitarten: Ringeltaube, Buchfink, Blaumeise, Rotkehlchen, Bachstelze, Heckenbraunelle u.a.		
Industriellgewerblich geprägte Hausrotschwanz-Felslandschaft	**Mauersegler-Altbauviertel**	**Haubenlerchen-Neubauviertel**	**Gartenrotschwanz-Villenviertel**	**Meisen-Heckenbraunellen-Parklandschaft**	**Zaungrasmücken-Gartenbaulandschaft**
C: Hausrotschwanz B: Haussperling, Haustaube, Turmfalke	C: Mauersegler B: Haussperling, Haustaube, Amsel, Grünfink	C: Haubenlerche B: Amsel, Haussperling	C: Gartenrotschwanz, Grünfink B: Girlitz, Türkentaube, Singdrossel u.a.	C: Kohlmeise, (Buchfink), Heckenbraunelle B: Blaumeise, Star, Ringeltaube, Fitis, Zilpzalp	C: Zaungrasmücke B: Heckenbraunelle, Grünfink, Amsel, Star, Dorngrasmücke

[1)] nach MULSOW (1967)

Verstädterung | 18.8

Verstädterung (Urbanisierung) fand schon im Altertum statt. Offensichtlich steigt mit zunehmender Bevölkerungszahl beim Menschen die Tendenz, sich geklumpt zu verteilen, das heißt in größeren Ansiedlungen niederzulassen. Babylon hatte bereits im 6. Jahrhundert vor Christus ca. 350 000 Einwohner, Konstantinopel (Istanbul) unter Justinian etwa

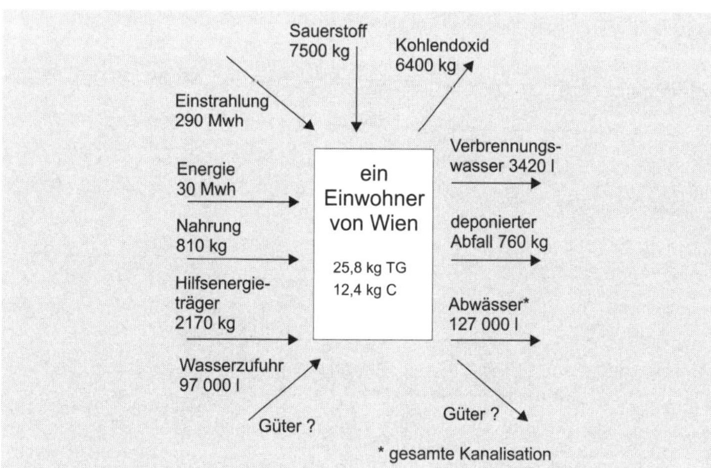

Abb. 18.4

Pro-Kopf-Daten (Jahr) zum Energie- und Stoffhaushalt Wiens (nach PUNZ et al. 1996 aus SIMON & FRITSCHE 1998).

700 000 und Rom war zu seiner Blütezeit bereits eine Millionenstadt. Global hat sich der urbane Bevölkerungsanteil ständig erhöht und steigt weiter an. Der Anstieg beruht auf einer stark steigenden Verstädterung in den so genannten Entwicklungsländern, während die Zahl der Stadtbewohner in industrialisierten Ländern stagniert oder gar leicht fällt.

Mit zunehmender Bevölkerungsdichte nehmen alle pro Kopf der Bevölkerung vor Ort verfügbaren Ressourcen ab. Diese Konzentrationseffekte sind in Großstädten besonders ausgeprägt. Neben den materiellen Problemen sind auch psychische und soziale Auswirkungen der erhöhten Dichte sowie eine Verstärkung der Umweltprobleme zu verzeichnen. Da große Städte auf ein großes Einzugsgebiet zu ihrer Versorgung angewiesen sind, erstrecken sich die Auswirkungen der Städte über weite Gebiete (vergleiche Abschnitt 18.7).

Der wachsende soziale Stress äußert sich in Verhaltensstörungen, die in ihrer Gesamtheit als Innenstadtsyndrom bezeichnet werden. Hierzu gehört, dass die Kriminalitätsquote in Innenstädten ansteigt, wobei deutliche Beziehungen zur Stadtgröße zu verzeichnen sind (siehe Abb. 18.5). Auch einige Krankheiten haben in Städten auffällig erhöhte Quoten (Tuberkulose, Geschlechtskrankheiten, Erkrankungen der Luftwege und des Immunsystems, Krebs). Dies mag damit zusammenhängen, dass der Mensch in einer Großstadt im Vergleich zur freien Landschaft, zu einem Dorf oder selbst Klein- und Mittelstädten deutlich höheren Umweltbelastungen ausgesetzt ist (Luftverschmutzung, Schadstoffe im Wasser, Bodenkontamination, Großstadtlärm).

Abb. 18.5

Kapitalverbrechen (pro 100 000 Einwohner) in unterschiedlich großen Städten der USA (nach SIMMONS 1974, zit. in NENTWIG 1995).

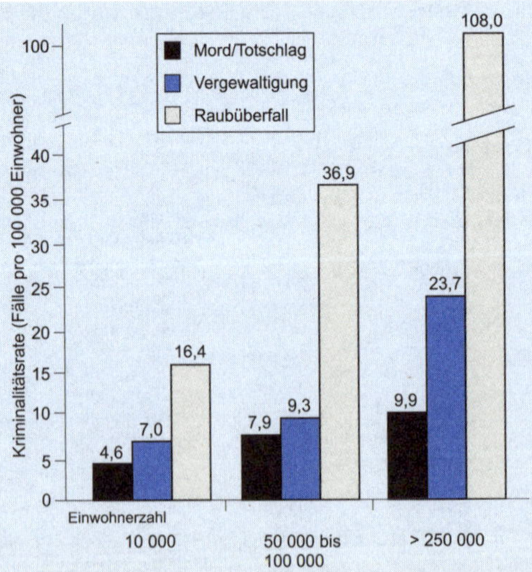

(Seitenverweise zur Beantwortung)

Fragen

- Durch welche Eigenschaften unterscheiden sich Großstädte der kühlen und gemäßigten Regionen ökologisch von ihrem Umland? (s. Seite 240) 1
- Inwiefern unterscheidet man zwischen Stadtökologie im engeren Sinne und Stadtökologie im weiteren Sinne? Definieren Sie die beiden Begriffe! (s. Seite 241) 2
- Worauf ist es zurückzuführen, dass sich das Klima einer Stadt deutlich vom Klima ihres Umlandes unterscheidet? Nennen Sie einige Unterschiede und erläutern Sie, worauf die Entstehung dieser Unterschiede jeweils zurückzuführen ist! (s. Seite 242) 3
- Nennen Sie einige in Mitteleuropa fast ausschließlich in Städten auftretende Wärme liebende Tier- und Pflanzenarten! (s. Seite 243) 4
- Nennen Sie einige Eigenschaften, in denen die Stadtböden gegenüber den Umlandböden verändert sind! (s. Seite 243 f.) 5
- Woran liegt es, dass Städte für Tiere und Pflanzen wasserhaushaltsmäßig ungünstigere Standorte darstellen als ihr Umland? (s. Seite 244 f.) 6
- Zeichnen und beschriften Sie das konzentrische ökologische Stadtmodell! Auf welchen Beobachtungen ist dieses Modell begründet? Woran liegt es, dass es in kaum einer Stadt in idealer Ausbildung verwirklicht ist? (s. Seite 245) 7
- Vergleichen Sie die Artenvielfalt der vielen Großgruppen des Pflanzenreichs in Städten mit der im Umland! Geben Sie jeweils mögliche Gründe für diese Unterschiede an! (s. Seite 246) 8
- Erläutern Sie den Unterschied zwischen den Begriffen »Flora einer Stadt« und »Stadtflora«! (s. Seite 247) 9
- Woher kommt der Begriff ruderal und was bedeutet er heute? (s. Seite 248) 10
- In welcher Weise und aus welchen Gründen hat sich die städtische Flechtenflora in den letzten Jahrzehnten stark verändert? (s. Seite 248) 11
- Nennen Sie einige Eigenschaften, die für das Überleben von Tieren in Städten von Vorteil sind! (s. Seite 251) 12
- Nehmen Sie Stellung zu der Aussage »Städte sind parasitäre Ökosysteme«! (s. Seite 251 f.) 13
- Nennen Sie einige typische Vertreter der Intradomalfauna! (s. Seite 252) 14
- Nennen Sie einige mit der Verstädterung verbundene Probleme! (s. Seite 254) 15

Literatur

Auer, I., Böhm, R., Mohnl, H. (1989): Klima von Wien. Eine anwendungsorientierte Klimatographie. Beitr. Stadtforsch., Stadtentwickl. Stadtgestaltung 20. Magistrat d. Stadt Wien, MA 18.

Boyden, S., Millar, S., Newcombe, K., K. O'Neill, B. (1981): The Ecology of a City and its People. Australian National University Press, Canberra, 437 S.

Duvignenaud, P., Denayer-de Smet (eds.) (1975): L'Ècosystème urbain – Application à l'Agglomération bruxelloise. Scope: Trav. Sect. Belge Progr. Biol. Intern, Bruxelles, 216 S.

Gilbert, O.L. (1991): The Ecology of Urban Habitats. Chapman and Hall, London/New York, 369 pp.

Hard, G. (1997): Spontane Vegetation und Naturschutz in der Stadt. Geographische Rundschau 49, 526–586.

Klausnitzer, B. (1993): Ökologie der Großstadtfauna. 2., bearb. Aufl., G. Fischer, Jena/Stuttgart, 454 S.

Kuttler, W. (1998a): Stadtklima. In Sukopp, H., Wittig, R. (Hrsg.): Stadtökologie, G. Fischer, Stuttgart, 113–150.

Kuttler, W. (1998b): Veränderungen des Stadtklimas. In Lozán, J.L., Graßl, H., Hupfer, P. (Hrsg.): Warnsignal Klima – Wissenschaftliche Fakten. Wissenschaftliche Auswertungen, 348–353.

Maier, R., Punz, W., Dörflinger, A., Eisinger, K., Fussenegger, K., Geiseler, A., Gergelyfi, H. (1997): Der natürliche Stoffhaushalt als Grundlage einer nachhaltigen Entwicklung Wiens unter besonderer Berücksichtigung des natürlichen Kohlenstoff-, Stickstoff und Bleihaushaltes. Verlag der Zool. Bot. Ges. Österreich, Wien, 83 S.

Mehlhorn, B., Mehlhorn, H. (1992): s. Kap. 5.

Mulsow, R. (1967): Untersuchungen zur Siedlungsdichte der Hamburger Vogelwelt. Abh. u. Verh. naturwiss. Ver. Hamburg N.F. 12, 123–188.

Newcombe, K., Kalma, J.D., Aston, A.R. (1978): The metabolism of a city: The case of Hong Kong. Ambio 7, 3–15.

Punz, W., Maier, R., Hietz, P., Dörflinger, A.N. (1996): Der Energie- und Stoffhaushalt Wiens. Verhandl. Zool. Bot. Ges. Österreich 133, 27–39.

Rebele, F. (1994): Stadtökologie und Besonderheiten städtischer Ökosysteme. Geobot. Kolloq. 11, 33–48.

Rebele, F., Dettmar, J. (1996): Industriebrachen. Ökologie und Management. Ulmer, Stuttgart, 188 S.

Simon, K.-H-. & Fritsche, U. (1998): Stoff- und Energiebilanzen. In Sukopp, H. & Wittig, R. (Hrsg.): Stadtökologie. 2. Aufl., G. Fischer, Stuttgart/Jena/Lübeck/Ulm, 373–400.

Steubing, L. (1981): Ausweisung von Zonen unterschiedlicher Immissionsbelastung mittels Bioindikatoren. Verh. Ges. Ökol. 9, 233–240.

Sukopp, H., Wittig, R. (1998). Stadtökologie. Ein Fachbuch für Studium und Praxis. 2. Aufl., Fischer, Stuttgart/Jena/Lübeck/Ulm, 474 S.

Sukopp, H., Kunick, W., Runge, F., Zacharias, F. (1973): Ökologische Charakterisierung von Grossstädten dargestellt am Beispiel Berlins. Verhandl. Ges. Ökol. 2, 383–403.

Trepl, L. (1994): Zur Theorie urbaner Biozönosen. Einige Hypothesen und Forschungsfragen. Geobot. Kolloq. 11, 17–32.

Weidner, H. (1993): Bestimmungstabellen der Vorratsschädlinge und des Hausungeziefers Mitteleuropas. G. Fischer, Stuttgart/Jena/New York, 328 S.

Wirth, V. (1976): Über den Einfluß des SO_2 auf die Flechtenvegetation in urbanen Räumen und die Indikation der SO_2-Belastung durch Flechten. Schr.r. Vegetationskde. 10, 203–214.

Wittig, R. (1991): Ökologie der Großstadtflora. G. Fischer, Stuttgart/Jena, 261 S.

Wittig, R. (1995): Ökologie der Stadt. In Steubing, L., Buchwald, K., Braun, E. (Hrsg.)(1995): Natur- und Umweltsschutz. G. Fischer, Jena/Stuttgart, 230–260.

Wittig, R. (2002): s. Kap. 6.

Wittig, R., Sukopp, H. (1998): Was ist Stadtökologie? In Sukopp, H., Wittig, R. (Hrsg.): Stadtökologie. 2. Aufl., G. Fischer, Stuttgart, 1–12.

Wittig, R., Diesing, D., Gödde, M. (1985): Urbanophob – Urbanoneutral – Urbanophil. Das Verhalten der Arten gegenüber dem Lebensraum Stadt. Flora 177, 265–282.

Bioindikation/Biomonitoring | 19

Wie in Kapitel 2 erläutert, sind viele Organismen eng an das Vorhandensein bestimmter Standortfaktoren beziehungsweise an eine bestimmte Intensität oder Ausprägung dieser Faktoren gebunden. Vorkommen, Zustand und Verhalten von Arten und Artengemeinschaften mit derart eng umschriebenen Standortansprüchen bezüglich eines Faktors können daher als lebende Anzeiger (Bioindikatoren) für das Vorhandensein beziehungsweise den Ausprägungsgrad dieses Faktors genutzt werden. Der entsprechende Vorgang heißt Bioindikation. Werden Bioindikatoren zum Aufzeigen von Umweltveränderungen eingesetzt (Umweltüberwachung), so spricht man von Biomonitoring. Während **sensible Bioindikatoren** auf bestimmte Umweltbedingungen sichtbar reagieren, reichern **akkumulative Bioindikatoren** (Bioakkumulatoren) einen Stoff an, wobei sie im Idealfall nicht von diesem geschädigt werden. Als Bioindikatoren können Wild- und Kulturarten an ihrem Wuchs- beziehungsweise Lebensort verwendet werden (**passive(s) Indikation/Monitoring**) oder man bringt Organismen unter standardisierten Bedingungen aus (**aktive(s) Indikation/ Monitoring**).

Da Pflanzen ortsgebunden sind, müssen sie sich besonders intensiv mit den Standortbedingungen »auseinandersetzen«. Ihr Zeigerwert (19.1) wird daher seit langem im Bereich der forstlichen und landwirtschaftlichen Standortbewertung eingesetzt. Darüber hinaus hat seit einigen Jahrzehnten die Verwendung von Organismen als Indikatoren für Umweltbelastungen (siehe Abschnitt 19.2) sowie als Testorganismen im Rahmen der Ökotoxikologie Bedeutung (siehe Abschnitt 20.4). Auch zur Anzeige des Gestörtheitsgrades eines Standortes können Organismen verwendet werden (siehe 19.3).

Inhalt

BIOINDIKATION: Nutzung von Vorkommen, Zustand oder Verhalten von Arten und Artengemeinschaften, die bezüglich eines bestimmten Faktors eine enge Standortamplitude aufweisen und so als Anzeiger für das Vorhandensein bzw. den Ausprägungsgrad dieses Faktors dienen (Bioindikatoren).

BIOMONITORING: Gezielter Einsatz von Bioindikatoren zum Aufzeigen von Umweltveränderungen (Umweltüberwachung).

19.1 | Zeigerwerte von Pflanzen

Aufbauend auf der bis weit in prähistorische Zeiten hinein reichenden Tradition der Verwendung von Pflanzen als Anzeiger für bestimmte Standortbedingungen hat Ellenberg (siehe ELLENBERG et al. 1992), unter Benutzung der inzwischen vorliegenden zahlreichen wissenschaftlichen Untersuchungen zu Standortansprüchen von Pflanzen, sämtlichen Arten der Flora Mitteleuropas für die Standortfaktoren Licht (L), Temperatur (T), Kontinentalität (K), Feuchtigkeit (F), Bodenreaktion (R), Stickstoffversorgung (N) und Salz (= Chlorid)gehalt (S) Zeigerwerte zugeordnet.

Die Zeigerwertskala reicht jeweils von 1 bis 9. Dabei bedeutet 1, dass die betreffende Pflanzenart bevorzugt dort wächst, wo der betreffende Faktor im Minimum ist (also zum Beispiel T = 1 für extreme Kältezeiger, F = 1 für extreme Schattenpflanzen, K = 1 extrem geringe Kontinentalität des Klimas, also atlantisches Klima anzeigend) und 9, dass der betreffende Faktor sehr reichlich vorhanden ist (zum Beispiel N = 9 für Arten, die nur an sehr stickstoffreichen Standorten vorkommen, F = 9 für Nässe anzeigende Pflanzen). Hinsichtlich der Zeigerwerte für Bodenreaktionen bezeichnet R = 1 die extremen Säurezeiger, R = 9 die Basenzeiger. Arten die bezüglich des betreffenden Faktors mittlere Bedingungen anzeigen, haben jeweils den Zeigerwert 5, die anderen Werte stellen entsprechende Zwischenstufen dar. Nur beim Faktor F (Feuchtigkeit) gibt es zusätzlich die Werte 10, 11 und 12. Diese bezeichnen aber andere Kategorien, nämlich Arten, die in Sümpfen oder Röhrichten wachsen (F = 10), die im Wasser leben, aber Schwimmblätter haben (F = 11) oder total untergetauchte Pflanzen (F = 12). Die ausschließlich beim Salzwert vergebene Ziffer 0 bedeutet, dass die betreffende Art niemals an Standorten mit (auch nur zeitweiligem und geringem) Chloridgehalt vorkommt. Natürlich kann nur solchen Arten ein Zeigerwert zugeordnet werden, die bezüglich eines Faktors stenopotent sind. Eurypotente Arten haben bezüglich des betreffenden Faktors keinen Zeigerwert (was in der Skala durch ein X ausgedrückt wird). Außer diesen Zeigerwerten enthält die Liste von Ellenberg (siehe Tab 19.1) weitere Angaben zur Ökologie der Gefäßpflanzen (Grad der Salztoleranz, Bauplantyp, pflanzensoziologische Präferenz, Häufigkeit und Gefährdung). Eine noch umfangreichere Datensammlung zur Ökologie der Gefäßpflanzen wurde von KLOTZ et al. (2002) zusammengestellt. Sie enthält zusätzlich unter anderem numerische Einschätzungen des Futterwertes, der Mahdverträglichkeit, Trittverträglichkeit, Weideverträglichkeit (BRIEMLE et al. 2002) und der Urbanität (in Anlehnung an WITTIG et al. 1985) sowie Angaben zu Systematik/Taxonomie/Nomenklatur, floristischem Status, Chromosomenzahlen/Ploidiestufe/DNA-Gehalt, Phylogenie, Morphologie, Blühphänologie, Blüten-

Auszug aus der Liste der Zeigerwerte der Gefäßpflanzen Mitteleuropas [1] | **Tab. 19.1**

Nr.	Nr.	Name	Ökologisches Verhalten							Lebensf.		Soz. Verh.					Häufigk.			
Ehr.	Atlas	(Familie, Art usw., evtl. Synonyme)	L	T	K	F	R	N	S	Leb.	B.	Gr.	K	O	V	U	M	D	Ä	G
001		***Abies*** (Pin.)																		
01	87	*alba*	(3)	5	4	X	X	X	0	P	I	X					7	4	2	3
004		***Acer*** (Acer.)																		
01	925	*campestre*	(5)	6	4	5	7	6	0	P	S	8.	4	1			7	2	5	
03	928	*monspessulanum*	(6)	8	4	3	8	4	0	P	S	8.	4	2			2	2	3	
04	929	*negundo*	(5)	6	6	6	7	7	0	P	S	8.	4	3	3		2	2	6	
05	927	*opalus* agg.	(5)	8	4	4	8	6	0	P	S	8.	4				1	1	5	4
08	924	*platanoides*	(4)	6	4	X	X	X	0	P	S	8.	4	3	4		8	3	6	
09	926	*pseudoplatanus*	(4)	X	4	6	X	7	0	P	S	8.	4	3	4		9	4	7	
005		***Aceras*** (Orch.)																		
01	2480	*anthropophorum*	7	7	2	4~	8	3	0	G	S	5.	3	2	2		2	1	2	2
006		***Achillea*** (Ast.)																		
01	1695	*atrata* agg.	9	2	4	5	8	3	0	H	W	4.	4	1			2	3	5	
23		*cartilaginea*	8	6	6	8~	7	6	0	H	S	5.	4	1	2					
04	1696	*clavenae*	8	2	5	5	8	3	0	H	W	4.	7	1	1		2	3	5	
03	v	*clusiana*	9	2	4	5	9	3	0	H	W	4	4	1						
08	1697	*macrophylla*	6	2	4	6	6	8	0	H	W	6.	3	1	1		1	3	5	
09	1699	*millefolium* agg.															9	4	5	
11	v	- *collina*	9	6	6	2	7	2	0	H	S	5.	3	1						
13	v	- *millefolium*	8	X	X	4	x	5	1	H,C	W	5.	4	2						
14	v	- *pannonica*	7	7	6	3	6	2	0	H	S	5.	2	1	3					4
15	v	- *roseoalba*	8	6	4	5	7	7	0	H,C	W	5.	4	2	1					
16	v	- *setacea*	9	/	8	2	7	1	0	H	S	5	3	1						

Nr. Ehr.: laufende Nummer im Verzeichnis von EHRENDORFER (1973), die ersten drei Ziffern = Gattung, die folgenden 2 = Art, die übrigen = untergeordnete Taxa (die Autorennamen findet man in dem genannten Verzeichnis).
Nr. Atlas: laufende Kartennummer im Atlas von HAEUPLER & SCHÖNFELDER (1989). Ein v bedeutet: keine Karte, aber im Atlas erwähnt
- (vor dem Namen) Kleinart
agg. (hinter dem Namen) Aggregat, d.h. weit gefasste Art, der mehrere Kleinarten zugeordnet werden
Ökologisches Verhalten: L (Lichtzahl), **T** (Temperatur), **K** (Kontinentalitätszahl), **F** (Feuchtezahl), **R** (Reaktionszahl; gemeint ist die Boden reaktion), **N** (Stickstoff- bzw. Nährstoffzahl), **S** (Salzzahl); die Skalen umfassen in allen Fällen die Werte 1 bis 9, die Salzskala enthält zusätzlich die Zahl 0, die Feuchteskala auch die Ziffern 10 bis 12 (Erläuterungen aller Ziffern im Text). X = kein Zeigerwert, da die Art gegenüber diesem Faktor indifferent ist. In der Spalte F wird außerdem auf Wechselfeuchtezeiger (~) und, im Beispiel nicht dargestellt, auf Überschwemmungszeiger (=) hingewiesen.
Leb. = Lebensform (**C** = Chamaephyt, **G** = Geophyt, **H** = Hemikryptophyt, **P** = Phanerophyt, **T** = Therophyt)
B. = Blattausdauer (**I** = immer-, **S** = sommer-, **V** = vorsommergrün **W** = überwinternd grün)
Soz. Verh. (Soziologisches Verhalten): nummerische Verschlüsselung der Bindung der Art an bestimmte Vegetationsformationen (Gr.) bzw. pflanzensoziologische Einheiten (**K** = Klasse; **O** = Ordnung; **V** = Verband; **U** = Unterverband [der Unterverband wird allerdings nur selten angegeben, so dass diese Spalte meist leer bleibt]).
Häufigkeit: M = Messtischblattfrequenz (bez. auf die Rasterfelder des Atlasses der Farn- und Blütenpflanzen der Bundesrep. Deutschland von HAEUPLER & SCHÖNFELDER 1989); neunstufige Skala (1 = äußerst selten, 9 = fast überall). **D** = Dominanz (Häufung am Ort des Vorkommens; neunstufige Skala (1 = sehr vereinzelt [immer nur in einzelnen Exemplaren], 9 = immer herrschend [in großen Herden]). **Ä** = Änderungstendenz; neunstufige Skala (1 = verschwunden oder fast verschwunden und weiter abnehmend; 9 = sich stark ausbreitend oder vielerorts ver-wildernd). **G** = Gefährdung, Grad der Gefährdung in der »Roten Liste Deutschlands« (0 = verschollen; 1 = vom Aussterben bedroht; 2 = stark gefährdet; 3 = gefährdet, 4 = potenziell gefährdet); kleinere Zahlen bedeuten in allen Fällen, dass der betreffende Wert vergleichsweise unsicher ist.
[1] ELLENBERG in ELLENBERG et al. (1992)

und Reproduktionsbiologie, Merkmalen der Verbreitungseinheiten, ökologischen Strategietypen, Arealen, Biotopen und soziologischer Bindung der Arten. DÜLL und WIRTH (beide in ELLENBERG et al.1992) haben auch den Moosen beziehungsweise Flechten Zeigerwerte zugeordnet.

Da die Zeigerwerte Ordinalzahlen sind, darf man streng mathematisch gesehen mit ihnen nicht rechnen. Durch zahlreiche Untersuchungen wurde aber bewiesen, dass es, unter Beachtung der nachfolgend genannten Einschränkung, gute Übereinstimmungen zwischen den tatsächlichen (gemessenen) Standortbedingungen und den mittleren Zeigerwerten gibt (siehe Abb. 19.1). Die Errechnung eines mittleren Zeigerwertes ist allerdings nur dann sinnvoll, wenn die Zeigerwerte des betreffenden Pflanzenbestandes annähernd normal verteilt sind, das heißt eine eingipflige Kurve aufweisen. Zusätzlich zum mittleren Zeigerwert sollte daher stets ein Zeigerwertspektrum erstellt werden (Abb. 19.2). Nach BÖCKER et al. (1983) kann man davon ausgehen, dass eventuelle Unterschiede zwischen den mittleren Zeigerwerten zweier Pflanzenbestände dann Unterschiede in den Standortbedingungen anzeigen, wenn sie größer als 0,3 Einheiten sind.

Zu beachten ist außerdem, dass die Zeigerwerte nur unter Konkurrenzbedingungen gelten. Mittlere Zeigerwerte oder auch Zeigerwertspektren von Pflanzenbeständen haben daher an frisch besiedelten Standorten, auf denen es noch nicht zur Konkurrenz zwischen den einzelnen Arten gekommen ist, keinen Aussagewert. Insbesondere findet man auf solchen jungen Standorten zahlreiche Arten, die unter Konkurrenzbedingungen auf Extremstandorte abgedrängt werden (also beispielsweise Zeiger für extrem saure oder trockene Böden sind), auch bei mittleren bis guten Bodenverhältnissen vor.

Abb. 19.1

Gemessene Boden-pH-Werte und mittlere Zeigerwerte für Bodenreaktion (mR) im Stammfußbereich der Buchen eines Kalk-Buchenwaldes in Abhängigkeit von der Entfernung vom Stammfuß (aus WITTIG et al. 1985a).

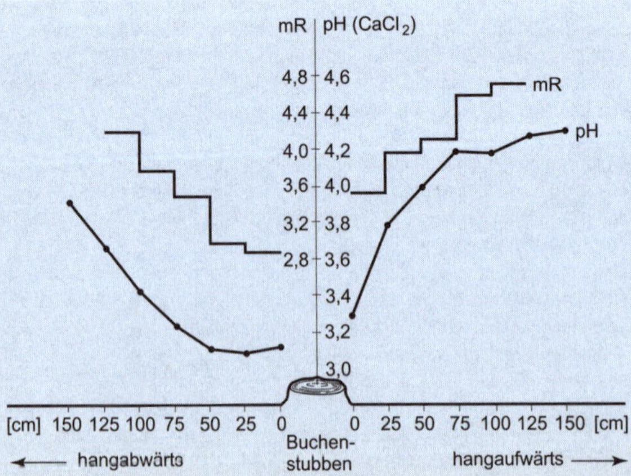

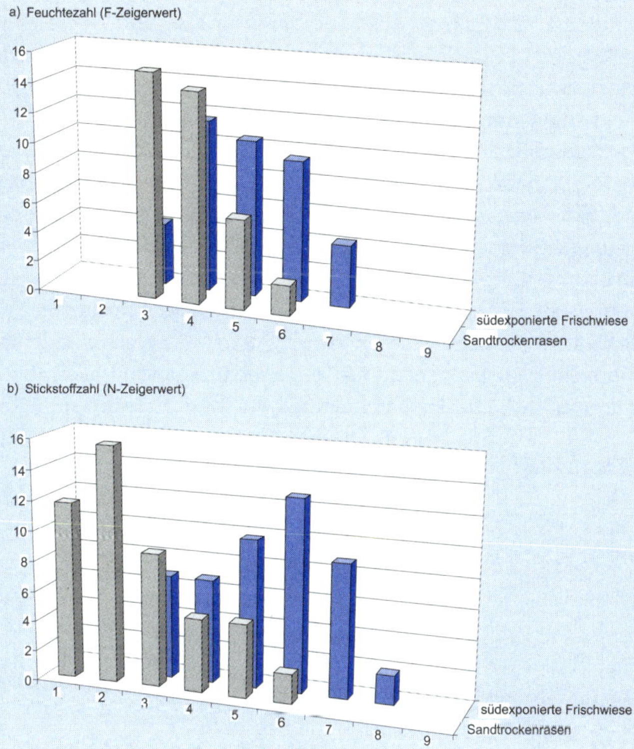

Abb. 19.2

Beispiele für Zeigerwertspektren. Gegenüberstellung der Spektren der Feuchte- und der Stickstoffzahlen einer südexponierten Frischwiese (Arrhenatheretum elatioris salvietosum) und eines Sandtrockenrasens auf festgelegten, bereits leicht mit Nährstoffen angereicherten Sanden (Diantho-Armerietum) im Frankfurter Raum. Während in der Frischwiese Arten mit einem F-Wert von 4 bis 6 und einem N-Wert von 6 dominieren, liegen die entsprechenden Schwerpunkte im Sandtrockenrasen für den F-Wert bei 3 und 4, für den N-Wert bei 2. Am Standort des Arrhenatheretum herrschen also offensichtlich sowohl hinsichtlich der Feuchtigkeit als auch der Stickstoffversorgung mittlere Bedingungen vor, der Standort des Diantho-Amerietum ist trockener und stickstoffärmer.

Bioindikation von Umweltbelastungen

19.2

Zur Bioindikation von Umweltbelastungen sind zahlreiche Organismengruppen einsetzbar (s. Box 19.1). Am häufigsten wurden bisher wohl die Flechten benutzt, mit denen nahezu alle denkbaren Methoden der Bioindikation durchgeführt worden sind. Bereits die einfachste Methode, die Erstellung von Verbreitungskarten und die hieraus abzuleitenden Flechtenzonen (siehe Abb. 18.3), liefert ein recht gutes Bild der SO_2-Belastung.

Flechten sind gute sensible Bioindikatoren für SO_2.

Die Moose zeigen in urban-industriellen Gebieten ein ähnliches Verbreitungsmuster wie die Flechten. Besonders unempfindlich gegen Luftverschmutzung sind *Bryum argenteum* und *Ceratodon purpureus*, während zum Beispiel *Dicranum scoparium* als extrem empfindlich gilt.

Moose eignen sich gut als akkumulative Bioindikatoren von Schwermetallen und Kohlenwasserstoffen.

Weit besser als Flechten und wohl auch Höhere Pflanzen sind Moose zur akkumulativen Indikation von Schwermetallen und von Kohlenwasserstoffen geeignet. Die in dieser Hinsicht am besten untersuchten Arten, *Hypnum cupressiforme*, *Hylocomium splendens* und *Pleurozium schreberi*, kommen in stark belasteten Gebieten, zum Beispiel Innenstadtbereichen, zwar nicht vor, jedoch auch die dort wachsenden Moose Schwermetallindikatoren.

Samenpflanzen sind wesentlich unempfindlicher gegen Luftverschmutzungen als Flechten und Moose. Eine Verbreitungskartierung eignet sich daher in Städten nicht zum Nachweis von Luftverschmutzungen. Inwieweit die Bonitierung sichtbarer Veränderungen (zum Beispiel Blattverfärbungen) an Wildpflanzen eine geeignete Methode ist, kann z.Zt. noch nicht gesagt werden. Die Kartierung des Vorkommens und der Schädigung bestimmter angepflanzter Arten (Straßen- und Parkbäume, Obstgehölze, Zierstauden und Gemüsepflanzen) ist dagegen eine häufig angewandte Methode zum Erkennen von Immissionsbelastungen.

Abb. 19.3

Fluoridgehalte von Blättern der Pyramidenpappel in unterschiedlicher Entfernung zu einer Aluminiumhütte (aus TERHORST & WITTIG 1989).

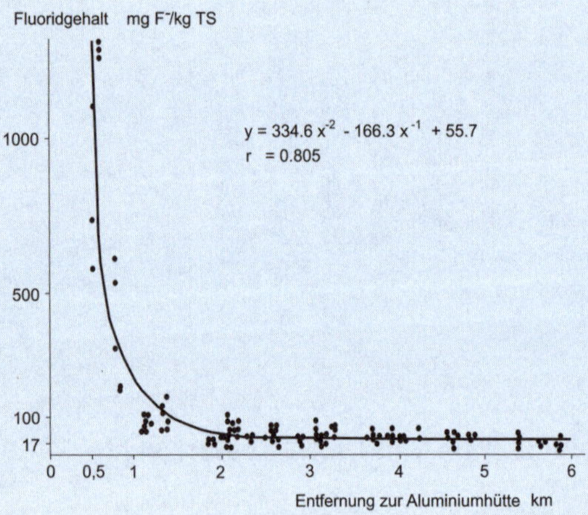

Als Akkumulationsindikatoren für Schwermetalle werden häufig Laubbäume eingesetzt. Wegen ihrer sowohl in Städten als auch im Umland weiten Verbreitung nutzt man gerne die Pyramiden-Pappel (*Populus nigra* »Italica«). Die Art eignet sich außerdem gut zum Monitoring von Fluorid-Immissionen (Abb. 19.3). Als Staubakkumulatoren sind unter anderem *Rhododendron*-Arten und Koniferen einsetzbar. Gemessen wird die mit Wasser von den Blattflächen abwaschbare Staubmenge.

Neben den Blättern der Laubbäume ist die Borke als akkumulativer Bioindikator geeignet. Die 0,5 bis 3 mm starken und 1 bis 5 cm^2 großen Borkenproben werden in Brusthöhe und jeweils in der gleichen Himmelsrichtung entnommen. Bei der Analyse findet man eine lineare Kor-

Box 19.1

Nutz- und Zierpflanzen für aktives Biomonitoring

Zahlreiche krautige Nutz- und Zierpflanzen sind zum aktiven Biomonitoring in Städten geeignet (Zusammenstellung bei ARNDT et al. 1987). Besonders häufig verwendet werden Petunien (insbesondere *Petunia hybrida*), Buschbohne (*Phaseolus vulgaris*), Tabak (*Nicotiana tabaccum*, Sorte Bel W3), Gladiolen (*Gladiolus* spec.), Grünkohl (*Brassica oleracea acephala*) und Italienisches Weidelgras (*Lolium multiflorum italicum*, Sorte Lema).

relation zwischen Schwefelgehalt und pH-Wert der Borke. Beide Parameter zeigen eindeutige Beziehung zum SO_2-Gehalt der Luft, so dass sie als Maß für die SO_2-Belastung benutzt werden können. Auch Schwermetallimmissionen lassen sich durch Analyse der Baumborke nachweisen.

Nur wenige Pflanzenarten kommen mit stärkeren Salz- und Schwermetallgehalten der Böden zurecht. Das Vorkommen derartiger Spezialisten deutet daher auf entsprechende Bodenbelastungen hin. In Städten und entlang von Straßen der gemäßigten Nordhalbkugel vorkommende Zeiger für Bodenversalzung sind Mähnen-Gerste (*Hordeum jubatum*), Andelgras (*Puccinellia distans*) und Salzmiere (*Spergularia salina*). Hohe Schwermetallgehalte des Standorts werden durch Galmei- oder Schwermetallpflanzen (siehe Abschnitt 4.3) angezeigt.

Auf Bioindikation beruht auch der zur Beurteilung der Verschmutzung von Fließgewässern mit leicht abbaubaren organischen Stoffen verwendete **Saprobie-Index**. Er basiert darauf, dass der Abbau organischer Stoffe unter Sauerstoffverbrauch erfolgt und diejenigen Organismen, die an einen bestimmten Sauerstoffgehalt des Gewässers gebunden sind (Abb. 19.4) oder auf Fäulnisgifte empfindlich reagieren, als Indikatoren für den Sauerstoffhaushalt genutzt werden können. Mit Hilfe dieses Indikatorwertes der einzelnen Organismen kann ein Saprobie-Index für die Biozönose ermittelt werden, wobei das Vorkommen der einzelnen Indikatorarten gemäß ihrer Empfindlichkeit gegenüber Sauerstoffmangel und Fäulnisgiften unterschiedlich gewichtet wird.

Der Saprobie-Index bildet eine wichtige Grundlage für die Ermittlung der **Gewässergüte**klasse, die in der Gewässergüterkarte der Bundesrepublik Deutschland farblich dargestellt ist. Da aber heutzutage nicht mehr die leicht abbaubaren Stoffe das Hauptproblem sind, behält der Saprobie-Index zwar auch weiterhin seine Bedeutung bei der Gewässerbeurteilung, wird aber künftig in umfassendere, das gesamte aquatische Ökosystem beurteilende Verfahren integriert, die zur Umsetzung der neuen Wasserrahmenrichtlinie entwickelt werden.

Abb. 19.4 | Beispiele für Bioindikatoren der Gewässergüte eines Fließgewässers. Organismen, die sehr sauerstoffreiches, nicht oder kaum verunreinigtes Wasser anzeigen (a und b) und solche, die auf sauerstoffarmes, stark verunreinigtes Wasser hinweisen (c und d). **a** Eintagsfliegenlarve (*Ecdyonurus* spec.; natürliche Größe ohne Körperanhänge bis 15 mm), **b** Steinfliegenlarve (*Perla* spec., ohne Körperanhänge bis 20 mm), **c** Zuckmückenlarve (*Culex* spec.; bis 20 mm), **d** Rattenschwanzlarve (Larve der Schwebfliegengattung *Eristalomya*; 20 mm + 35 mm Atemrohr).

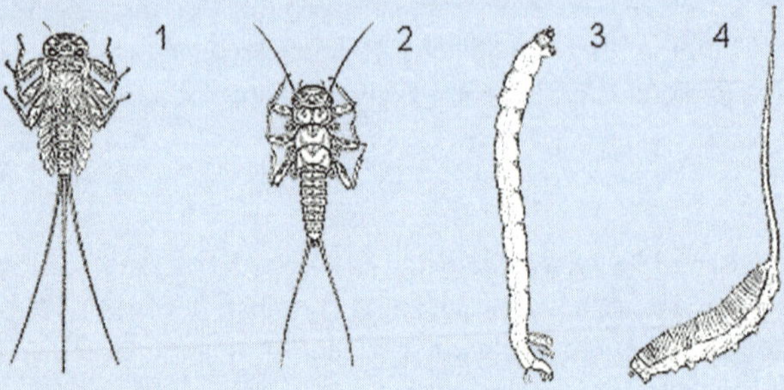

19.3 | Störungsindikatoren

Hemerobie: Grad der beabsichtigten und unbeabsichtigten menschlichen Beeinflussung von Ökosystemen.

Nicht oft genug kann betont werden, dass häufige und intensive anthropogene Störungen eines der wichtigsten Standortmerkmale des urban-industriellen Lebensraumes und weiter Bereiche der Kulturlandschaften sind. Auf diese Störungen reagieren Flora und Vegetation mit einer Veränderung ihrer Artenkombination im Vergleich zu ungestörten Standorten. Der Grad dieser Veränderungen kann daher als ein Maß für die **Hemerobie** eines Standorts angesehen werden. Unter Hemerobie versteht man »die Gesamtheit aller Wirkungen, die beim beabsichtigten und nicht beabsichtigten Einwirken des Menschen in Ökosystemen stattfinden« (Sukopp 1976). Für die Einordnung von Pflanzenbeständen in eine neunstufige Hemerobieskala (Tab. 19.2) sind vor allen Dingen folgende Parameter maßgeblich:

- Anteil der einjährigen Arten (Therophyten),
- Anteil der in historischer Zeit eingewanderten Arten (Neophyten),
- Verlust von Arten der natürlichen Flora.

Mittels der Auswertung aller zur Verfügung stehenden pflanzensoziologischen Aufnahmen sowie einer Befragung von Experten wurden in Berlin sämtliche wild wachsenden Gefäßpflanzen daraufhin untersucht, ob sie schwerpunktmäßig im Bereich einer Hemerobiestufe vorkommen (Kowarik 1988). Für viele Arten konnte ein solcher Schwerpunkt festgestellt werden. Die betreffenden Arten sind somit Zeigerarten für eine bestimmte Hemerobiestufe. Ähnlich wie bei den Ellenbergschen Zeigerwerten (siehe Tab. 19.1) kann damit auch der mittlere Hemerobiezeigerwert eines Pflanzenbestandes berechnet werden. Da die ökologische Bindung einer Art von Ort zu Ort durchaus variieren kann, betont KOWARIK zu Recht, dass die von ihm ermittelten Hemerobiezeigerwerte nur für Berlin Gültigkeit haben.

Hemerobie-Skala[1] Tab. 19.2

Hemerobie-Stufe	Standorte/Vegetation
H0 ahemerob	in Europa praktisch nicht existent (allenfalls in Hochgebirgen)
H1 oligohemerob	unbeeinflusste Urwälder, wachsende Flach- und Hochmoore, Vegetation von Felsen und Meeresküsten
H2 oligo- bis mesohemerob	extensiv entwässerte Feuchtgebiete, Wälder mit geringem Holzeinschlag, einige Feuchtwiesen
H3 mesohemerob	stärker genutzte Wälder, ungestörte Sekundärwälder auf anthropogenen Standorten, trockenes Grasland, traditionell bewirtschaftete Wiesen
H4 meso- bis β-euhemerob	forstliche Monokulturen, gestörte Sekundärwälder, Mantelvegetation, wenig ruderalisiertes trockenes Grasland.
H5 β-euhemerob	junge Forsten, Intensivwiesen und -weiden, ruderale Hochstaudenvegetation, stark ruderalisiertes trockenes Grasland auf anthropogenen Standorten
H6 β-eu- bis α-euhemerob	traditionelle Ackervegetation, Trittrasen, ruderale Wiesen
H7 α-euhemerob	Vegetation intensiv bearbeiteter Äcker und Gärten
H8 α-euhemerob bis polyhemerob	Ackervegetation unter starkem Herbizideinfluss (z.B. Maisfelder), ruderale Pioniervegetation, einjährige Trittrasen
H9 polyhemerob metahemerob	Pioniervegetation auf Bahngelände, Müllplätzen, Halden, Verkehrsstraßen mit Streusalzeinfluss keine Gefäßpflanzen Vegetation

[1] nach JALAS (1955), SUKOPP (1976) und KOWARIK (1988).

Fragen

(Seitenverweise zur Beantwortung)

- Was versteht man unter Bioindikation, was unter Biomonitoring? (s. Seite 257) 1
- Erläutern Sie die Begriffe aktive und passive Bioindikation sowie sensible und akkumulative Bioindikation! (s. Seite 257) 2
- Erläutern Sie das Prinzip der Verwendung von numerischen Zeigerwerten der Pflanzen! (s. Seite 258) 3
- Weshalb erbringt die Berechnung mittlerer Zeigerwerte bei frisch besiedelten Standorten weniger »gute« (d.h. die Standortverhältnisse widerspiegelnde) Ergebnisse als bei seit langer Zeit besiedelten, ungestörten Standorten? (s. Seite 260) 4
- Welche Organismengruppen eignen sich besonders gut als Bioindikator für SO_2-Belastung? (s. Seite 261) 5

Fragen

6 - Für welche Stoffgruppen sind Moose besonders gut als Bioakkumulatoren geeignet? (s. Seite 261)
7 - Welche Organe von Bäumen werden häufig als Bioakkumulator benutzt? (s. Seite 262)
8 - Nennen Sie einige häufig zur Bioindikation eingesetzte Arten von Nutz- und Zierpflanzen! (s. Seite 263)
9 - Welche salztoleranten Arten treten entlang von Straßen inzwischen auch im Binnenland häufig auf? Worauf ist dieses Auftreten zurückzuführen? (s. Seite 263)
10 - Welches bioindikatorische Verfahren wird zur Ermittlung der Gewässergüte eingesetzt? (s. Seite 263)
11 - Was versteht man unter Hemerobie? Welche Merkmale der Flora eines Standortes geben Hinweise auf dessen Hemerobie? (s. Seite 264)

Literatur

ARNDT, U., NOBEL, W., SCHWEIZER, B. (1987): Bioindikatoren: Möglichkeiten, Grenzen und neue Erkenntnisse. Ulmer, Stuttgart, 388 S.

BRIEMLE, G., NITSCHE, S., NITSCHE, L. (2002): Grassland utilization indicator values for vascular plant species. In KLOTZ, S., KÜHN, I., DURKA, W. (2002): BIOFLOR – Eine Datenbank mit biologisch-ökologischen Merkmalen zur Flora von Deutschland. Schr.r. Vegetationskde. 38, 203–225.

BÖCKER, R., KOWARIK, I., BORNKAMM, R. (1983): Untersuchungen zur Anwendung der Zeigerwerte nach Ellenberg. Verhandl. Ges. Ökol. 11, 35–56.

EHRENDORFER, F. (Hrsg.) (1973): Liste der Gefäßpflanzen Mitteleuropas. 2., erw. Aufl., G. Fischer, Stuttgart, 318 S.

ELLENBERG, H., WEBER, H.E., DÜLL, R., WIRTH, V., WERNER, W., PAULISSEN, D. (1992): Zeigerwerte von Pflanzen in Mitteleuropa. 2. verb. u. erw. Aufl., Scripta Geobot. 18, 258 S.

HAEUPLER, H., SCHÖNFELDER, P. (1988): Atlas der Farn- und Blütenpflanzen der Bundesrepublik Deutschland. Ulmer, Stuttgart, 768 S.

JALAS, J. (1955): Hemerobe und hemerochore Pflanzenarten. Ein terminologischer Reformversuch. Acta Soc. Fauna Flora Fenn. 72(11), 1–15.

KLOTZ, S., KÜHN, I., DURKA, W. (2002): BIOFLOR – Eine Datenbank mit biologisch-ökologischen Merkmalen zur Flora von Deutschland. Schr.r. Vegetationskde. 38, 334 S.

KOLLMANN, J., FISCHER, A. (2003): Vegetation as indicator for habitat quality. Basic. Appl. Ecol. 4, 489–491.

KOWARIK, I. (1988): Zum menschlichen Einfluß auf Flora und Vegetation. Landschaftsentwicklung und Umweltforschung 56, 280 S.

KREEB, K.H. (1990): Methoden zur Pflanzenökologie und Bioindikation. G. Fischer, Stuttgart/New York, 327 S.

SUKOPP, H. (1976): Dynamik und Konstanz in der Flora der Bundesrepublik Deutschland. Schr.r. Vegetationskde. 10, 9–27.

TERHORST, A., WITTIG, R. (1989): Die Eignung der Pyramidenpappel (*Populus nigra* 'italica') als Akkumulationsindikator für Fluorid. Acta. Biol. Benrodis 1, 83–92.

WIRTH, V. (1978): s. Kap. 18.

WITTIG, R. (1993): General Aspects of Biomonitoring Heavy Metals by Plants. In MARKERT, B. (ed.): Plants as Biomonitors. Indicators for Heavy Metals in the Environment. VCH, Weinheim, 3–27.

WITTIG, R. (2002): s. Kap. 6.

WITTIG, R. et al. (1985): s. Kap. 18.

WITTIG, R., WERNER, W., NEITE, H. (1985a): Der Vergleich alter und neuer pflanzensoziologischer Aufnahmen: Eine geeignete Methode zum Erkennen von Bodenversauerung? VDI Ber. 560, 21–33.

Umweltschutz, Ökotoxikologie, nachhaltige Entwicklung

20

Inhalt

Ökologie kann als Teil der Umweltwissenschaften betrachtet werden. Diese liefern mit den von ihnen erarbeiteten Theorien und Methoden Beiträge zum Umweltschutz (Abschnitt 20.2), zum Beispiel zu den anthropogenen Klimaveränderungen (Kap. 13), zur Abwasserklärung (Abschnitt 20.3), zur Auswirkung von Umweltgiften (Abschnitt 20.4) und von Lichtverschmutzung (Abschnitt 20.5) sowie zu den Möglichkeiten einer tragfähigen (nachhaltigen) Bewirtschaftung und Entwicklung der Erde (Abschnitt 20.6). All dies ist dringend nötig geworden, seitdem die Biosphäre zur weitgehend anthropogen geprägten Technosphäre (Abschnitt 20.1) geworden ist.

Schutz der Umwelt durch ein komplexes Maßnahmensystem.

20.1 Charakteristika der Technosphäre

Charakteristika der Technosphäre sind heute (am Beginn des zweiten Jahrtausends):

- Individuenzahlen und Biomasse der meisten Organismenarten (mit Ausnahme der züchterisch manipulierten Nutztiere und -pflanzen) sind zugunsten von Zahl und Biomasse der Menschen zurückgegangen.
- Naturnahe Ökosysteme mit einigermaßen ursprünglichem Organismenbestand gibt es fast nur noch in speziellen Schutzgebieten (vor allem Nationalparks).
- Der über die Sonnenstrahlung einfallende Energiefluss wird zu einem zunehmenden Anteil aus den natürlichen Ökosystemen in technische Systeme umgeleitet beziehungsweise geht ohne weitere Umwandlung als Abstrahlung wieder verloren (zum Beispiel auf erodierten und asphaltierten Flächen).
- Der natürliche Stoffkreislauf ist durch bergmännische Förderung (Erzabbau), Erosion und Verbrennung von Holz, Kohle und Erdölpro-

dukten gestört worden und hat zu Emissionen (zum Beispiel CO_2, SO_2, Kohlenwasserstoffe) in Hydro- und Atmosphäre geführt. Hiervon sind Lebensgemeinschaften und ganze Landschaften (zum Beispiel durch Deposition von Stickstoff) betroffen. Allgemein sind eine Vielzahl von biosphärenfremden Substanzen emittiert, Boden- und Gewässersysteme als Stoffsenken verwendet und die Atmosphärenzusammensetzung verändert worden.

- Überweidung und Bodenabtrag (Desertifikation), Bodenauslaugung, Torfabbau und Abholzung mit Bodenerosion haben zu verminderten Ressourcen an pflanzentragendem Substrat geführt. Grundwasserabsenkung, Gewässereutrophierung und -vergiftung sowie Überfischung haben Quantität und Qualität vielfältig verwendeter Ressourcen vermindert. Durch Arten- und Individuenverringerung wurden die natürliche genetische Vielfalt und damit die Grundlagen potenziell neuer Ressourcen (Naturstoffe, Ausgangsmaterial für Neuzüchtungen) verringert.
- Viele natürliche Gewässer werden durch Wasserentzug (zum Beispiel Aralsee, Totes Meer) oder durch Dünger oder Umweltchemikalien ökologisch und ökonomisch wertlos, während andererseits – soweit noch möglich – Stauseeprojekte zu Lasten bisheriger Landschaften und Siedlungsräume errichtet werden (zum Beispiel China, Türkei, Indien). Generell bilden heute eine Vielzahl technisch-künstlicher Systeme wesentliche Komponenten der Energie- und Stoff-Flüsse der Erde. Die weitere globale Nutzung der Erde für die Ansprüche der Spezies Mensch auf eine noch unbestimmte Zeit verlangt ökologisch beeinflusstes Denken sowie Umweltgesetze, Umweltmanagement, Umwelttechnik und Umweltschutz.

20.2 Umweltschutz

Als **Umweltschutz** bezeichnet man die Gesamtheit der (individuellen und politischen) Maßnahmen und Bestrebungen, die natürlichen Lebensgrundlagen der Organismenwelt – einschließlich des Menschen – zu erhalten und gestörte ökologische Systeme wieder in einen naturnahen Funktionszustand zu bringen. Unter den Grundthemen des Umweltschutzes versteht man in der politischen Diskussion insbesondere den Zustand von Luft, Wasser, Boden, Pflanzen- und Tierwelt (s. Box 20.1). Wissenschaftliche Erkenntnisse, die optimalen Umweltschutzmaßnahmen dienen können und in Form von Empfehlungen an zuständige Behörden weitergeleitet werden, sind allerdings in der Praxis nur eine von mehreren Grundlagen. Außer ökologischen Aspekten gehen auch solche aus der Sicht anderer Umweltwissenschaften (wie beispielsweise Hydro-

Box 20.1

Was gehört zum Umweltschutz?

Zur Überwachung des Luftbereichs gehören Strahlenschutz, Schutz vor einem Übermaß der in die Luft entlassenen Gase oder staub- beziehungsweise rußförmigen Partikel (Emissionen) sowie Lärmschutz. Wasserschutz umfasst Küsten- und Hochwasserschutz, Wasserversorgung, Abwasserbeseitigung und Kontrolle von Trink- und Badewasser. Bodenschutz befasst sich vor allem mit schonender Abfallbeseitigung (zum Beispiel auf Mülldeponien), Verhütung der Bodenerosion und Überwachung der chemischen Pflanzenschutzmaßnahmen sowie mit Bodensanierung. Die Landschaftspflege strebt nach einer umfassenden Sicherung des Natur- und Erholungsraums, der Anlage von Windschutzpflanzungen und der Verhinderung der Landschaftszersiedelung. Auf Arten- und Biotopschutz wird in Kapitel 22 eingegangen. Eine zunehmend wichtige Rolle spielt die Renaturierungstechnik, bei der beispielsweise begradigte Wasserläufe bis zu einem gewissen (wirtschaftlich tragbaren und sozial akzeptierten) Maß wieder in naturnähere Formen zurückgeführt werden.

logie, Bodenkunde ect.) und sozioökonomische Randbedingungen in die Entscheidungsfindung ein.

Ein wichtiges Mittel des Umweltschutzes ist die **Umwelttechnik** (oder Umwelttechnologie), die sich traditionell vorwiegend mit Abwasserbehandlung (siehe Abschnitt 20.3) und Abfallentsorgung beschäftigte. Heute liegen ihre Aufgaben in den Bereichen Immissionsschutz, Gewässerschutz, Bodenschutz und auch Biotopschutz. Bei Herstellung, Transport und Verteilung von Produkten kann es zu unerwünschten Emissionen oder anderen aus ökologischer Sicht negativen Auswirkungen (zum Beispiel Bodenversiegelung) kommen. Grundsätzlich kann die Umwelttechnologie daher auf der Produktionsseite wie auch auf der Anwendungsseite zum Einsatz kommen. Weiter kann ein Produkt selbst unerwünschte Komponenten enthalten, die im Verlauf der Fertigungsprozesse entstehen und die sich einer Beseitigung auf der Produktionsseite verschließen. In neuerer Zeit beschäftigt sich Umwelttechnik generell mit der Entwicklung emissionsarmer und ressourcenschonender Produktionsprozesse. Der Schutz der unmittelbaren Arbeitsplatzumwelt ist dabei gesetzlich geregelt und umfasst strenge Auflagen, z.B. Einhalten der so genannten maximalen Arbeitsplatzkonzentrationen (**MAK**).

Bei der Beurteilung von Produkten und ihrer potenziellen Umweltschädlichkeit (siehe Abschnitt 20.4) kann man solche unterscheiden, die infolge ihrer Anwendungsweise direkt in die Umwelt gelangen (zum Beispiel Agrochemikalien) sowie solche, die nur dort verwendet werden, wo eine die Umwelt wenig belastende Entsorgung grundsätzlich möglich ist, zum Beispiel in geschlossenen Räumen. Produkte mit offener Anwendung sollten möglichst spezifisch wirken und rasch in natürliche Verbindungen abgebaut werden. Besondere Vorsicht ist geboten bei Stoffen, die krebserzeugend sind (zum Beispiel Asbest), die sich in Nahrungsnetzen anreichern und/ oder persistent sind (zum Beispiel Dichlordiphennyltrichloräthan DDT), die relativ toxisch auf verschiedene Testorganismen wie Daphnien, Algen oder Ratten wirken (zum Beispiel Tetrachlordiphenylendioxid TCDD) oder die die Eigenschaften der Atmosphäre verändern (zum Beispiel Fluorchlorkohlenwasserstoffe FCKW).

20.3 Mensch und Wasser

Wasser ist eine für alle Organismen essentielle Ressource (s. Box 20.2), die sich unter natürlichen Bedingungen im Rahmen eines globalen Wasserkreislaufes ständig regeneriert. Der Mensch benutzt Wasser als Nahrungsmittel, zum Waschen, zur Bewässerung seiner Kulturpflanzen, als Transportmittel (Wasserstraßen), als Energiequelle (Wasserkraftwerke), zur Aufnahme von Abfällen, sogar als Grundstoff, Reaktions- und Lösungsmittel in der Chemie. Die Vielfalt der Nutzung sowie die unbeabsichtigte oder billigend in Kauf genommene Verschmutzung von Grund- und Oberflächenwasser durch Einsatz von Düngemitteln, Pestiziden, Schadstoffen aus der Luft etc., hat dazu geführt, dass ein Großteil des Wassers nicht mehr direkt gefahrlos trinkbar ist.

Nach Gebrauch anfallendes, gegenüber dem Ausgangszustand mehr oder weniger stark verändertes Wasser, das gelöste, oder aufgeschwemmte Abfälle aus Haushalt, Gewerbe und Industrie enthält, nennt man **Abwasser**. Nach der Herkunft trennt man grob in:

- häusliches Abwasser (enthält vor allem Fäkalien, Haushaltsabfälle, Wasch- und Spülmittel);
- gewerbliches und industrielles Abwasser (enthält sehr verschiedene, teils organische, teils anorganische Inhaltsstoffe).

Die Abwasserleitungen enthalten in der Regel ein Gemisch aus häuslichen und gewerblichen Abwässern sowie der Straßenentwässerung. Dieses Gemisch bezeichnet man als kommunales Abwasser.

Die Abwasser-Inhaltsstoffe lassen sich aus ökologischer Sicht in folgende Hauptgruppen gliedern:

- leicht abbaubare organische Stoffe;
- schwer abbaubare Stoffe (zum Beispiel organische Chlorverbindungen, Ölrückstände, Phenole; manche dieser Stoffe reichern sich in Or-

Box 20.2

Ein bisschen Statistik

In Deutschland und der Schweiz stammen rund 80 % des Trinkwassers aus Grund- und Quellwasser, 20 % aus Oberflächengewässern. In Deutschland muss etwa ein Drittel des potenziellen Trinkwassers nicht aufbereitet werden, bei einem zweiten Drittel ist eine einfache und beim dritten eine mehrstufige Aufbereitung notwendig, ehe es bedenkenlos getrunken werden kann.

Bei normaler körperlicher Belastung benötigt ein erwachsener Mensch in Mitteleuropa täglich 2,4 Liter Wasser (inklusive des in der Nahrung enthaltenen), das als Harn (1,4 Liter), durch Lunge und Haut (0,9 Liter) und mit dem Kot (0,1 Liter) wieder abgegeben wird. In ariden Gebieten ist der tägliche Wasserbedarf erheblich höher und kann für Mitteleuropäer bei über 10 Litern liegen. Der Hauptwasserverbrauch des Menschen liegt in Mitteleuropa heute jedoch nicht im Trinken, sondern im Einsatz für die Körperhygiene. Für Waschen und Duschen werden 30 bis 50 Liter pro Kopf verbraucht, für die WC-Spülung 20 bis 40 Liter. Der weitaus größte Teil des in industrialisierten Staaten pro Kopf verbrauchten Wassers wird allerdings von Industrie und Energieversorgungsunternehmen genutzt (500 beziehungsweise 1100 Liter).

Der Wasservorrat der Erde wird auf ca. 1450 bis 1460 Millionen Kubikkilometer geschätzt. 94 % davon sind Meerwasser, das vom Menschen in der Regel allenfalls eingeschränkt nutzbar ist. Das Grundwasser macht etwa 4 %, Eis knapp 2 %, Binnengewässer nur etwa 0,01 % aus. Weniger als 0,01 % des Weltvorrats an Wasser liegen als Bodenfeuchtigkeit oder Wasserdampf der Atmosphäre vor. Jährlich verdunsten eine halbe Million Kubikmeter Wasser und gelangen als Niederschläge wieder auf die Erde zurück. Bei seinem Weg durch die Atmosphäre, beim oberflächlichen Abfließen über gedüngte oder mit Chemikalien belastete Böden sowie beim Durchsickern durch diese Böden wird das Wasser mit zahlreichen Stoffen belastet.

ganismen im Laufe der Nahrungskette an, zum Beispiel Polychlorierte Biphenyle);

- eutrophierende Stoffe (erhöhen die Produktion im Gewässer und damit oft auch die Biomasse und den Bestandsabfall, führen deshalb zu erhöhtem Sauerstoffverbrauch und zum Sauerstoffschwund: »Umkippen« von Gewässern);
- nicht abbaubare Stoffe (können nicht durch die Tätigkeit von Organismen beseitigt werden, zum Beispiel Chloride, Sulfate, Schwermetalle).

Bereits im alten Rom wurden die häuslichen Abwässer in einer Kanalisation dem Tiber zugeführt. Im übrigen Europa herrschten noch im Mittelalter weit schlechtere hygienische Bedingungen in den Städten: Abwasser gelangte zusammen mit Unrat auf die Straßen und floss allmählich oberflächlich ab oder versickerte. Dabei kam es zu Kontaminationen der städtischen Brunnen und der in der Nähe der Stadt gelegenen Oberflächengewässer, woraus eine erhöhte Seuchengefahr resultierte. Die Einführung der Schwemmkanalisation verbesserte die gesundheitlichen Bedingungen erheblich, die Einleitung der Abwässer in Flüsse führte jedoch zu deren allmählicher Verschmutzung. Lange Zeit war man der Ansicht, dass große Flüsse, wie Rhein, Donau und Elbe genügend Aufnahmekapazität für eine tragfähige Aufnahme der Abwässer besäßen. So ist es erklärlich, dass die an Flüssen gelegenen Großstädte bis in die späten 1970er Jahre ihr Abwasser nicht nachhaltig reinigten. Auch in große Seen wurde noch bis zum gleichen Zeitpunkt das Abwasser der anliegenden Gemeinden ungeklärt eingeleitet, was beispielsweise zu starken Veränderungen in der Biozönose des Bodensees und zum Schilfsterben am Plattensee führte. An kleinen Fließgewässern und

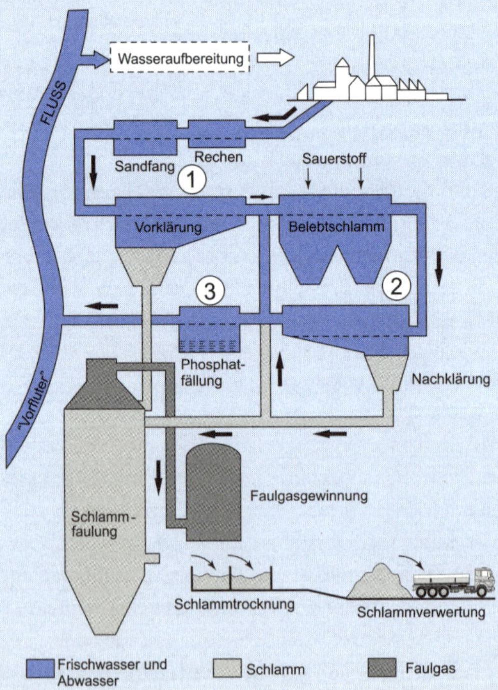

Abb. 20.1 Schema einer dreistufigen Kläranlage für Siedlungsabwässer. **1**: mechnische Stufe (Rechen, Sandfang, Vorklärung); **2**: biologische Stufe (Belebtschlammbecken); **3**: chemische Stufe (Phosphatfällung). Neben dem geklärten Abwasser fallen Schlamm, Faulgas und Phosphat als Endprodukte der Klärung an (aus Streit & Kentner 1992).

Seen setzte die Abwasserreinigung schon wesentlich früher ein (etwa ab 1900), da man auffällige Fischsterben und auch gesundheitliche Gefährdungen schon früh mit der Abwassereinleitung in Verbindung brachte.

In einer modernen **Abwasser-Kläranlage** (Abb. 20.1) wirken mechanische und biologische, teilweise zusätzliche chemische Prozesse in Kombination. Im mechanischen Teilbereich der Anlage werden abbaubare organische Stoffe von Mikroorganismen zerlegt. Um eine optimale Leistung der abbauenden Mikroorganismen zu erzielen, sind die Einrichtungen so konstruiert, dass einerseits ein enger Kontakt zwischen Organismen und abzubauenden Substanzen geschaffen und andererseits eine gute Sauerstoffversorgung der Organismen gesichert ist. In Deutschland wird hierfür überwiegend das Belebtschlammverfahren angewendet. Im Abwasser enthaltene Bakterien, zum Beispiel *Zoogloea ramigera*, bilden im Belebtschlammbecken durch ein Aneinanderhaften der Zellen Aggregate (Flocken), an die sich Abwasserpartikel anlagern. Diese Flocken stellen das Besiedlungssubstrat einer Aufwuchsgesellschaft dar, die vor allem aus bakterienfressenden sowie räuberischen Ciliaten und wenigen Rotatorien und Nematodenarten (ebenfalls Bakterienfresser) besteht. Die im Abwasser enthaltenen gelösten und feinpartikulären organischen Bestandteile werden im Zuge des Verfahrens in eine absetzbare, partikuläre Form überführt. Außerdem wird ein Teil der organischen Abwasserinhaltsstoffe abgebaut und dabei organisch gebundener Kohlenstoff als CO_2.

Ökotoxikologie | 20.4

Während sich die Toxikologie mit den Wirkungen von Giften auf den menschlichen Organismus und auf Säugetiere als humanrelevante Modelle beschäftigt, untersucht die **Ökotoxikologie** die Bedeutung von Umweltgiften für Ökosysteme. Gefragt wird nach

- der Wirkung der Stoffe,
- ihrem Verbleib,
- der Interaktion zwischen verschiedenen Umweltgiften.

Um die Wirkung auf Ökosysteme zu untersuchen beziehungsweise voraussagen zu können, ist die Kenntnis der Wirkung auf einzelne Ökosystembestandteile, zum Beispiel Arten und Populationen, unerlässlich. Die oben erwähnte Trennung zwischen Toxikologie und Ökotoxikologie ist daher, insbesondere aus Sicht der Ökotoxikologie, rein formaler Natur. In der Praxis muss der Ökotoxikologe auch toxikologisch arbeiten und die Ergebnisse der Toxikologie berücksichtigen. Nach einer Definition der Deutschen Forschungsgemeinschaft (1983) beschäftigt sich die Ökotoxikologie »mit den Auswirkungen von **Umweltchemikalien** wie zum

Box 20.3

Umweltchemikalien

Unter Umweltchemikalien versteht man »Stoffe, die durch menschliches Zutun in die Umwelt gebracht werden und dort in Mengen oder Konzentrationen auftreten können, die geeignet sind, Lebewesen, insbesondere den Menschen zu gefährden. Hierzu gehören chemische Elemente oder Verbindungen organischer oder anorganischer Natur, synthetischen oder natürlichen Ursprungs. Das menschliche Zutun kann unmittelbar oder mittelbar erfolgen, es kann beabsichtigt oder unbeabsichtigt sein. Der Begriff Lebewesen umfasst in diesem Zusammenhang den Menschen und seine belebte Welt einschließlich Tieren, Pflanzen und Mikroorganismen« (Umweltbundesamt 1984).

Beispiel Pflanzenschutzmitteln auf Organismen, Populationen und Lebensgemeinschaften bis hin zu Ökosystemen, so weit aufgrund einer Exposition direkt oder indirekt Schäden entstehen können.«

Toxizität (Giftigkeit, schädigende Wirkung auf ein biologisches System) ist »das Resultat einer Wechselwirkung zwischen Stoff (Agens) und biologischem System (Rezeptor), wobei dem Schädigungspotenzial des Stoffes (Struktur und Dosis) das Schutzpotenzial des biologischen Rezeptorsystems (zum Beispiel Reaktions-, Regenerations- oder Regulationsfähigkeit auf verschiedenen ökosystemaren Ebenen) gegenübersteht« (Nusch 1986: 216).

Ob sowie gegebenenfalls an welchem Ort und in welcher Form, eine Umweltchemikalie (s. Box 20.3) in einem Ökosystem verbleibt, hängt sowohl von den Eigenschaften der Chemikalie als auch von denen des Ökosystems ab. Wasserlösliche Stoffe werden leicht aus terrestrischen Ökosystemen ausgewaschen und in aquatische hineintransportiert, werden aber auch gut von Organismen aufgenommen. Lipophile Stoffe werden an der Oberfläche von Pflanzen (Cuticula), im Fettgewebe von Tieren sowie auch in Böden angereichert. Diese Ökosystemkompartimente fungieren also als Senken des betreffenden Stoffes (Abb. 20.2). Die Anreicherung eines Stoffes in einem Organismus wird als Bioakkumulation bezeichnet (siehe Abschnitt 19.2). Auch der pH-Wert des Bodens beeinflusst den Verbleib der Substanzen. So werden die meisten Schwermetalle in neutralen und schwach sauren Böden festgelegt, während sie in (stark) sauren Böden löslich sind und damit einerseits ins Grundwasser ausgewaschen, andererseits aber auch von Pflanzen aufgenommen werden können. Manche Schadstoffe entstehen nur unter bestimmten Umweltbedingungen im Laufe der Zeit (zum Beispiel Ozon: siehe Abschnitt 13.2).

Bei der Wirkung unterscheidet man zwischen indirekter (Wirkung auf Ökosystemstrukturen beziehungsweise das Ökosystemmilieu: zum Beispiel Gewässerversauerung) und direkter (auf Organismen, Populationen und Biozönosen sowie auf Ökosystemfunktionen, zum Beispiel Biomasseproduktion, Selbstreinigungskraft eines Gewässers). Bei der Untersuchung der Auswirkung von Umweltchemikalien auf Organismen beziehungsweise Populationen wird zwischen akuter (einmaliger Effekt einer relativ hohen Konzentration) und chronischer Wirkung (Folge von häufig wiederholten bis permanenten, relativ kleinen Konzentrationen) unterschieden. Ziel der Untersuchung ist das Auffinden der letalen Konzentration (LC), wobei meist die so genannten **LC50** angegeben wird (Konzentration eines Stoffes in der Umwelt, zum Beispiel im Wasser, bei der 50 % der Versuchstiere während des Versuchs, in der Regel über 24 bis 96 Stunden, abgestorben sind).

Eine weitere wichtige Größe ist die höchste Konzentration, bei der gerade noch keine Wirkung beobachtet wird (**NOEC**: no observed effect concentration). Außer dem Absterben beziehungsweise Überleben des Testorganismus wird, insbesondere bei kurzlebigen Arten, auch untersucht, wie sich der Schadstoff auf die Fortpflanzungsrate auswirkt.

Zur Prüfung der Toxizität eines Stoffes werden **Testorganismen**, zunehmend auch Gewebe- oder Zellkulturen eingesetzt. Bei Fragen der toxischen Wirkung auf Gewässerorganismen spielen Fische, insbesondere die Goldorfe (Farbvarietät von *Leuciscus aland*), Algen und Daphnien sowie auch Blütenpflanzen, eine wichtige Rolle.

Ergebnisse, die im Experiment an einzelnen Arten gewonnen werden, lassen jedoch keine sicheren Rückschlüsse auf die Störung der

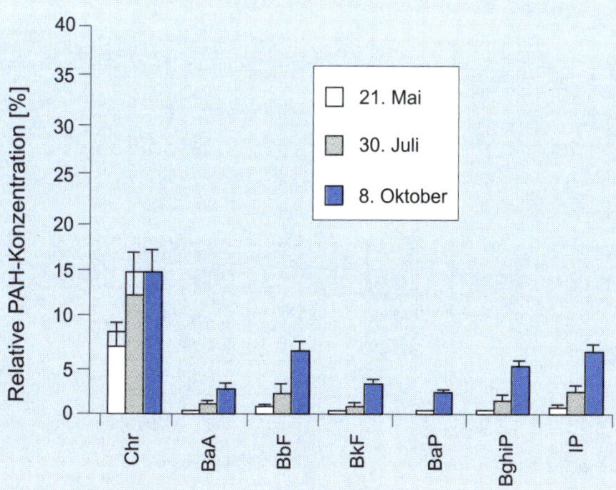

Abb. 20.2

Pappelblätter reichern im Laufe einer Vegetationsperiode die Polyzyklischen Aromatischen Kohlenwasserstoffe an, fungieren also als temporäre Senke für diese Stoffe (nach KUHN et al. 1998).
Chr = Chrysen;
BaA = Benzo[a]anthracen;
BbF = Benzo[b]fluoranthen;
BkF = Benzo[k]fluoranthen;
BaP = Benzo[a]pyren;
BghiP = Benzo[ghi]perylen;
IP = Indeno[1,2,3-cd]pyren.

Funktionsfähigkeit von Ökosystemen zu. Gerade aber die Frage nach der ökosystemaren Wirkung ist im Hinblick auf die Vielzahl der nahezu täglich neu »erfundenen« Stoffe von großer Bedeutung. Weil es zu spät ist, ihre Wirkung erst im Nachhinein (das heißt nach ihrer Freisetzung in Ökosystemen) zu erforschen, wird seit einigen Jahrzehnten versucht, aus wenigen Organismen und Kompartimenten zusammengesetzte Modell-Ökosysteme zu gestalten und darin die Wirkung von Umweltchemikalien im Labor, Gewächshaus, einem künstlichen Gewässer oder auf einer eigens angelegten Versuchsfläche zu erforschen.

20.5 Lichtverschmutzung

In Ballungsgebieten verändert der exzessive Gebrauch von künstlichem Licht aufgrund der Streuwirkung des zum Himmel abgestrahlten Lichts die Atmosphäre derart, dass die Sicht auf die Sterne in wachsendem Maße verhindert wird, genau wie dies bei Luftverschmutzung durch Staub und Aerosole der Fall ist. Hieraus resultiert der Begriff Lichtverschmutzung. Das Licht verhindert nicht nur die Sicht auf den nächtlichen Sternenhimmel, sondern verändert den natürlichen Tag-Nacht-Rhythmus von Tieren und Pflanzen sowie das Orientierungsverhalten nachtaktiver Tiere (s. auch Box 20.4). Bei höheren Tieren und dem Menschen greift die Zurückdrängung der Dunkelheit tief in das Hormonsystem ein (Stichwort Melatonin) und schwächt die nächtlich ablaufende Regeneration. Es wird sogar eine Zunahme der Krebshäufigkeit befürchtet (Brustkrebs).

Abb. 20.3

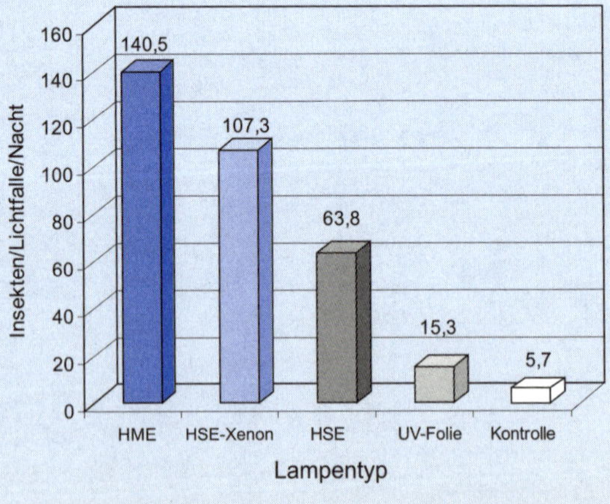

Beeinflussung nachtaktiver Fluginsekten durch Straßenlaternen. Durchschnittliche relative Anflughäufigkeit von Insekten an Straßenlaternen in der Agrarlandschaft von Rheinhessen, gemessen mit Lichtfallen über eine Sommerflugperiode von Anfang Juni bis Ende September 1997. HME = Quecksilberdampfhochdrucklampen, HSE-Xenon = Natrium-Xenondampfhochdrucklampen, HSE = Natriumdampfhochdrucklampen, UV-Folie = mit einer UV-Folie überklebtes Leuchtengehäuse einer Quecksilberdampfhochdrucklampe. Anmerkung: Quecksilberdampf- und Natriumdampfhochdrucklampen sind die am häufigsten verwendeten Lampentypen in Straßenlaternen. Letztere gelten für die meisten Insekten als relativ umweltfreundlicher (nach Eisenbeis & Hassel 2000).

Box 20.4

Fehlorientierte Meeresschildkröten

Sehr spektakulär ist die Fehlorientierung von Meeresschildkröten, die zur Eiablage das Land aufsuchen, um ihre Eier in sandigen Gruben im höheren Strandbereich abzulegen. Für ihre Rückkehr ins Meer orientieren sich sowohl die erwachsenen Tiere als auch die geschlüpften Jungtiere an natürlichem Licht (z.B. des Mondes), das von der Meeresoberfläche reflektiert wird. Auf der Landseite installierte künstliche Lichtquellen veranlassen die Tiere, weiter ins Hinterland vorzudringen, d.h. in die falsche Richtung zu laufen. Sie verenden dort meist oder fallen verstärkt den zahlreich lauernden Feinden zum Opfer.

Künstliches Licht stört in erster Linie das Orientierungsverhalten nachtaktiver Tiere. Vor allem Insekten sind davon betroffen, die sich, aus der Dunkelheit anfliegend, auf die Lichtquellen zu bewegen (s. Abb. 20.3) und häufig nicht mehr aus dem Lichtkegel befreien können. Entweder umschwirren sie die Lampen in endlosen Bahnen oder sie lassen sich in der beleuchteten Randzone auf dem Boden oder in Vegetation nieder, d.h. sie werden inaktiv. Eine große Zahl von Tieren geht dabei direkt zugrunde bzw. fällt den im Umkreis der Leuchten jagenden Feinden zum Opfer (Spinnen, Vögel, Fledermäuse). Inaktive Tiere üben nicht mehr ihre natürlichen Lebenstätigkeiten aus, etwa die Nahrungssuche und die Suche nach Geschlechtspartnern. Wenn Weibchen ihre Eier im Umkreis der Leuchten ablegen, sind es oft die falschen Substrate und Futterpflanzen. All dies bedeutet eine Schwächung der Population, wovon weniger die Allerweltsarten (r-Strategen) als die an spezielle Bedingungen angepassten individuenarmen Arten (K-Strategen) betroffen sind.

Nachhaltige Entwicklung | 20.6

Nachhaltige Entwicklung ist die nicht wörtliche, aber sinngemäß richtige Übertragung des englischen Begriffs **sustainable development**. Dieser taucht als wichtiges Ziel im so genannten Brundtland-Bericht auf, der für die im Jahre 1987 abgehaltene erste UNCED-Konferenz (United Nations Conference in Environment and Development) verfasst wurde. In der deutschen Forstwirtschaft gilt seit Beginn des 19. Jahrhunderst die Regel, dass im lang-

Merksatz

NACHHALTIGE ENTWICKLUNG ist dann gegeben, wenn zukünftigen Generationen die gleiche Quantität und Qualität von Ressourcen zur Verfügung steht wie der heutigen.

fristigen jährlichen Mittel gesehen nur so viel Wald geschlagen werden darf, wie nachgepflanzt wird. Somit sorgt jede Generation dafür, dass zukünftigen Generationen die gleiche Menge an nutzbarem Holz zur Verfügung steht wie der vorhergehenden. Dieses Wirtschaften bezeichnet man als nachhaltig, das ihm zugrunde liegende Prinzip als Nachhaltigkeit. Nachhaltige Entwicklung bedeutet die Übertragung dieses Prinzips auf sämtliche Umweltgüter (Boden, Wasser, Luft, Artenvielfalt). Nur wenn es gelingt, nicht mehr davon zu verbrauchen, als sich erneuern beziehungsweise regenerieren (zum Beispiel »Erholung« übernutzter Böden, Selbstreinigung von Gewässern) oder auch regeneriert werden kann (zum Beispiel Abwasserklärung), ist eine Entwicklung nachhaltig. Der englische Begriff (sustainability, sustainable development) bedeutet wörtlich übersetzt »tragfähige Entwicklung«, »Tragfähigkcit«. Dieser aus der Populationsbiologie und auch der Biozönoseforschung stammende Begriff besagt, dass jeder Lebensraum nur eine bestimmte Anzahl von Individuen seiner Art ernähren (tragen) kann. Selbstverständlich gilt dies auch für den Menschen: Jedes Land und die Erde insgesamt kann nur eine bestimmte Anzahl von Menschen aufnehmen. Wie viel dies sind, hängt von deren Lebensstandard sowie vom Stand der technischen Entwicklung ab.

Tab. 20.1 | Bioproduktive Fläche, Fußabdruck zu Land und ökologisches Defizit ausgewählter Länder[1]

Land (nach Größe der Fußabdrücke geordnet)	Fußabdruck zu Land[2]	bioproduktive Fläche[2]	Nationales ökologisches Defizit[3]	
			absolut	relativ (%)
Indien	0,59	0,38	0,21	55
Mexiko	1,96	1,24	0,72	35
Japan	2,54	0,72	1,82	250
Italien	2,88	1,20	1,68	140
Großbritannien	3,57	1,75	1,82	105
Deutschland	4,36	2,77	1,59	60
Schweiz	4,63	2,89	1,74	60
Niederlande	4,63	1,36	3,27	240
Schweden	5,17	8,41	-3,24	-40
Österreich	5,24	4,29	0,95	20
Kanada	6,60	9,14	-2,54	-30
Australien	6,68	10,26	-3,58	-35
USA	7,91	7,20	0,71	10

[1] aus WACKERNAGEL & REES (1997; Stand 1995) [2] Hektar pro Einwohner (auf Weltäquivalenz bezogen)
[3] Fußabdruck zu Land abzüglich der bioproduktiven Fläche; ein Minuszeichen bedeutet, dass das Land entsprechend weniger verbraucht als seiner ökologischen Produktion entspricht.

Box 20.5

Der ökologische Fußabdruck

Der ökologische Fußabdruck ist einerseits im Hinblick auf das jeweilige Land, andererseits aber auch global zu betrachten. Obwohl die US-Amerikaner den größten Fußabdruck besitzen, gehen sie aufgrund ihrer geringeren Bevölkerungsdichte im Hinblick auf das eigene Land mit ihren ökologischen Ressourcen weniger verschwenderisch um als die Deutschen: Ein Amerikaner verbraucht nur 0,7 ha mehr an Umwelt, als ihm im eigenen Land zur Verfügung steht. Ein Deutscher verbraucht dagegen 1,6 ha mehr, als im Land nutzbar sind. Ein Kanadier erreicht nicht einmal die Grenzen der Tragfähigkeit seines Landes, obwohl sein ökologischer Fußabdruck 50 % größer ist als der eines Deutschen. Global gesehen ist allerdings der ökologische Fußabdruck aller Industrieländer nicht mehr tragbar und der der US-Amerikaner der verschwenderischste: Sollten alle Entwicklungsländer den durchschnittlichen Lebensstandard der Industrieländer unter Beibehaltung des momentan dafür erforderlichen Ressourcenverbrauches erreichen, so könnte nur noch ein Drittel der heutigen Weltbevölkerung auf der Erde leben (oder es würden drei Erden gebraucht).

Ein anschaulicher Begriff ist in diesem Zusammenhang der **ökologische Fußabdruck**. Hierunter versteht man diejenige Fläche, die ein Mensch benötigt, um seinen momentanen Lebensstandard aufrecht zu erhalten: Flächen zur Nahrungsproduktion (Weiden, Äcker), Wohn- und Verkehrsflächen, Flächen zur Energiegewinnung (Wälder, Abbaufläche fossiler Brennstoffe, Flächen für Talsperren, Kraftwerke, Windräder), für die Wasserbereitstellung und Regeneration, zur Abfallentsorgung; für Freizeit und Erholung. Der ökologische Fußabdruck in einem Industriestaat, zum Beispiel USA, Kanada, Schweiz oder Deutschland lebender Menschen ist dementsprechend erheblich höher als der von Bewohnern eines Entwicklungslandes, zum Beispiel Indien (siehe Tab. 20.1, Box 20.5).

Ökologischer Fußabdruck: Diejenige Fläche, die ein Mensch benötigt, um seinen momentanen Lebensstandard aufrecht zu erhalten.

Da der anthropogene Energieverbrauch und die anthropogenen Stoffströme das Hauptproblem beim Anstreben von Nachhaltigkeit darstellen, ist es für die Entwicklung umweltfreundlicher Produkte von größter Bedeutung, wie viel Energie zu ihrer Herstellung verbraucht und wie viel Material bewegt werden muss. Die betreffenden Werte sind allerdings nicht absolut zu betrachten, sondern in Zusammenhang mit dem Nutzen (der Serviceleistung) zu sehen, die das betreffende Gut erbringt: Je öfter das Gut genutzt wird, desto geringer ist, relativ gesehen, die von ihm ausgehende Umweltbelastung. Von SCHMIDT-BLEEK (1994) wurde daher die **M**aterial-**I**ntensität **p**ro **S**erviceeinheit (**MIPS**) als Maß für Umweltbelastungsintensität vorgeschlagen. In dieses Maß gehen sämtliche zur Vorbereitung der Herstellung, zur Herstellung, zum Betrieb, für eventuelle Reparaturen, zur Entsorgung und zum Recycling sowie für die jeweiligen Transportvorgänge benötigten Materialien ein. Es handelt sich also um den Materialverbrauch von der »Wiege bis zur Wiege« des Gutes pro Einheit Dienstleistung oder Funktion. Die MIPS einer Dienstleistung wird auch als ihr ökologischer Rucksack bezeichnet.

Anschauliche Maße für die von einem Produkt – inklusive Materialgewinnung, Herstellung, Vertrieb, Abfallbeseitigung bzw. Recycling – ausgehenden Umweltbelastungen sind die Materialintensität pro Serviceeinheit (**MIPS**) und die Flächenintensität pro Serviceeinheit (**FIPS**).

Anstelle von MIPS kann die **Ressourcenproduktivität** eines Gutes betrachtet werden. Hierunter versteht man die Gesamtheit der verfügbaren Einheiten an Dienstleistungen, dividiert durch den Gesamtverbrauch an Material, der in Zusammenhang mit Herstellung, Betrieb und Recycling dieses Gutes einschließlich der für den Energieverbrauch benötigten Stoffströme anfällt. Die Ressourcenproduktivität, die in Dienstleistungseinheit pro Kilogramm angegeben wird, ist das Inverse seiner MIPS. Anstelle von Ressourcenproduktivität wird auch der Begriff **Ökoeffizienz** verwendet.

Analog zur MIPS lässt sich die **FIPS** (**F**lächen-**I**ntensität **p**ro **S**erviceeinheit) als flächenbezogener Indikator für die von jeder Serviceleistung (jedem Gebrauch) eines Gutes hervorgerufene Umweltbelastung benutzen. Die FIPS repräsentiert gewissermaßen den durch die Nutzung eines Gutes verursachten ökologischen Fußabdruck, wobei letzterer Begriff, wie oben erläutert, allerdings nur für Länder, Gebiete oder Personen, nicht jedoch für Güter verwendet wird.

20.7 Ökobilanz und Umweltverträglichkeitsprüfung

Zur Verringerung der von menschlichen Aktivitäten ausgehenden Umweltbelastungen beziehungsweise zur Vermeidung neuer Belastungen ist es wichtig, ähnliche Verfahren beziehungsweise Produkte im Hinblick auf ihre (möglichen) Umweltauswirkungen zu vergleichen, um so die weniger »schädliche« Variante auswählen zu können. Diesem Zwecke dienen **Ökobilanzen**. Ziel der Ökobilanz ist ein möglichst umfassender Vergleich der Umweltauswirkungen zweier oder mehrerer unterschiedlicher Produkte, Produktgruppen, Systeme, Verfahren oder Verhaltensweisen. Sie dient der Offenlegung von Schwachstellen, der Verbesserung der Umwelteigenschaften der Produkte, der Entscheidungsfindung in der Beschaffung und im Einkauf, der Förderung umweltfreundlicher Produkte und Verfahren, dem Vergleich alternativer Verhaltensweisen und der Begründung von Handlungsempfehlungen. Zu einer Ökobilanz gehören vier Schritte:

- Definieren des Bilanzierungszieles (welche Erkenntnisse werden erwartet?)
- Erstellung einer Sachbilanz (zum Beispiel im Falle eines Produktes Beschreibung seines »Lebensweges« von der Gewinnung der Rohstoffe bis zur Beseitigung beziehungsweise Rezyklisierung des gebrauchten Produktes).
- Erstellung einer Wirkungsbilanz (welche Umweltwirkungen gehen von dem Produkt beziehungsweise dem Verfahren aus?)
- Bewertung der Bilanz.

Da die Wirkungen oft nicht direkt feststellbar und zudem nicht generell zu ermitteln sind (Einleitung einer 3 %igen Kochsalzlösung in die Nordsee ist, angesichts des Salzgehaltes der Nordsee, völlig bedeutungslos, die Einleitung der gleichen Lösung in einen Fluss führt dagegen zu dessen Versalzung) und weil jegliche Bewertung subjektiv ist, sind die beiden zuletzt aufgeführten Punkte die schwierigsten und problematischsten der Ökobilanz. Hinsichtlich der Wirkungsbilanz sollten auf jeden Fall folgende Punkte berücksichtigt werden:

- globale Erwärmung,
- Ozon-Zerstörung in der Stratosphäre,
- Giftigkeit für den Menschen,
- Umweltgiftigkeit,
- Säurebildung (Gewässerversauerung, saure Niederschläge),
- Abgabe von sauerstoffbindenden Chemikalien in Gewässer (Beeinflussung des chemischen Sauerstoffbedarfs: »Umkippen« von Gewässern),
- Bildung von Photooxidanzien,
- Flächenbedarf,
- Belästigungen (Geruch, Lärm),
- Entstehung fester Abfälle (Deponiebedarf: Flächenverbrauch),
- Entstehung von Abwärme (Wirkung auf Gewässer),
- Arbeitssicherheit.

Bei der Planung von Bauvorhaben oder anderen Eingriffen in die Landschaft ist es aus Sicht des Umweltschutzes wichtig, deren Auswirkungen auf die Umwelt im voraus abzuschätzen, um auf diese Weise korrigierend in die Planung eingreifen zu können oder, falls starke Umweltschäden zu erwarten sind, das Vorhaben zu stoppen. Für öffentliche Bauvorhaben außerhalb des Innenbereiches entsprechend Baugesetzbuch ab einer gewissen Größe ist daher in Deutschland seit 1990 eine **Umweltverträglichkeitsprüfung** (UVP) gesetzmäßig vorgeschrieben. Geprüft werden mögliche Auswirkungen auf Menschen, Tiere, Pflanzen, Boden, Luft, Wasser, Klima und Landschaft sowie auf Kultur- und Sachgüter.

Fragen

(Seitenverweise zur Beantwortung)

1 ● Nennen Sie einige ökologische Charakteristika der Technosphäre! (s. Seite 267 f.)

2 ● Was versteht man unter Umweltschutz? (s. Seite 268 f.)

3 ● Nennen Sie einige Aufgabenbereiche des Umweltschutzes! (s. Seite 269)

4 ● Was versteht man unter Abwasser? Wieso ist aus ökologischer Sicht zwischen häuslichem Wasser und gewerblich/industriellen Abwasser zu unterscheiden? (s. Seite 270)

5 ● Welche Gruppen von Abwasser-Inhaltsstoffen unterscheidet man hinsichtlich ihrer ökologischen Wirkung? (s. Seite 270 f.)

6 ● Wie viel Wasser muss ein Mitteleuropäer im Durchschnitt täglich aufnehmen? (s. Seite 271)

7 ● Beschreiben Sie den Aufbau einer modernen Abwasser-Kläranlage! (s. Seite 272 f.)

8 ● Womit beschäftigt sich die Ökotoxikologie? Welche drei Fragen stehen dabei im Mittelpunkt? (s. Seite 273)

9 ● Wie unterscheidet sich die Ökotoxikologie von der Toxikologie? (s. Seite 273)

10 ● Was versteht man unter Umweltchemikalien? (s. Seite 274)

11 ● Welche Zusammenhänge bestehen zwischen dem Verbleib von Stoffen in Ökosystemen und ihren chemischen Eigenschaften bzw. den Ökosystemeigenschaften? (s. Seite 274)

12 ● Was versteht man unter akuter, was unter chronischer Wirkung eines Umweltgiftes? (s. Seite 275)

13 ● Was versteht man unter LC_{50}, was unter NOEC? (s. Seite 275)

14 ● Nennen Sie einige häufig bei Gewässeruntersuchungen als Testorganismen eingesetzte Arten bzw. Artengruppen! (s. Seite 275)

15 ● Erläutern Sie den Begriff Lichtverschmutzung und nennen Sie einige Auswirkungen von Lichtverschmutzungen (s. Seite 276f.)

16 ● Was versteht man unter nachhaltiger Entwicklung? Welcher Begriff wird stattdessen im Englischen verwendet? Wie unterscheiden sich die beiden Begriffe? (s. Seite 277 f.)

17 ● Was versteht man unter dem ökologischen Rucksack, was unter dem ökologischen Fußabdruck? (s. Seite 279)

18 ● Was versteht man unter MIPS bzw. FIPS? Wie nennt man den inversen Wert der MIPS und was bedeutet er? (s. Seite 279 f.)

19 ● Erläutern Sie den Begriff Ökobilanz! (s. Seite 280)

20 ● Wann muss eine Umweltverträglichkeitsprüfung durchgeführt werden? Was hat im Rahmen einer UVP zu erfolgen? (s. Seite 281)

Literatur

BRAUNBECK, T., HINTON, D.E., STREIT, B. (eds.) (1998): Fish Ecotoxicology. Experientia Supplementum (EXS) Volume 86; Birkhäuser, Basel-Berlin-Boston.

EISENBEIS, G. (2001): Künstliches Licht und Lichtverschmutzung – Eine Gefahr für die Diversität der Insekten? Verh. Westd. Entom. Tag 2000: 31–50.

EISENBEIS, G., HASSEL, F. (2000): Zur Anziehung nachtaktiver Insekten durch Straßenlaternen – eine Studie kommunaler Beleuchtungseinrichtungen in der Agrarlandschaft Rheinhessens. Natur und Landschaft 75. Jg., 4/2000: 145–156.

FOMIN, A, OEHLMANN, J, MARKERT, B. (2003): Praktikum zur Ökotoxikologie. ecomed, Landsberg, 192 S.

HEMPEL, G., SCHULZ-BALDES, M. (2003): Nachhaltigkeit und globaler Wandel. Peter Lang, Frankfurt am Main/Berlin/Bern usw., 241 S.

HOUGHTON, J. (1994): s. Kap. 13.

KUHN, A., BALLACH, H.-J., WITTIG, R. (1998): Vegetation as a Sink for PAH in Urban Regions. In BREUSTE, J., FELDMANN, H., UHLMANN, O. (Hrsg.): Urban Ecology. Springer, Berlin/Heidelberg, 171–173.

MUDRACK, K., KUNST, S. (2003): Biologie der Abwasserreinigung. 5. Aufl., Spektrum Heidelberg/Berlin, ca. 256 S.

NUSCH, E.A. (1986): Möglichkeiten und Grenzen der Aussagekraft ökotoxikoligischer Tests. Vom Wasser 67, 213–220.

SCHMIDT-BLEEK, F. (1994): Wieviel Umwelt braucht der Mensch? MIPS – Das Maß für ökologisches Wirtschaften. Birkhäuser, Basel/Berlin/Boston, 335 S.

STREIT, B. (1994): s. Kap. 3.

STREIT, B., KENTNER, E. (1992): s. Kap. 1.

STEUBING, L., BUCHWALD, K., BRAUN, E. (1995): Natur- und Umweltschutz. Ökologische Grundlagen, Methoden, Umsetzung. G. Fischer, Stuttgart, 498 S.

WACKERNAGEL, M., REES, W. (1997): Unser ökologischer Fußabdruck. Birkhäuser, Basel/Boston/Berlin, 194 S.

WEIZSÄCKER, E.U. VON, LOVINS, A.B., HUNTER LOVINS, L. (1995): Faktor Vier. Doppelter Wohlstand – halbierter Naturverbrauch. Droemer Knaur, München, 352 S.

WISSING, F., HOFMANN, K. (2002): Wasserreinigung mit Pflanzen. Ulmer, Stuttgart, 273 S.

21 | Arten- und Biotopschutz

Inhalt

Biotopschutz ist die wichtigste Voraussetzung für einen erfolgreichen Artenschutz.

Die Erhaltung der Artenvielfalt ist eine von nahezu allen Kulturnationen anerkannte nationale und internationale Verpflichtung. Zahlreiche Arten sind jedoch aus den verschiedensten Gründen, von denen viele bereits in den voraufgegangenen Kapiteln erwähnt wurden, in ihrem Bestand gefährdet, so dass Maßnahmen zu ihrem Schutz erforderlich sind. Schon seit langem ist bekannt, dass die Gefährdung von Arten sehr häufig auf Veränderung, Verkleinerung, Zerschneidung oder völlige Vernichtung ihres Lebensraumes zurück zu führen ist (Abb. 21.1). **Artenschutz** ist daher ohne **Biotopschutz** nicht möglich. Ein effektiver Biotopschutz wiederum verlangt detaillierte Kenntnisse der Funktionszusammenhänge im jeweiligen Ökosystem.

Abb. 21.1 | Alle großflächigen Hochmoore Mitteleuropas wurden durch Abtorfung vernichtet. Beispiel: Burtanger Moor in Niedersachsen 1978. Das einstmals eine Nord-Süd-Ausdehnung von über 70 km besitzende Moor ist heute weitgehend abgetorft. Das Foto zeigt die entwässerte, von Vegetation und Weißtorf befreite Oberfläche der Schwarztorfschicht des Moores, die bereits in transportfähige Stücke zerschnitten wurde.

Ein Gebiet kann nur dann unter Schutz gestellt werden, wenn seine **Schutzwürdigkeit** nachgewiesen ist. Dies erfolgt über eine **Bestandsaufnahme** (Fauna, Flora, Vegetation, Nutzung, Beeinträchtigungen) und eine anschließende **Bewertung**. Bedeutsam für die Bewertung sind die Kenntnis der Gefährdung der einzelnen Arten, wie sie in den **Roten Listen** dargelegt ist, und die vergleichende Betrachtung sämtlicher ähnlicher Biotope eines Naturraumes. Letzteres setzt voraus, dass in dem betreffenden Gebiet eine Biotopkartierung durchgeführt und ausgewertet wurde und die daraus gewonnenen Informationen möglichst leicht verfügbar sind (EDV-Speicherung im Rahmen so genannter Naturschutz-, Biotop- oder Landschaftsinformationssysteme). Von großer Bedeutung, sowohl bei der Bestandsaufnahme als auch für die Erstellung von Pflege- und Entwicklungsplänen, ist die Existenz einer Vegetationskarte des betreffenden Gebietes. Faunistik, Floristik und Vegetationskunde erweisen sich damit als die, neben der Ökologie, wichtigsten Basis-Disziplinen für den Arten- und Biotopschutz.

Während die Ausweisung von **Naturschutzgebieten** früher von der Aktivität einzelner Personen oder Gruppen abhing, woraus eine Häufung in einigen Regionen resultierte, andere Landschaftsabschnitte dagegen nahezu frei von Naturschutzgebieten blieben, setzt sich heute mehr und mehr die Erkenntnis durch, dass die Auswahl der Naturschutzgebiete nach einheitlichen, wissenschaftlich nachprüfbaren Naturschutzkriterien im Rahmen von **Naturschutzkonzepten** erfolgen sollte. Nur mit derartigen Konzepten kann eine »Verinselung der Landschaft« (MADER 1980) vermieden werden und ein **Biotopverbundsystem** entstehen, in dem die einzelnen Naturschutzgebiete über so genannte Trittsteinbiotope miteinander vernetzt werden (Abschnitt 21.7). Die Realisierung der Konzepte erfordert die Zusammenarbeit von Naturschützern und Landschaftsplanern bei der Erstellung der Landschaftspläne.

Merksatz

Viele der mitteleuropäischen NATURSCHUTZGEBIETE dienen dem Schutz von Biotopen der ehemaligen extensiv genutzten KULTURLANDSCHAFT.

Abb. 21.2

Viele schutzwürdige Biotoptypen verdanken ihre Entstehung der extensiven Beweidung (hier ein Halbtrockenrasen im Slowakischen Karst).

Viele der als schutzwürdig empfundenen Biotop- beziehungsweise Vegetationstypen sind das Produkt alter bäuerlicher Wirtschaftsformen. Paradebeispiele sind der früher im nordwestlichen Mitteleuropa weit verbreitete Vegetationskomplex der Heiden (siehe Abschnitt 17.1) sowie der Komplex der so genannten Trocken- oder Halbtrockenrasen (siehe Abschnitt 17.2.1). Beide Typen verdanken ihre Entstehung der extensiven Beweidung (Abb. 21.2) beziehungsweise Mahd. Da extensive Nutzung heute nicht mehr genügend Ertrag abwirft, ist sie in Mitteleuropa weitgehend eingestellt worden, so dass diese Biotoptypen und ihre Arten sehr selten geworden sind.

Es sind aber nicht nur die Arten und Lebensgemeinschaften der durch extensive Nutzung entstandenen Biotope gefährdet, sondern gerade auch bei den Arten der intensiv genutzten landwirtschaftlichen Kulturflächen zeichnet sich ein ständiger Rückgang ab. Auf diesem Gebiet ist daher die Zusammenarbeit von Artenschutz und Landwirtschaft erforderlich (zum Beispiel Ackerrandstreifenprogramm zum Schutz der Ackerwildkräuter).

Im Folgenden werden einige wichtige Problemstellungen des Naturschutzes aufgelistet und anschließend kurz behandelt:

- die Frage nach der aktuellen Verbreitung und Häufigkeit der Arten,
- die Abschätzung des Gefährdungsgrades der Arten,
- die Suche nach den Ursachen für die Gefährdung der Arten,
- die Entwicklung und Erprobung von Maßnahmen des Artenschutzes,
- der Schutz und die Pflege von Biotopen,
- die Neuschaffung von Biotopen,
- die Vernetzung der Biotope,
- die Kontrolle der Effizienz der Schutz-, Pflege- und Entwicklungsmaßnahmen.

21.1 Verbreitung und Häufigkeit der Arten

Während die Kenntnis über die Verbreitung der Arten noch bis vor wenigen Jahrzehnten relativ unsystematisch und mehr oder weniger zufällig erworben wurde (durch Aufsammlungen, Forschungsreisen), sind im mitteleuropäischen Raum in den letzten zwei bis drei Jahrzehnten zahlreiche Kartierungsprojekte abgeschlossen worden, die eine systematische Erfassung der Verbreitung einzelner Artengruppen zum Ziel haben (zum Beispiel Kartierung der Gefäßpflanzen-Flora der Bundesrepublik Deutschland, Kartierung der Gefäßpflanzen-Flora einzelner Bundesländer). Bei all diesen Projekten handelt es sich um **Rasterkartierungen**, das heißt das Untersuchungsgebiet wird in eine Anzahl gleich großer Felder aufgeteilt, und das Vorkommen einer Art in den einzelnen Feldern wird

Box 21.1

Gesetze zum Schutz der Natur

Mit der Wahrnehmung der zunehmenden Belastung der belebten Umwelt wurden seit Anfang der 1970er-Jahre zahlreiche Gesetze zum Schutz der Natur auf nationaler und internationaler Ebene erlassen. Zu den internationalen Vereinbarungen, denen Deutschland beigetreten ist, gehören beispielsweise die Biodiversitäts-Konvention zum Erhalt der globalen Artenvielfalt (verabschiedet auf dem Erdgipfel in Rio de Janeiro 1992), das Washingtoner Artenschutz-Übereinkommen zur Kontrolle des zwischenstaatlichen Handels (1973), die Ramsar-Konvention zur Errichtung eines Schutzgebietssystem für Feuchtgebiete internationaler Bedeutung (1971), die Bonner Konvention zum Schutz wandernder Tierarten (1979), die Berner Konvention zum Schutz der Europäischen wildlebenden Tiere und Pflanzen und ihrer Lebensräume (1979) und die EG-Vogelschutzrichtlinie zum Schutz der in der EU heimischen Vogelarten (1979).

Von besonderem Gewicht ist die 1992 erlassene Fauna-Flora-Habitat-Richtlinie (FFH) der Europäischen Union. Sie verfolgt das Ziel, ein europäisches Netzwerk schutzwürdiger Lebensräume zu erhalten und zu entwickeln. Die Auswahl der Gebiete erfolgt auf der Basis eines naturschutzfachlich anspruchsvollen Bewertungsverfahrens. In regelmäßigen Anständen sind von den Ländern der EU Berichte über den Erhaltungszustand der schutzwürdigen Lebensraumtypen und Arten vorzulegen.

Auf nationaler Ebene trat 1976 das Bundesnaturschutzgesetz (BNat SchG) in Kraft, das zuletzt 2002 novelliert wurde. Wichtigste Inhalte sind die Eingriffsregelung, der Pauschalschutz bestimmter Lebensräume, die Schutzgebietskategorien (z.B. Natur- und Landschaftsschutzgebiete, Biosphärenreservate) und die Verpflichtung zur Landschaftsplanung.

durch eine entsprechende Signatur kenntlich gemacht. Diese Kartierungen laufen oft über mehrere Jahre, manchmal sogar Jahrzehnte, so dass nach ihrem Abschluss ein gutes Bild der Verbreitung der jeweiligen Arten im Untersuchungsgebiet vorliegt.

Abschätzung des Gefährdungsgrades von Arten | 21.2

Für Fragen des Artenschutzes ist nicht nur die Kenntnis der Verbreitung, sondern auch die der Häufigkeit und der Entwicklungstendenz (Ausbreitung oder Rückgang) unerlässlich. Beide Informationen können durch die oben genannten grundlegenden Kartierungen (die daher hier Basiskartierungen genannt werden sollen) nicht oder nur in groben Zügen erbracht werden. Neben derartigen Basiskartierungen sind deshalb aktuelle, reproduzierbare Kartierungen erforderlich. Durch Wiederholungen solcher Kartierungen innerhalb gewisser Zeiträume (zum Beispiel in Abständen von 5 bis 10 Jahren) wäre eine genaue Abschätzung der Entwicklungstendenzen der einzelnen Populationen und damit des Gefährdungsgrades der Arten möglich. Da bisher nur wenige Wiederholungskartierungen vorliegen, bleibt die Abschätzung des Gefährdungsgrades Expertengruppen (in manchen Fällen auch Einzelpersonen) überlassen, die kraft ihrer fachlichen Autorität, sozusagen *ex cathedra*, **Rote Listen** der gefährdeten Arten erstellen. In diesen Listen werden folgende **Gefährdungskategorien** unterschieden:

- 0 ausgestorben,
- 1 vom Aussterben bedroht,
- 2 stark gefährdet,
- 3 gefährdet,
- P oder 4 potenziell gefährdet,
- R extrem selten.

Nicht zur Roten Liste gehörig, aber nicht minder wichtig für eine naturschutzfachliche Einschätzung sind die in ihrem Bestand zurück gehenden Arten (V) der so genannten Vorwarnlisten.

Die Roten Listen bilden heute ein allgemein anerkanntes Hilfsmittel für die Bewertung der Schutzwürdigkeit von Flächen im Rahmen der Ausweisung von Schutzgebieten oder der Prüfung der Umweltverträglichkeit von Eingriffen in die Landschaft, haben jedoch keine juristische Relevanz. Es darf allerdings nicht vergessen werden, dass der Wert eines Biotopes nicht nur von der Artenzahl der in ihm vorkommenden Rote-Liste-Arten abhängt, sondern relativ zur Gesamtsituation des jeweiligen Naturraumes zu sehen ist.

21.3 Suche nach den Ursachen für die Gefährdung der Arten

Bei der Suche nach den Ursachen für die Gefährdung der Arten kann eine Auswertung der Roten Listen, wie sie für die Gefäßpflanzen von SUKOPP et al. (1978) durchgeführt wurde, eine wertvolle Hilfe sein. Daneben sind jedoch intensive Geländestudien (Dauerbeobachtungsflächen), populationsbiologische Studien und experimentelle Ansätze unerlässlich. Bei all diesen Untersuchungen muss selbstverständlich strengstens darauf geachtet werden, dass sie nicht selbst über die Dezimierung oder gar Vernichtung von Populationen zu einer Verstärkung der Gefährdungssituation führen. Insbesondere dem experimentellen Ansatz sind daher enge Grenzen gesetzt.

Entwicklung, Erprobung und Durchführung von Maßnahmen des Artenschutzes | 21.4

Ist die Ursache für den Rückgang einer Art erkannt, so lassen sich gezielte Gegenmaßnahmen ergreifen. Wird eine Art zum Beispiel durch Übernutzung (Abschuss, Fang oder Sammeln) gefährdet, so kann dieser Gefährdung durch entsprechende Gesetze (zum Beispiel Washingtoner Artenschutzabkommen) entgegengewirkt werden. Sind andere Aktivitäten des Menschen für den Rückgang verantwortlich, zum Beispiel Ausbringung von Pestiziden, Verschmutzung beziehungsweise Eutrophierung von Gewässern oder Gewässerausbau, so kann auch hier gesetzlich eingegriffen werden. Da es sehr schwierig ist, die Einhaltung der entsprechenden Gesetze zu überwachen, haben sie sich bisher allerdings als nur wenig wirksam erwiesen. Bedeutsamer als gesetzliche Maßnahmen ist eine wirksame Öffentlichkeitsarbeit. Außerdem können für besonders stark gefährdete Arten direkte Maßnahmen zur Erhaltung, Stützung und Vermehrung des Bestandes ergriffen werden:

- Anlage von Gen- und Samenbänken,
- Erhaltungskultur beziehungsweise Zucht in Zoos, Botanischen Gärten, Freilichtmuseen oder speziellen Zuchtanlagen,
- Wiedereinbürgerung von Arten in verloren gegangene Teilareale,
- Bewachung von Nist- und Brutplätzen,
- spezieller Schutz der Wanderwege und Rastplätze von Tieren,
- Neuanlage von Brut-, Schlaf- und Überwinterungsplätzen,
- Neuschaffung von Biotopen.

Schutz und Pflege von Biotopen | 21.5

Der Deutsche Rat für Landespflege (1983) führt in einer Auflistung von Gründen für den Biotopschutz die beiden folgenden an erster Stelle auf:

- Erhaltung von naturnahen Biotopen in jedem Naturraum, die für diesen typisch sind und dem Artenschutz sowie der wissenschaftlichen Forschung auf naturräumlicher Grundlage dienen.
- Erhaltung des gesamten Genbestandes von Pflanzen und Tieren in ausreichend großen, miteinander in Verbindung stehenden Schutzgebieten zwecks Erhaltung der Artenvielfalt sowie zu Forschungszwecken.

Wenn es sich hierbei genau genommen auch nicht um Gründe, sondern vielmehr um Ziele handelt, so wird doch deutlich, dass ein Biotopschutz im Sinne dieser Ziele nur dann erfolgreich sein kann, wenn folgende Arbeitsschritte durchgeführt werden:

- Bestandsaufnahme der schutzwürdigen Biotope und ihres Arten- und Gesellschaftsinventars (Biotopkartierung),

- Typisierung der Biotope, Erstellung eines Biotoptypen-Kataloges,
- Ermittlung des typischen Arten- und Gesellschaftsinventars der schutzwürdigen Biotope,
- naturraumbezogene Ermittlung der Häufigkeit, Flächenausdehnung und Entwicklungstendenz und Ableitung des Gefährdungsgrades der einzelnen Biotoptypen: Rote Liste der Biotope beziehungsweise Ökosystemtypen,
- Suche nach den Ursachen für die Gefährdung bestimmter Biotoptypen,
- Ermittlung des Minimalareals der schutzwürdigen Biotoptypen,
- Beantwortung der Frage nach der Notwendigkeit und Größe von Pufferzonen um das eigentliche Schutzgebiet herum,
- Klärung der Frage nach der erforderlichen Mindestanzahl jedes dieser Biotoptypen pro Naturraum und der Frage ihrer Vernetzung.

Im Idealfall sollte all dies bekannt sein, ehe der Ist- mit dem Soll-Zustand verglichen wird und aufgrund dieses Vergleiches der Bedarf für die Ausweisung neuer und für die Erweiterung bereits vorhandener Schutzgebiete abgeleitet wird. Hierbei kann es möglich sein, dass

- alle oben genannten Kriterien (Arten- und Gesellschaftsinventar, Gebietsgröße, Möglichkeiten der Vernetzung) bereits erfüllt sind, also lediglich für einen wirksamen Schutz gesorgt werden muss,
- ein Teil der Voraussetzungen bereits gegeben ist, zur vollen Funktionsfähigkeit aber noch die Durchführung von Pflege- und/oder Entwicklungsmaßnahmen oder eine Erweiterung der geschützten Fläche erforderlich sind,
- die Neuschaffung bestimmter Biotope erforderlich wird.

Typische Beispiele für **Pflege- und Entwicklungsmaßnahmen** sind die Beweidung und Mahd von Grünlandgesellschaften, Trockenrasen und Heiden. Feuer kann in diesen Biotopen ebenfalls beschränkt zu Pflegezwecken eingesetzt werden. Entwässerte Moore und Feuchtgebiete müssen wieder vernässt und regeneriert, Wasserläufe renaturiert und die Eutrophierung ehemals nährstoffarmer Standorte rückgängig gemacht werden (Detrophierung). Auch die Neuanlage von Kleingewässern ist eine vielerorts erforderliche Entwicklungsmaßnahme bei der Pflege und Gestaltung eines Biotopkomplexes. Ehe Maßnahmen durchgeführt werden, muss ein detaillierter wissenschaftlich begründeter **Pflege- und Entwicklungsplan** erstellt werden. Ein solcher Pflegeplan setzt eine Bestandsaufnahme (Vegetationskarte oder Biotoptypenkarte) voraus, aus der über eine Bewertungs- und Zielkarte schließlich eine Maßnahmenkarte entwickelt wird (siehe Abb. 21.4, S. 292/293). Die heutigen Pflegepläne sind zunehmend standardisierte, digitale Projekte auf der Basis geographischer Informationssysteme (GIS).

Neuschaffung von Biotopen

21.6

Für die Neuschaffung von Lebensräumen gefährdeter Arten eignen sich insbesondere Steinbrüche und Abgrabungen (Kies-, Sand- und Tongruben, Abb. 21.3). Auch im Zuge des Braunkohlenabbaus sind nach entsprechenden Renaturierungsmaßnahmen stellenweise wertvolle Biotope entstanden. Meist entsteht die Biozönose derartiger »Biotope aus zweiter Hand« nicht erst nach Nutzungsaufgabe und Renaturierung, sondern bereits während des Betriebes setzt eine allmähliche Wiederbesiedlung der schon abgebauten Flächen ein. Die Renaturierung von Abgrabungsflächen ist daher in der Regel keine völlige Neuschaffung eines Lebensraumes, sondern eine weiterführende Gestaltung und Entwicklung. Die Mehrzahl der Arbeiten, die sich mit der Neuanlage von Biotopen beschäftigen, befasst sich daher auch mit der Entwicklung und Pflege vorhandener Lebensräume.

Abb. 21.3

Durch Kiesabbau entstandender schutzwürdiger Lebensraum (Abgrabungsgewässer).

Vernetzung von Biotopen

21.7

Naturnahe Flächen treten in der überwiegend dicht bevölkerten und/ oder landwirtschaftlich oder industriell intensiv genutzten mitteleuropäischen Landschaft nur noch als vergleichsweise kleine, mehr oder weniger stark isolierte Inseln auf (Verinselung). Oft reicht die Flächengröße der einzelnen Gebiete nicht für die Erhaltung von stabilen Populationen der die Kulturlandschaft meidenden Arten aus. Die Wiederherstellung eines Kontaktes zwischen den mehr oder weniger stark isolierten Teilpopulationen ist daher dringend erforderlich. Hierzu müssen die einzel-

Abb. 21.4

Entwicklung eines Pflegeplanes aus einer Vegetationskarte über eine Bewertungs- und eine Zielkarte (nach WITTIG & RÜCKERT 1985).

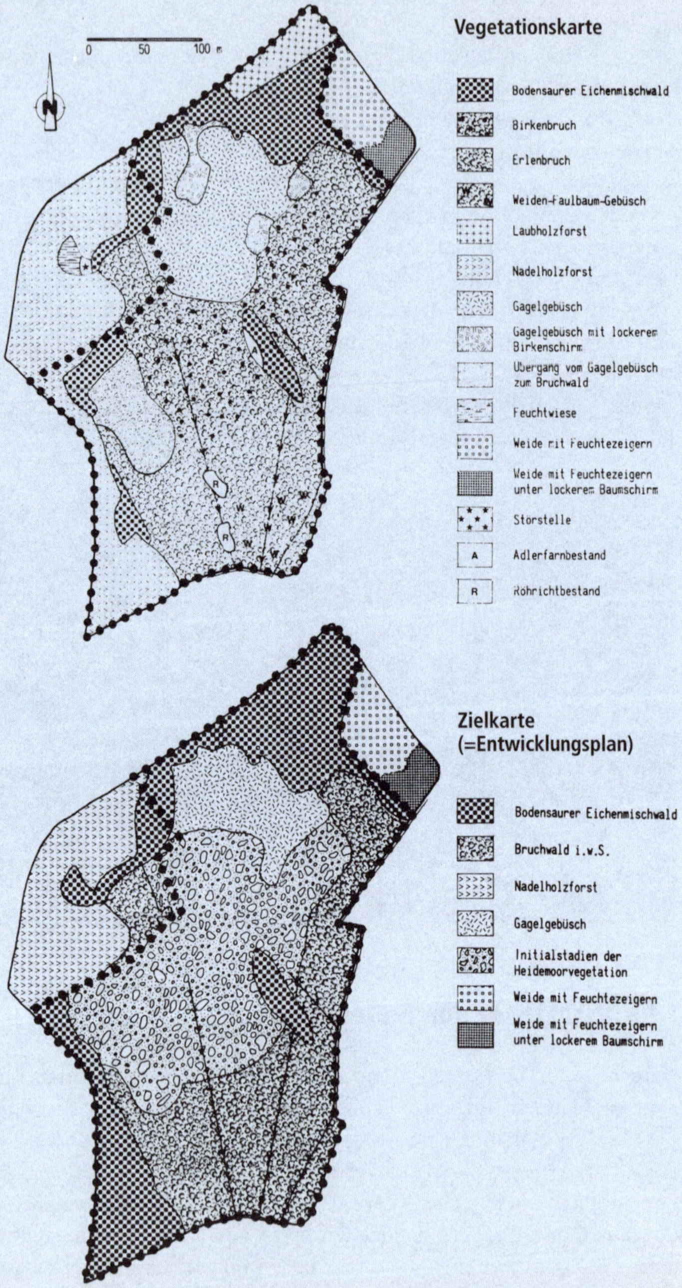

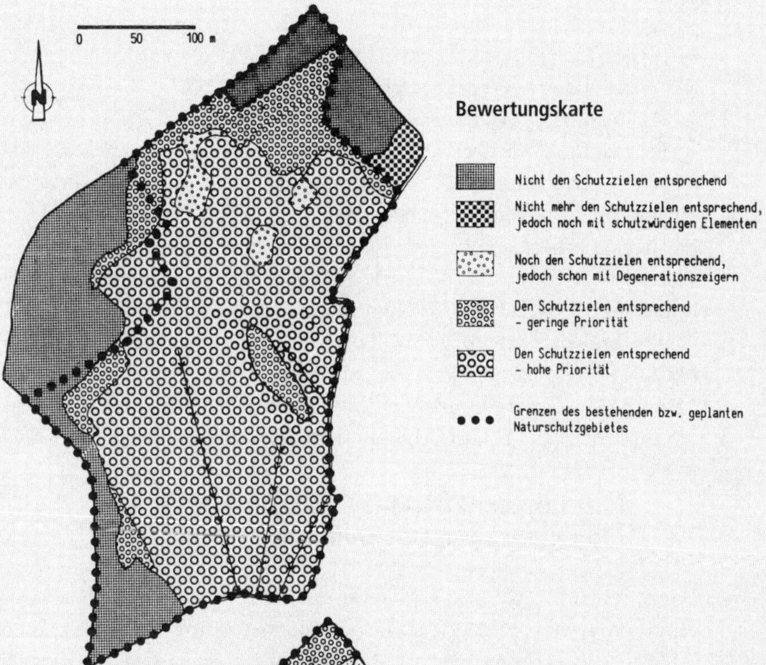
0 50 100 m
N
Bewertungskarte
Nicht den Schutzzielen entsprechend
Nicht mehr den Schutzzielen entsprechend, jedoch noch mit schutzwürdigen Elementen
Noch den Schutzzielen entsprechend, jedoch schon mit Degenerationszeigern
Den Schutzzielen entsprechend - geringe Priorität
Den Schutzzielen entsprechend - hohe Priorität
Grenzen des bestehenden bzw. geplanten Naturschutzgebietes

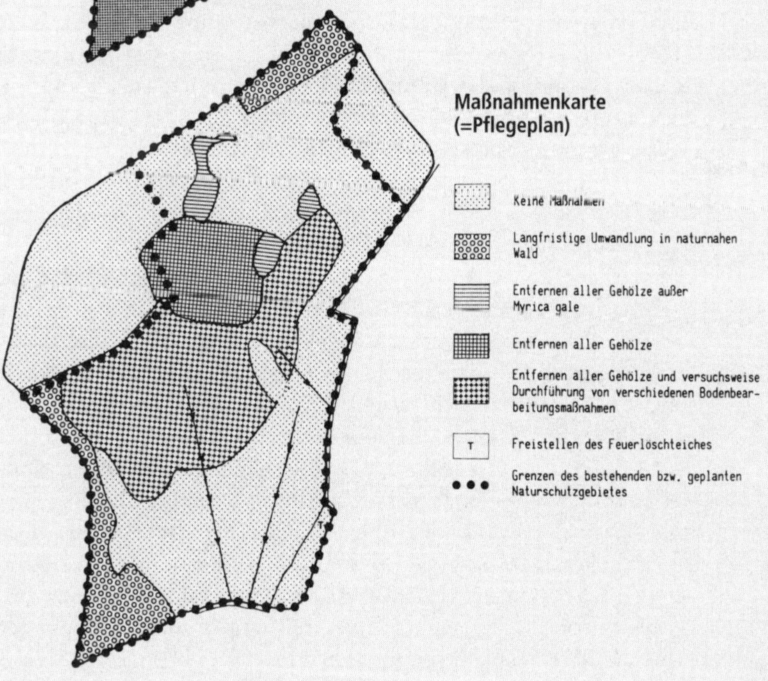
Maßnahmenkarte (=Pflegeplan)
Keine Maßnahmen
Langfristige Umwandlung in naturnahen Wald
Entfernen aller Gehölze außer Myrica gale
Entfernen aller Gehölze
Entfernen aller Gehölze und versuchsweise Durchführung von verschiedenen Bodenbearbeitungsmaßnahmen
T
Freistellen des Feuerlöschteiches
Grenzen des bestehenden bzw. geplanten Naturschutzgebietes

nen Schutzgebiete vernetzt, das heißt durch linienhafte Elemente miteinander verbunden werden. In vielen Fällen würde es auch ausreichen, zwischen den größerflächigen Schutzgebieten kleine naturnahe Inseln als **Trittsteinbiotope** zu erhalten oder zu schaffen.

Als linienhafte Vernetzungselemente bieten sich Fließgewässer (einschließlich ihrer Auenbereiche), Heckensysteme und Ackerraine an. Flächenhafte Elemente sind Kleingewässer, Feldgehölze, Baumgruppen sowie brachliegende oder nur extensiv genutzte Flächen. Für jeden Biotoptyp, ja im Grunde genommen für jede Art, ergibt sich ein unterschiedlicher, in vielen Fällen erst noch zu erforschender Vernetzungsbedarf. Während flug- und schwebfähige Tierarten beziehungsweise Pflanzenarten mit windverbreiteten Samen zum Teil problemlos Entfernungen von mehreren Kilometern überwinden, üben auf Kleinsäuger und nicht flugfähige Arthropoden bereits Straßen eine isolierende Wirkung aus. Der Forschungsbedarf auf diesem Gebiet ist noch sehr groß.

21.8 Kontrolle der Effizienz von Schutz-, Pflege- und Entwicklungsmaßnahmen

Es ist zu fordern, dass jede Naturschutzmaßnahme im Hinblick auf ihre Effizienz wissenschaftlich überprüft wird.

Damit Fehlentwicklungen rechtzeitig erkannt und ihnen gegebenenfalls entgegen gewirkt werden kann, sind alle Maßnahmen des Arten- und Biotopschutzes regelmäßig auf ihre **Effizienz** hin zu prüfen. Als Beispiel für eine Überprüfung der Effizienz der Naturschutzplanung und der Ausweisung von Schutzgebieten als Instrument des Artenschutzes kann die Untersuchung von RAABE (1979) gelten. Durch sie wurde belegt, dass die Mehrzahl der gefährdeten Pflanzenarten Schleswig-Holsteins und Hamburgs nicht in Naturschutzgebieten repräsentiert, das Schutzinstrument »Flächenschutz« in seiner damaligen Form also offensichtlich unzureichend war. WITTIG (1980) überprüfte als erster großflächig die Effizienz von Naturschutzgebieten in einer mitteleuropäischen Region und wies dabei nach, dass auch für in Schutzgebieten repräsentierte Arten der reine Gebietsschutz (ohne Pflegemaßnahmen und Ausweisung von Pufferzonen) nicht ausreicht.

Die Effizienz spezieller Maßnahmen des zoologischen Artenschutzes lässt sich oft nur mit arbeits- und/oder kostenintensiven Mitteln nachweisen, zum Beispiel durch Markierung und Wiederfang oder durch Ortung einzelner Individuen mit Hilfe von Sendern. Leichter haben es hier die Botaniker. Die Anlage und wiederholte Aufnahme von Dauerbeobachtungsflächen ist eine sichere, verhältnismäßig wenig Aufwand erfordernde Untersuchungsmethode. Überprüft werden sollte nicht nur der Erfolg direkter Maßnahmen, sondern auch der indirekter wie Aufklärungskampagnen und Schulungen.

Fragen

(Seitenverweise zur Beantwortung)

- Welches ist die wichtigste Voraussetzung für einen erfolgreichen Artenschutz? Begründen Sie Ihre Antwort. (s. Seite 284) 1
- Nennen Sie einige wichtige Fragen und Problemstellungen des Naturschutzes! (s. Seite 286) 2
- Was versteht man unter einer Rasterkartierung? Nennen Sie Beispiele! (s. Seite 286) 3
- Nennen Sie einige bedeutende internationale Naturschutzabkommen. (s. Seite 287) 4
- Welches Ziel verfolgt die Fauna-Flora-Habitat-Richtlinie? (s. Seite 287) 5
- Was versteht man unter einer Roten Liste? Welche Gefährdungskategorien werden darin unterschieden? (s. Seite 288) 6
- Nennen Sie einige Maßnahmen zur Erhaltung, Stützung und Vermehrung des Bestandes gefährdeter Arten! (s. Seite 289) 7
- Welche Arbeitsschritte müssen durchgeführt und welche Fakten bekannt sein, um einen im Hinblick auf den Artenschutz erfolgreichen Biotopschutz zu ermöglichen? (s. Seite 289 f.) 8
- Welche vier Karten sind für die Durchführung von Biotoppflegemaßnahmen erforderlich? (s. Seite 290, 292 f.) 9
- Erläutern Sie den Begriff »Verinselung der Landschaft«! (s. Seite 291) 10
- Warum ist die Vernetzung der geschützten Biotope erforderlich und wie kann eine solche Vernetzung erfolgen? (s. Seite 291 f.) 11
- Weshalb ist in allen Naturschutzgebieten die Anlage von Dauerbeobachtungsflächen zu fordern? (s. Seite 294) 12

Literatur

Blab, J. (1993): Grundlagen des Biotopschutzes für Tiere. Ein Leitfaden zum praktischen Schutz der Lebensräume unserer Tiere. 4. Aufl., Kilda, Greven, 479 S.

Bundesamt für Naturschutz (Hrsg.) (1996): Rote Liste der gefährdeten Pflanzen Deutschlands. Schr.r. Vegetationskde. 28, 744 S.

Deutscher Rat für Landespflege (Hrsg.)(1983): Ein »integriertes Schutzgebietssystem« zur Sicherung von Natur und Landschaft - entwickelt am Beispiel des Landes Niedersachsen. Schr.r. Deutscher Rat Landespflege 41, 5–14.

Haeupler, H., Schönfelder (1988): Atlas der Farn- und Blütenpflanzen der Bundesrepublik Deutschland. Ulmer, Stuttgart.

Hampicke, U. (2002): Landschaftsökologie und Naturschutz. Schmidt, Berlin, 245 S.

Hansson, L. (ed.) (1992): Ecological Principles of Nature Conservation. Applications in Temperate and Boreal Environments. Elsevier Applied Science, London/New York, 436 S.

Jedicke, E. (1994): Biotopverbund. Grundlagen und Maßnahmen einer neuen Naturschutzstrategie. Ulmer, Stuttgart, 287 S.

Jedicke, E. (Hrsg.) (1994): Biotopschutz in der Gemeinde. Neumann Verlag, Radebeul, 332 S.

Kaule, G. (1991): Arten- und Biotopschutz. 2. Aufl., Ulmer, Stuttgart, 519 S.

Mader, H.-H. (1980): Die Verinselung der Landschaft aus tierökologischer Sicht. Natur u. Landschaft 55, 91–96.

Plachter, H. (1992): Naturschutz. Korrig. Nachdr. d. 1. Aufl., UTB 1563. Fischer, Stuttgart, 463 S.

Literatur

POTT, R. (1996): Biotoptypen. Schützenswerte Lebensräume Deutschlands und angrenzender Regionen. Ulmer, Stuttgart, 448 S.

RAABE, E.-W. (1979): Über den Naturschutzwert der Farn- und Samenpflanzen in Schleswig-Holstein und Hamburg. Kieler Notizen Pflanzenkde. Schleswig-Holstein 11(3), 42-64.

SPELLERBERG, I.F. (1992): Evaluation and Assessment for Conservation. Chapman & Hall, London, 260 S.

SUCCOW, M., JESCHKE, L., KNAPP, H.D. (2001): Die Krise als Chance – Naturschutz in neuer Dimension. Findling, Neuenhagen, 256 S.

SUKOPP, H. (1976): s. Kap. 19.

SUKOPP, H., TRAUTMANN, W., KORNECK, D. (1978): Auswertung der Roten Liste gefährdeter Farn- und Blütenpflanzen in der Bundesrepublik Deutschland für den Arten- und Biotopschutz. Schr.r. Vegetationskde. 12, 138 S.

STEUBING, L. , BUCHWALD, K., BRAUN, E. (1995): s. Kap. 20.

WITTIG, R. (1980): Die geschützten Moore und oligotrophen Gewässer der westfälischen Bucht: Vegetation, Flora, botanische Schutzeffizienz und Pflegevorschläge. Schr.r. Landesanst. Ökol. Landschaftsentwicklung Forstplanung Nordrhein-Westfalen 5, 230 S.

WITTIG, R., RÜCKERT, E. (1985): Die Erstellung eines Biotop-Managementplans auf der Grundlage der aktuellen Vegetation. Landschaft + Stadt 17, 73–81.

WOIKE, M., ZIMMERMANN, P. (1997): Biotope pflegen mit Schafen. 4. überarb. Aufl., Auswertungs- und Informationsdienst für Ernährung, Landwirtschaft und Forsten e.V. (AID), Bonn, 62 S.

Bildquellen

Alle Fotos stammen, soweit nicht anders angegeben, von den Autoren. Den Großteil der Grafiken fertigte Christian Helmreich nach Vorlagen der Autoren und aus der zitierten Literatur.

Sachregister

Fettdruck verweist auf größere Kapitelüberschriften (Haupteinträge), Normaldruck auf sonstige Textstellen sowie Abbildungen.
Die Stichwörter sind i. A. in der Einzahl vermerkt, außer wenn sie unüblich ist oder ungewohnt klingt und im Text nicht auftritt (Neozoen statt Neozoon). Bei Begriffen, die mehrdeutig sind (z.B. Weide) wird in Klammern die Bedeutung ergänzt. Auf synonyme Begriffspaare, die im Text alternativ verwendet wurden, wird gemeinsam verwiesen (z.B. Luftverschmutzung/Luftverunreinigung).

Prof. Dr. Rüdiger Wittig, Abteilung Ökologie und Geobotanik, Botanisches Institut der Johann Wolfgang Goethe-Universität in Frankfurt a. M.; Schwerpunkte in Forschung und Lehre: anthropogene Veränderungen von Flora und Vegetation, Siedlungsökologie, Ökologie der westafrikanischen Savannen und Naturschutzforschung.

Prof. Dr. Bruno Streit, Abteilung Ökologie und Evolution, Zoologisches Institut der Johann Wolfgang Goethe-Universität, Frankfurt a.M. Schwerpunkte in Forschung und Lehre: Allgemeine Ökologie, molekulare Ökologie und Evolutionsbiologie, Limnologie, Ökotoxikologie.

Titelbild: Astrofoto / NASA

Bibliografische Information Der Deutschen Bibliothek
Die Deutsche Bibliothek verzeichnet diese Publikation in der Deutschen Nationalbibliografie; detaillierte bibliografische Daten sind im Internet über http://dnb.ddb.de abrufbar.

ISBN 3-8001-2777-6 (Ulmer)
ISBN 3-8252-2542-9 (UTB)

Wollgrasweg 41, 70599 Stuttgart (Hohenheim)
E-Mail: info@ulmer.de
Internet: www.ulmer.de
Lektorat: Dr. Friederike Hübner, Antje Springorum
Herstellung: Otmar Schwerdt
Umschlagentwurf: Atelier Reichert, Stuttgart
Gesamtgestaltung und DTP: Atelier Reichert, Stuttgart
Druck und Bindung: CPI BOOKS, Leck
Printed in Germany

ISBN 3-8252-2542-9 (UTB-Bestellnummer)